混凝土结构加固设计计算算例
（第三版）

王依群　王　飞　编著

U0250166

中国建筑工业出版社

图书在版编目（CIP）数据

混凝土结构加固设计计算算例／王依群，王飞编著
. — 3 版. — 北京：中国建筑工业出版社，2022.10
ISBN 978-7-112-27993-7

Ⅰ. ①混… Ⅱ. ①王… ②王… Ⅲ. ①混凝土结构–加固–结构计算 Ⅳ. ①TU370.2

中国版本图书馆 CIP 数据核字（2022）第 175006 号

本书主要根据《工程结构通用规范》GB 55001—2021、《既有建筑鉴定与加固通用规范》GB 55021—2021、《混凝土结构加固设计规范》GB 50367—2013、《纤维增强复合材料工程应用技术标准》GB 50608—2020、《预应力高强钢丝绳加固混凝土结构技术规程》JGJ/T 325—2014、《水泥复合砂浆钢筋网加固混凝土结构技术规程》CECS 242：2016、《混凝土结构设计规范》GB 50010—2010（2015 年版）、《建筑抗震加固技术规程》JGJ 116—2009 和相关设计规范编写。通过算例详细的求解过程引导读者正确理解和使用规范关于结构构件的加固设计原理和计算方法。

全书共 19 章，分别为绪论、增大截面加固法、置换混凝土加固法、体外预应力加固法、外包型钢加固法、粘贴钢板加固法、梁侧锚固钢板加固法、粘贴纤维复合材加固法、预应力碳纤维复合板加固法、预张紧钢丝绳网片-聚合物砂浆面层加固法、绕丝加固法、水泥复合砂浆钢筋网加固法、植筋技术、锚栓技术、预应力高强钢丝绳加固、混凝土结构构件、按《建筑抗震鉴定标准》和《建筑抗震加固技术规程》设计、框架节点抗震加固、钢筋混凝土构件抗震鉴定验算、混凝土结构加固计算软件 SCS 的功能和使用方法。书中有针对性地编写了 150 余个算例，每个算例除给出了详细的手算过程外，还列出了混凝土构件计算软件 SCS 的计算结果，两种方法结果得到相互验证，减少了出错概率，便于读者通过算例学习加固设计规范，解决实际问题。

本书可供结构设计人员、审图人员、研究人员及土建专业学生阅读。

责任编辑：郭　栋　辛海丽
责任校对：李欣慰

混凝土结构加固设计计算算例
（第三版）

王依群　王　飞　编著

*

中国建筑工业出版社出版、发行（北京海淀三里河路 9 号）

各地新华书店、建筑书店经销

北京鸿文瀚海文化传媒有限公司制版

天津安泰印刷有限公司印刷

*

开本：787 毫米×1092 毫米　1/16　印张：26½　字数：660 千字

2022 年 11 月第三版　　2022 年 11 月第一次印刷

定价：79.00 元

ISBN 978-7-112-27993-7

（39797）

第三版前言

第三版除了对《混凝土结构加固设计计算算例》第二版的不妥之处进行修改、补充和完善，主要做了如下工作：

列出了新的通用规范对混凝土结构加固设计的影响和既有房屋建造时所用材料强度指标（第1章），方便读者使用。

水平地震往复作用下框架梁梁端截面上、下边都要配置纵向受拉钢筋，结果是截面上、下边均有数量可观的纵向钢筋，计算中考虑既有受拉纵筋又有受压纵筋，截面受压区高度往往会小于 $2a'$（a' 为受压纵筋合力点至截面近边的距离）。遗憾的是《建筑抗震鉴定标准》GB 50023—2009、《混凝土结构加固设计规范》GB 50367—2013、《水泥复合砂浆钢筋网加固混凝土结构技术规程》CECS 242：2016、《预应力高强钢丝绳加固混凝土结构技术规程》JGJ/T 325—2014 均没有对于 $x < 2a'$ 情况给出规定和计算公式。本书第三版仿照《混凝土结构设计规范》GB 50010—2010 式（6.2.14）给出了相关公式和算例。

在各加固方法章节列出了抗震加固设计的公式（因其通常并不只是静力公式右端项除以 γ_{RE}）和算例。

补充了增大截面法加固梁、柱斜截面受剪截面限制条件。补充了仅在受压区增大截面加固梁的计算。

补充了粘钢板、粘纤维加固大偏心受拉构件的加固计算公式和算例，此两情况工程上经常遇到，可是《混凝土结构加固设计规范》GB 50367—2013 没给出相关的计算公式。

增加了粘钢板、粘纤维布加固圆孔板提高受弯承载力的计算功能和算例。

增加了受拉、剪复合作用锚栓混凝土承载力验算。

感谢读者对本书前二版的宝贵意见和建议！

作者水平所限，书中不妥甚至错误之处，敬请读者批评指正。

作者电子信箱：yqwangtj@hotmail.com

QQ 群：SCS 加固软件用户群，群号 511316898

第二版前言

自 2015 年 9 月本书第一版出版以来，颇受广大读者的欢迎。经过 3 年多的时间，编者结合混凝土结构加固相关的国家和行业标准的深入学习和软件开发经验，和许多读者热情的反馈建议，对原书进行了系统的修订和内容的扩充。特别是软件增加了 PDF 格式计算书的输出，以满足设计和施工图审查存储和打印电子文档的需求。

本次修订保留了原版给出工程算例详细手算过程的特点，在原版共 12 章的基础上扩大到共 19 章。各章分别为：绪论、增大截面加固法、置换混凝土加固法、体外预应力加固法、外包型钢加固法、粘贴钢板加固法、梁侧锚固钢板加固法、粘贴纤维复合材加固法、预应力碳纤维复合板加固法、预张紧钢丝绳网片-聚合物砂浆面层加固法、绕丝加固法、水泥复合砂浆钢筋网加固法、植筋技术、锚栓技术、预应力高强钢丝绳法加固混凝土结构构件、混凝土结构构件抗震加固、框架节点抗震加固、钢筋混凝土构件抗震鉴定验算、混凝土结构加固计算软件 SCS 的功能和使用方法。

本书 150 余个算例均用手工和软件两种方法计算，起到了相互校核的作用，大大减少了出错的概率，避免误导本科学生或初入门从业者。

编写本书过程中，参阅了大量相关文献及其中算例，谨对这些文献的作者表示衷心感谢。

本书第一版出版后，许多读者对书的内容和配套软件功能提出了意见和建议，本人表示衷心感谢。

作者水平所限，书中有不妥甚至错误之处，敬请读者批评指正。

王依群

电子信箱：yqwangtj@hotmail.com

QQ 群：SCS 加固软件用户群，群号 511316898

第一版前言

为帮助结构设计人员学习《混凝土结构加固设计规范》GB 50367—2013 和《建筑抗震加固技术规程》JGJ 116—2009 中钢筋混凝土结构加固设计理论,熟悉具体计算步骤和方法,以便遇到工程实际问题,能快速正确地解决,特编写此书。对规范有加固设计要求的构件几乎都提供了算例,附有详细的手算过程,并且均用作者开发的专用计算机软件SCS 对计算结果进行验证。

全书内容分 12 章,除绪论外,分别介绍了增大截面加固法、置换混凝土加固法、外加预应力加固法、外粘型钢加固法、粘贴钢板加固法、粘贴纤维复合材加固法、预张紧钢丝绳网片-聚合物砂浆面层加固法、绕丝加固法、水泥复合砂浆钢筋网加固法、混凝土结构构件抗震加固、混凝土结构加固计算软件 SCS 的功能和使用方法。多数算例来源于实际工程,对设计工作有提示作用。

由于钢筋混凝土结构构件工作机理复杂,尤其是经过加固的混凝土构件,新旧混凝土、新旧钢筋或有其他材料共同工作,所以限制条件多、计算参数多。即使是行内专家,手算也容易遗漏规范某条规定或写错参数,造成计算结果错误。本书 70 余个算例均用手工和软件两种方法计算,起到了相互校核的作用。

编写本书过程中,参阅了大量相关文献及其中算例,谨对这些文献的作者表示衷心感谢。

作者水平所限,书中一定有错误之处,敬请读者指正。

王依群

电子信箱:yqwangtj@hotmail.com

目　　录

第1章 绪 论

随着国民经济的发展和人们生活水平的提高，人们对建筑物的安全性、适用性和耐久性提出了更高的要求，房屋鉴定、加固改造行业有了长足发展。

本书只讲述了混凝土结构加固设计，并通过算例详述了计算过程，并未涉及构造措施和加固施工，这两方面的重要性不亚于设计计算，务请读者注意。

手算利于搞清概念，学习阶段可用计算机软件作为验算手算结果的工具，尽早发现和改正错误，加快学习进度。本书介绍的软件 SCS 学习版（SCSL.exe）可计算本书中的所有算例，满足学习本书内容的需要，有兴趣的读者可到 http：//www.kingofjudge.com 下载。

1.1 结构加固的适用范围

简要来说，结构加固常见的适用范围如下：

1）随着时间的延续与人们安全意识的提高，既有建筑结构构件承载能力降低或达不到新要求。

2）房屋用途发生变化，或抽柱，或增加楼层，导致荷载增大。

3）由于人口增加和对自然资源无节制耗费，地球气候变恶劣，导致结构上的作用（如风荷载、温差等）加大。

4）火灾、水灾、震灾使结构遭受损伤。

5）设计或施工失误（如漏算荷载、偷工减料等）造成的结构构件尺寸偏小、强度偏低。

1.2 混凝土结构加固设计的特点

除构件截面原有的混凝土和钢筋之外，又增加了新的混凝土、钢筋、纤维复合材、钢板或钢绞线等材料，这种新材料与原有钢筋不在截面的同一位置，设计强度也不同，新加材料的变形滞后于原材料的变形，使得待求解方程的未知数个数增加，而力或力矩平衡条件却没有增加。虽然《混凝土结构加固设计规范》GB 50367—2013 给出了简化公式，但还是求解困难，通常手算难以完成，这也使得很多情况下设计（直接求解）成为不可能，所以加固计算中多先假设一个或几个参数采用复核强度是否满足来进行。为得到较优的结果，需改变假设的参数值多次复核计算，加大了手算工作量，用软件电算才是省时、省力的做法。

大学专业课程中没有结构加固课，即使有也是作为选修课，讲的东西很少。比如，国家标准公式中的一处印刷错误，就可能导致很多正规出版的加固设计书籍手算例题的错误结果，说明加固设计更需要混凝土结构基本理论的扎实功底。

即使截面尺寸、强度相同的结构构件，因其在建筑物中所处位置不同造成损伤程度不同，或受荷载不同，加固处理方式也不同，需要每个构件单独加固设计计算，才能做到既安全、可靠且经济、合理，又实现较少的施工量。

1.3 《工程结构通用规范》荷载取值对混凝土结构加固设计的影响

2022 年开始实施的几本强制性工程建设国家标准，对工程设计提出了更高的要求，现就与混凝土结构加固有关的部分简述如下。

《工程结构通用规范》GB 55001—2021 表 4.2.2 荷载作用取值及其相对于现行《建筑结构荷载规范》GB 50009—2012 的变化，如表 1-1～表 1-3 所示。楼面均布活荷载标准值见表 1-1。楼屋面均布活荷载标准值见表 1-2。其他荷载标准值见表 1-3。

楼面均布活荷载标准值（kN/m²）   表 1-1

类别	荷载规范	通用规范
办公楼、医院门诊室	2.0	2.5
食堂、餐厅、一般资料档案室	2.5	3.0
礼堂、剧场、影院、有固定座位的看台、公共洗衣房	3.0	3.5
商店、展览厅、车站、港口、机场大厅及其旅客等候室	3.5	4.0
无固定座位的看台	3.5	4.0
健身房、演出舞台	4.0	4.5
运动场、舞厅	4.0	4.5
走廊、门厅(办公楼、餐厅、医院门诊部)	2.5	3.0
试验室、阅览室、会议室	2.0	3.0
书库、档案库、储藏室（书架高度不超过 2.5m）	5.0	6.0
通风机房、电梯机房	7.0	8.0

楼屋面均布活荷载标准值（kN/m²）   表 1-2

类别	荷载规范	通用规范
不上人屋面	不低于 0.3	不低于 0.5
屋面运动场地	3.0	4.5

其他荷载标准值（kN/m²）   表 1-3

类别	荷载规范	通用规范
地下室顶板活荷载	一般不小于 4.0	不应小于 5.0
中小学上人屋面、外廊、楼梯、平台栏杆顶部水平荷载	应取 1.0	应取 1.5

相对于荷载规范，《工程结构通用规范》GB 55001—2021 还调整了荷载组合中恒荷载、活荷载的分项系数值（使其与《建筑结构可靠性设计统一标准》GB 50068—2018 一致）。

《工程结构通用规范》将原《工程结构可靠性设计统一标准》GB 50153 的恒荷载、活荷载分项系数 1.4、1.2 调整为 1.5、1.3（此与《建筑结构可靠性设计统一标准》GB

50068—2018 一致）。《建筑与市政工程抗震通用规范》GB 55002—2021 将《建筑抗震设计规范》GB 50011—2010（2016 年版）的地震作用分项系数由 1.3 调整为 1.4。

经过以上调整，通过整体结构有限元计算，将得到比调整前增大了的结构内力；再通过构件计算，得到新建结构或既有结构构件的混凝土、钢筋或加固材料的用量，达到提高结构安全度的效果。本书讲述的是以上第二部分的工作，即根据内力对构件进行加固计算。以上所述通用规范对荷载作用值和分项系数的调整体现在第一部分工作中，即由荷载求出构件内力的工作中。这部分工作可由诸如 PKPM、YJK、ETABS、SAP2000 等软件完成。本书除几道简单的简支梁跨中正截面受弯承载力加固例题演示手算由荷载求内力的过程涉及荷载分项系数的应用外，不赘述由荷载求构件内力的过程。

《既有建筑鉴定与加固通用规范》GB 55021—2021 还对加固设计提出了更为严格的构造要求，诸如第 6.5.12 条"当采用纤维复合材的环向围束对钢筋混凝土柱进行正截面加固或提高延性的抗震加固时其环向围束的纤维织物的层数不应少于 3 层"、第 6.9.2 条"当混凝土构件加固采用锚栓加固技术进行锚固时混凝土强度等级不应低于 C25""承重结构的锚栓其公称直径不得小于 12mm"。本书相关部分已进行了修改。

1.4 书中算例说明

书中算例范围涉及《混凝土结构加固设计规范》GB 50367—2013[1]、《水泥复合砂浆钢筋网加固混凝土结构技术规程》CECS 242：2016[2]、《预应力高强钢丝绳加固混凝土结构技术规程》JGJ/T 325—2014[3] 和《建筑抗震加固技术规程》JGJ 116—2009[4] 的绝大部分设计计算内容，给出了详细的计算过程，并用作者开发的计算机软件进行了校核，减少了出错概率。希望这些算例能对读者理解规范的计算公式有所帮助。为了突出加固设计的重点及节省篇幅，本书对于构件加固前的承载力基于《混凝土结构设计规范》GB 50010—2010（2015 年版）[5] 规定，且使用《混凝土结构设计计算算例》[6] 介绍的软件 RCM 计算，这里就不给出详细手算过程了。如果读者使用了 SCS 软件计算，也可看 SCS 软件输出的详细计算书，因其也输出了构件加固前的承载力计算过程。

本书部分算例是借用其他文献的，但有些算例计算结果不同于所引文献的原因，主要是本书所依据的设计规范较新。

1.5 既有房屋建造用混凝土和钢筋

随着时间流逝和技术进步，设计规范隔几年就会更新。出于节能、环保的需要，新版规范总是要淘汰一些低强度等级的材料，即规定新设计不得再采用一些低强度等级的材料。这些材料的强度设计指标在新规范中找不到了，但待加固的既有建筑物很多还是由这些低强度等级的材料建造的，其强度指标值在加固设计时还要用到。为读者使用方便，本节列出新、旧规范出现的所有强度等级材料的强度指标值。

1.5.1 一般规定

建造和加固所用材料、半成品或成品的质量及使用性能，应符合国家现行相关标准的规定，并应满足设计要求。其他加固用材料在相应的加固规范中已经列出，这里就不再重复了。

1.5.2 混凝土

普通混凝土是指采用水泥、砂石为原料，采用常规的生产工艺生产的水泥基混凝土，是工程中最为常用的材料。混凝土的轴心抗压强度标准值 f_{ck} 和设计值 f_c、轴心抗拉强度标准值 f_{tk} 和设计值 f_t 见表 1-4，混凝土受压和受拉时的弹性模量见表 1-5。

混凝土的轴心抗压、抗拉强度标准值和设计值（MPa）　　　　　　表 1-4

强度	混凝土强度等级															
	C9	C10	C15	C20	C25	C30	C35	C40	C45	C50	C55	C60	C65	C70	C75	C80
f_{ck}	6.02	6.70	10.0	13.4	16.7	20.1	23.4	26.8	29.6	32.4	35.5	38.5	41.5	44.5	47.4	50.2
f_{tk}	0.84	0.90	1.27	1.54	1.78	2.01	2.20	2.40	2.51	2.65	2.74	2.85	2.93	3.00	3.05	3.10
f_c	4.2	4.7	7.2	9.6	11.9	14.3	16.7	19.1	21.1	23.1	25.3	27.5	29.7	31.8	33.8	35.9
f_t	0.61	0.65	0.91	1.10	1.27	1.43	1.57	1.71	1.80	1.89	1.96	2.04	2.09	2.14	2.18	2.22

表 1-4 中，低于 C15 的标准值和 f_t 取自《混凝土结构设计规范》GBJ 10—89，f_c 取自 GBJ 10—89 的数值减 0.3，即取 GB 50010—2002 对于 C15 的 f_c 较 GBJ 10—89 低 0.3 一致。

混凝土的弹性模量（×10^4MPa）　　　　　　表 1-5

强度等级	C9	C10	C15	C20	C25	C30	C35	C40	C45	C50	C55	C60	C65	C70	C75	C80
弹性模量 E_c	1.63	1.75	2.20	2.55	2.80	3.00	3.15	3.25	3.35	3.45	3.55	3.60	3.65	3.70	3.75	3.80

混凝土的剪变模量 G_c 可按表 1-5 数值的 0.4 倍采用，混凝土的泊松比 ν_c 可采用 0.2。这里，较低的混凝土强度用于置换混凝土加固法或外包型钢加固法时原有构件的混凝土强度。

1.5.3 钢筋

普通钢筋的抗拉强度标准值 f_{yk}、抗拉强度设计值 f_y、抗压强度设计值 f'_y，应按表 1-6 采用。

普通钢筋抗拉强度标准值、抗拉、抗压强度设计值（MPa）　　　　　　表 1-6

钢筋种类	符号	公称直径 d(mm)	f_{yk}(MPa)	f_y(MPa)	f'_y(MPa)
HPB235	φ	6~20	235	210	210
HPB300	φ	6~22	300	270	270
HRB335	Φ	6~50	335	300	300
HRB400	Φ	6~50	400	360	360
HRBF400	Φ^F	6~50	400	360	360
RRB400	Φ^R	6~50	400	360	360
HRB500	Φ	6~50	500	435	435

对轴心受压构件，当采用 HRB500 钢筋时，钢筋的抗压强度设计值 f'_y 应取 400MPa。

普通钢筋的弹性模量 E_s 和预应力钢筋的弹性模量 E_p 宜按表 1-7 采用；当有可靠试验

依据时，可按实测数据确定。

钢筋的弹性模量　　　　　　　　表 1-7

钢筋种类	弹性模量 $E_s(\times10^5\mathrm{MPa})$	钢筋种类	弹性模量 $E_p(\times10^5\mathrm{MPa})$
HPB235、HPB300	2.1	钢绞线	1.95
HRB335、KL400、HRB400 HRBF400、RRB400、HRB500	2.0	消除应力钢丝	2.05
		预应力螺纹钢筋	2.00

本章参考文献

[1] 中华人民共和国国家标准. 混凝土结构加固设计规范：GB 50367—2013 [S]. 北京：中国建筑工业出版社，2013.

[2] 中国工程建设标准化协会. 水泥复合砂浆钢筋网加固混凝土结构技术规程：CECS 242：2008 [S]. 北京：中国计划出版社，2008.

[3] 中华人民共和国行业标准. 预应力高强钢丝绳加固混凝土结构技术规程：JGJ/T 325—2014 [S]. 北京：中国建筑工业出版社，2014.

[4] 中华人民共和国行业标准. 建筑抗震加固技术规程：JGJ 116—2009 [S]. 北京：中国建筑工业出版社，2009.

[5] 中华人民共和国国家标准. 混凝土结构设计规范：GB 50010—2010（2015 年版）[S]. 北京：中国建筑工业出版社，2015.

[6] 王依群. 混凝土结构设计计算算例 [M]. 3 版. 北京：中国建筑工业出版社，2016.

第2章　增大截面加固法

2.1　设计规定

《既有建筑鉴定与加固通用规范》GB 55021—2021 第6.5.1条规定：当采用增大截面法加固受弯和受压构件时，被加固构件的界面处理及粘结质量应满足按整体截面计算的要求。

《混凝土结构加固设计规范》GB 50367—2013 对增大截面法要求：

采用本方法时，按现场检测结构确定的原构件混凝土强度等级不应低于C13。

当被加固构件界面处理及其粘结质量符合《混凝土结构加固设计规范》GB 50367—2013[1] 规定时，可按整体截面计算。

采用增大截面加固钢筋混凝土结构构件时，其正截面承载力应按现行国家标准《混凝土结构设计规范》GB 50010[2] 的基本假定进行计算。

采用增大截面加固法对混凝土结构进行加固时，应采取措施卸除或大部分卸除作用在结构上的活荷载。

2.2　增大截面法受弯构件正截面加固计算

采用增大截面加固受弯构件时，应根据原结构构造和受力的实际情况，选用在受压区或受拉区增设现浇钢筋混凝土外加层的加固方式。

当仅在受压区加固受弯构件时，其承载力、抗裂度、钢筋应力、裂缝宽度及挠度的计算或验算，可按现行《混凝土结构设计规范》GB 50010 关于叠合式受弯构件的规定进行，笔者对此有手算算例及相应计算机软件的著作《混凝土结构设计计算算例》[3] 供读者使用。当验算结果表明，仅需增设混凝土叠合层即可满足承载力要求时，可按构造要求配置受压钢筋和分布钢筋。

当在受拉区加固矩形截面受弯构件时（图2-1），其正截面受弯承载力应按下列公式确定：

$$M \leq \alpha_s f_y A_s \left(h_0 - \frac{x}{2} \right) + f_{y0} A_{s0} \left(h_{01} - \frac{x}{2} \right) + f'_{y0} A'_{s0} \left(\frac{x}{2} - a' \right) \tag{2-1}$$

$$\alpha_1 f_{c0} bx = f_{y0} A_{s0} + \alpha_s f_y A_s - f'_{y0} A'_{s0} \tag{2-2}$$

$$2a' \leq x \leq \xi_b h_0 \tag{2-3}$$

式中　M——构件加固后弯矩设计值；

　　　α_s——新增钢筋强度利用系数，取 $\alpha_s = 0.9$；

　　　f_y——新增钢筋的抗拉强度设计值；

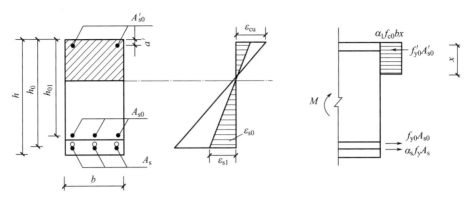

图 2-1　矩形截面受弯构件正截面加固计算简图

A_s——新增受拉钢筋的截面面积；

h_0、h_{01}——构件加固后和加固前的截面有效高度；

x——混凝土受压区高度；

f_{y0}、f'_{y0}——原钢筋的抗拉、抗压强度设计值；

A_{s0}、A'_{s0}——原受拉钢筋、原受压钢筋的截面面积；

a'——纵向受压钢筋合力点至混凝土受压区边缘的距离；

α_1——受压区混凝土矩形应力图的应力值与混凝土轴心抗压强度设计值的比值；当混凝土强度等级不超过 C50 时，取 $\alpha_1 = 1.0$；当混凝土强度等级为 C80 时，取 $\alpha_1 = 0.94$；其间按线性内插法确定；

f_{c0}——原构件混凝土轴心抗压强度设计值；

b——矩形截面宽度；

ξ_b——构件增大截面加固后的相对界限受压区高度，按式（2-4）计算。

受弯构件增大截面加固后的相对界限受压区高度 ξ_b，应按下列公式确定：

$$\xi_b = \frac{\beta_1}{1 + \dfrac{\alpha_s f_y}{\varepsilon_{cu} E_s} + \dfrac{\varepsilon_{s1}}{\varepsilon_{cu}}} \qquad (2\text{-}4)$$

$$\varepsilon_{s1} = \left(1.6 \frac{h_0}{h_{01}} - 0.6\right) \varepsilon_{s0} \qquad (2\text{-}5)$$

$$\varepsilon_{s0} = \frac{M_{0k}}{0.85 h_{01} A_{s0} E_{s0}} \qquad (2\text{-}6)$$

式中　β_1——系数，当混凝土强度等级不超过 C50 时，β_1 取为 0.80；当混凝土强度等级为 C80 时，β_1 取为 0.74；其间按线性内插法确定；

ε_{cu}——混凝土极限压应变，取 $\varepsilon_{cu} = 0.0033$；

ε_{s1}——新增钢筋位置处，按平截面假定确定的初始应变值；当新增主筋与原主筋的连接采用短钢筋焊接时，可近似取 $h_{01} = h_0$，$\varepsilon_{s1} = \varepsilon_{s0}$；

M_{0k}——加固前受弯构件验算截面上原作用的弯矩标准值；

ε_{s0}——加固前，在初始弯矩 M_{0k} 作用下原受拉钢筋的应变值。

当按式（2-1）及式（2-2）算得的加固后混凝土受压区高度 x 与加固前截面有效高度

h_{01} 之比 x/h_{01} 大于原截面相对界限受压区高度 ξ_{b0} 时，应考虑原纵向受拉钢筋应力 σ_{s0} 尚达不到 f_{y0} 的情况。此时，应将上述两公式中的 f_{y0} 改为 σ_{s0} 并重新进行验算。验算时，σ_{s0} 值可按下式确定：

$$\sigma_{s0} = \left(\frac{0.8h_{01}}{x} - 1\right)\varepsilon_{cu}E_s \leqslant f_{y0} \tag{2-7}$$

对翼缘位于受压区的 T 形截面受弯构件，其受拉区增设现浇配筋混凝土层的正截面受弯承载力，应按上述计算原则和现行《混凝土结构设计规范》GB 50010 关于 T 形截面受弯承载力的规定进行计算。为便于应用，规定如下：

首先，判别是第一类还是第二类 T 形截面，即截面中和轴位于翼缘内还是截面腹板内。

判别方法视题目是截面设计还是截面复核而定。设计题，则先计算出 $M'_f = \alpha_1 f_{c0}b'_f h'_f \left(h_0 - \frac{h'_f}{2}\right) + f'_{y0}A'_{s0}(h_0 - a') - f_{y0}A_{s0}(h_0 - h_{01})$，若 $M \leqslant M'_f$ 则 $x \leqslant h'_f$，即属于第一类 T 形截面梁；否则，是第二类 T 形截面梁。复核题，如果 $f_{y0}A_{s0} + \alpha_s f_y A_s - f'_{y0}A'_s \leqslant \alpha_1 f_{c0}b'_f h'_f$ 则 $x \leqslant h'_f$，即属于第一类 T 形截面梁；否则，是第二类 T 形截面梁。

如果是第一类 T 形截面梁，式（2-1）、式（2-2）仍适用，只是要将其中的 b 换为 b'_f。

如果是第二类 T 形截面梁，计算公式改用式（2-8）、式（2-9）：

$$M \leqslant \alpha_s f_y A_s\left(h_0 - \frac{x}{2}\right) + f_{y0}A_{s0}\left(h_{01} - \frac{x}{2}\right) + f'_{y0}A'_{s0}\left(\frac{x}{2} - a'\right) + \alpha_1 f_{c0}(b'_f - b)h'_f\left(\frac{x}{2} - \frac{h'_f}{2}\right) \tag{2-8}$$

$$\alpha_1 f_{c0}\left[(b'_f - b)h'_f + bx\right] = f_{y0}A_{s0} + \alpha_s f_y A_s - f'_{y0}A'_{s0} \tag{2-9}$$

考虑地震组合计算梁的正截面承载力时，应在式（2-1）、式（2-8）右端除以承载力抗震调整系数 γ_{RE}（$= 0.75$，A 类建筑为 γ_{Ra}，详见本书第 16 章，以下依此处理，不再赘述）。

图 2-2　仅在受压区增大截面加固受弯构件

当仅在受压区加固受弯构件（增设混凝土叠合层）时，按照《混凝土结构设计规范》GB 50010—2010 第 9.5.2 条：叠合层厚度不宜小于 100mm，混凝土强度等级不宜小于 C30。参照《混凝土结构加固设计规范》GB 50367—2013 第 5.4.2 条，偏心受压柱新增混凝土和钢筋强度利用程度的降低系数取为 0.9。增加厚度 ≥100mm 混凝土叠合层后，构件原受压纵筋离截面受压边缘较远，其对截面抗弯矩的作用很低，故对其忽略不计。于是，根据截面受力简图（图 2-2）列出基本方程如下：

$$M \leqslant f_{y0}A_{s0}\left(h_0 - \frac{x}{2}\right) + 0.9f'_y A'_s\left(\frac{x}{2} - a'\right) \tag{2-10}$$

$$0.9\alpha_1 f_c bx = f_{y0}A_{s0} - 0.9f'_y A'_s \tag{2-11}$$

$$2a' \leqslant x \leqslant \xi_b h_0 \tag{2-12}$$

当 $x < 2a'$ 时，式（2-10）应以式（2-13）代替：

$$M \leqslant f_{y0}A_{s0}(h_0-a') \tag{2-13}$$

图 2-2 只画了 $1.25x \leqslant d$（叠合层厚）的情况；当 $1.25x>d$ 时，式（2-11）中的 $0.9f_c$ 可用 $f_{cc}=\dfrac{1}{2}(f_{c0}+0.9f_c)$ 代替，如果后者小于 $0.9f_c$。注：《混凝土结构加固设计规范》GB 50367—2013 中没有式（2-13），这是本书作者仿照《混凝土结构设计规范》GB 50010—2010 式（6.2.14）列出的。

【例 2-1】 矩形截面单筋梁增大截面法加固设计算例

文献［4］第 10 页例题，某框架梁原设计条件：截面尺寸 $b=400$mm，$h=1000$mm，混凝土强度等级 C30，主筋 8ϕ25，箍筋 ϕ10@100。楼面活荷载由原来的 2.0kN/m² 增至 6.0kN/m²，经计算框架梁原跨中最大弯矩标准值为 950.10kN·m，增加荷载后弯矩设计值达到 1540.01kN·m。采用 C35 改性混凝土增大截面法加固，新主筋钢种 HRB400。

【解】 1）按原梁设计条件下，对矩形截面梁进行跨中承载力验算。使用文献［3］的混凝土构件计算机软件 RCM 如图 2-3 所示。

图 2-3　原梁跨中承载力验算

可见，其与文献［4］的手算结果相同，不能满足承载现荷载要求，故需要采用增大截面法加固。

2）加固设计条件下，加固层厚度为 100mm，$h=1100$mm，$h_0=1100-35=1065$mm。由式（2-1）、式（2-2）可得：

$$M = \alpha_s f_y A_s \left(h_0-\frac{x}{2}\right)+f_{y0}A_{s0}\left(h_{01}-\frac{x}{2}\right)$$

$$1540.01\times10^6 = 0.9\times360\times A_s\times\left(1065-\frac{x}{2}\right)+300\times3928\times\left(940-\frac{x}{2}\right)$$

$$\alpha_1 f_{c0}bx = f_{y0}A_{s0}+\alpha_s f_y A_s$$

$$1.0\times14.3\times400x = 300\times3928+0.9\times360\times A_s$$

联立方程解得：$x=327.3$mm，$x/h_{01}=327.3/940=0.348<0.55=\xi_{b0}$

$$\varepsilon_{s0} = \frac{M_{0k}}{0.85h_{01}A_{s0}E_{s0}} = \frac{950.10\times10^6}{0.85\times940\times3928\times2\times10^5} = 0.001514$$

$$\varepsilon_{s1} = \left(1.6\frac{h_0}{h_{01}}-0.6\right)\varepsilon_{s0} = \left(1.6\times\frac{1065}{940}-0.6\right)\times0.001514 = 0.00184$$

$$\xi_b = \frac{\beta_1}{1+\dfrac{\alpha_s f_y}{\varepsilon_{cu} E_s}+\dfrac{\varepsilon_{s1}}{\varepsilon_{cu}}} = \frac{0.8}{1+\dfrac{0.9\times360}{0.0033\times2.0\times10^5}+\dfrac{0.00184}{0.0033}} = 0.391$$

$x = 327.3\text{mm} \leqslant \xi_b h_0 = 0.391\times1065 = 416.4\text{mm}$，满足要求。

$$A_s = \frac{1.0\times14.3\times400\times327.3-300\times3928}{0.9\times360} = 2140.5\text{mm}^2$$

使用作者开发的混凝土结构加固计算软件 SCS（详见本书第 19 章）计算本题，其输入信息和简要输出结果如图 2-4 所示。可见，其计算结果与上面手算结果相同，验证了手算结果的正确性。

图 2-4　增大截面法受弯构件正截面加固设计

加固底筋选用 6ϕ22，钢筋面积为 2280mm^2。

为显示 SCS 软件对梁正截面抗震加固设计计算，假设此梁受到地震组合弯矩设计值 $M = 2053.33\text{kN}\cdot\text{m}$，SCS 软件计算输入数据和各简要结果如图 2-5 所示。图 2-5 与图 2-4 结果数值相同，这是因为式（2-1）右端除以 γ_{RE}（$=0.75$），就相当于式左端乘以 γ_{RE}，故本题即是静荷载下的式左端 $0.75\times2053.33 = 1540.0\text{kN}\cdot\text{m}$。

图 2-5　增大截面法受弯构件正截面抗震加固设计

【例 2-2】矩形截面双筋梁增大截面法加固复核算例

文献［4］第 11 页例题，框架梁原设计条件：截面尺寸 $b = 300mm$，$h = 600mm$，混凝土强度等级 C30，梁底钢筋 4Φ25，梁顶部钢筋 4Φ16，箍筋 Φ8@150。楼面活荷载由原来的 2.0kN/m^2 增至 6.0kN/m^2，此框架梁原跨中最大弯矩标准值为 224.08kN·m 增至 440.16kN·m（设计值达到 550.20kN·m）。采用 C35 改性混凝土增大截面法加固，加固方式如图 2-6 所示。新主筋钢种 HRB400，加固钢筋 4Φ25，截面积 1964mm^2。

图 2-6　加固梁截面设计图

【解】 1）按原梁设计条件下，对矩形截面梁进行跨中承载力验算。使用文献［3］的混凝土构件计算机软件 RCM 如图 2-7 所示。

可见，其与文献［4］的手算结果相同，不能满足承载现荷载要求，故需要采用增大截面法加固。

2）加固设计条件下，加固层厚度为 75mm，$h = 675mm$，$h_0 = 675 - 35 = 640mm$。由式（2-2）可得：

$$\alpha_1 f_{c0} bx = f_{y0} A_{s0} + \alpha_s f_y A_s - f'_{y0} A'_s$$
$$1.0 \times 14.3 \times 300x = 300 \times 1964 + 0.9 \times 360 \times 1964 - 300 \times 804$$

解得：$x = 229.45mm$，$x/h_{01} = 229.45/565 = 0.408 < 0.55 = \xi_{b0}$

$$\varepsilon_{s0} = \frac{M_{0k}}{0.85 h_{01} A_{s0} E_{s0}} = \frac{224.08 \times 10^6}{0.85 \times 565 \times 1964 \times 2 \times 10^5} = 0.00119$$

$$\varepsilon_{s1} = \left(1.6 \frac{h_0}{h_{01}} - 0.6\right) \varepsilon_{s0} = \left(1.6 \times \frac{640}{565} - 0.6\right) \times 0.00119 = 0.00144$$

$$\xi_b = \frac{\beta_1}{1 + \dfrac{\alpha_s f_y}{\varepsilon_{cu} E_s} + \dfrac{\varepsilon_{s1}}{\varepsilon_{cu}}} = \frac{0.8}{1 + \dfrac{0.9 \times 360}{0.0033 \times 2.0 \times 10^5} + \dfrac{0.00144}{0.0033}} = 0.415$$

$$x = 229.45mm \leqslant \xi_b h_0 = 0.415 \times 640 = 265.7mm，满足要求。$$

图 2-7　原梁跨中承载力验算

再由式（2-1），得：

$$M = \left[0.9 \times 360 \times 1964 \times \left(640 - \frac{229.45}{2}\right) + 300 \times 1964 \times \left(565 - \frac{229.45}{2}\right) + 300 \times 804 \times \left(\frac{229.45}{2} - 35\right)\right] \times 10^{-6}$$

$$= 618.8\,kN \cdot m > 550.20\,kN \cdot m$$

加固梁跨中截面抗弯承载力满足要求。用 SCS 软件计算本题，其输入信息和简要输出结果如图 2-8 所示。可见其计算结果与上面手算结果相同，验证了手算结果的正确性。

图 2-8　矩形截面双筋梁增大截面法加固复核

【例 2-3】 T 形截面梁增大截面法加固设计算例

文献 [4] 第 12 页例题，框架梁原设计条件：简支梁跨度 $L = 8m$，截面尺寸 $b = 200mm$，$h = 600mm$，$b'_f = 400mm$，$h'_f = 80mm$，混凝土强度等级 C20，梁底钢筋 4 ϕ 20，HPB235 箍筋 ϕ 8@ 250。该梁承受恒荷载为 $g_k = 8kN/m$，活荷载为 $q_k = 12kN/m$，由于改变使用功能，实际活荷载为 $q_k = 16kN/m$，要求进行加固处理，如图 2-9 所示。

【解】 1）原梁承载力复核。

跨中弯矩：$M = \dfrac{1}{8}(1.3g_k + 1.5q_k)L^2 = \dfrac{1}{8} \times (1.3 \times 8 + 1.5 \times 16) \times 8^2 = 275.2\,kN \cdot m$

图 2-9　T 形截面梁

设计条件下，对矩形截面梁进行跨中承载力验算。使用文献 [3] 的混凝土构件计算机软件 RCM 如图 2-10 所示。

可见，其与文献 [4] 的手算结果相同，不能满足承受现荷载的要求，故需要采用增大截面法加固。

2）加固设计条件下，加固层厚度为 60mm，$h = 660mm$，$h_0 = 660 - 35 = 625mm$。由式 （2-8）、式（2-9）可得：

$$M \leqslant \alpha_s f_y A_s \left(h_0 - \frac{x}{2}\right) + f_{y0} A_{s0}\left(h_{01} - \frac{x}{2}\right) + f'_{y0} A'_{s0}\left(\frac{x}{2} - a'\right) + \alpha_1 f_{c0}(b'_f - b)h'_f\left(\frac{x}{2} - \frac{h'_f}{2}\right)$$

图 2-10　原梁跨中承载力验算

$$275.2 \times 10^6 = 0.9 \times 360 \times A_s \times \left(625 - \frac{x}{2}\right) + 300 \times 1256 \times \left(565 - \frac{x}{2}\right) + 0 + 9.6 \times 200 \times 80 \times \left(\frac{x}{2} - \frac{80}{2}\right)$$

$$\alpha_1 f_{c0} \left[(b_f' - b) h_f' + bx\right] = f_{y0} A_{s0} + \alpha_s f_y A_s - f_{y0}' A_{s0}'$$

$$9.6 \left[(400 - 200) \times 80 + 200x\right] = 300 \times 1256 + 0.9 \times 360 \times A_s - 0$$

联立方程解得：$x = 207.9 \text{mm}$，$x/h_{01} = 207.9/565 = 0.368 < 0.55 = \xi_{b0}$

假定加固时已卸除了全部活荷载，则原梁跨中弯矩标准值：$M_{0k} = \dfrac{1}{8} g_k L^2 = \dfrac{1}{8} \times 8 \times 8^2 = 64 \text{kN} \cdot \text{m}$

$$\varepsilon_{s0} = \frac{M_{0k}}{0.85 h_{01} A_{s0} E_{s0}} = \frac{64 \times 10^6}{0.85 \times 565 \times 1256 \times 2 \times 10^5} = 0.00053$$

$$\varepsilon_{s1} = \left(1.6 \frac{h_0}{h_{01}} - 0.6\right) \varepsilon_{s0} = \left(1.6 \times \frac{625}{565} - 0.6\right) \times 0.00053 = 0.00062$$

$$\xi_b = \frac{\beta_1}{1 + \dfrac{\alpha_s f_y}{\varepsilon_{cu} E_s} + \dfrac{\varepsilon_{s1}}{\varepsilon_{cu}}} = \frac{0.8}{1 + \dfrac{0.9 \times 360}{0.0033 \times 2.0 \times 10^5} + \dfrac{0.00062}{0.0033}} = 0.476$$

$x = 207.9 \text{mm} \leqslant \xi_b h_0 = 0.476 \times 625 = 297.8 \text{mm}$，满足要求。

再由式（2-9），得：

$$A_s = \frac{9.6 \times \left[(400 - 200) \times 80 + 200 \times 207.9\right] - 300 \times 1256 + 0}{0.9 \times 360} = 542.9 \text{mm}^2$$

用 SCS 软件计算本题，其输入信息和简要输出结果如图 2-11 所示。可见其计算结果与上面手算结果相同。为验证上述结果的正确性，使用 SCS 软件的增大截面法加固梁复核功能，其输入信息的简要计算结果如图 2-12 所示。

【例 2-4】矩形截面单筋梁增大截面后原受拉筋达不到屈服强度算例

某框架梁原设计条件：截面尺寸 $b = 400 \text{mm}$，$h = 550 \text{mm}$，混凝土强度等级 C30，主筋 $8 \oplus 25$，箍筋 $\phi 10@100$。经计算原梁跨中最大弯矩设计值为 $485.5 \text{kN} \cdot \text{m}$、最大弯矩标准值为 $350 \text{kN} \cdot \text{m}$，增加荷载后弯矩设计值达到 $900 \text{kN} \cdot \text{m}$。采用 C35 改性混凝土外包增大截面法加固，加固层厚度为 550mm，$h = 1100 \text{mm}$，新主筋钢种 HRB400。

图 2-11　T形截面梁增大截面法加固设计

图 2-12　T形截面梁增大截面法加固复核

【解】加固设计条件下，$h_0 = 1100 - 35 = 1065\text{mm}$。由式（2-1）、式（2-2）可得：

$$M = \alpha_s f_y A_s \left(h_0 - \frac{x}{2}\right) + f_{y0} A_{s0}\left(h_{01} - \frac{x}{2}\right)$$

$$900 \times 10^6 = 0.9 \times 360 \times A_s \times \left(1065 - \frac{x}{2}\right) + 300 \times 3928 \times \left(515 - \frac{x}{2}\right)$$

$$\alpha_1 f_{c0} bx = f_{y0} A_{s0} + \alpha_s f_y A_s$$

$$1.0 \times 14.3 \times 400 x = 300 \times 3928 + 0.9 \times 360 \times A_s$$

联立方程解得：$x = 295.0\text{mm}$

$$\varepsilon_{s0} = \frac{M_{0k}}{0.85 h_{01} A_{s0} E_{s0}} = \frac{360 \times 10^6}{0.85 \times 515 \times 3928 \times 2 \times 10^5} = 0.00105$$

$$\varepsilon_{s1} = \left(1.6 \frac{h_0}{h_{01}} - 0.6\right)\varepsilon_{s0} = \left(1.6 \times \frac{1065}{515} - 0.6\right) \times 0.00105 = 0.00284$$

$$\xi_b = \frac{\beta_1}{1 + \dfrac{\alpha_s f_y}{\varepsilon_{cu} E_s} + \dfrac{\varepsilon_{s1}}{\varepsilon_{cu}}} = \frac{0.8}{1 + \dfrac{0.9 \times 360}{0.0033 \times 2.0 \times 10^5} + \dfrac{0.00284}{0.0033}} = 0.340$$

$$x = 295.0\text{mm} \leqslant \xi_\text{b} h_0 = 0.340 \times 1065 = 362.5\text{mm}，满足要求。$$

$$x/h_{01} = 295.0/515 = 0.573 > \xi_{b0} = 0.550$$

$$\sigma_{s0} = \left(\frac{0.8h_{01}}{x} - 1\right)\varepsilon_\text{cu}E_\text{s} = \left(\frac{0.8 \times 515}{295.0} - 1\right) \times 0.0033 \times 200000 = 261.8\text{MPa}$$

由式（2-2），并用 σ_{s0} 代替 f_{y0}，得：

$$A_\text{s} = \frac{\alpha_1 f_{c0}bx - \sigma_{s0}A_{s0} + f'_{y0}A'_{s0}}{\alpha_\text{s} f_\text{y}} = \frac{1.0 \times 14.3 \times 400 \times 295.0 - 261.8 \times 3928}{0.9 \times 360} = 2033.7\text{mm}^2$$

严格地讲，应将 σ_{s0} 代回方程组，再次求解，得到更精确的 x 和 σ_{s0}，从而得到更精确的 A_s，但过程烦琐。因由式（2-2）可见上面求得的 x 偏大，造成 σ_{s0} 偏小，A_s 偏大，结果偏于安全，就不求更精确解了。

用 SCS 软件计算本题，其输入信息和简要输出结果如图 2-13 所示。可见其计算结果与上面手算结果相同。

图 2-13　增大截面法受弯构件正截面加固设计

下面复核计算。由式（2-2）得：

$$x = \frac{f_{y0}A_{s0} + \alpha_\text{s} f_\text{y}A_\text{s}}{\alpha_1 f_{c0}b} = \frac{300 \times 3928 + 0.9 \times 360 \times 2033.7}{1 \times 14.3 \times 400} = 321.2\text{mm}$$

$$x/h_{01} = 321.2/515 = 0.624 > \xi_{b0} = 0.550$$

$$\sigma_{s0} = \left(\frac{0.8h_{01}}{x} - 1\right)\varepsilon_\text{cu}E_\text{s} = \left(\frac{0.8 \times 515}{321.2} - 1\right) \times 0.0033 \times 200000 = 186.6\text{MPa}$$

$$M = \alpha_\text{s} f_\text{y}A_\text{s}\left(h_0 - \frac{x}{2}\right) + f_{y,0}A_{s0}\left(h_{01} - \frac{x}{2}\right)$$

$$= 0.9 \times 360 \times 2033.7 \times (1065 - 321.2/2) + 186.6 \times 3928 \times (515 - 321.2/2) = 855.6\text{kN} \cdot \text{m}$$

严格地讲，应将 σ_{s0} 代回方程组再次求解，得到更精确的 x 和 σ_{s0}，从而得到更精确的 M，但过程烦琐。因由式（2-2）可见上面求得的 x 偏大，造成 σ_{s0} 偏小，M 偏小，结果偏于安全，就不求更精确解了。

用 SCS 软件计算本题，其输入信息和简要输出结果如图 2-14 所示。可见，其计算结果与上面手算结果相同。设计和复核过程都有安全余量，造成以上两图的计算结果不闭合。

图2-14　增大截面法受弯构件正截面加固复核

【例2-5】悬臂梁在下部受压区增大截面加固复核算例

某矩形截面悬臂梁根部截面：截面尺寸 $b=200$mm，$h_1=500$mm，混凝土强度等级 C25，受拉纵筋 2φ22（$A_{s0}=1140$mm²），HPB235 箍筋φ8@100。由于荷载变化，截面弯矩由原来的 130.0kN·m 变成了现在的 200.0kN·m。打算在悬臂梁根部下侧增大混凝土截面，采用 C35 混凝土，新增受压钢筋 2φ16（$A'_s=402$mm²），试计算所需混凝土叠合层厚度。

【解】 经试算在悬臂梁在下部受压区增大截面高度 200mm 能满足承载力要求，此时，由式（2-11）可得：

$$x=\frac{f_{y0}A_{s0}-0.9f'_yA'_s}{0.9\alpha_1f_cb}=(300\times1140-0.9\times360\times402)/(0.9\times1\times16.7\times200)=70.4\text{mm}$$

$$x<2a'$$

$$M=f_{y0}A_{s0}(h_0-a')=300\times1140\times(660-40)=212\text{kN}\cdot\text{m}$$

由《混凝土结构设计规范》GB 50010—2010式（H.0.4-1）可得叠合面受剪承载力的许可值：

$$V_u=1.2f_{t0}bh_0+0.85f_{yv}\frac{A_{sv}}{s}h_0=1.2\times1.27\times200\times660+0.85\times210\times660\times100.6/100=319.7\text{kN}$$

用 SCS 软件计算本题，其输入信息和简要输出结果如图 2-15 所示。可见，其计算结果与手算结果相同。

图2-15　矩形截面悬臂梁根下部增大截面法加固复核

2.3 增大截面法受弯构件斜截面加固计算

因为《混凝土结构加固设计规范》GB 50367—2013 给出的截面限制条件式（5.3.1）未考虑原混凝土和加固用混凝土抗压强度的差异，加固用混凝土强度未折减，未考虑原混凝土和加固用混凝土相对面积的影响，也没给出三面围套或四面围套（多用于柱加固）加固的相关公式，本书提出式（2-14）和式（2-15），以满足工程需要。

（1）永久、短暂设计状况

受弯构件加固后的斜截面应符合下列条件：

1）当受拉区增设配筋混凝土层，并采用 U 形箍与原箍筋逐个焊接时：

当 $h_w/b \leqslant 4$ 时，$V \leqslant 0.25\beta_c f_{c0} b h_{01} + 0.25\alpha_c \beta_{c2} f_c b(h_0 - h_{01})$ （2-14a）

当 $h_w/b \geqslant 6$ 时，$V \leqslant 0.20\beta_c f_{c0} b h_{01} + 0.20\alpha_c \beta_{c2} f_c b(h_0 - h_{01})$ （2-14b）

当 $4 < h_w/b < 6$ 时，按线性内插法取用，即

$$V \leqslant 0.025(14 - h_w/b)[\beta_c f_{c0} b h_{01} + \alpha_c \beta_{c2} f_{c0} b(h_0 - h_{01})]$$ （2-14c）

2）当增设钢筋混凝土三面围套或四面围套，并采用加锚式或胶锚式箍筋时：

当 $h_w/b \leqslant 4$ 时，$V \leqslant 0.25\beta_c f_{c0} b h_{01} + 0.25\alpha_c \beta_{c2} f_c A_c$ （2-15a）

当 $h_w/b \geqslant 6$ 时，$V \leqslant 0.20\beta_c f_{c0} b h_{01} + 0.20\alpha_c \beta_{c2} f_c A_c$ （2-15b）

当 $4 < h_w/b < 6$ 时，按线性内插法取用，即 $V \leqslant 0.025(14 - h_w/b)[\beta_c f_{c0} b h_{01} + \alpha_c \beta_{c2} f_c A_c]$

（2-15c）

式中　V——构件加固后剪力设计值；

β_c、β_{c2}——原混凝土强度影响系数、加固用混凝土强度影响系数：当混凝土强度等级不超过 C50 时，β_c、β_{c2} 取为 1.0；当混凝土强度等级为 C80 时，β_c、β_{c2} 取为 0.8；其间按线性内插法确定；

α_c——新增混凝土强度利用系数，取 $\alpha_c = 0.7$；

b——矩形截面的宽度或 T 形、I 形截面的腹板宽度；

h_0、h_{01}——加固后、加固前截面的有效高度；

h_w——截面的腹板高度，矩形截面的 h_w 取 h_0、h_{01}，T 形截面的 h_w 取有效高度减去翼缘高度，工字形截面的 h_w 取腹板净高。

采用增大截面法加固受弯构件时，其斜截面受剪承载力应符合下列规定：

1）当受拉区增设配筋混凝土层，并采用 U 形箍与原箍筋逐个焊接时：

$$V \leqslant \alpha_{cv}[f_{t0} b h_{01} + \alpha_c f_t b(h_0 - h_{01})] + f_{yv0}\frac{A_{sv0}}{s_0}h_0$$ （2-16）

2）当增设钢筋混凝土三面围套，并采用加锚式或胶锚式箍筋时：

$$V \leqslant \alpha_{cv}(f_{t0} b h_{01} + \alpha_c f_t A_c) + \alpha_s f_{yv}\frac{A_{sv}}{s}h_0 + f_{yv0}\frac{A_{sv0}}{s_0}h_{01}$$ （2-17）

式中　α_{cv}——斜截面混凝土受剪承载力系数，对一般受弯构件取 0.7；对集中荷载作用下（包括作用有多种荷载，其中集中荷载对支座截面或节点边缘所产生的剪力值占总剪力的 75% 以上的情况）的独立梁，取 α_{cv} 为 $\dfrac{1.75}{\lambda + 1}$，

λ 为计算截面的剪跨比，可取 λ 等于 a/h_0，当剪跨比 $\lambda<1.5$ 时，取 $\lambda=1.5$；当 $\lambda>3$ 时，取 $\lambda=3$；a 为集中荷载作用点至支座截面或节点边缘的距离；

f_t、f_{t0}——新、旧混凝土轴心抗拉强度设计值；

A_c——三面围套新增混凝土截面面积；

α_s——新增箍筋强度利用系数，取 $\alpha_s=0.9$；

f_{yv}、f_{yv0}——新箍筋、原箍筋的抗拉强度设计值；

A_{sv}、A_{sv0}——同一截面内新箍筋各肢截面面积之和、原箍筋各肢截面面积之和；

s、s_0——新箍筋、原箍筋沿构件长度方向的间距。

（2）地震设计状况

受弯构件加固后的斜截面应符合下列条件：

1）当受拉区增设配筋混凝土层，并采用 U 形箍与原箍筋逐个焊接时：

当跨高比大于 2.5 时，$V\leqslant[0.20\beta_c f_{c0}bh_{01}+0.20\alpha_c\beta_{c2}f_cb(h_0-h_{01})]/\gamma_{RE}$　　　　（2-18a）

当跨高比不大于 2.5 时，$V\leqslant[0.15\beta_c f_{c0}bh_{01}+0.15\alpha_c\beta_{c2}f_cb(h_0-h_{01})]/\gamma_{RE}$　　　　（2-18b）

2）当增设钢筋混凝土三面围套或四面围套，并采用加锚式或胶锚式箍筋时：

当跨高比大于 2.5 时，$V\leqslant(0.20\beta_c f_{c0}bh_{01}+0.20\alpha_c\beta_{c2}f_cA_c)/\gamma_{RE}$　　　　（2-19a）

当跨高比不大于 2.5 时，$V\leqslant(0.15\beta_c f_{c0}bh_{01}+0.15\alpha_c\beta_{c2}f_cA_c)/\gamma_{RE}$　　　　（2-19b）

斜截面受剪承载力应符合下列规定：

当受拉区增设配筋混凝土层，并采用 U 形箍与原箍筋逐个焊接时：

$$V\leqslant\{0.6\alpha_{cv}[f_{t0}bh_{01}+\alpha_c f_t b(h_0-h_{01})]+f_{yv0}\frac{A_{sv0}}{s_0}h_0\}/\gamma_{RE}\qquad（2-20）$$

当增设钢筋混凝土三面围套，并采用加锚式或胶锚式箍筋时：

$$V\leqslant[0.6\alpha_{cv}(f_{t0}bh_{01}+\alpha_c f_t A_c)+\alpha_s f_{yv}\frac{A_{sv}}{s}h_0+f_{yv0}\frac{A_{sv0}}{s_0}h_{01}]/\gamma_{RE}\qquad（2-21）$$

这里，$\gamma_{RE}=0.85$。

【例 2-6】增大截面法受弯构件斜截面加固设计算例

框架梁原设计条件：截面尺寸 $b=300mm$，$h=600mm$，混凝土强度等级 C30，HPB235 箍筋 $\phi10@100$，原设计最大剪力为 300kN，现剪力设计值增加至 650kN，采用 U 形箍焊接加固处理，截面增大部分采用 C35 改性混凝土。

【解】

1）原梁承载力复核

设计条件下，对矩形截面梁进行跨中承载力验算。使用文献［3］的混凝土构件计算机软件 RCM 如图 2-16 所示。可见原梁斜截面受剪承载力不满足现使用荷载的要求。

2）加固梁受剪承载力设计验算

由截面限制条件，即式（2-14a），截面有效高度至少应增加到：

$h_v=(V-[V_1])/(0.25\alpha_c\beta_{c2}f_cb)+h_{01}=(650000-600600)/(0.25\times0.7\times1\times16.7\times300)+560$

$=656.3mm$

再由式（2-16）可得：

图 2-16　原梁斜截面受剪承载力复核

$$V \leq \alpha_{cv}\left[f_{t0}bh_{01}+\alpha_c f_t b\left(h_0-h_{01}\right)\right]+f_{yv0}\frac{A_{sv0}}{s_0}h_0$$

$$650000 \leq 0.7\times\left[1.43\times300\times560+0.7\times1.57\times300\times\left(h_0-560\right)\right]+210\times\frac{157.0}{100}\times h_0$$

由此解出 $h_0 \geq 1090$mm。所需截面高度 $h \geq 1090+40 = 1130$mm。

用 SCS 软件计算本题，其输入信息和简要输出结果如图 2-17 所示。可见，其计算结果与上面手算结果相同。

图 2-17　增大截面法受弯构件斜截面加固设计

【例 2-7】增大截面法受弯构件斜截面加固复核算例

框架梁原设计条件：截面尺寸 $b = 300$mm，$h = 600$mm，楼板厚 120mm，混凝土强度等级 C30，HPB235 箍筋，2φ8@100，原设计最大剪力为 250kN。现剪力设计值增加至 540kN，采用改性混凝土增大截面三面 U 形围套，并采用加锚式加固，混凝土强度等级 C35，HPB300 箍筋，2φ10@150，加固配筋方式如图 2-18 所示。试复核其受剪承载力。

【解】1）原梁承载力复核

图 2-18　加固配筋图

设计条件下，对矩形截面梁进行承载力验算。使用文献［3］的混凝土构件计算机软件 RCM 如图 2-19 所示。可见原梁斜截面受剪承载力不满足现使用荷载的要求。

2）加固梁受剪承载力设计验算

截面限制条件：

$$h_w/b = (750-60-120)/450 = 1.27 < 4$$

图 2-19　原梁受剪承载力复核

$A_c = b_2(h_0-h_{01}) + (b_2-b_1)(h_{01}-t) = 450×(690-560) + (450-300)×(560-120) = 124500 \, \text{mm}^2$

$[V] = [V_1] + 0.25\alpha_c\beta_{c2}f_cA_c = 600.60 + 0.25×0.7×1×16.7×124500×10^{-3} = 964.45\text{kN} > 540\text{kN}$

截面尺寸符合要求。

由式（2-17）得：

$$V \leqslant \alpha_{cv}(f_{t0}bh_{01} + \alpha_cf_tA_c) + \alpha_sf_{yv}\frac{A_{sv}}{s}h_0 + f_{yv0}\frac{A_{sv0}}{s_0}h_{01}$$

$$V \leqslant \{0.7×1.43×300×560 + 0.7×0.7×1.57×[(690-560)×450 + (560-120)×150]$$

$$+ 0.9×270×\frac{157.0}{150}×690 + 210×\frac{100.6}{100}×560\} ×10^{-3} = 557.8\text{kN} > 540\text{kN}$$

加固后的梁受剪承载力满足要求。

用 SCS 软件计算本题，其输入信息和简要输出结果如图 2-20 所示。可见，其计算结果与上面手算结果相近。

图 2-20　三面 U 形围套并采用加锚式加固

如果将此梁作为设计题，已知受到剪力 $V = 557.8$ kN，使用 SCS106 功能项输入数据和简要结果如图 2-21 所示，可见其与图 2-20 的结果相互印证。

图 2-21 三面 U 形围套并采用加锚式加固设计

假设该梁跨高比不大于 2.5，其他条件不变，演示抗震加固计算过程如下：

截面限制条件：

$$[V_1] = 0.15\beta_c f_{c0} A_{c0} / \gamma_{RE} = 0.15 \times 1 \times 14.3 \times 300 \times 560 \times 10^{-3} / 0.85 = 423.95 \text{kN}$$

$$[V] = [V_1] + 0.15\alpha_c \beta_{c2} f_c A_c / \gamma_{RE} = 423.95 + 0.15 \times 0.7 \times 1 \times 16.7 \times 124500 \times 10^{-3} / 0.85$$
$$= 680.79 \text{kN} > 557.8 \text{kN}$$

截面尺寸符合要求。

由式（2-21）得：

$$\frac{A_{sv2}}{s_2} = \frac{\gamma_{RE} V - 0.6\alpha_{cv}(f_{t0} b h_{01} + \alpha_c f_t A_c) - f_{yv0} h_{01} A_{sv0}/s_0}{\alpha_s f_{yv2} h_0}$$

$$= \frac{0.85 \times 55780 - 0.42 \times (14.3 \times 300 \times 560 + 0.7 \times 1.57 \times 124500) - 210 \times 560 \times 100.6/100}{0.9 \times 270 \times 690}$$

$$= 1.1777 \text{mm}^2/\text{mm}$$

用 SCS 软件计算，其输入信息和简要输出结果如图 2-22 所示。

图 2-22 三面 U 形围套并采用加锚式抗震加固设计

【例 2-8】 T 形截面梁增大截面法加固设计算例

本书【例 2-3】中梁高已由正截面承载力确定增大 60mm，试复核该框架梁受剪承载力。

【解】

梁端剪力： $V = \dfrac{1}{2}(1.3g_k + 1.5q_k)L = \dfrac{1}{2}(1.3 \times 8 + 1.5 \times 16) \times 8 = 137.6\text{kN}$

由截面限制条件，即式（2-14）可得：

$[V] = (0.25 \times 1 \times 9.6 \times 200 \times 565 + 0.25 \times 0.7 \times 1 \times 14.3 \times 200 \times 60) \times 10^{-3} = 301.23\text{kN}$

$V_u = 0.7[f_{t0}bh_{01} + \alpha_c f_t b(h_0 - h_{01})] + f_{yv0}\dfrac{A_{sv0}}{s_0}h_0$

$\quad = \{0.7 \times 200 \times [1.1 \times 565 + 0.7 \times 1.43 \times (625 - 565)] + 210 \times \dfrac{100.5}{250} \times 625\} \times 10^{-3}$

$\quad = 148.26\text{kN} > 137.6\text{kN}$

使用 SCS 软件输入信息和简要输出结果如图 2-23 所示。可见，接近满足受剪承载力要求。

图 2-23　增大截面法加固梁斜截面受剪承载力计算

【例 2-9】 受弯构件斜截面加固已确定增大面积求混凝土强度等级算例

框架梁原设计条件：截面尺寸 $b = 200\text{mm}$，$h = 600\text{mm}$，混凝土强度等级 C20，HPB235 箍筋 $\phi 6@250$。现剪力设计值增加至 128kN，已确定了加固层厚 60mm，现采用改性混凝土梁底增大截面，并采用相同强度等级箍筋与原箍筋逐个焊接。试确定加固用混凝土强度等级。设计已知条件：加固梁有效高度 $h_0 = 660 - 35 = 625\text{mm}$、原梁有效高度 $h_{01} = 600 - 35 = 565\text{mm}$。

【解】加固梁受剪承载力设计验算

截面限制条件：（假设折减后的加固用混凝土强度不低于原混凝土强度）

$$h_w/b = 625/200 = 3.12 < 4$$

$$0.25\beta_c f_{c0}bh_0 = 0.25 \times 9.6 \times 200 \times 625 \times 10^{-3} = 300\text{kN} > 128\text{kN}$$

截面尺寸符合要求。

由式（2-16）得：

$V_0 = 0.7f_{t0}bh_{01} + f_{yv0}\dfrac{A_{sv0}}{s_0}h_0 = \{0.7 \times 1.1 \times 200 \times 565 + 210 \times \dfrac{56.6}{250} \times 625\} \times 10^{-3} = 116.725\text{kN}$

$$f_t = \frac{V-V_0}{0.7\alpha_c b(h_0-h_{01})} = \frac{128000-116725}{0.7\times0.7\times200\times(625-565)} = 1.918\text{N}/\text{mm}^2$$

可选用 C55 改性混凝土 $f_t = 1.96\text{N}/\text{mm}^2$。

用 SCS 软件计算本题，其输入信息和简要输出结果如图 2-24 所示。可见，其计算结果与手算结果相同。

图 2-24　梁底增大截面提高受剪承载力加固设计

2.4　增大截面法轴心受压柱承载力计算

采用加大截面法加固钢筋混凝土构件（图 2-25）时，其正截面受压承载力应按下式确定：

$$N \leqslant 0.9\varphi\left[f_{c0}A_{c0}+f'_{y0}A'_{s0}+0.8(f_c A_c+f'_y A'_s)\right]$$

$$(2-22)$$

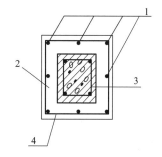

式中　N——构件加固后的轴向压力设计值；

　　　φ——构件的稳定系数，根据加固后的截面尺寸，按《混凝土结构设计规范》GB 50010 的规定值采用；

　　　A_{c0}、A_c——构件加固前混凝土截面面积和加固后新增部分混凝土截面面积；

　　　f'_y、f'_{y0}——新增纵向钢筋和原纵向钢筋的抗压强度设计值；

　　　A'_s、A'_{s0}——新增纵向受压钢筋和原纵向受压钢筋的截面面积。

图 2-25　轴心受压构件增大截面加固
1—新增纵向受力钢筋；2—新增截面；
3—原柱截面；4—新加箍筋

【例 2-10】增大截面法加固的轴心受压柱设计算例

某九层双跨钢筋混凝土框剪结构，现需对该楼增加二层，经复核发现个别柱需要加固。该首层中柱截面尺寸为：400mm×550mm，C20 级混凝土，配 8 ϕ 18 （$A'_{s0} = 2036\text{mm}^2$）纵向钢筋，层高 $H = 6.5\text{m}$。加层后该柱为轴心受压构件，承受设计轴向力 3600kN。加固方法是将原柱四周混凝土凿毛，然后配置 ϕ8@200 箍筋及 400 级纵筋，并喷射厚 50mm 的 C30 级细石混凝土。要求计算补配的纵筋截面面积。

【解】柱计算长度 $l_0 = 1.0H = 6.5\text{m}$，$l_0/b = 6.5/(0.4+0.1) = 13$，查《混凝土结构设计规范》GB 50010—2010 表得 $\varphi = 0.935$。

由式（2-22），加固钢筋面积为：

$$A'_s = \frac{\dfrac{N}{0.9\varphi} - f_{c0}A_{c0} - f'_{y0}A'_{s0} - 0.8f_cA_c}{0.8f'_y}$$

$$= \frac{\dfrac{3600000}{0.9\times0.935} - 9.6\times400\times550 - 300\times2036 - 0.8\times14.3\times(500\times650-400\times550)}{0.8\times360}$$

$$= 1229.4\text{mm}^2$$

SCS 计算对话框和最终计算结果如图 2-26 所示，可见其与手算结果相同。

图 2-26　加大截面法加固的轴心受压柱设计

【例 2-11】增大截面法加固的轴心受压柱复核算例

文献［5］第 122 页例题，某 4 层住宅楼为装配式楼盖，由于施工质量原因，不能正常使用，对其 1 层柱进行检测，发现其强度不足，需进行加固处理。首层柱高 $H = 5600\text{mm}$，截面尺寸为 $700\text{mm}\times700\text{mm}$，原柱一侧配筋为 $5\phi18+3\phi20$，对称配置，加固钢筋为 $9\phi16$，柱的承载力设计值需要达到 6500kN。

【解】1）加固设计基本资料

采用增大截面并置换部分混凝土的方法加固，柱加固详图如图 2-27 所示。

2）加固前柱承载力计算

经检测，$f_{c0} = 7.2\text{N/mm}^2$。相当于 C15 混凝土。已知：$A'_{s0} = 4429\text{mm}^2$，$f'_{y0} = 360\text{N/mm}^2$。

加固前按《混凝土结构设计规范》GB 50010—2010 计算：

$$\frac{l_0}{b} = \frac{1.25\times5600}{700} = 10.0$$，查《混凝土结构设计规范》GB 50010—2010 表 6.2.15 得

$\varphi = 0.98$

$N \leq 0.9\varphi(f_{c0}A_{c0} + f'_{y0}A'_{s0}) = 0.9\times0.98\times(7.2\times700\times700+360\times4429)\times10^{-3} = 4518.0\text{kN} < 6500\text{kN}$
故承载力不足。

图 2-27　柱加固详图

说明：钢筋端部植入原结构中，加固范围为一层楼面至二层楼面，凿除范围为一层楼面到
二层楼面梁底，梁柱节点部位凿除原保护层即可

3）加固设计计算

如图 2-27 可见，采用 C35 混凝土进行加固置换并且增大截面，加固后应按式（2-22）计算。根据加固图得：

$$A_c = 80 \times (700 + 30 + 30) \times 2 + 600 \times 80 \times 2 = 217600 \text{mm}^2 ; \ A'_s = 1810.0 \text{mm}^2$$

$\dfrac{l_0}{b} = \dfrac{1.25 \times 5600}{760} = 9.21$，查《混凝土结构设计规范》GB 50010—2010 表 6.2.15 得 $\varphi = 0.987$。

$$N \leqslant 0.9\varphi \left[f_{c0}A_{c0} + f'_{y0}A'_{s0} + 0.8(f_c A_c + f'_y A'_s) \right]$$
$$= 0.9 \times 0.987 \times \left[7.2 \times 600 \times 600 + 360 \times 4429 + 0.8 \times (16.7 \times 217600 + 1810 \times 360) \right] \times 10^{-3}$$
$$= 6771.1 \text{kN} > 6500 \text{kN}$$

SCS 软件计算对话框输入信息和最终计算结果如图 2-28 所示，可见其与手算结果相同。

图 2-28　增大截面法加固轴心受压柱承载力复核

【例 2-12】增大截面法加固轴心受压圆形柱设计算例

首层中柱截面直径 $D=550\text{mm}$，C20 级混凝土，配置 8ϕ18（$A'_{s0}=2036\text{mm}^2$）纵向钢筋，层高 $H=6.5\text{m}$。加层后该柱为轴心受压构件，承受设计轴向力 3600kN。加固方法是将原柱四周混凝土凿毛，然后配置Φ8@200 箍筋及 400 级纵筋，并喷射厚 50mm 的 C30 级细石混凝土。要求计算补配的纵筋截面面积。

【解】 柱计算长度 $l_0=1.0H=6.5\text{m}$，$l_0/D_1=6.5/（0.55+0.1）=10$，查《混凝土结构设计规范》GB 50010—2010 表得 $\varphi=0.958$

原柱混凝土截面积 $A_{c0}=\pi D^2/4=3.1416\times550\times550/4=237582\text{mm}^2$

新增混凝土截面积 $A_c=\pi D_1^2/4-A_{c0}=3.1416\times650\times650/4-237582=94248\text{mm}^2$

由式（2-12），加固钢筋面积为：

$$A'_s=\frac{\dfrac{N}{0.9\varphi}-f_{c0}A_{c0}-f'_{y0}A'_{s0}-0.8f_cA_c}{0.8f'_y}=\frac{\dfrac{3600000}{0.9\times0.958}-9.6\times237582-300\times2036-0.8\times14.3\times94248}{0.8\times360}$$

$=721.34\text{mm}^2$

SCS 计算对话框和最终计算结果如图 2-29 所示，可见其与手算结果相同。

图 2-29 增大截面法加固的轴心受压圆柱设计

还可使用 SCS 进行复核，复核计算对话框和最终计算结果如图 2-30 所示。

图 2-30 增大截面法加固的轴心受压圆柱复核

2.5　增大截面法偏心受压构件承载力计算

采用增大截面加固钢筋混凝土偏心受压构件时，其矩形截面正截面承载力应按下列公式确定（图2-31）〔注：由式（2-23）、式（2-24）可见，两式都是以加固后截面受压边缘的应变成比例关系，故图中 h_{01} 标注较《混凝土结构加固设计规范》GB 50367—2013 的有所改正，因式（2-25）、式（2-26）利用的三角比例关系都是关于截面最高边缘定出的，所以 h_{01} 应与 h_0 和 x 的起点相同。式（2-23）是《混凝土结构加固设计规范》GB 50367—2013 式（5.4.2-1）中新增受拉或受压较小侧纵筋乘了值为 0.9 的强度利用程度降低系数，是参照规范对于受拉侧纵筋，轴心受压构件纵筋做法加的，这样符合后加材料强度适当折减的做法，也便于计算和按对称截面施工〕。

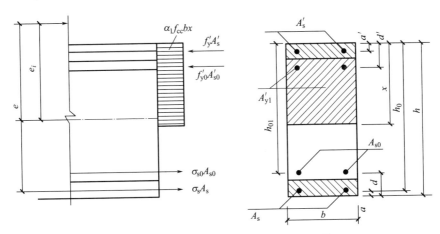

图 2-31　矩形截面偏心受压构件加固的计算

$$N \leqslant \alpha_1 f_{cc}bx + 0.9f'_y A'_s + f'_{y0}A'_{s0} - 0.9\sigma_s A_s - \sigma_{s0}A_{s0} \tag{2-23}$$

$$Ne \leqslant \alpha_1 f_{cc}bx\left(h_0 - \frac{x}{2}\right) + 0.9f'_y A'_s(h_0-a') + f'_{y0}A'_{s0}(h_0-d') - \sigma_{s0}A_{s0}(d-a) \tag{2-24}$$

$$\sigma_{s0} = \left(\frac{0.8h_{01}}{x} - 1\right)E_{s0}\varepsilon_{cu} \leqslant f_{y0} \tag{2-25}$$

$$\sigma_s = \left(\frac{0.8h_0}{x} - 1\right)E_s\varepsilon_{cu} \leqslant f_y \tag{2-26}$$

式中　f_{cc}——新旧混凝土组合截面的混凝土轴心抗压强度设计值（N/mm²），可近似按 $f_{cc} = \frac{1}{2}(f_{c0}+0.9f_c)$ 确定；若有可行试验数据，也可按试验结果确定；抗震设计时按《建筑抗震加固技术规程》JGJ 116—2009 第 6.3.8 条取 $f_{cc} = \frac{1}{2}(f_{c0}+0.85f_c)$；

f_c、f_{c0}——分别为新旧混凝土轴心抗压强度设计值；

f_y——新增钢筋抗拉强度设计值，抗震设计时式中系数 0.9 按《建筑抗震加固技术规程》JGJ 116—2009 第 6.3.8 条取 0.85；

σ_{s0}——原构件受拉边或受压较小边纵向钢筋应力，当为小偏心受压构件时，图中 σ_{s0} 可能变向；当算得 $\sigma_{s0} > f_{y0}$ 时，取 $\sigma_{s0} = f_{y0}$；

σ_s——受拉边或受压较小边的新增纵向钢筋应力，当为小偏心受压构件时，图中 σ_s 可能变向；当算得 $\sigma_s > f_y$ 时，取 $\sigma_s = f_y$；

A_{s0}——原构件受拉边或受压较小边纵向钢筋截面面积；

A'_{s0}——原构件受压较大边纵向钢筋截面面积；

d——原构件受拉边或受压较小边纵向钢筋合力点到加固后截面近边的距离；

d'——原构件受压较大边纵向钢筋合力点到加固后截面近边的距离；

a——受拉边或受压较小边新增纵向钢筋合力点到加固后截面近边的距离；

a'——受压较大边新增纵向钢筋合力点到加固后截面近边的距离；

h_0——受拉边或受压较小边新增纵向钢筋合力点至加固后截面受压较大边缘的距离；

h_{01}——原构件受拉边或受压较小边纵向钢筋合力点至加固后截面受压较大边缘的距离。

轴心压力作用点至纵向受拉或受压较小钢筋的合力作用点的距离（偏心距）e 应按下列规定确定：

$$e = e_i + \frac{h}{2} - a \qquad (2-27)$$

$$e_i = e_0 + e_a \qquad (2-28)$$

式中　e_i——初始偏心距；

a——纵向受拉钢筋的合力点至截面近边缘的距离；

e_0——轴向压力对截面重心的偏心距，取为 M/N；当需要考虑二阶效应时，M 应按《混凝土结构设计规范》GB 50010—2010 第 6.2.4 条规定的 $C_m \eta_{ns} M_2$，乘以修正系数 ψ 确定，即取 M 为 $\psi C_m \eta_{ns} M_2$；

ψ——修正系数，当为对称方式加固时，取 ψ 为 1.2；当为非对称方式加固时，取 ψ 为 1.3；

e_a——附加偏心距，按偏心方向截面较大尺寸 h 确定；当 $h \leqslant 600mm$ 时，取 e_a 为 20mm；当 $h > 600mm$ 时，取 $e_a = h/30$。

偏心受压柱只在受压侧（例如框架边柱内侧）增大截面时，计算公式可从上面几个式子简化得到。截面计算简图见图 2-32。于是，可列出计算公式：

$$N \leqslant \alpha_1 f_{cc} bx + 0.9 f'_y A'_s + f'_{y0} A'_{s0} - \sigma_{s0} A_{s0} \qquad (2-23')$$

$$Ne \leqslant \alpha_1 f_{cc} bx \left(h_0 - \frac{x}{2} \right) + 0.9 f'_y A'_s (h_0 - a'_1) + f'_{y0} A'_{s0} (h_0 - d') \qquad (2-24')$$

$$\sigma_{s0} = \left(\frac{0.8 h_{01}}{x} - 1 \right) E_{s0} \varepsilon_{cu} \leqslant f_{y0} \qquad (2-25')$$

轴心压力作用点至纵向受拉或受压较小钢筋的合力作用点的距离（偏心距）e 应按下列规定确定：

$$e = e_i + \frac{h}{2} - a \qquad (2-27')$$

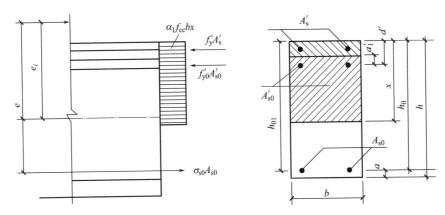

图 2-32　矩形截面偏心受压构件加固的计算

SCS 软件对于单侧增大截面柱输入数据为 a（原构件受拉边或受压较小边纵向钢筋合力点到原截面近边的距离）和 a_1'（原构件受压较大边纵向钢筋合力点到原截面近边的距离），图 2-32 中的 $d'=a_1'+h_c'$。这里，h_c' 为截面在受压区增加的厚度。

考虑地震作用组合计算柱的正截面承载力时，应在式（2-24）、式（2-24′）右端除以承载力抗震调整系数 γ_{RE}（轴压比小于 0.15 时，$\gamma_{RE}=0.75$；否则，$\gamma_{RE}=0.8$）。

【例 2-13】 增大截面法偏心受压构件对称配筋正截面加固设计算例

某框架柱，截面尺寸为 400mm×450mm，计算长度 $l_c=4000$mm，C20 混凝土，对称配筋，单侧纵向钢筋 8Φ20（$A_{s0}=2513$mm²）。因加层改造，柱需承受的荷载增至 $N=2160$kN，弯矩 $M=540$kN·m。拟采用柱四周外包混凝土方法加固，方法为先将原柱四周面层混凝土凿毛，再配置纵筋和箍筋，并喷射 50mm 厚 C25 级细石混凝土。要求设计该柱新增的纵向钢筋面积。

【解】 1）原柱承载力复核

按照《混凝土结构设计规范》GB 50010—2010，偏心受压构件计算需要知道杆件两端弯矩比值 M_1/M_2，在不知道的情况下，为安全计，设 $M_1/M_2=1$。使用文献［3］介绍的 RCM 软件输入信息与简要计算结果如图 2-33 所示。可见承载力不足，需要加固。

图 2-33　原柱承载力复核

2）加固计算

$$f_{cc}=\frac{1}{2}(f_{c0}+0.9f_c)=\frac{1}{2}(9.6+0.9\times11.9)=10.155\text{N/mm}^2$$

偏安全取 $M_1/M_2=1$，$e_0=\dfrac{M}{N}=\dfrac{540.0\times10^6}{2160000}=250\text{mm}$

判断是否考虑二阶效应。

由于 $M_1/M_2=1>0.9$，且 $i=0.289h=0.289\times550=159.0\text{mm}$，则 $l_c/i=4000/159.0=25.2>34-12M_1/M_2=22$，因此，需要考虑挠曲变形引起的附加弯矩影响。

$$h_0=h-a=550-35=515\text{mm}$$

$$e_a=\max\left(\frac{h}{30},20\right)=\max\left(\frac{550}{30},20\right)=20\text{mm}$$

$$\zeta_c=\frac{0.5f_{cc}A}{N}=\frac{0.5\times10.155\times500\times550}{2160000}=0.646$$

$$C_m=0.7+0.3\frac{M_1}{M_2}=1.0$$

$$\eta_{ns}=1+\frac{1}{1300(e_0+e_a)/h_0}\left(\frac{l_c}{h}\right)^2\zeta_c=1+\frac{1}{1300\times(250+20)/515}\times\left(\frac{4000}{550}\right)^2\times0.646=1.050$$

根据《混凝土结构加固设计规范》GB 50367—2013 第 5.4.3 条，采用围套对称形式加固，取修正系数 $\psi=1.2$。

$$e_i=\psi C_m\eta_{ns}e_0+e_a=1.2\times1\times1.050\times250+20=335.0\text{mm}$$

由式（2-27），$e=e_i+\dfrac{h}{2}-a=335.0+0.5\times550-35=575.0\text{mm}$

由式（2-25）、式（2-26）得钢筋应力

$$\sigma_s=\left(\frac{0.8h_0}{x}-1\right)E_s\varepsilon_{cu}=\left(\frac{0.8\times515}{x}-1\right)\times2\times10^5\times0.0033=660\times\left(\frac{412}{x}-1\right)$$

$$\sigma_{s0}=\left(\frac{0.8h_{01}}{x}-1\right)E_{s0}\varepsilon_{cu}=\left(\frac{0.8\times465}{x}-1\right)\times2\times10^5\times0.0033=660\times\left(\frac{372}{x}-1\right)$$

代入方程式（2-23）、式（2-24）得

$$2160000=10.155\times500x+0.9\times300A_s'+360\times2513-0.9\times660\left(\frac{412}{x}-1\right)\times A_s'-660\times\left(\frac{372}{x}-1\right)\times2513$$

$$2160000\times575.0=10.155\times500x\left(515-\frac{x}{2}\right)+0.9\times360\times A_s'(515-35)$$

$$+300\times2513\times(515-85)-660\left(\frac{372}{x}-1\right)\times2513\times(85-35)$$

解联立方程组，得 $x=301.5\text{mm}$。代入式（2-25）、式（2-26）得真实的钢筋应力

$$\sigma_s=\left(\frac{0.8h_0}{x}-1\right)E_s\varepsilon_{cu}=\left(\frac{412}{301.5}-1\right)\times660=241.9\text{N/mm}^2$$

$$\sigma_{s0}=\left(\frac{0.8h_{01}}{x}-1\right)E_{s0}\varepsilon_{cu}=\left(\frac{372}{301.5}-1\right)\times660=154.3\text{N/mm}^2$$

再代入方程式（2-23）、式（2-24），可解得 $A_s=A_s'=2441.5\text{mm}^2$。SCS 软件计算对话框输入信息和最终计算结果如图 2-34 所示，可见其与手算结构相同。为验证计算结果的可靠性，将其当作新设计的柱，使用 RCM 软件计算，输入信息和计算结果如图 2-35 所

示。可见，其配筋量较 A_s+A_{s0} 略小些，因 A_{s0} 深入截面，又强度等级略低，发挥作用小些，故两者结果接近，可认为前者的计算结果是合理的。

图 2-34　对称加固配筋柱承载力设计

图 2-35　新建对称配筋柱承载力设计

如果此柱受到地震作用组合内力 $N=2160\text{kN}$，$M=540/0.8=675\text{kN}\cdot\text{m}$，则由 SCS 软件输入信息和简要输出结果如图 2-36 所示。其加固钢筋量略大于相应静载下的结果，原因是抗震设计时新增材料强度取值略低（折减系数由 0.9 降低为 0.85）。

图 2-36　对称抗震加固配筋柱承载力设计

【例 2-14】增大截面法偏心受压构件非对称配筋正截面加固设计算例

文献［4］第 21 页例题，框架柱，截面尺寸为 550mm×550mm，计算长度 l_c = 5000mm，C30 混凝土，纵向受拉钢筋 4 ϕ 16（A_{s0} = 804mm^2），受压钢筋 6 ϕ 25（A'_{s0} = 2945mm^2）。因加层改造，柱需承受的荷载增至 N = 4500kN，弯矩 M = 850.45kN·m。采用改性 C35 混凝土增大截面法加固，设计加固后截面为 700mm×700mm，柱截面采用围套对称形式加固。要求设计该柱新增的纵向钢筋面积。

【解】 1）原柱承载力复核

按照《混凝土结构设计规范》GB 50010—2010，偏心受压构件计算需要知道杆件两端弯矩比值 M_1/M_2，在不知的情况下，为安全计，设 M_1/M_2 = 1。使用文献［3］介绍的 RCM 软件输入信息与简要计算结果如图 2-37 所示。可见承载力不足，需要加固。

图 2-37　原柱承载力复核

2）加固计算

$$f_{cc} = \frac{1}{2}(f_{c0} + 0.9f_c) = \frac{1}{2}(14.3 + 0.9 \times 16.7) = 14.665 \text{N/mm}^2$$

判断是否考虑二阶效应。

由于 M_1/M_2 = 1 > 0.9，且 i = 0.289h = 0.289×700 = 202.3mm，则 l_c/i = 5000/202.3 = 24.7 > 34 − 12M_1/M_2 = 22，因此，需要考虑挠曲变形引起的附加弯矩影响。

$$h_0 = h - a = 700 - 40 = 660 \text{mm}$$

$$e_a = \max\left(\frac{h}{30}, 20\right) = \max\left(\frac{700}{30}, 20\right) = 23.3 \text{mm}$$

$$\zeta_c = \frac{0.5f_{cc}A}{N} = \frac{0.5 \times 14.665 \times 700 \times 700}{4500000} = 0.798; C_m = 0.7 + 0.3\frac{M_1}{M_2} = 1.0$$

$$\eta_{ns} = 1 + \frac{1}{1300\left(\frac{M_2}{N} + e_a\right)/h_0}\left(\frac{l_c}{h}\right)^2\zeta_c = 1 + \frac{1}{1300 \times \left(\frac{850.45 \times 10^6}{4500000} + 23.3\right)\Big/660}\left(\frac{5000}{700}\right)^2 \times 0.798 = 1.097$$

采用围套对称形式加固，取修正系数 ψ = 1.2

$$e_0 = \frac{M}{N} = \frac{850.45 \times 10^6}{4500000} = 189.0 \text{mm}$$

$$e_i = \psi C_m \eta_{ns} e_0 + e_a = 1.2 \times 1 \times 1.097 \times 189.0 + 23.3 = 272.2 \text{mm}$$

由式（2-23），$e=e_i+\dfrac{h}{2}-a=272.2+0.5\times700-40=582.2\text{mm}$

试配加固纵向受拉钢筋 4Φ16（$A_s=804\text{mm}^2$）。

由式（2-25）、式（2-26）得钢筋应力

$$\sigma_{s0}=\left(\dfrac{0.8h_{01}}{x}-1\right)E_{s0}\varepsilon_{cu}=\left(\dfrac{0.8\times585}{x}-1\right)\times2\times10^5\times0.0033=660\times\left(\dfrac{468}{x}-1\right)$$

$$\sigma_s=\left(\dfrac{0.8h_0}{x}-1\right)E_s\varepsilon_{cu}=\left(\dfrac{0.8\times660}{x}-1\right)\times2\times10^5\times0.0033=660\times\left(\dfrac{528}{x}-1\right)$$

代入方程式（2-23）、式（2-24）得

$$4500000=14.665\times700x+0.9\times360A'_s+300\times2945-0.9\times660\left(\dfrac{528}{x}-1\right)\times804-660\times\left(\dfrac{468}{x}-1\right)\times804$$

$$4500000\times582.2=14.665\times700x\left(660-\dfrac{x}{2}\right)+0.9\times360A'_s(660-40)$$

$$+300\times2945\times(660-115)-660\left(\dfrac{468}{x}-1\right)\times804\times(115-40)$$

解联立方程组，得 $x=312.5\text{mm}$。代入式（2-25）、式（2-26）得真实的钢筋应力

$$\sigma_{s0}=\left(\dfrac{0.8h_{01}}{x}-1\right)E_{s0}\varepsilon_{cu}=\left(\dfrac{468}{312.5}-1\right)\times660=328.4，\text{取 }\sigma_{s0}=f_{y0}=300\text{MPa}$$

$$\sigma_s=\left(\dfrac{0.8h_0}{x}-1\right)E_s\varepsilon_{cu}=\left(\dfrac{528}{312.5}-1\right)\times660=455.1，\text{取 }\sigma_s=f_y=360\text{MPa}$$

再代入方程式（2-23）、式（2-24），可解得 $x=320.9\text{mm}$。再求出 $A'_s=2543.6\text{mm}^2$。

SCS 软件计算对话框输入信息和最终计算结果如图 2-38 所示，可见其与手算结果相同。

图 2-38　柱承载力加固计算

如果此柱受到地震作用组合内力 $N=4500\text{kN}$，$M=850.45/0.8=1063.31\text{kN}\cdot\text{m}$，则由 SCS 软件输入信息和简要输出结果如图 2-39 所示。其加固钢筋量略大于相应的静荷载下的结果，原因是抗震设计时新增材料强度取值略低（折减系数由 0.9 降低为 0.85）。

图 2-39　柱承载力加固计算

【例 2-15】增大截面法偏心受压构件正截面加固复核算例

文献［4］第 22 页例题，框架柱，截面尺寸为：450mm×450mm，计算长度 $l_c =$ 5000mm，C30 混凝土，纵向受拉钢筋 4 Φ 18（$A_{s0} = 1017\text{mm}^2$），受压钢筋 4 Φ 22（$A'_{s0} =$ 1520mm²）。因加层改造，柱需承受的荷载增至 $N = 2500$kN，弯矩 $M = 450.0$kN·m。采用改性 C35 混凝土增大截面法加固，设计加固后截面为 600mm×600mm，柱截面纵向受拉钢筋和受压钢筋均为 6 Φ 18（$A_s = A'_s = 1527\text{mm}^2$），对称布置。试验算该柱承载能力是否足够。

【解】

偏安全取 $M_1/M_2 = 1$，$e_0 = \dfrac{M}{N} = \dfrac{450.0 \times 10^6}{2500000} = 180.0$mm

判断是否考虑二阶效应，由于 $M_1/M_2 = 1 > 0.9$，且 $i = 0.289h = 0.289 \times 600 = 173.4$mm，则 $l_c/i = 5000/173.4 = 28.8 > 34 - 12M_1/M_2 = 22$，因此，需要考虑挠曲变形引起的附加弯矩影响。

$$h_0 = h - a_s = 600 - 40 = 560\text{mm}$$

$$e_a = \max\left(\frac{h}{30}, 20\right) = \max\left(\frac{600}{30}, 20\right) = 20.0\text{mm}$$

$$\zeta_c = 0.2 + 2.7\frac{e_i}{h_0} = 0.2 + 2.7 \times \frac{180 + 20}{560} = 1.164 > 1.0, 取 \zeta_c = 1.0$$

$$C_m = 0.7 + 0.3\frac{M_1}{M_2} = 1.0$$

$$\eta_{ns} = 1 + \frac{1}{1300(e_0 + e_a)/h_0}\left(\frac{l_c}{h}\right)^2\zeta_c = 1 + \frac{1}{1300 \times (180 + 20)/560}\left(\frac{5000}{600}\right)^2 \times 1 = 1.150$$

采用对称形式加固，取修正系数 $\psi = 1.2$。

$$e_i = \psi C_m \eta_{ns} e_0 + e_a = 1.2 \times 1 \times 1.150 \times 180 + 20 = 268.3\text{mm}$$

由式（2-27），$e = e_i + \dfrac{h}{2} - a = 268.3 + 0.5 \times 600 - 40 = 528.3$mm

由式（2-25）、式（2-26）得钢筋应力

$$\sigma_{s0} = \left(\frac{0.8h_{01}}{x} - 1\right)E_{s0}\varepsilon_{cu} = \left(\frac{0.8 \times 485}{x} - 1\right) \times 2 \times 10^5 \times 0.0033 = 660 \times \left(\frac{388}{x} - 1\right)$$

$$\sigma_{s}=\left(\frac{0.8h_{0}}{x}-1\right)E_{s}\varepsilon_{cu}=\left(\frac{0.8\times560}{x}-1\right)\times2\times10^{5}\times0.0033=660\times\left(\frac{448}{x}-1\right)$$

$$f_{cc}=\frac{1}{2}(f_{c0}+0.9f_{c})=\frac{1}{2}(14.3+0.9\times16.7)=14.665\text{N/mm}^{2}$$

代入方程式（2-23）、式（2-24）得

$$N=14.665\times600x+0.9\times360\times1527+300\times1520-0.9\times660\left(\frac{448}{x}-1\right)\times1527-660\times\left(\frac{388}{x}-1\right)\times1017$$

$$528.3N=14.665\times600x\left(560-\frac{x}{2}\right)+0.9\times360\times1527\times(560-40)$$

$$+300\times1520\times(560-115)-660\left(\frac{338}{x}-1\right)\times1017\times(115-40)$$

解联立方程组，得 $x=295.5$mm。代入式（2-25）、式（2-26）得真实的钢筋应力

$$\sigma_{s0}=\left(\frac{0.8h_{01}}{x}-1\right)E_{s0}\varepsilon_{cu}=660\times\left(\frac{388}{295.5}-1\right)=206.6\leqslant f_{y0}$$

$$\sigma_{s}=\left(\frac{0.8h_{0}}{x}-1\right)E_{s}\varepsilon_{cu}=660\times\left(\frac{448}{295.5}-1\right)=340.6\leqslant f_{y}$$

将 x 代入式（2-23），求出极限承载力 $N=2872.6$kN。

SCS 软件计算对话框输入信息和最终计算结果如图 2-40 所示，可见其与手算结果相近。

图 2-40　增大截面法加固偏心受压柱承载力复核

【例 2-16】大偏心受压柱受拉侧增大截面正截面加固计算算例

文献［6］第 131 页例题，某现浇框架厂房，在第二层施工时，因吊装大构件带动了框架模板，导致该层框架柱倾斜。经复核，必须对部分柱采用加大截面法加固，其中边柱属于大偏心受压，决定对其受拉侧进行增大纵筋和混凝土加固处理。层高 $H=5000$mm，柱截面尺寸为 400mm×600mm，原柱一侧配筋为 4 Φ 20，对称配置，加固纵筋钢种为 HRB400，柱原承载力设计值为 $N=600$kN，$M_{2}=360$kN·m，$M_{1}=0$。因倾斜而产生的附加设计弯矩 $\triangle M=50$kN·m。

【解】1）加固方法

因附加弯矩是单向的，故采用单面加固（图 2-41），即先将原柱受拉边混凝土面层凿

图 2-41　加固截面示意图

毛（凹凸不平度≥6mm），并将原柱箍筋凿露出 80mm，将增补的 U 形 φ8 箍筋焊接在原柱箍筋上，将纵筋穿入 U 形箍焊接，然后在纵筋两端部区段用短钢筋焊接。最后，喷射 C25 细石混凝土，喷射厚度为 50mm。喷射时，纠偏倾斜的柱。

2）计算参数

假设加固增加的纵筋量与原受拉侧纵筋量相近，则由图 2-41 可见，新增的纵筋和原受拉侧纵筋合力点距加固后截面边缘为 60mm。如计算结果两者差别较大，可重新假设其合力点距离，再计算。

已知 $a = a_1' = 35$mm，由此，加固后截面的有效高度为（图 2-41）$h_0 = 650 - 35 = 615$mm，$d = 50 + 35 = 85$mm；

$$e_0 = \frac{M + \Delta M}{N} = \frac{410000}{600} = 683.3 \text{mm} > 0.3h_0 = 184.5 \text{mm}，为大偏心受压。$$

由于 $M_1/M_2 = 0 < 0.9$，且 $i = 0.289h = 0.289 \times 650 = 187.9$mm，则 $l_c/i = 5000/187.9 = 26.6 \leqslant 34 - 12M_1/M_2 = 34$，因此，不需要考虑挠曲变形引起的附加弯矩影响，$\eta_{ns} = 1$。

$$e_a = \max\left(20, \frac{650}{30}\right) = 21.7 \text{mm}；e_i = e_0 + e_a = 683.3 + 21.7 = 705 \text{mm}$$

从而 $e = e_i + h_0 - h/2 = 705 + 615 - 650/2 = 995$mm

3）计算所需加固钢筋的面积

由平衡方程组，即式（2-24）、式（2-23）（原对称配筋的纵筋拉、压力抵消，故力平衡方程中未出现对应项）可得：

$$Ne \leqslant \alpha_1 f_c bx\left(h_0 - \frac{x}{2}\right) + f_{y0}' A_{s0}'(h_0 - a') - f_{y0} A_{s0}(d - a)$$

$$N \leqslant \alpha_1 f_c bx - 0.9f_y A_s$$

得 $\alpha_s = \dfrac{Ne - f_{y0}' A_{s0}'(h_0 - a') + f_{y0} A_{s0}(d - a)}{\alpha_1 f_c bh_0^2} = \dfrac{600000 \times 995 - 300 \times 1256 \times (615 - 35) + 300 \times 1256 \times (85 - 35)}{1 \times 9.6 \times 400 \times 615^2}$

$= 0.274$

$$\xi = 1 - \sqrt{1 - 2\alpha_s} = 0.327，x = \xi h_0 = 0.327 \times 615 = 201.1 \text{mm}$$

$$A_s = \frac{\alpha_1 f_c bx - N}{0.9f_y} = \frac{1 \times 9.6 \times 400 \times 201.1 - 600000}{0.9 \times 360} = 531.7 \text{mm}^2$$

SCS 软件计算对话框输入信息和最终计算结果如图 2-42 所示，可见其与手算结果相同。

【例 2-17】偏心受压柱受压侧增大截面正截面加固设计计算例

某框架边柱，因柱沿街道侧不能改动，只在框架柱内侧采用加大截面法加固。该边柱属于偏心受压，柱计算高度 $l_c = 6000$mm，原柱为 C30 混凝土，截面尺寸为 500mm×500mm，原柱受力方向一侧配筋为 6 Φ 25，对称配置，加固纵筋钢种为 HRB400，现柱需承

图 2-42　增大截面法加固大偏心受压柱承载力复核

载的内力设计值为 $N=3000\text{kN}$，$M_2=1080\text{kN}\cdot\text{m}$，$M_1=0$。计划在柱截面内侧用 C30 混凝土的增加 150mm，试计算需要增加的纵向钢筋数量。

【解】

1）判断是否考虑二阶效应

由于 $M_1/M_2=0<0.9$，且 $i=0.289h=0.289\times650=187.9\text{mm}$，则 $l_c/i=6000/187.9=31.9\leqslant34-12M_1/M_2=34$，因此，不需要考虑挠曲变形引起的附加弯矩影响，$\eta_{ns}=1$。

$$h_0=h-a_s=650-30=620\text{mm}$$

$$e_0=\frac{M}{N}=\frac{1080.0\times10^6}{3000000}=360.0\text{mm}；e_a=\max\left(\frac{h}{30},20\right)=\max\left(\frac{650}{30},20\right)=21.7\text{mm}$$

$$e_i=e_0+e_a=360+21.7=381.7\text{mm}$$

由式（2-27'），$e=e_i+\dfrac{h}{2}-a=381.7+0.5\times650-30=676.7\text{mm}$

2）形成方程式，由式（2-25'）得钢筋应力

$$\sigma_{s0}=\left(\frac{0.8h_{01}}{x}-1\right)E_{s0}\varepsilon_{cu}=\left(\frac{0.8\times620}{x}-1\right)\times2\times10^5\times0.0033=660\times\left(\frac{496}{x}-1\right)$$

$$f_{cc}=\frac{1}{2}(f_{c0}+0.9f_c)=\frac{1}{2}(14.3+0.9\times14.3)=13.59\text{N/mm}^2$$

代入式（2-23'）、式（2-24'），得：

$$N=1\times13.59\times500x+0.9\times360A'_s+360\times2945-200000\times0.0033\times\left(\frac{0.8\times620}{x}-1\right)\times2945$$

$$676.7N=1\times13.59\times500x\left(620-\frac{x}{2}\right)+0.9\times360\times(620-30)A'_s+360\times2945\times(620-180)$$

解联立方程组，得 $x=310.7\text{mm}$。代入式（2-24'），得真实的钢筋应力

$$\sigma_{s0}=\left(\frac{0.8h_{01}}{x}-1\right)E_{s0}\varepsilon_{cu}=\left(\frac{0.8\times620}{310.7}-1\right)\times200000\times0.0033=393.6\text{MPa}，取\ \sigma_{s0}=360\text{MPa}$$

代入式（2-23'）、式（2-24'）得

$$N=1\times13.59\times500x+0.9\times360A'_s+360\times2945-360\times2945$$

$$676.7N=1\times13.58\times500x\left(620-\frac{x}{2}\right)+0.9\times360\times(620-30)A'_s+360\times2945\times(620-180)$$

上两式合并消去 A'_s 后，得到 x 的二次方程，求解得到 $x = 278.4$mm。再由式 (2-23′) 得：

$$A'_s = \frac{N - \alpha_1 f_{cc} bx - f'_{y0} A'_{s0} + \sigma_{s0} A_{s0}}{0.9 f'_y}$$

$$= \frac{3000 \times 10^3 - 1 \times 13.59 \times 500 \times 278.4 - 360 \times 2945 + 360 \times 2945}{0.9 \times 360} = 3422.9 \text{mm}^2$$

SCS 软件计算对话框输入信息和最终计算结果如图 2-43 所示，可见其与手算结果相同。

图 2-43 增大截面法加固偏心受压柱承载力复核

2.6 对称增大截面柱受剪承载力计算

对称增大截面是指沿柱截面四周均增加混凝土厚度的加固，也是《建筑抗震加固技术规程》JGJ 116—2009 所称的混凝土围套加固法。

截面限制条件：

1）持久、短暂设计状况

见式 (2-15)。

2）地震设计状况

剪跨比 λ 大于 2 的框架柱

$$V \leqslant [0.20\beta_c f_{c0} bh_{01} + 0.20\alpha_c \beta_{c2} f_c A_c] / \gamma_{RE} \tag{2-29a}$$

框支柱和剪跨比 λ 不大于 2 的框架柱

$$V \leqslant [0.15\beta_c f_{c0} bh_{01} + 0.15\alpha_c \beta_{c2} f_c A_c] / \gamma_{RE} \tag{2-29b}$$

加固后柱的斜截面受剪承载力可按下列公式计算 [笔者参照式 (2-17) 和《混凝土结构设计规范》GB 50010 提出，有待验证]：

1）持久、短暂设计状况

$$V \leqslant V_0 + V_{cz} \tag{2-30}$$

2）地震设计状况

$$V \leqslant V_{0E} + V_{czE} \tag{2-31}$$

式中 V_0、V_{0E}——原柱静荷载、抗震受剪承载力，按《高层建筑混凝土结构技术规程》JGJ 3—2010 式 (6.2.8-1) 计算，对于 C 类建筑按《高层建筑混凝土结构技术规程》JGJ 3—2010 式（6.2.8-2）计算；

V_{cz}、V_{czE}——增大截面加固增加的柱静荷载、抗震受剪承载力。

$$V_{cz} = \frac{1.75}{\lambda + 1.0} \alpha_c f_t A_c + f_{yv} \frac{A_{sv}}{s} h_0 + 0.07 \Delta N \tag{2-32}$$

$$V_{czE} = \frac{1}{\gamma_{RE}} \left(\frac{1.05}{\lambda + 1.0} \alpha_c f_t A_c + f_{yv} \frac{A_{sv}}{s} h_0 + 0.056 \Delta N \right) \tag{2-33}$$

式中 λ——框架柱的剪跨比，当剪跨比 $\lambda < 1$ 时，取 $\lambda = 1$；当 $\lambda > 3$ 时，取 $\lambda = 3$；

α_c——新增混凝土强度利用系数，取 $\alpha_c = 0.7$；

f_t——新增混凝土轴心抗拉强度设计值；

A_c——四面围套新增混凝土截面面积；

f_{yv}——新箍筋的抗拉强度设计值；

A_{sv}——同一截面内新箍筋各肢截面面积之和；

h_0——加固后截面有效高度；

s——新增箍筋沿构件长度方向的间距；

ΔN——偏心受压构件增加的受压承载力，由《水泥复合砂浆钢筋网加固混凝土结构技术规程》CECS 242：2016 第 5.5 节正截面受压承载力的计算值减去原构件实际压力得到，当 ΔN 大于 $0.3 f_c A_c$ 时，取 $0.3 f_c A_c$。

【例 2-18】 受压构件斜截面增大截面法加固设计

某框架结构柱，截面尺寸 400mm×400mm，柱净高 4.0m，混凝土强度等级为 C30，均匀布置 HPB235 箍筋 $2 \phi 10@200$，柱轴压比为 0.5，现设计剪力 350kN。偏心受压构件加固增加的受压承载力 $\Delta N = 100$kN。如果采用四面围套增大截面加固方案，试进行加固计算。

【解】 1）验算截面尺寸

$V = 350$kN $\leq 0.25 \beta_c f_{c0} b h_0 = 0.25 \times 1 \times 14.3 \times 400 \times 360 \times 10^{-3} = 514.8$kN，满足要求。

2）确定原柱受剪承载力

轴压比 $= 0.5 > 0.3$，取 $N = 0.3 f_{c0} b h = 0.3 \times 14.3 \times 400 \times 400 \times 10^{-3} = 686.4$kN

使用文献［3］介绍的 RCM 软件输入信息与简要计算结果如图 2-44 所示。可见承载力不满足要求，需要加固。

图 2-44 原柱持久、短暂设计状况受剪承载力

3）加固计算

$$V_{cz} = V - V_0 = 350 - 197.48 = 152.52kN$$

$$\lambda = \frac{h_n}{2h_0} = \frac{4000}{2 \times 460} = 4.35 > 3, \text{ 取 } \lambda = 3$$

$$A_c = b_1 h_1 - bh = 500 \times 500 - 400 \times 400 = 90000 mm^2$$

$$[V] = [V_1] + 0.25\alpha_c\beta_{c2}f_cA_c = 518.4 + 0.25 \times 0.7 \times 1 \times 16.7 \times 90000 \times 10^{-3} = 777.8kN > 350kN$$

$$\frac{A_{sv}}{s} = \frac{V_{cz} - \frac{1.75}{\lambda+1}\alpha_c f_{t1}A_c - 0.07\Delta N}{f_{yv1}h_0} = \frac{152520 - \frac{1.75}{3+1} \times 0.7 \times 1.57 \times 90000 - 0.07 \times 100000}{270 \times 460}$$

$$= 0.823 mm^2/mm$$

SCS 软件输入信息和简要输出结果如图 2-45 所示，可见其与手算结果一致。

图 2-45　加固后柱持久、短暂设计状况受剪承载力

如配置 $2\phi10$ 箍筋，则间距应为：$s \leqslant 2 \times 78.5/0.823 = 190.77mm$。使用 SCS 软件 114 功能项复核输入信息和简要结果如图 2-46 所示，可见其与手算结果一致。

图 2-46　加固后柱持久、短暂设计状况受剪承载力复核

假设该题所有条件不变，只是进行抗震加固设计，则计算过程如下：

1）验算截面尺寸

$$\lambda = H_n/(2h_0) = 4000/(2 \times 360) = 5.56$$

$V = 350\text{kN} \leqslant 0.20\beta_c f_{c0} bh_0/\gamma_{RE} = 0.20 \times 1 \times 14.3 \times 400 \times 360 \times 10^{-3}/0.85 = 484.5\text{kN}$，满足要求。

2）确定原柱受剪承载力

轴压比 $= 0.5 > 0.3$，取 $N = 0.3f_{c0}bh = 0.3 \times 14.3 \times 400 \times 400 \times 10^{-3} = 686.4\text{kN}$

$$V_{1E} = \frac{1}{\gamma_{RE}}\left(\frac{1.05}{\lambda+1.0}f_t bh_0 + f_{yv}\frac{A_{sv}}{s}h_0 + 0.056\Delta N\right)$$

$$= \frac{1}{0.85}\left(\frac{1.05}{3+1.0} \times 1.43 \times 400 \times 360 + 210 \times \frac{157}{200} \times 360 + 0.056 \times 686400\right) = 178.63\text{kN}$$

可见承载力不满足要求，需要加固。

3）加固计算

截面限制条件

$[V] = [V_1] + 0.20\alpha_c\beta_{c2}f_c A_c/\gamma_{RE} = 484500 + 0.20 \times 0.7 \times 1 \times 16.7 \times 90000/0.85 = 732.1\text{kN}$，满足要求。

加固箍筋量

$\lambda = H_n/(2h_0) = 4000/(2 \times 460) = 4.35$，计算中取 $\lambda = 3$

$V_{czE} = V - V_{1E} = 350 - 178.63 = 171.37\text{kN}$

由式（2-29）

$$\frac{A_{sv2}}{s_2} = \frac{\gamma_{RE}V_{czE} - \dfrac{1.05}{\lambda+1}\alpha_a f_{t2}A_c - 0.056\Delta N}{f_{yv2}h_0} = \frac{0.85 \times 171367 - \dfrac{1.05}{3+1} \times 0.7 \times 1.57 \times 90000 - 0.056 \times 100000}{270 \times 460}$$

$= 0.919\text{mm}^2/\text{mm}$

SCS 软件输入信息和简要输出结果如图 2-47 所示，可见其与手算结果一致。

图 2-47 加固后柱持久、短暂设计状况受剪承载力

2.7 增大截面法柱配筋率计算

增大截面法（或称混凝土围套法）加固后该柱配筋率（包括纵向受力钢筋配筋率、箍筋体积配箍率）的计算，SCS 软件参照《建筑安全抗震鉴定与加固设计指南》[7] 方法计

算。关于加固构件的配筋率最小限值，《建筑抗震加固技术规程》JGJ 116—2009 没有具体规定，因配筋形式与新建构件的不同，对混凝土的约束效果也不同，所以配筋率最小限值应比现行设计规范的要求略高。

矩形截面原配箍率计算，假设原箍筋直径为 ϕ，c 是原纵筋保护层厚度，则参见图 2-48，

$$l_1 = h_{c0} - 2\times(c-\phi/2)\ ; l_2 = b_{c0} - 2\times(c-\phi/2)$$

混凝土核心面积为箍筋内表面包围的面积

$$A_{cor0} = b_{cor}\times h_{cor}，\ 其中 \ b_{cor} = b_{c0} - 2c；\ h_{cor} = h_{c0} - 2c$$

增大截面法加固后配箍率计算，假设原箍筋直径为 ϕ，c 是纵筋保护层厚度，则参见图 2-49，

$$l_3 = h_c - 2\times(c-\phi/2)\ ; l_4 = b_c - 2\times(c-\phi/2)$$

图 2-48 矩形截面原配箍率计算

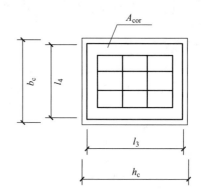
图 2-49 增大截面法加固后配箍率计算

混凝土核心面积为箍筋内表面包围的面积

$$A_{cor} = b_{cor}\times h_{cor}，\ 其中 \ b_{cor} = b_c - 2\times c；h_{cor} = h_c - 2\times c$$

$$\rho_v = \dfrac{\dfrac{(n_1 l_1 + n_2 l_2)A_{s0}}{s_0} + \dfrac{(n_3 l_3 + n_4 l_4)A_{s1}}{s}}{A_{cor}}$$

【例 2-19】增大截面法柱配筋率算例

原柱截面尺寸 550mm×550mm，采用钢筋混凝土围套增大截面，柱四侧均增大 75mm，采用 C25 细石混凝土。柱原有纵筋 12ϕ18（$A_{s0} = 3054mm^2$），原有箍筋 4ϕ8@150，加固时纵筋增加 12ϕ20（$A_{s1} = 3770.4mm^2$），箍筋增加 2ϕ10@100。

采用围套法加固矩形截面构件时（图 2-49），其截面体积配箍率按下列公式确定：

$$l_1 = l_2 = b_{c0} - 2\times(c-\phi/2) = 550 - 2\times(25-8/2) = 508mm$$

$$l_3 = l_4 = b_c - 2\times(c-\phi/2) = 700 - 2\times(30-10/2) = 630mm$$

$$b_{cor} = h_{cor} = h_c - 2c = 700 - 60 = 640mm$$

$$A_{cor} = b_{cor}\times h_{cor} = 640\times640 = 409600mm^2$$

$$\rho_v = \dfrac{\dfrac{(n_1 l_1 + n_2 l_2)A_{s0}}{s_0} + \dfrac{(n_3 l_3 + n_4 l_4)A_{s1}}{s}}{A_{cor}} = \dfrac{\dfrac{8\times508\times50.3}{150} + \dfrac{4\times630\times78.5}{100}}{409600} = 0.831\%$$

纵筋配筋率

$$\rho = \frac{A_{s0}+A_{s1}}{A_c} = \frac{3054+3770.4}{700\times700} = 1.393\%$$

用 SCS 软件计算本题，其输入信息和简要输出结果如图 2-50 所示。可见，其计算结果与上面手算结果相同，验证了手算结果的正确性。

图 2-50　矩形截面受弯构件正截面加固计算简图

2.8　剪力墙增厚加固受剪承载力计算

钢筋混凝土剪力墙承载力不足或刚度不足，可在剪力墙外围加钢筋，再浇筑混凝土将原剪力墙增大，以达到加固的目的，如图 2-51 所示[8]。

（1）适用范围

钢筋混凝土剪力墙截面积不足，导致承载力不足或刚度不足，若无增大截面的作用空间限制，可在钢筋混凝土剪力墙外加钢筋，再浇筑混凝土将原剪力墙厚度加大，可使剪力墙的受压承载力、受剪承载力和刚度全面提高，这是经济、可靠的加固方式之一。

（2）技术特点

增加钢筋混凝土墙厚度可大幅度提高墙的刚度和承载力，进而可提高整体结构的抗震性能。为保证主筋贯通上下楼层，只需将楼板打洞让主筋穿过即可，施工方便，经济且效果明显。

增加钢筋混凝土墙厚度可以单侧增加，也可以两侧增加，但单侧增加施工更简便，更为常用。

（3）设计计算

因待求解的未知数较多，施工受到的限制也较多，可以先确定或假定一些加固材料用量，用复核承载力的方法计算。

根据《混凝土结构加固设计规范》GB 50367—2013 第 5.3.2 条加固构件受剪时，增设配筋混凝土层的新增混凝土剪切强度利用系数 α_c，取 $\alpha_c = 0.7$；新增箍筋强度利用系数 α_s，取 $\alpha_s = 0.9$。根据《混凝土结构加固设计规范》GB 50367—2013 第 5.4.1 条加固构件

图 2-51 剪力墙增大截面加固示意图

（a）单侧增加剪力墙厚度示意图；（b）两侧增加剪力墙厚度示意图

轴心受压时，综合考虑新增混凝土和钢筋强度利用程度的降低系数 α_{cs}，取 $\alpha_{cs}=0.8$。

混凝土受剪面积：对于有端柱或翼墙相连的剪力墙，原剪力墙受剪承载力计算时，不计入端柱或翼墙（相对于墙体）凸出的部分面积，即原剪力墙受剪截面积为 $b \times h$；而在计算加固后的新增混凝土的受剪承载力时，近似地将这凸出的部分面积算入新增混凝土的面积，即新增混凝土的受剪计算截面积为 $b_1 \times h$，b_1 为新增的墙厚。

1）持久、短暂设计状况

截面限制条件，钢筋混凝土剪力墙的受剪截面应符合下列条件：

$$V_u \leqslant 0.25\beta_c f_{c0}bh_0 + 0.25\beta_{c1}\alpha_{cs}f_{c1}b_1h_0 \tag{2-34}$$

式中 V_u——加固后剪力墙受剪极限承载力；

β_c——原混凝土强度影响系数：当原混凝土强度等级不超过 C50 时，β_c 取为 1.0；当混凝土强度等级为 C80 时，β_c 取为 0.8；其间按线性内插法确定；

β_{c1}——新增混凝土强度影响系数：当新增混凝土强度等级不超过 C50 时，β_{c1} 取为 1.0；当混凝土强度等级为 C80 时，β_{c1} 取为 0.8；其间按线性内插法确定；

f_{c0}、f_{c1}——分别为原混凝土、新增混凝土轴心抗压强度设计值。

钢筋混凝土剪力墙在偏心受压时的斜截面受剪承载力应符合下列规定：

$$V_u = V_0 + V_1 \tag{2-35}$$

$$V_0 = \frac{1}{\lambda-0.5}\left(0.5f_{t0}bh_0 + 0.13N_0\frac{A_w}{A}\right) + f_{yv0}\frac{A_{sh0}}{s_{v0}}h_0 \tag{2-36}$$

$$V_1 = \frac{1}{\lambda - 0.5}\left(0.5\alpha_c f_{t1} b_1 h_0 + 0.13 N_1 \frac{A_w}{A}\right) + \alpha_s f_{yv1}\frac{A_{sh1}}{s_{v1}}h_0 \tag{2-37}$$

$$N_0 = \frac{f_{c0}b}{f_{c0}b + f_{c1}b_1}N、\ N_1 = \frac{f_{c1}b_1}{f_{c0}b + f_{c1}b_1}N \tag{2-38}$$

式中　N_0、N_1——分别为原混凝土、新增混凝土承担的与剪力设计值 V 相应的轴向压力设
　　　　　　　计值；

　　　N——与剪力设计值 V 相应的轴向压力设计值，当 N 大于 $0.2\ (f_{c0}bh + \alpha_{cs}$
　　　　　$f_{c1}b_1h)$ 时，取 $0.2\ (f_{c0}bh + \alpha_{cs}f_{c1}b_1h)$；

　　　A——剪力墙的截面面积；

　　　A_w——T 形、I 形截面剪力墙腹板的截面面积，对矩形截面剪力墙，取为 A；

A_{sh0}、A_{sh1}——分别为配置而同一截面内的水平分布原有钢筋、新增钢筋的截面面积；

　s_{v0}、s_{v1}——分别为原有水平分布钢筋、新增水平分布钢筋的竖向间距；

　　　λ——计算截面的剪跨比，取为 $M/(Vh_0)$，当 λ 小于 1.5 时，取 1.5；当 λ 大
　　　　　于 2.2 时，取 2.2；此处，M 为与剪力计算值 V 相应的弯矩计算值；当
　　　　　计算截面与墙底之间的距离小于 $h_0/2$ 时，λ 可按距墙底 $h_0/2$ 处的弯矩
　　　　　值与剪力值计算。

钢筋混凝土剪力墙在偏心受拉时的斜截面受剪承载力应符合下列规定：

$$V_0 = \frac{1}{\lambda - 0.5}\left(0.5 f_{t0} bh_0 - 0.13 N_0 \frac{A_w}{A}\right) + f_{yv0}\frac{A_{sh0}}{s_{v0}}h_0 \tag{2-39}$$

$$V_1 = \frac{1}{\lambda - 0.5}\left(0.5\alpha_c f_{t1} b_1 h_0 - 0.13 N_1 \frac{A_w}{A}\right) + \alpha_s f_{yv1}\frac{A_{sh1}}{s_{v1}}h_0 \tag{2-40}$$

式中　N_0、N_1——分别为原混凝土、新增混凝土承担的与剪力设计值 V 相应的轴向压力设
　　　　　　　计值，按式（2-34）确定；

　　　N——与剪力设计值 V 相应的轴向拉力设计值。

当式（2-39）右边的计算值小于 $f_{yv0}\frac{A_{sh0}}{s_{v0}}h_0$ 时，取等于 $f_{yv0}\frac{A_{sh0}}{s_{v0}}h_0$；当式（2-40）右边
的计算值小于 $\alpha_s f_{yv1}\frac{A_{sh1}}{s_{v1}}h_0$ 时，取等于 $\alpha_s f_{yv1}\frac{A_{sh1}}{s_{v1}}h_0$。

2）地震设计状况

截面限制条件，钢筋混凝土剪力墙的受剪截面应符合下列条件：

当剪跨比大于 2.5 时

$$V \leqslant 0.2\beta_c f_{c0} bh_0/\gamma_{Ra} + 0.2\beta_{c1}\alpha_{cs} f_{c1} b_1 h_0/\gamma_{Ra} \tag{2-41}$$

当剪跨比不大于 2.5 时

$$V \leqslant 0.15\beta_c f_{c0} bh_0/\gamma_{Ra} + 0.15\beta_{c1}\alpha_{cs} f_{c1} b_1 h_0/\gamma_{Ra} \tag{2-42}$$

钢筋混凝土剪力墙在偏心受压时的斜截面抗震受剪承载力应符合下列规定：

$$V_{Eu} = V_{E0} + V_{E1} \tag{2-43}$$

$$V_{E0} = \frac{1}{\gamma_{Ra}}\left[\frac{1}{\lambda - 0.5}\left(0.4 f_{t0} bh_0 + 0.1 N_0 \frac{A_w}{A}\right) + 0.8 f_{yv0}\frac{A_{sh0}}{s_{v0}}h_0\right] \tag{2-44}$$

$$V_{E1} = \frac{1}{\gamma_{Ra}} \left[\frac{1}{\lambda - 0.5} \left(0.4\alpha_c f_{t1} b_1 h_0 + 0.1N_1 \frac{A_w}{A} \right) + 0.8\alpha_s f_{yv1} \frac{A_{sh1}}{s_{v1}} h_0 \right] \quad (2\text{-}45)$$

式中　N_0、N_1——分别为原混凝土、新增混凝土承担的与剪力设计值 V 相应的轴向压力设
　　　　　　　　计值，按式（2-38）确定；

　　　　　　N——考虑地震组合的剪力墙轴向压力设计值中的较小者；当 N 大于 0.2
　　　　　　　　（$f_{c0}bh + \alpha_{cs}f_{c1}b_1h$）时，取 0.2（$f_{c0}bh + \alpha_{cs}f_{c1}b_1h$）；

　　　　　　λ——计算截面的剪跨比，取为 $M/(Vh_0)$，当 λ 小于 1.5 时，取 1.5；当 λ 大
　　　　　　　　于 2.2 时，取 2.2；此处，M 为与剪力计算值 V 相应的弯矩计算值（即
　　　　　　　　是内力调整前的值，《混凝土结构设计规范》GB 50010—2010 第 11.4.6
　　　　　　　　条此处有误）；当计算截面与墙底之间的距离小于 $h_0/2$ 时，λ 可按距墙
　　　　　　　　底 $h_0/2$ 处的弯矩值与剪力值计算；

　　　　　　γ_{Ra}——抗震鉴定的承载力调整系数，除《建筑抗震鉴定标准》GB 50023—
　　　　　　　　2009 各章节另有规定外，一般情况下，可按现行《建筑抗震设计规范》
　　　　　　　　GB 50011 的承载力抗震调整系数值采用；A 类建筑抗震鉴定时，钢筋
　　　　　　　　混凝土构件应按现行《建筑抗震设计规范》GB 50011 承载力抗震调整
　　　　　　　　系数值的 0.85 倍采用。

钢筋混凝土剪力墙在偏心受拉时的斜截面抗震受剪承载力应符合下列规定：

$$V_{E0} = \frac{1}{\gamma_{Ra}} \left[\frac{1}{\lambda - 0.5} \left(0.4f_{t0} bh_0 - 0.1N_0 \frac{A_w}{A} \right) + 0.8f_{yv0} \frac{A_{sh0}}{s_{v0}} h_0 \right] \quad (2\text{-}46)$$

$$V_{E1} = \frac{1}{\gamma_{Ra}} \left[\frac{1}{\lambda - 0.5} \left(0.4\alpha_c f_{t1} b_1 h_0 - 0.1N_1 \frac{A_w}{A} \right) + 0.8\alpha_s f_{yv1} \frac{A_{sh1}}{s_{v1}} h_0 \right] \quad (2\text{-}47)$$

式中　N_0、N_1——分别为原混凝土、新增混凝土承担的与剪力设计值 V 相应的轴向压力设
　　　　　　　　计值，按式（2-38）确定；

　　　　　　N——考虑地震组合的剪力墙轴向拉力设计值中的较大者。

　　当式（2-46）右边方括号中的计算值小于 $0.8f_{yv0} \frac{A_{sh0}}{s_{v0}} h_0$ 时，取等于 $0.8f_{yv0} \frac{A_{sh0}}{s_{v0}} h_0$；当式

（2-47）右边方括号中的计算值小于 $0.8\alpha_s f_{yv1} \frac{A_{sh1}}{s_{v1}} h_0$ 时，取等于 $0.8\alpha_s f_{yv1} \frac{A_{sh1}}{s_{v1}} h_0$。

　　SCS 输入信息的对话框如图 2-54 所示，读者勾选上"抗震设计"，并选择了建筑类型
（A、B 或 C），SCS 软件就按上述考虑了 γ_{Ra} 的值。软件约定输入的内力（弯矩、剪力、
轴力）均为设计值，为了得到剪力计算值，还需要用户输入规范对各抗震等级规定的"强
剪弱弯"系数，以方便软件据此和剪力设计值反算出剪力计算值。

　　（4）注意事项

　　1）注意到增加钢筋混凝土墙厚度对相关梁、柱的影响和相邻楼层刚度的影响，应避
免形成新的薄弱层。

　　2）浇筑混凝土时，须确保剪力墙与梁的交接处浇筑密实，不得留有空隙。因此，支
模时应在墙顶预留喇叭口，以方便浇筑混凝土，浇筑完成后再将顶部突出部分剔除。

　　3）在剪力墙周边与梁柱交接处增设螺旋筋。

　　4）此方法植筋数量较大，混凝土湿作业较多，施工时对正在使用的房屋影响较大。

【例 2-20】 剪力墙增厚提高受剪承载力算例

文献［3］算例 13-12，已知 C30 混凝土，水平分布筋采用 HPB300 钢筋 2 ϕ 8，$s = 300$mm，墙肢一端有翼墙，尺寸如图 2-52 所示，$a = 0.08$m。抗震等级为三级，竖向墙肢所受地震作用组合的设计内力为：弯矩 2680.29kN·m，剪力 487.64kN，轴向压力 3112.45kN。试确定竖向墙肢受剪承载力是否足够。

如不满足受剪承载力要求，对剪力墙加固如下：墙两侧加厚共 140mm，使用 C35 混凝土，HPB300 钢筋，两侧共 2 ϕ 10，$s = 300$mm。试对加固后剪力墙受剪承载力进行计算。

图 2-52 墙截面（m）

【解】

（1）原剪力墙受剪承载力计算

原剪力墙受剪承载力计算较简单，详见文献［3］，这里只给出 RCM 软件计算结果，如图 2-53 所示，可见其不满足抗震受剪承载力要求，需要加固。

图 2-53 原墙受剪承载力计算

（2）加固后剪力墙的受剪承载力计算

① 截面尺寸复核

剪力计算值，由于剪力设计值 = "强剪弱弯" 系数乘剪力计算值，故剪力计算值 $V = 487.64/1.2 = 406.37$kN

剪跨比 $\lambda = \dfrac{M}{V h_{w0}} = \dfrac{2680.29}{406.37 \times 2.30} = 2.87$，据式（2-41）

$0.20\beta_c f_{c0} b h_0 / \gamma_{Ra} + 0.20\beta_{c1}\alpha_{cs} f_{c1} b_1 h_0 / \gamma_{Ra}$

$= 0.2 \times 1 \times (14.3 \times 160 + 0.8 \times 16.7 \times 140) \times 2300 / 0.85 = 2250.4kN > 487.64$kN，满足。

② 受剪承载力计算

$A_w = (0.16 + 0.14) \times 2.38 = 0.7140$m^2；$A = A_w + 0.16 \times (2.08 - 0.16 - 0.14) = 0.9988$m^2

$$N_0 = \frac{f_{c0}b}{f_{c0}b + f_{c1}b_1}N = \frac{14.3 \times 160 \times 3112.45}{14.3 \times 160 + 16.7 \times 140} = 1539.40\text{kN}、\quad N_1 = \frac{f_{c1}b_1}{f_{c0}b + f_{c1}b_1}N = 1573.05\text{kN}$$

$$V_{Eu} = V_{E0} + V_{E1}$$

$$V_{E0} = \frac{1}{\gamma_{Ra}}\left[\frac{1}{\lambda-0.5}\left(0.4f_{t0}bh_0+0.1N_0\frac{A_w}{A}\right)+0.8f_{yv0}\frac{A_{sh0}}{s_{v0}}h_0\right]$$

$$= \frac{1}{0.85}\left[\frac{1}{2.2-0.5}\left(0.4\times1.43\times160\times2300+0.1\times1539400\times\frac{0.7140}{0.9988}\right)+0.8\times270\times\frac{100.6}{300}\times2300\right]$$

$$= 417.82\text{kN}$$

$$V_{E1} = \frac{1}{\gamma_{Ra}}\left[\frac{1}{\lambda-0.5}\left(0.4\alpha_c f_{t1}b_1 h_0+0.1N_1\frac{A_w}{A}\right)+0.8\alpha_s f_{yv1}\frac{A_{sh1}}{s_{v1}}h_0\right]$$

$$= \frac{1}{0.85}\left[\frac{1}{2.2-0.5}\left(0.4\times0.7\times1.57\times140\times2300+0.1\times1573050\times\frac{0.7140}{0.9988}\right)+0.8\times0.9\times270\times\frac{157}{300}\times2300\right]$$

$$= 451.07\text{kN}$$

$$V_{Eu} = V_{E0}+V_{E1} = 417.82+451.07 = 868.89\text{kN}$$

取两者的较小值，得受剪承载力 868.89kN>487.64kN，满足要求。

用 SCS 软件计算本题，其输入信息和简要输出结果如图 2-54 所示。可见，其计算结果与上面手算结果相同。

图 2-54　剪力墙增厚加固受剪承载力计算

本章参考文献

[1] 中华人民共和国国家标准. 混凝土结构加固设计规范：GB 50367—2013 [S]. 北京：中国建筑工业出版社，2013.

[2] 中华人民共和国国家标准. 混凝土结构设计规范：GB 50010—2010（2015 年版）[S]. 北京：中国建筑工业出版社，2010.

[3] 王依群. 混凝土结构设计计算算例 [M]. 3 版. 北京：中国建筑工业出版社，2016.

[4] 卜良桃，梁爽，黎红兵. 混凝土结构加固设计规范算例 [M]. 2 版. 北京：中国建筑工业出版社，2015.

[5] 吕克顺，伏文英. 混凝土结构加固设计与施工细节详解 [M]. 北京：中国建筑工业出版社，2012.

[6] 宋彧，来春景. 工程结构检测与加固 [M]. 3 版. 北京：科学出版社，2016.

[7] 杨红卫. 建筑安全抗震鉴定与加固设计指南 [M]. 北京：中国建筑工业出版社，2010.

[8] 张瀑，田中礼治，鲁兆红，等. 多层混凝土结构的抗震加固方法与实例 [M]. 北京：中国建筑工业出版社，2012.

第3章　置换混凝土加固法

3.1　设计规定

《既有建筑鉴定与加固通用规范》GB 55021—2021 第 6.5.3 条规定：采用置换法局部加固受压区混凝土强度偏低或有严重缺陷的混凝土构件，当加固梁式构件时，应对原构件进行支顶；当加固柱、墙等构件时，应对原结构、构件在施工全过程中的承载状态进行验算、观测和控制；应采取措施保证置换混凝土的协同工作；混凝土结构构件置换部分的界面处理及粘结质量，应满足按整体截面计算的要求。

《混凝土结构加固设计规范》GB 50367—2013 对置换混凝土法要求：

置换界面处的混凝土不应出现拉应力，当控制有困难时，应采取支顶等措施进行卸荷。

采用本方法加固混凝土结构构件时，其非置换部分的原构件混凝土强度等级，按现场检测结果不应低于该混凝土结构建造时规定的强度等级。

当混凝土结构构件置换部分的界面处理及其施工质量符合本规范的要求时，其结合面可按整体受力计算。

3.2　置换法加固钢筋混凝土轴心受压构件承载力计算

当采用置换法加固钢筋混凝土轴心受压构件时，其正截面承载力应符合下式规定：

$$N \leqslant 0.9\varphi(f_{c0}A_{c0} + \alpha_c f_c A_c + f'_{y0}A'_{s0}) \tag{3-1}$$

式中　N——构件加固后的轴向压力设计值；

φ——构件的稳定系数，按现行《混凝土结构设计规范》GB 50010 的规定值采用；

α_c——置换部分新增混凝土的强度利用系数，当置换过程无支顶措施时，取 $\alpha_c = 0.8$；当置换过程采取有效的支顶措施时，取 $\alpha_c = 1.0$；

f_{c0}、f_c——分别为原构件混凝土和置换部分新混凝土的抗压强度设计值；

A_{c0}、A_c——分别为原构件截面扣去置换部分后的剩余截面面积和置换部分的截面面积。

【例 3-1】置换法轴心受压柱正截面设计（求置换混凝土厚度）

文献［1］第 33 页例题，某工程轴心受压柱，截面尺寸为 450mm×450mm（图 3-1），柱计算高度为 4500mm，混凝土强度等级为 C20，配筋为 4 Φ 20，后来发现设计有误。柱的承载力设计值实为

图 3-1　柱加固详图

2500kN，原设计其承载力不足，拟采用 C40 置换原部分混凝土进行加固处理，试确定置换混凝土的面积。施工时无支顶措施。

【解】

$\dfrac{l_0}{b} = \dfrac{4500}{450} = 10.0$，查《混凝土结构设计规范》GB 50010—2010 表 6.2.15 得 $\varphi = 0.98$。

由式（3-1）可得：

$$2500 \times 10^3 \le 0.9 \times 0.98 \times [9.6 \times (450 \times 450 - A_c) + 0.8 \times 19.1 \times A_c + 360 \times 1256]$$

解出 $A_c = 77167\text{mm}^2$。

如采用图 3-1 所示加固方法，则置换混凝土面积为：

$$A_c = 50 \times 450 \times 2 + (450 - 50 \times 2) \times 50 \times 2 = 80000\text{mm}^2 > 77167\text{mm}^2$$

故采用上述加固方法，满足要求。

SCS 软件计算对话框输入信息和最终计算结果如图 3-2 所示，可见其与手算结果相同。

图 3-2　置换混凝土法加固轴心受压柱设计

【例 3-2】置换法轴心受压柱正截面设计（求置换混凝土强度等级）

某工程轴心受压柱，截面尺寸为 450mm×450mm，柱计算高度为 4500mm，混凝土强度等级为 C20，配筋为 4 Φ 20，后来发现设计有误。柱的承载力设计值实为 2500kN，原设计其承载力不足，拟置换原部分混凝土进行加固处理，置换混凝土厚度 50mm，试确定置换混凝土的强度等级（图 3-1）。施工时无支顶措施。

【解】

置换混凝土面积 $A_c = 50 \times 450 \times 2 + (450 - 50 \times 2) \times 50 \times 2 = 80000\text{mm}^2$

$\dfrac{l_0}{b} = \dfrac{4500}{450} = 10.0$，查《混凝土结构设计规范》GB 50010—2010 表 6.2.15 得 $\varphi = 0.98$。

由式（3-1）可得：

$$N \le 0.9 \varphi (f_{c0} A_{c0} + \alpha_c f_c A_c + f'_{y0} A'_{s0})$$

$$2500 \times 10^3 \le 0.9 \times 0.98 \times [9.6 \times (450 \times 450 - 80000) + 0.8 \times f_c \times 80000 + 360 \times 1256]$$

解出 $f_c = 18.9\text{N/mm}^2$。可取 C40 混凝土，其 $f_c = 19.1\text{N/mm}^2$。

SCS 软件计算对话框输入信息和最终计算结果如图 3-3 所示，可见其与手算结果相同。也可用 SCS 软件另一功能项复核，如图 3-4 所示。可见，其与上面手算结果一致。

图 3-3　置换混凝土法加固轴心受压柱承载力复核

图 3-4　置换混凝土法加固轴心受压柱承载力复核

【例 3-3】 置换法轴心受压圆柱正截面设计

某圆形截面轴心受压柱，截面直径为 450mm，柱计算高度为 4500mm，混凝土强度等级为 C20，配筋为 8ϕ20。工程改造后柱的承载力设计值增加到 2500kN，原设计其承载力不足，拟采用 C40 置换原部分混凝土进行加固处理，试确定置换混凝土的面积。施工时无支顶措施。

【解】

$l_0/D = 4500/450 = 10.0$，查《混凝土结构设计规范》GB 50010—2010 表 6.2.15 得 $\varphi = 0.958$。

由式（3-1）可得：

$$2500 \times 10^3 \leqslant 0.9 \times 0.958 \times \left[9.6 \times (0.25\pi \times 450 \times 450 - A_c) + 0.8 \times 19.1 \times A_c + 360 \times 2513 \right]$$

解出 $A_c = 82672 \mathrm{mm}^2$。

设 t 为置换混凝土厚度，则由 $A_c = 0.25\pi \times \left[450 \times 450 - (450-t) \times (450-t) \right]$ 解得 $t = 70\mathrm{mm}$。SCS 软件计算对话框和简要计算结果如图 3-5 所示。

如果要复核，SCS 软件计算对话框输入信息和最终计算结果如图 3-6 所示，可见其与设计结果相符。

图 3-5 置换混凝土法加固轴心受压圆柱承载力设计

图 3-6 置换混凝土法加固轴心受压圆柱承载力复核

如果要用 SCS-202 功能复核，SCS 软件计算对话框输入信息和最终计算结果如图 3-7 所示，可见其与设计结果相符。

图 3-7 置换混凝土法加固轴心受压圆柱承载力复核

3.3　置换法加固钢筋混凝土偏心受压构件承载力计算

当采用置换法加固钢筋混凝土偏心受压构件时，其正截面承载力应按下列两种情况分别计算。

1. 压区混凝土置换深度 $h_n \geqslant x_n$，按新混凝土强度等级和现行《混凝土结构设计规范》GB 50010 的规定进行正截面承载力计算，即其正截面承载力应符合下列公式规定：

$$N \leqslant \alpha_1 f_c b x_n + f'_{y0} A'_{s0} - f_{y0} A_{s0} \tag{3-2}$$

$$Ne \leqslant \alpha_1 f_c b x_n (h_0 - x_n/2) + f'_{y0} A'_{s0} (h_0 - a') \tag{3-3}$$

2. 压区混凝土置换深度 $h_n < x_n$，其正截面承载力应符合下列公式规定：

$$N \leqslant \alpha_1 f_c b h_n + \alpha_1 f_{c0} b (x_n - h_n) + f'_{y0} A'_{s0} - \sigma_{s0} A_{s0} \tag{3-4}$$

$$Ne \leqslant \alpha_1 f_c b h_n h_{0n} + \alpha_1 f_{c0} b (x_n - h_n) h_{00} + f'_{y0} A'_{s0} (h_0 - a') \tag{3-5}$$

式中　N——构件加固后的轴向压力设计值；

e——轴心压力作用点至纵向受拉钢筋的合力作用点的距离；

f_c——构件置换用混凝土的抗压强度设计值；

f_{c0}——原构件混凝土的抗压强度设计值；

x_n——加固后混凝土受压区高度；

h_n——受压区混凝土的置换深度；

h_0——纵向受拉钢筋合力点至受压区边缘的距离；

h_{0n}——纵向受拉钢筋合力点至置换混凝土形心的距离；

h_{00}——受拉区纵向钢筋合力点至原混凝土（$x_n - h_n$）部分形心的距离；

A_{s0}、A'_{s0}——分别为原构件受拉区、受压区纵向钢筋的截面面积；

b——矩形截面的宽度；

a'——纵向受压钢筋合力点至截面近边的距离；

f_{y0}、f'_{y0}——原构件纵向受拉钢筋的抗拉强度、受压钢筋的抗压强度设计值；

σ_{s0}——原构件纵向受拉钢筋的应力。

【例 3-4】置换法偏心受压柱正截面复核 1

文献［1］第 35 页例题，某框架边柱，截面尺寸为 400mm×600mm，柱计算高度为 4000mm，混凝土强度等级为 C20，纵向受拉钢筋 4Φ16，纵向受压钢筋 4Φ25。因结构加层，荷载增加，柱的轴向压力设计值实为 1600kN，弯矩设计值为 400kN·m，用 C35 混凝土置换方法加固，置换深度为 $h_n = 150$mm。试验算该加固方案是否满足要求。

【解】1）原柱承载力复核

按照《混凝土结构设计规范》GB 50010—2010，偏心受压构件计算需要知道杆件两端弯矩比值 M_1/M_2，在未知的情况下，为安全考虑，设 $M_1/M_2 = 1$。使用文献［2］介绍的 RCM 软件输入信息与简要计算结果如图 3-8 所示。可见承载力不足，需要加固。

2）加固设计计算

偏安全取 $M_1/M_2 = 1$，$e_0 = \dfrac{M}{N} = \dfrac{400.0 \times 10^6}{1600000} = 250.0$mm

判断是否考虑二阶效应：

图 3-8　原柱承载力复核

由于 $M_1/M_2=1>0.9$，且 $i=0.289h=0.289\times600=173.4$mm，则 $l_c/i=5000/173.4=28.8$ $>34-12M_1/M_2=22$，因此，需要考虑挠曲变形引起的附加弯矩影响。

$$h_0=h-a=600-40=560\text{mm}$$

$$e_a=\max\left(\frac{h}{30},20\right)=\max\left(\frac{600}{30},20\right)=20.0\text{mm}$$

$$\zeta_c=0.2+2.7\frac{e_i}{h_0}=0.2+2.7\times\frac{250+20}{560}=1.502>1.0，取 \zeta_c=1.0$$

$$C_m=0.7+0.3\frac{M_1}{M_2}=1.0$$

$$\eta_{ns}=1+\frac{1}{1300(e_0+e_a)/h_0}\left(\frac{l_c}{h}\right)^2\zeta_c=1+\frac{1}{1300\times(250+20)/560}\left(\frac{4000}{600}\right)^2\times1=1.071$$

$$e_i=C_m\eta_{ns}e_0+e_a=1\times1.071\times250+20=287.9\text{mm}$$

$$e_i>0.3h_0，按大偏心受压计算。取 \sigma_{s0}=f_{y0}$$

由于 $\alpha_1 f_c bh_n+f'_{y0}A'_{s0}-f_{y0}A_{s0}=\left[1\times16.7\times400\times150+300\times1964-300\times804\right]\times10^{-3}=$ $1350<1600$kN

故 $h_n<x_n$。

当受压区混凝土置换深度 $h_n<x_n$，柱正截面承载力应符合式（3-4）和式（3-5）的规定：

由式（2-27），$e=e_i+\dfrac{h}{2}-a=287.9+0.5\times600-40=547.9$mm

$$N=1\times16.7\times400\times150+1\times9.6\times400\times(x_n-150)+300\times(1964-804)$$

$$547.9N=1\times16.7\times400\times150\times(560-75)+1.0\times9.6\times400\times(x_n-150)$$

$$\times\left(560-150-\frac{x_n-150}{2}\right)+300\times1964\times(560-40)$$

解联立方程组，得 $x_n=228.0$mm。代入式（3-4）得

$$N=\left[1\times16.7\times400\times150+1\times9.6\times400\times(228.0-150)+300\times(1964-804)\right]\times10^{-3}$$

$$=1649.5\text{kN}>1600\text{kN}$$

SCS 软件计算对话框输入信息和最终计算结果如图 3-9 所示，可见其与手算结果相同。

图 3-9　置换混凝土法加固偏心受压柱承载力复核 1

【例 3-5】置换法偏心受压柱正截面复核 2

文献［1］第 36 页例题，某框架边柱，截面尺寸为 300mm×600mm，柱计算高度为 5000mm，混凝土强度等级为 C20，纵向受拉钢筋 3Φ22，纵向受压钢筋 4Φ25。因结构加层，荷载增加，柱的轴向压力设计值实为 1000kN，弯矩设计值为 370kN·m，用 C40 混凝土置换方法加固，置换深度为 $h_n = 150mm$。试验算该加固方案是否满足要求。

【解】 1）原柱承载力复核

按照《混凝土结构设计规范》GB 50010—2010，偏心受压构件计算需要知道杆件两端弯矩比值 M_1/M_2。在不知道的情况下，为安全计，设 $M_1/M_2 = 1$。使用文献［2］介绍的 RCM 软件输入信息与简要计算结果如图 3-10 所示。可见承载力不足，需要加固。

图 3-10　原柱承载力复核

2）加固设计计算

偏安全取 $M_1/M_2 = 1$，$e_0 = \dfrac{M}{N} = \dfrac{370.0 \times 10^6}{1000000} = 370.0mm$

判断是否考虑二阶效应

由于 $M_1/M_2 = 1 > 0.9$，且 $i = 0.289h = 0.289 \times 600 = 173.4mm$，则 $l_c/i = 5000/202.3 = 28.8 > 34 - 12M_1/M_2 = 22$，因此，需要考虑挠曲变形引起的附加弯矩影响。

$$h_0 = h - a = 600 - 40 = 560mm$$

$$e_a = \max\left(\frac{h}{30}, 20\right) = \max\left(\frac{600}{30}, 20\right) = 20.0\,\text{mm}$$

$$\zeta_c = 0.2 + 2.7\frac{e_i}{h_0} = 0.2 + 2.7 \times \frac{370 + 20}{560} = 2.080 > 1.0, \quad \text{取} \ \zeta_c = 1.0$$

$$C_m = 0.7 + 0.3\frac{M_1}{M_2} = 1.0$$

$$\eta_{ns} = 1 + \frac{1}{1300(e_0 + e_a)/h_0}\left(\frac{l_c}{h}\right)^2 \zeta_c = 1 + \frac{1}{1300 \times (370 + 20)/560}\left(\frac{5000}{600}\right)^2 \times 1 = 1.077$$

$$e_i = C_m \eta_{ns} e_0 + e_a = 1 \times 1.077 \times 370 + 20 = 418.5\,\text{mm}$$

$$e_i > 0.3h_0, \quad \text{按大偏心受压计算}$$

由于 $\alpha_1 f_c b h_n + f'_{y0} A'_{s0} - f_{y0} A_{s0} = 1 \times 19.1 \times 300 \times 150 + 300 \times 1964 - 300 \times 1140 = 1106700 > 1000000\text{N}$ 故 $h_n > x_n$。

当受压区混凝土置换深度 $h_n > x_n$，柱正截面承载力应按新混凝土强度等级和现行《混凝土结构设计规范》GB 50010 的规定进行计算。

由式（2-27），$e = e_i + \dfrac{h}{2} - a = 418.5 + 0.5 \times 600 - 40 = 678.5\,\text{mm}$

由式（3-2）、式（3-3）可得

$$N = 1 \times 19.1 \times 300x_n + 300 \times (1964 - 1140)$$

$$678.4N = 1 \times 19.1 \times 300x_n(560 - x_n/2) + 300 \times 1964 \times (560 - 40)$$

解联立方程组，得 $x_n = 131.5\,\text{mm}$。代入式（3-2）得

$$N = \left[1 \times 19.1 \times 300 \times 131.5 + 300 \times (1964 - 1140)\right] \times 10^{-3} = 1000.7\text{kN} > 1000\text{kN}$$

SCS 软件计算对话框输入信息和最终计算结果如图 3-11 所示，可见其与手算结果相同。

图 3-11　置换混凝土法加固偏心受压柱承载力复核 2

【例 3-6】置换法偏心受压柱正截面设计（求置换混凝土厚度）

文献［3］第 69 页例题，某框架边柱，截面尺寸为 300mm×600mm，柱计算高度为 5000mm，混凝土强度等级为 C20，纵向受拉钢筋 3 φ 22，纵向受压钢筋 4 φ 25。由于荷载增加，柱的轴向压力设计值实为 1000kN，弯矩设计值为 $M_1 = M_2 = 350\text{kN} \cdot \text{m}$，用 C40 混凝

土置换方法加固，试计算置换深度为多少能满足要求。

【解】1）原柱承载力复核

使用文献 [2] 介绍的 RCM 软件输入信息与简要计算结果如图 3-12 所示。可见不加固不能满足要求。

图 3-12　原柱承载力复核

2）加固设计

大偏心受压柱，只要将受压区混凝土置换成强度更高的混凝土，所以截面受压区高度即为所求。

下面判断是否考虑二阶效应：

由于 $M_1/M_2 = 1 > 0.9$，且 $i = 0.289h = 0.289 \times 600 = 173.4$mm，则 $l_c/i = 5000/202.3 = 28.8 > 34 - 12M_1/M_2 = 22$，因此，需要考虑挠曲变形引起的附加弯矩影响。

$$h_0 = h - a = 600 - 45 = 555\text{mm}$$

$$e_a = \max\left(\frac{h}{30}, 20\right) = \max\left(\frac{600}{30}, 20\right) = 20.0\text{mm}$$

$$\zeta_c = 0.2 + 2.7\frac{e_i}{h_0} = 0.2 + 2.7 \times \frac{350+20}{555} = 2.000 > 1.0, \text{ 取 } \zeta_c = 1.0$$

$$C_m = 0.7 + 0.3\frac{M_1}{M_2} = 1.0$$

$$\eta_{ns} = 1 + \frac{1}{1300(e_0+e_a)/h_0}\left(\frac{l_c}{h}\right)^2\zeta_c = 1 + \frac{1}{1300 \times (350+20)/555}\left(\frac{5000}{600}\right)^2 \times 1 = 1.080$$

$$e_i = C_m\eta_{ns}e_0 + e_a = 1 \times 1.080 \times 350 + 20 = 398.0\text{mm}$$

$$e_i > 0.3h_0, \text{ 按大偏心受压计算}$$

$$e = e_i + \frac{h}{2} - a = 398.0 + 0.5 \times 600 - 45 = 653.0\text{mm}$$

由式（3-2）、式（3-3）可得

$$N = 1 \times 19.1 \times 300x_n + 300 \times (1964 - 1140)$$

$$653N = 1 \times 19.1 \times 300x_n(555 - x_n/2) + 300 \times 1964 \times (555 - 45)$$

解联立方程组，得 $x_n = 143.1$mm。即可取置换深度 150mm。

SCS 软件计算对话框输入信息和最终计算结果如图 3-13 所示，可见其与手算结果相同。

图 3-13　偏压柱计算置换深度

3.4　置换法加固钢筋混凝土受弯构件承载力计算

当采用置换法加固钢筋混凝土受弯构件时，其正截面承载力应按下列两种情况分别计算：

1）压区混凝土置换深度 $h_n \geqslant x_n$，按新混凝土强度等级和现行《混凝土结构设计规范》GB 50010 的规定进行正截面承载力计算，即其正截面承载力应符合下列公式规定：

$$M \leqslant \alpha_1 f_c b x_n (h_0 - x_n/2) + f'_{y0} A'_{s0} (h_0 - a') \tag{3-6}$$

$$\alpha_1 f_c b x_n = f_{y0} A_{s0} - f'_{y0} A'_{s0} \tag{3-7}$$

式（3-6）是针对 $x_n \geqslant 2a'$ 的情况，当 $x_n < 2a'$ 时应改用式（3-8）。

$$M \leqslant f_{y0} A_{s0} (h_0 - a') \tag{3-8}$$

2）压区混凝土置换深度 $h_n < x_n$，其正截面承载力应按下列公式计算：

$$M \leqslant \alpha_1 f_c b h_n h_{0n} + \alpha_1 f_{c0} b (x_n - h_n) h_{00} + f'_{y0} A'_{s0} (h_0 - a') \tag{3-9}$$

$$\alpha_1 f_c b h_n + \alpha_1 f_{c0} b (x_n - h_n) = f_{y0} A_{s0} - f'_{y0} A'_{s0} \tag{3-10}$$

式（3-9）是针对 $x_n \geqslant 2a'$ 的情况，当 $x_n < 2a'$ 时应改用式（3-8）。

式中　　M——构件加固后的弯矩设计值；

f_{y0}、f'_{y0}——原构件纵向钢筋的抗拉、抗压强度设计值。

《混凝土结构加固设计规范》GB 50367—2013 对 2）中 $x_n < 2a'$ 情况使用式（3-9）计算出的承载力偏大，造成结构设计不安全。

【例 3-7】置换法加固矩形梁正截面复核 1

矩形梁截面尺寸 $b \times h = 400\text{mm} \times 500\text{mm}$，混凝土强度等级 C20，受拉钢筋 4 ϕ 28，受压钢筋 3 ϕ 14。由于改造，荷载加大，梁的弯矩设计值为 300kN·m，采用置换混凝土的方法进行加固，使用 C35 混凝土，置换深度 100mm，试计算其承载力是否满足要求。

【解】 1）原梁承载力计算。采用文献［2］的 RCM 软件，计算结果如图 3-14 所示。可见，其不满足承载力要求，需要加固处理。

2）加固计算。采用 C35 混凝土置换，设置换深度 $h_n = 100\text{mm}$。

由式（3-7）得：

图 3-14　原梁输入信息和承载力计算输出信息

$$1 \times 16.7 \times 400 x_n = 300 \times (2463 - 461)$$

得 $x_n = 89.9$mm。x_n 小于置换深度，故使用式（3-6）得

$$M = \alpha_1 f_c b x_n (h_0 - x_n/2) + f'_{y0} A'_{s0} (h_0 - a')$$
$$= [1 \times 16.7 \times 400 \times 89.9 \times (455 - 89.9/2) + 300 \times 461 \times (455 - 35)] \times$$

$10^{-3} = 304.4$kN · m>300kN · m，满足要求。

SCS 软件计算对话框输入信息和最终计算结果如图 3-15 所示，可见其与手算结果相同。

图 3-15　置换法加固矩形梁输入信息和简要输出信息

若此梁用 C50 混凝土，置换深度 100mm，其加固后承载力计算如下：

由式（3-7）得：

$$1 \times 23.1 \times 400 x_n = 300 \times (2463 - 461)$$

得 $x_n = 65$mm。$x_n < 2a' = 70$mm，故使用式（3-8）得

$$M = f_{y0} A_{s0} (h_0 - a') = 300 \times 2463 \times (455 - 35) \times 10^{-3} = 310.3$$kN · m>300kN · m，满足要求。

SCS 软件计算对话框输入信息和最终计算结果如图 3-16 所示，可见其与手算结果相同。

【例 3-8】置换法加固矩形梁正截面复核 2

文献［1］第 37 页例题，矩形梁截面尺寸 $b \times h = 250$mm$\times 500$mm，混凝土强度等

图 3-16   置换法加固矩形梁输入信息和简要输出信息 $x_n < 2a'$

级 C20，受拉钢筋 4ф28，受压钢筋 3ф18。由于改造，荷载加大，梁的弯矩设计值为 300kN·m，梁的受剪承载力满足要求，需要进行抗弯加固，采用置换混凝土的方法进行加固，使用 C40 混凝土，置换深度 100mm，试计算其承载力是否满足要求。

【解】 1）原梁承载力计算。采用文献［2］的 RCM 软件，计算结果如图 3-17 所示。可见，其不满足承载力要求，需要加固处理。

图 3-17   原梁输入信息和承载力计算输出信息

2）加固计算。采用 C40 混凝土置换，设置换深度 $h_n = 100mm$。
由式（3-7）得：

$$\alpha_1 f_c b h_n = 1.00 \times 19.1 \times 250 \times 100 \times 10^{-3} = 477.5kN$$

$$f_{y0} A_{s0} - f'_{y0} A'_{s0} = 300 \times (2463 - 763) \times 10^{-3} = 510.0kN$$

据 $\alpha_1 f_c b h_n < f_{y0} A_{s0} - f'_{y0} A'_{s0}$，得 $h_n < x_n$。梁的受压区高度按式（3-9）计算：

$$1 \times 19.1 \times 250 \times 100 + 1 \times 9.6 \times 250 \times (x_n - 100) = 300 \times (2463 - 763)$$

求得 $x_n = 113.5mm$。代入式（3-9）得：

$$M = [1 \times 19.1 \times 250 \times 100 \times 406 + 1 \times 9.6 \times 250 \times (113.5 - 100) \times (456 - 0.5 \times 100 - 0.5 \times 113.5)$$
$$+ 300 \times 763 \times (456 - 39)] \times 10^{-6} = 300.67kN \cdot m，满足要求。$$

SCS 软件计算对话框输入信息和最终计算结果如图 3-18 所示，可见其与手算结果相同。

图 3-18 置换法加固矩形梁输入信息和简要输出信息

【例 3-9】 置换法加固矩形梁正截面复核 3

矩形梁截面尺寸 $b \times h = 300\text{mm} \times 500\text{mm}$，混凝土强度等级 C25，受拉钢筋 3$\phi$28，受压钢筋 2$\phi$20。由于改造，荷载加大，梁的弯矩设计值为 280kN·m，梁的受剪承载力满足要求，需要进行抗弯加固，采用置换混凝土的方法进行加固，使用 C50 混凝土，置换深度 60mm，试计算其承载力是否满足要求。

【解】 1）原梁承载力计算。采用文献 [2] 的 RCM 软件，计算结果如图 3-19 所示。可见，其不满足承载力要求，需要加固处理。

图 3-19 原梁输入信息和承载力计算输出信息

2）加固计算。采用 C50 混凝土置换，设置换深度 $h_n = 60\text{mm}$。

由式（3-7）得：

$$\alpha_1 f_c b h_n = 1.00 \times 23.1 \times 300 \times 60 \times 10^{-3} = 477.5\text{kN}$$

$$f_{y0} A_{s0} - f'_{y0} A'_{s0} = 300 \times (1847 - 628) \times 10^{-3} = 438.8\text{kN}$$

据 $\alpha_1 f_c b h_n < f_{y0} A_{s0} - f'_{y0} A'_{s0}$，得 $h_n < x_n$。梁的受压区高度按式（3-10）计算：

$$1 \times 23.1 \times 300 \times 60 + 1 \times 11.9 \times 300 \times (x_n - 60) = 360 \times (1847 - 628)$$

求得 $x_n = 66.5\text{mm}$。$x_n < 2a' = 80\text{mm}$，故使用公式（3-8）得

$$M = f_{y0} A_{s0} (h_0 - a') = 360 \times 1847 \times (456 - 40) \times 10^{-3} = 276.6\text{kN·m} < 280\text{kN·m}，不满$$

足要求。

　　SCS 软件计算对话框输入信息和最终计算结果如图 3-20 所示，可见其与手算结果相同。

图 3-20　置换法加固矩形梁输入信息和简要输出信息

　　如不慎采用了《混凝土结构加固设计规范》GB 50367—2013 中的公式，即用式（3-9）计算，则为：

$$M = [1 \times 23.1 \times 300 \times 60 \times 426 + 1 \times 11.9 \times 300 \times (66.5 - 60) \times (456 - 0.5 \times 60 - 0.5 \times 66.5)$$
$$+ 360 \times 628 \times (456 - 40)] \times 10^{-6} = 280.2 \text{kN} \cdot \text{m}，满足要求。造成设计错误！$$

　　由于计算结果不满足要求，可见此题不适合用该法加固。

【例 3-10】　置换法加固 T 形梁正截面复核

　　文献［1］第 40 页例题，某 T 形截面梁 $b = 250\text{mm}$，$h = 650\text{mm}$，$b'_f = 800\text{mm}$，$h'_f = 150\text{mm}$，混凝土强度等级 C20，受拉钢筋 4 ϕ 28。由于改造，荷载加大，梁的受剪承载力满足要求，采用置换混凝土的方法进行加固，使用 C40 混凝土，预估置换深度 50mm，加固后梁的弯矩设计值为 430kN・m，试计算其承载力是否满足要求。

　　【解】1）原梁承载力计算。设构件处于一类环境，且箍筋直径为 8mm。采用文献［2］的 RCM 软件，输入数据和计算结果如图 3-21 所示。可见，其不满足承载力要求，需要进行加固处理。

图 3-21　原 T 形截面梁承载力计算输入信息和计算结果

　　2）加固计算。采用 C40 混凝土置换，设置换深度 $h_n = 50\text{mm}$。

　　由式（3-7）得：

$$\alpha_1 f_c b'_f h_n = 1\times19.1\times800\times50\times10^{-3} = 764\text{kN}$$

$$f_{y0}A_{s0} - f'_{y0}A'_{s0} = 300\times(2463-0)\times10^{-3} = 738.9\text{kN}$$

据 $\alpha_1 f_c b'_f h_n > f_{y0}A_{s0} - f'_{y0}A'_{s0}$，得 $h_n > x_n$。梁的受压区高度按式（3-7）计算：

$$\alpha_1 f_c b'_f x_n = f_{y0}A_{s0} - f'_{y0}A'_{s0}$$

$$1\times19.1\times800 x_n = 300\times(2463-0)$$

求得 $x_n = 48.4\text{mm}$。代入式（3-6）得：

$$M = \alpha_1 f_c b'_f x_n (h_0 - x_n/2) + f'_{y0}A'_{s0}(h_0 - a')$$

$$= 1\times19.1\times800\times48.4\times(608-0.5\times48.4)\times10^{-6} + 0 = 431.4\text{kN·m}，满足要求。$$

SCS 软件计算对话框输入信息和最终计算结果如图 3-22 所示，可见其与手算结果相同。

图 3-22　置换法加固 T 形截面梁承载力计算输入信息和计算结果

【例 3-11】 置换法加固矩形梁受弯承载力计算置换深度

文献［4］第 420 页例题，受均布荷载的矩形截面梁 $b = 250\text{mm}$，$h = 500\text{mm}$，混凝土强度等级 C20，受拉钢筋 4Φ28，受压钢筋 3Φ18。加固后梁的弯矩设计值为 300kN·m，采用 C35 混凝土置换的方式加固，试计算混凝土的置换深度。

【解】 1）原梁承载力计算。采用文献［2］的 RCM 软件，输入数据和计算结果如图 3-23 所示。可见，其不满足承载力要求，需要加固处理。

图 3-23　原矩形截面梁承载力计算输入信息和计算结果

2）加固计算

由

$$M \leqslant f_y A_s \left(h_0 - \frac{x_n}{2}\right) + f'_{y0} A'_{s0} \left(\frac{x_n}{2} - a'\right)$$

$$300 \times 10^6 = 300 \times 2463 \times (465 - 0.5x_n) + 300 \times 763 \times (0.5x_n - 35)$$

求得 $x_n = 139.5$mm。采用 C35 混凝土置换，设 $h_n < x_n$。

当受压区混凝土置换深度 $h_n < x_n$，其正截面承载力应按下式计算：

$$\alpha_1 f_c b h_n + \alpha_1 f_{c0} b (x_n - h_n) = f_{y0} A_{s0} - f'_{y0} A'_{s0}$$

$$1 \times 16.7 \times 250 h_n + 1 \times 9.6 \times 250 \times (139.5 - h_n) = 300 \times (2463 - 763)$$

求得 $h_n = 98.7$mm。

故采用 C35 混凝土置换，置换深度为 99mm，可满足承载力要求。

SCS 软件计算对话框输入信息和最终计算结果如图 3-24 所示，可见其与手算结果相同。

图 3-24　置换法加固矩形截面梁计算置换深度

对于 $h_n \geqslant x_n$ 的情形，使用 RCM 软件[2]，输入数据和计算结果如图 3-25 所示。此与文献 [4] 手算结果相同。

图 3-25　置换厚度不小于受压区高度的加固计算

本章参考文献

[1] 卜良桃，梁爽，黎红兵. 混凝土结构加固设计规范算例 [M]. 2 版. 北京：中国建筑工业出版

社，2015.

[2] 王依群. 混凝土结构设计计算算例 [M]. 3 版. 北京：中国建筑工业出版社，2016.

[3] 卢亦焱. 混凝土结构加固设计原理 [M]. 北京：高等教育出版社，2016.

[4] 北京康桥隆盛工程检测有限责任公司. 建筑结构检测·鉴定·加固再设计手册 [M]. 北京：中国建筑工业出版社，2015.

第4章 体外预应力加固法

4.1 设计规定

体外预应力加固法适用于下列钢筋混凝土结构构件的加固：

（1）以无粘结钢绞线为预应力下撑式拉杆时，宜用于连续梁和大跨简支梁的加固；

（2）以普通钢筋为预应力下撑式拉杆时，宜用于一般简支梁的加固；

（3）以型钢为预应力撑杆时，宜用于柱的加固。

体外预应力加固法不适用于素混凝土构件（包括纵向受力钢筋一侧配筋率小于 0.2% 的构件）的加固。

采用体外预应力方法对钢筋混凝土结构、构件进行加固时，其原构件的混凝土强度等级不宜低于 C20。

采用体外预应力法加固混凝土结构时，其新增的预应力拉杆、锚具、垫板、撑杆、缀板以及各种紧固件等均应进行可靠的防锈蚀处理。

采用体外预应力法加固的混凝土结构，其长期使用的环境温度不应高于 60℃。

当被加固构件的表面有防火要求时，应按现行《建筑设计防火规范》GB 50016 规定的耐火等级及耐火极限要求，对预应力杆件及其连接进行防护。

采用体外预应力加固法对钢筋混凝土结构进行加固时，可不采取卸载措施。

4.2 无粘结钢绞线体外预应力的加固计算

当采用无粘结钢绞线预应力下撑式拉杆加固受弯构件时，除应符合现行《混凝土结构设计规范》GB 50010 正截面承载力计算的基本假定外，尚应符合下列规定：

1）构件达到承载能力极限状态时，假定钢绞线的应力等于施加预应力时的张拉控制应力，亦即假定钢绞线的应力增量值与预应力损失值相等。

2）当采用一端张拉，而连续跨的跨数超过两跨；或当采用两端张拉，而连续跨的跨数超过四跨时，距张拉端两跨以上的梁，其由摩擦力引起的预应力损失有可能大于钢绞线的应力增量。此时，可采用下列两种方法加以弥补：

方法一：在跨中设置拉紧螺栓，采用横向张拉的方法补足预应力损失值；

方法二：将钢绞线的张拉预应力提高至 $0.75f_{ptk}$，计算时仍按 $0.70f_{ptk}$ 取值。

3）无粘结钢绞线体外预应力产生的纵向压力在计算中不予计入，仅作为安全储备。

4）在达到受弯承载力极限状态前，无粘结钢绞线锚固可靠。

注：以上是《混凝土结构加固设计规范》GB 50367—2013 第 7.2.1 条的规定，但鉴于规范编制组成员所著文献［4］、［5］均未采用规范上述简化方法计算预应力损失，本

书和 SCS 软件也仿照文献〔4〕、〔5〕进行了预应力损失计算。

受弯构件加固后的相对界限受压区高度 ξ_{pb} 可采用下式计算,即取加固前控制值的 0.85 倍:

$$\xi_{pb} = 0.85\xi_{b} \tag{4-1}$$

式中 ξ_{b}——构件加固前的相对界限受压区高度,按现行《混凝土结构设计规范》GB 50010 的规定计算。

当采用无粘结钢绞线体外预应力加固矩形截面受弯构件时(图 4-1),其正截面承载力应按下列公式计算:

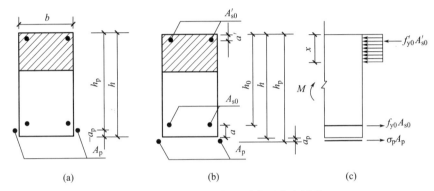

图 4-1 矩形截面正截面受弯承载力计算

(a) 钢绞线位于梁底以上;(b) 钢绞线位于梁底以下;(c) 对应于(b)的计算简图

$$M \leqslant \alpha_1 f_{c0}bx\left(h_p - \frac{x}{2}\right) + f'_{y0}A'_{s0}(h_p - a') - f_{y0}A_{s0}(h_p - h_0) \tag{4-2}$$

$$\alpha_1 f_{c0}bx = \sigma_p A_p + f_{y0}A_{s0} - f'_{y0}A'_{s0} \tag{4-3}$$

$$2a' \leqslant x \leqslant \xi_{pb}h_0 \tag{4-4}$$

式中 M——构件加固后的弯矩(包括加固前的初始弯矩)设计值;

α_1——计算参数;当混凝土强度等级不超过 C50 时,取 $\alpha_1 = 1.0$;当混凝土强度等级为 C80 时,取 $\alpha_1 = 0.94$;其间按线性内插法确定;

f_{c0}——混凝土轴心抗压强度设计值;

x——混凝土受压区高度;

b、h——矩形截面的宽度、高度;

f_{y0}、f'_{y0}——原构件纵向受力钢筋的抗拉、抗压强度设计值;

A_{s0}、A'_{s0}——原构件受拉钢筋、受压钢筋的截面面积;

a'——纵向受压钢筋合力点至混凝土受压区边缘的距离;

h_0——构件加固前的截面有效高度;

h_p——构件截面受压边至无粘结钢绞线合力点的距离,可近似取 $h_p = h$;

σ_p——预应力钢绞线应力值,取 $\sigma_p = \sigma_{p0}$,σ_{p0} 为预应力钢绞线张拉控制应力;

A_p——预应力钢绞线截面面积。

当采用无粘结钢绞线体外预应力加固 T 形截面受弯构件,且截面混凝土受压区高度 x 大于翼缘高度 h'_f 时,其正截面承载力应按下列公式计算:

$$M \leqslant \alpha_1 f_{c0} bx \left(h_p - \frac{x}{2}\right) + \alpha_1 f_{c0} (b_f' - b) h_f' \left(h_p - \frac{h_f'}{2}\right) + f_{y0}' A_{s0}' (h_p - a') - f_{y0} A_{s0} (h_p - h_0) \quad (4-5)$$

$$\alpha_1 f_{c0} bx + \alpha_1 f_{c0} (b_f' - b) h_f' = \sigma_p A_p + f_{y0} A_{s0} - f_{y0}' A_{s0}' \quad (4-6)$$

式中　b_f'、h_f'——T 形截面受压翼缘的宽度、高度。

一般加固设计时，矩形截面梁可根据式（4-2）计算出混凝土受压区高度 x，然后代入式（4-3），即可求出预应力钢绞线的截面面积 A_p。对于 T 形截面梁，则先在式（4-2）中用 b_f' 代替 b 计算出受压区高度 x，若 $x \leqslant h_f'$，则解法同 b_f' 代替 b 的矩形梁相同；若 $x > h_f'$，则使用式（4-5）再求 x，然后使用式（4-6）求出预应力钢绞线的截面面积 A_p。

当 $x < 2a'$ 时，式（4-2）应以式（4-7）替代

$$M \leqslant \sigma_p A_p (h - a_p - a') + f_{y0} A_{s0} (h - a - a') \quad (4-7)$$

注：《混凝土结构加固设计规范》GB 50367—2013 中没有写明 $x < 2a'$ 时该如何做，这是本书作者根据《混凝土结构设计规范》GB 50010—2010 式（6.2.14）并参照《城市桥梁结构加固技术规程》CJJ/T 239—2016 式（8.2.8-1）列出的。

当采用无粘结钢绞线预应力跨中单点下撑式拉杆加固受弯构件时，其增加的受弯承载力和剪力、轴力负担如图 4-2 所示。假设拉杆内的拉力为 $T = \sigma_p A_p$，则跨中由预应力筋增加的受弯承载力为：

$$\Delta M = T(y_0 + a_p) \cos\alpha \quad (4-8)$$

这里，y_0 是截面形心至梁底的距离，其他量如图 4-2 所示。

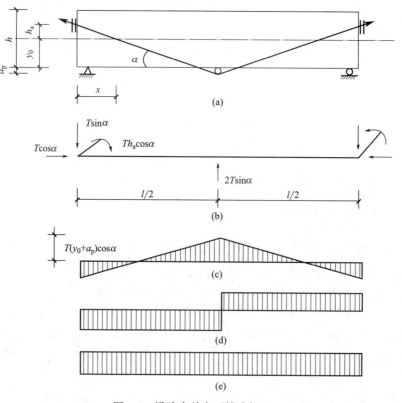

图 4-2　梁跨中单点下撑式加固

（a）计算模型；（b）受力分析；（c）M 图；（d）V 图；（e）N 图

当采用无粘结钢绞线跨内双支点下撑式加固受弯构件，其双支点间梁加固后的受弯承载力与跨内无支点的受弯承载力相同，按直线预应力筋加固的跨中截面计算。

4.3 普通钢筋体外预应力的加固计算

采用普通钢筋预应力两点下撑式拉杆加固简支梁时，应按下列规定进行计算：

估算预应力下撑式拉杆的截面面积 A_p：

$$A_p = \frac{\Delta M}{f_{py} \eta h_{02}} \tag{4-9}$$

式中 A_p——预应力下撑式拉杆的总截面面积；

ΔM——梁加固后增大的受弯承载力，可根据该梁加固前能承受的受弯承载力与加固后在新设计荷载作用下所需的受弯承载力来初步确定；

f_{py}——下撑式钢拉杆抗拉强度设计值；

h_{02}——由下撑式钢拉杆中部水平段的截面形心到被加固梁上缘的垂直距离；

η——内力臂系数，取 0.80。

4.4 体外预应力加固梁的斜截面承载力计算

当采用无粘结钢绞线体外预应力加固矩形截面受弯构件时，其斜截面承载力应按下列公式确定：

$$V \leqslant V_{b0} + V_{bp} \tag{4-10}$$

$$V_{pb} = 0.8 \sigma_p A_p \sin\alpha \tag{4-11}$$

式中 V——支座剪力设计值；

V_{b0}——加固前梁的斜截面承载力，应按现行《混凝土结构设计规范》GB 50010 计算；

V_{bp}——采用无粘结钢绞线体外预应力加固后，梁的斜截面承载力的提高值；

α——支座区段钢绞线与梁纵向轴线的夹角（rad）。

4.5 体外预应力加固张拉应力控制和梁挠度计算

1）计算在新增外荷载作用下拉杆中部水平段产生的作用效应增量 ΔN

在新增外荷载作用下，由水平拉杆和被加固梁组成的超静定结构体系中，水平拉杆产生的作用效应增量 ΔN，可按结构力学的方法计算[5]。

例如，用力法求解图 4-3 所示的水平拉杆加固体系的拉杆拉力 ΔN 时，切断水平筋可获得图 4-4（a）所示的基本结构，并可绘出基本结构在单位水平力 $\Delta N=1$［图 4-4（b）］及新增均布荷载 q 或跨中集中荷载 P 作用下的内力图，如图 4-4（c）~（g）所示。由力法典型方程可得

$$\Delta N = \frac{-\Delta_{1p}}{\delta_{11}} \tag{4-12}$$

当预应力筋为跨内两支点模式，忽略加固梁的剪切变形后，自由项

q—新增荷载；h—加固梁高度；y_{01}、y_{02}—分别为原梁跨中截面重心至截面上缘和下缘的距离；
c—水平筋截面中心至截面下缘的距离；e_p—水平筋截面中心到跨中换算截面重心的距离（$e_p = y_{02}+c$）；
l—加固梁计算跨度；l_1—锚固点至支座中心的距离；l_2—两个锚固点之间的距离；E_c、A_0、I_0—分别为
原梁混凝土弹性模量、跨中换算截面面积和惯性矩；E_p、A_p—分别为水平筋的弹性模量和横截面面积

图 4-3　水平拉杆外加预应力加固坐标系计算简图

$$\Delta_{1p} = \sum \int \frac{\overline{M}_1 M_p}{E_c I_0} dx = \frac{-\omega_2 e_p}{E_c I_0} \tag{4-13a}$$

当预应力筋为跨内两支点模式，且新增荷载为均布荷载时，如图 4-4（d）所示：

$$\omega_2 = 2 \int_{l_1}^{\frac{l}{2}} M_p(x) dx = 2 \int_{l_1}^{\frac{l}{2}} \frac{q}{2}(lx - x^2) dx = \frac{1}{12}ql^3 - ql_1^2 \left(\frac{l}{2} - \frac{l_1}{3} \right) \tag{4-14a}$$

当预应力筋为跨内两支点模式且新增荷载为跨中集中力时，如图 4-4（e）所示：

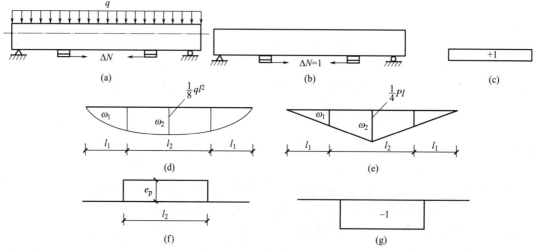

q—新增荷载；ω_1—锚具中心到支座中心间的新增荷载弯矩图面积；
ω_2—两个锚具中心间新增荷载弯矩图面积

图 4-4　跨内两支点水平拉杆加固体系基本结构在单位力和新增荷载作用下的内力图形
（a）基本结构；（b）单位力图；（c）拉杆 N_1 图（以拉为正）；（d）均布荷载作用下（b）梁体
M_p 图（以下缘受拉为正）；（e）跨中集中力作用下梁体 M_p 图（以下缘受拉（c）
为正）；（f）梁体 M_1 图（以下缘受拉为正）；（g）梁体 N_1 图（以拉为正）

$$\omega_2 = 2\int_{l_1}^{\frac{l}{2}} M_p(x)\,\mathrm{d}x = 2P\int_{l_1}^{\frac{l}{2}} \frac{x}{2}\,\mathrm{d}x = P\left(\frac{l^2}{4} - \frac{l_1^2}{2}\right) \tag{4-15a}$$

当预应力筋为跨内两支点模式，主变位系数 δ_{11} 按下式计算：

$$\delta_{11} = \sum\int \frac{\overline{M}_1^2}{E_c I_0}\mathrm{d}x + \sum\int \frac{\overline{N}_1^2}{E_c A_0}\mathrm{d}x = \frac{e_p^2 l_2}{E_c I_0} + \frac{l_2}{E_c A_0} + \frac{l_2}{E_p A_p} \tag{4-16a}$$

当预应力筋为跨中单支点模式，忽略加固梁的剪切变形后，自由项

$$\Delta_{1p} = \sum\int \frac{\overline{M}_1 M_p}{E_c I_0}\mathrm{d}x = \frac{-\omega_2}{E_c I_0}(y_0 + a_p)\cos\alpha \tag{4-13b}$$

当预应力筋为跨中单支点模式且新增荷载为均布荷载时，如图 4-5（d）所示：

$$\omega_2 = 2 \times \frac{2}{l}\int_0^{\frac{l}{2}} M_p(x)x\,\mathrm{d}x = \frac{2q}{l}\int_0^{\frac{l}{2}}(lx^2 - x^3)\,\mathrm{d}x = \frac{5ql^3}{96} \tag{4-14b}$$

当预应力筋为跨中单支点模式且新增荷载为跨中集中力时，如图 4-5（e）所示：

$$\omega_2 = 2 \times \frac{2}{l}\int_0^{\frac{l}{2}} M_p(x)x\,\mathrm{d}x = 2P \times \frac{2}{l}\int_0^{\frac{l}{2}} \frac{x^2}{2}\,\mathrm{d}x = \frac{Pl^2}{12} \tag{4-15b}$$

当预应力筋为跨中单支点模式，主变位系数 δ_{11} 按下式计算：

$$\delta_{11} = \sum\int \frac{\overline{M}_1^2}{E_c I_0}\mathrm{d}x + \sum\int \frac{\overline{N}_1^2}{E_c A_0}\mathrm{d}x = \frac{l(y_0 + a_p)^2\cos^2\alpha}{3E_c I_0} + \frac{l\cos^2\alpha}{E_c A_0} + \frac{l\cos^2\alpha}{E_p A_p} \tag{4-16b}$$

将式（4-13）、式（4-14）或式（4-15）、式（4-16）代入式（4-12），即可求得 ΔN。当新增荷载有几种不同类型时，ΔN 等于各种荷载分别作用时的效应之和。

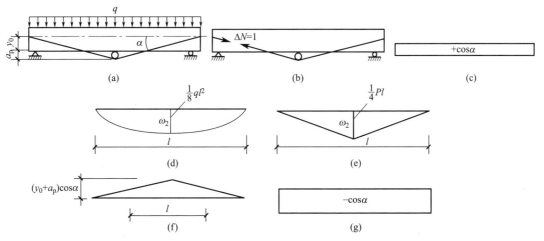

图 4-5　跨中单支点拉杆加固体系基本结构在单位力和新增荷载作用下的内力图形
（a）基本结构；（b）单位力图；（c）拉杆 N_1 图（以拉为正）；（d）均布荷载作用下
梁体 M_p 图（以下缘受拉为正）；（e）跨中集中力作用下梁体 M_p 图（以下缘受拉
为正）；（f）梁体 M_1 图（以下缘受拉为正）；（g）梁体 N_1 图（以拉为正）

2）确定下撑式拉杆应施加的预应力值 σ_p。确定时，除应按现行《混凝土结构设计规范》GB 50010 的规定控制张拉应力并计入预应力损失值外，尚应按下式进行验算：

$$\sigma_p + (\Delta N / A_p) < \beta_1 f_{py} \tag{4-17}$$

式中　β_1——下撑式拉杆的协同工作系数，取 0.80。

3）预应力张拉控制量应按所采用的施加预应力方法计算。当采用千斤顶纵向张拉时，可按张拉力 $\sigma_p A_p$ 控制；当要求按伸长率控制，伸长率中应计入裂缝闭合的影响。当采用拉紧螺杆进行横向张拉时，横向张拉量应按以下规定确定。

当采用两根预应力下撑式拉杆进行横向张拉时，其拉杆中部横向张拉量 ΔH 可按下式验算：

$$\Delta H \leqslant (l_2/2)\sqrt{2\sigma_p/E_s} \tag{4-18}$$

式中　l_2——拉杆中部水平段的长度。

4）加固梁挠度的近似值 f，可按下式计算：

$$f = f_1 - f_p + f_2 \tag{4-19}$$

式中　f_1——加固前梁在原荷载标准值作用下产生的挠度；梁的刚度 B_1 可根据原梁开裂情况，近似取 $(0.35 \sim 0.50)E_c I_0$；

　　　f_p——张拉预应力引起的梁的反拱；计算时，梁的刚度 B_p 可近似取为 $0.75 E_c I_0$；

　　　f_2——加固结束后，在后加荷载作用下梁所产生的挠度；计算时，梁的刚度 B_2 可取等于 B_p；

　　　E_c——原梁的混凝土弹性模量；

　　　I_0——原梁的换算截面惯性矩。

张拉预应力引起的梁的反拱值，视预应力筋布置形式不同而不同，SCS 软件考虑了三种常见形式供用户计算时选择，如表 4-1 所示。

表 4-1 前两项的下撑式拉杆加固的预应力筋锚固点均在截面重心线上，当下撑式拉杆加固的预应力筋锚固点不在截面重心线上，即锚固点与截面重心线间距离 e_1（锚固点在截面重心线以下为正）不为 0，跨中反拱挠度值在表 4-1 值的基础上再加上 $\dfrac{N_p e_1 l^2}{8EI}$。

预应力筋线形对应的梁的反拱挠度　　　　　　　　　表 4-1

简称	预应力筋线形	跨中反拱挠度
跨中 单支点		$f = \dfrac{N_p e_p l^2}{12EI}$
跨内 两支点		$f = \dfrac{N_p e_p}{6EI}(2l_1^2 + 6l_1 l_3 + 3l_3^2)$
跨内 无支点		$f = \dfrac{N_p e_p l^2}{8EI}$

SCS 软件功能项（菜单项）分工：

S301、S302 分别为高强度钢筋（包括中强度预应力钢丝、预应力螺纹钢筋、消除应力钢丝、钢绞线）、普通钢筋加固梁的承载力设计，即由此求得所需加固钢筋的截面积 A_p。从软件输入数据的对话框可见，S301、S302 没有考虑预应力损失相关数据输入要求，软件中仅粗略地考虑了预应力筋松弛损失，所以其计算结果只能是简单的估算结果，精确的计算还是要使用 S303 再计算一次。S303 要求输入的预应力损失因素较全面，也要求输入预应力筋的截面积，这需要使用 S301 估算并适当放大得到。S303 则由用户据上面得到的 A_p 选配钢筋（品种、根数、直径）后，检验控制应力和计算加固后梁的挠度。

如前所述，《混凝土结构加固规范》GB 50367—2013 将跨内单支点和跨内双支点的预应力筋锚固点定在梁的上皮，为区别考虑称其为"标准锚点"，如图 4-6 所示。当实际锚点位置不在梁上皮时，须定义"锚点下沉量"，如图 4-6 所示。当实际锚点位置就是标准锚点位置时，锚点下沉量就是 0。

图 4-6　跨内有支点梁端预应力筋锚点位置

对于跨内无支点的情况，锚点下沉量无意义，软件输入时也填 0。

【例 4-1】无粘结预应力钢绞线提高梁受弯承载力算例

文献［1］第 46 页例题，某矩形截面梁 $b \times h = 250\text{mm} \times 500\text{mm}$，原设计采用 C20 混凝土，纵筋采用 HRB335 钢筋，受拉钢筋为 $4 \phi 16$（$A_{s0} = 804\text{mm}^2$，配筋率 0.69%）。现拟将该梁的弯矩设计值提高到 167.67kN·m；加固前原作用的弯矩标准值为 65kN·m。梁的抗剪能力满足要求。要求无粘结预应力钢绞线加固设计。

【解】1）原梁承载力计算

使用 RCM 软件[2]复核功能，输入信息及简要输出结果如图 4-7 所示，可见原梁承载力不足，需要加固。

图 4-7　原梁受弯承载力

2）加固设计

无粘结预应力筋选用极限强度标准值为 1860MPa 的钢绞线，张拉控制应力限值 $\sigma_p = \sigma_{con} = 0.65f_{ptk} = 0.65 \times 1860 = 1209.0 \text{N/mm}^2$。$h_p = h - 35 = 465\text{mm}$。

将已知参数代入式（4-2），得：

$$167.67 \times 10^6 = 1 \times 9.6 \times 250x \times (500 - 35 - x/2) - 300 \times 804 \times (465 - 465)$$

解出 $x = 188.4\text{mm}$，$x \leq \xi_{pb}h_0 = 0.85 \times 0.550 \times 465\text{mm} = 217.4\text{mm}$，满足要求。

代入式（4-3）得：

$$A_p = \frac{\alpha_1 f_{c0}bx - f_{y0}A_{s0}}{\sigma_p} = \frac{1 \times 9.6 \times 250 \times 188.4 - 300 \times 804}{1209} = 174.5\text{mm}^2$$

可选用两根直径 12.7mm 的钢绞线，查《混凝土结构设计规范》GB 50010—2010 表 A.0.2，截面积为 $A_p = 197.4\text{mm}^2$。

水平拉杆中的拉力 $N_p = \sigma_p A_p = 1209 \times 174.5 = 210970\text{N}$

预应力损失值的计算：由于预应力筋采用焊接锚固，故 $\sigma_{l1} = 0$；预应力筋为体外配筋，故 $\sigma_{l2} = 0$；此方法是后张法，故 $\sigma_{l3} = 0$；应力松弛引起的损失为：$\sigma_{l4} = 0.05\sigma_{con} = 0.05 \times 1209 = 60.45\text{N/mm}^2$（0.05 是 SCS-301 的简化处理，较准确的值应按《混凝土结构设计规范》GB 50010—2010 表 10.2.1 规定值在 SCS-303 中计算）；由于原混凝土梁早已使用，不考虑混凝土的收缩徐变引起的预应力损失 $\sigma_{l5} = 0$。

总的预应力损失值 $\sigma_l = \sigma_{l4} = 60.45\text{N/mm}^2$。

水平拉杆应施加的预应力

$$\sigma_p = \sigma_l + \frac{N_p}{A_p} = 60.45 + \frac{210970}{197.4} = 1129.2\text{N/mm}^2 \leq \sigma_{con} = 1209\text{N/mm}^2，满足要求。$$

SCS 软件计算对话框输入信息和最终计算结果如图 4-8 所示，可见其与手算结果相同。

图 4-8　无粘结预应力钢绞线下撑式拉杆加固矩形梁

SCS 软件对话框中距离 a_p 自梁底面算起，向下为正、向上为负。

【例 4-2】无粘结预应力钢绞线提高 T 形梁受弯承载力算例

文献［4］第 65 页例题，已知某钢厂设备平台大梁计算跨度为 9m，承受均布恒载 19.7kN/m，均布活荷载 14kN/m，在跨中承受设备荷重 26kN，如图 4-9 所示。现需改换设备，跨中设备荷重增加至 46kN。试对此梁进行加固（以上荷载均为设计值）。

图 4-9　无粘结预应力钢绞线下撑式拉杆加固矩形梁

梁的基本设计参数：受拉主筋为 6 ϕ 22，A_{s0} = 2281mm^2；受压纵筋 2 ϕ 12，A'_{s0} = 226mm^2，混凝土为 C20。h_0 = 700−60 = 540mm，a' = 36mm。

加固方法。如图 4-10 所示，采用竖向顶撑法、预应力筋的两端用 U 形钢板进行锚固。为防止其下滑，在 U 形钢板的端部用 4 个膨胀螺栓固定。张拉方法为竖向千斤顶顶撑法。待顶撑到位后，在支撑点和预应力筋之间垫以钢板并用点焊固定，预应力筋是裸露工作的。

1—膨胀螺栓；2—U 形锚固板；3—原梁；4—U 形支撑钢板；5—预应力加固筋；6—钢垫板

图 4-10　平台梁加固示意

【解】1）内力计算

在全部荷载作用产生的弯矩设计值：

$$M_{max} = \left[\frac{1}{8} \times (19.7 + 14) \times 9^2 + \frac{1}{4} \times 46 \times 9 \right] \times 10^{-6} = 444.7 \text{kN} \cdot \text{m}$$

2）原梁受弯承载力计算

使用 RCM 软件[2] 复核功能，输入信息及简要输出结果如图 4-11 所示，可见原梁承载力不足，需要加固。

图 4-11　原 T 形梁受弯承载力

3）加固设计

预应力钢拉杆采用 1×3 股钢绞线，$f_{py}=1320\text{N/mm}^2$。按 0.7 张拉控制应力 $\sigma_{p0}=\sigma_{con}=0.7\times1860=1302.0\text{N/mm}^2$。$h_p=h+15=715\text{mm}$。

由原梁承载力计算可见，此梁属于第二类 T 形梁，故将已知参数代入式（4-5）得：

$$444.70\times10^6=1\times9.6\times200x\times(715-x/2)+1\times9.6\times(400-200)\times100\times(715-50)$$
$$-300\times2281\times(715-640)+300\times226\times(715-36)$$

解出 $x=296.1\text{mm}$

$x\leqslant\xi_{pb}h_0=0.85\times0.550\times640=299.2\text{mm}$，满足要求。

再由式（4-6）得预应力筋截面面积值

$$A_p=\frac{\alpha_1 f_{c0}bx+\alpha_1 f_{c0}(b'_f-b)h'_f-f_{y0}(A_{s0}-A'_{s0})}{\sigma_p}$$
$$=\frac{1\times9.6\times200\times296.1+1\times9.6\times200\times100-300\times(2281-226)}{1302}=110.6\text{mm}^2$$

水平拉杆中的拉力 $N_p=\sigma_p A_p=1302\times110.6=144001\text{N}$

可选用两根直径 10.8mm 的钢绞线，查《混凝土结构设计规范》GB 50010—2010 表 A.0.2，截面面积为 $A_p=117.8\text{mm}^2$。

总的预应力损失值 $\sigma_l=\sigma_{l4}=0.05\sigma_{con}=0.05\times1302=65.1\text{N/mm}^2$。

水平拉杆应施加的预应力

$$\sigma_p=\sigma_l+\frac{N_p}{A_p}=65.1+\frac{144001}{117.8}=1287.5\text{N/mm}^2\leqslant\sigma_{con}=1302\text{N/mm}^2$$，满足要求。

SCS 软件计算对话框输入信息和最终计算结果如图 4-12 所示，可见其与手算结果相同。

图 4-12　无粘结预应力钢绞线下撑式拉杆加固 T 形梁

【例 4-3】体外预应力加固梁斜截面受剪承载力复核算例

以【例 4-2】的梁为例，梁受弯承载力加固后，计算该预应力钢拉杆倾斜段梁受剪承载力。

【解】

（1）原梁受剪承载力

经内力分析，该梁不是集中荷载作用为主的独立梁。按《混凝土结构设计规范》GB

50010—2010 一般梁情况计算。

遵照《混凝土结构设计规范》GB 50010—2010，截面限制条件允许的剪力

$h_0 = 700 - 60 = 640\text{mm}$，$h_w = h_0 - h_f' = 640 - 100 = 540$，$h_w/b = 540/200 = 2.7 \leqslant 4$

$$[V] = 0.25\beta_c f_c b h_0 = 0.25 \times 1 \times 9.6 \times 200 \times 640 \times 10^{-3} = 307.20\text{kN}$$

截面受剪承载力

$$V_{b0} = 0.7f_t b h_0 + f_{yv}\frac{A_{sv}}{s}h_0 = 0.7 \times 1.10 \times 200 \times 640 + 270 \times 56.6 \times 640 \times 10^{-3}/200 = 147.46\text{kN}$$

原梁受剪承载力取两者的较小值，即 $V_0 = 147.46\text{kN}$

（2）加固后梁受剪承载力

预应力钢拉杆控制应力 $\sigma_{con} = 0.7 \times 1860 = 1302.0\text{N/mm}^2$；$\sigma_p = \sigma_{con}$

预应力筋倾斜段高度差 $h_p = a_b + a_p = 100 + 15 = 115\text{mm}$

支座区段预应力筋与梁纵向轴线的夹角 $\alpha = \arctan\dfrac{h_p}{L} = \arctan\dfrac{115}{1500} = 0.08\text{rad} = 4.4°$

根据《混凝土结构加固设计规范》GB 50367—2013 式（7.2.4-2），采用体外预应力筋加固后，梁受剪承载力提高值

$$V_{pb} = 0.8\sigma_p A_p \sin\alpha = 0.8 \times 1302 \times 117.8 \times (\sin 4.4) \times 10^{-3} = 9.38\text{kN}$$

加固后，梁总的受剪承载力

$$V_u = V_{b0} + V_{bp} = 147.46 + 9.38 = 156.84\text{kN} \leqslant [V]$$

SCS 软件计算对话框输入信息和最终计算结果如图 4-13 所示，可见其与手算结果相同。

图 4-13　体外预应力加固梁斜截面受剪承载力计算

【例 4-4】普通钢筋体外预应力提高梁受弯承载力减小挠度算例

已知某钢厂设备平台简支大梁计算跨度为 9m，承受均布恒荷载标准值 16.417kN/m，均布活荷载标准值 10kN/m，在跨中承受设备荷重标准值 18.571kN，如图 4-9 所示。现需改换设备，跨中设备荷重标准值增加至 32.857kN。试对此梁进行加固。梁的基本设计参数：受拉主筋为 6 ϕ22，$A_{s0} = 2281\text{mm}^2$，$h_0 = 700 - 60 = 640\text{mm}$，不计受压纵筋，即 $A'_{s0} = 0$，混凝土为 C30。

加固方法。如图 4-14 所示，采用竖向顶撑法、预应力筋的两端用 U 形钢板进行锚固，锚固在截面重心轴。为防止其下滑，在 U 形钢板的端部用 4 个膨胀螺栓固定。张拉方法为竖向千斤顶顶撑法。待顶撑到位后，在支撑点和预应力筋之间垫以钢板并用点焊固定，预应力筋是裸露工作的。

图 4-14 平台梁加固示意

1—膨胀螺栓；2—U 形锚固板；3—原梁；4—U 形支撑钢板；5—预应力加固筋；6—钢垫板

【解】 1）内力计算

加固时，梁上仅有均布恒荷载标准值作用产生的弯矩：

$$M_0 = \frac{1}{8} \times 16.417 \times 9^2 = 166.22 \text{kN} \cdot \text{m}$$

在全部荷载作用产生的弯矩设计值：

$$M_{\max} = \frac{1}{8} \times (1.3 \times 16.417 + 1.5 \times 10) \times 9^2 + \frac{1}{4} \times 1.5 \times 32.857 \times 9 = 478.86 \text{kN} \cdot \text{m}$$

改造后跨中集中荷载设计值增加量为：

$$\Delta P = 1.5 \times (32.857 - 18.571) = 21.4 \text{kN}$$

2）原梁受弯承载力计算

使用 RCM 软件[2] 复核功能，输入信息及简要输出结果如图 4-15 所示，可见原梁承载力不足，需要加固。

图 4-15 原梁受弯承载力复核

3）加固设计

预应力钢拉杆采用 HRB500 钢筋，$f_{py} = 435 \text{N/mm}^2$。按 0.65 张拉控制应力 $\sigma_{con} = 0.65 \times 500 = 325.0 \text{N/mm}^2$。$h_p = h + 15 = 715 \text{mm}$。

由《混凝土结构设计规范》GB 50010—2010 公式 (6.2.11)：

$\alpha_1 f_c b'_f h'_f (h_0 - 0.5h'_f) = 1.0 \times 14.3 \times 400 \times 100 \times (640 - 50) \times 10^{-6} = 337.48 \text{kN} \cdot \text{m} < 478.86 \text{kN} \cdot \text{m}$

故此梁属于第二类 T 形梁，故将已知参数代入式 (4-5)，得受压区高度：

$$x = h_p \left(1 - \sqrt{1 - \frac{2 \left[M - \alpha_1 f_c (b'_f - b) h'_f (h_p - h'_f/2) - f'_{y0} A'_{s0} (h_p - a') + f_{y0} A_{s0} (h_p - h_0) \right]}{\alpha_1 f_c b h_p^2}} \right)$$

$$= 715 \times \left(1 - \sqrt{1 - \frac{2 \left[478.86 \times 10^6 - 14.3 \times (400 - 200) \times 100 \times (715 - 50) - 0 + 300 \times 2281 \times (715 - 640) \right]}{14.3 \times 200 \times 715^2}} \right)$$

$= 192.1 \text{mm}$

$x \leqslant \xi_{pb} h_0 = 0.85 \times 0.550 \times 640 = 299.2 \text{mm}$，满足要求。

受压区的形心至截面上边缘的距离

$$y'_0 = \frac{(400 - 200) \times 100 \times \dfrac{100}{2} + 200 \times 192.1 \times \dfrac{192.1}{2}}{(400 - 200) \times 100 + 200 \times 169.7} = 80.3 \text{mm}$$

从而有

$$\Delta M = M - A_s f_y (h_0 - y'_0) = 478.86 \times 10^6 - 2281 \times 300 \times (640 - 80.3) = 95.84 \times 10^6 \text{N} \cdot \text{mm}$$

再由式 (4-8) 估算预应力筋截面面积

$$A_p = \frac{\Delta M}{f_{py} \eta h_{02}} = \frac{95.84 \times 10^6}{435 \times 0.8 \times 715} = 385.2 \text{mm}^2$$

水平拉杆中的拉力 $\Delta N = f_{py} A_p = 435 \times 385.2 = 167545 \text{N}$

$$\beta_1 f_{py} = 0.8 \times 435 = 348 \text{N/mm}^2$$

$$\sigma_{min} = \min(\sigma_{con}, \beta_1 f_{py}) = 325 \text{N/mm}^2$$

总的预应力损失值 $\sigma_l = \sigma_{l4} = 0.05 \sigma_{con} = 0.05 \times 325 = 16.25 \text{N/mm}^2$

再次计算预应力筋截面面积

$$A_p = \frac{\Delta N}{\sigma_{min} - \sigma_l} = \frac{167545}{325 - 16.25} = 542.7 \text{mm}^2$$

预估可选用两根直径 20mm 钢筋，截面面积为 $A_p = 628 \text{mm}^2$。SCS 软件计算如图 4-16 所示。

图 4-16　普通钢筋下撑式拉杆设计

因为前面的计算考虑的因素较少，算出来的结果不一定准确。要想详细计算，须将初步估算的水平拉杆面积代入，进行承载力验算和变形验算。

以下给出采用两根直径 20mm 钢筋（$A_p = 628mm^2$）的计算过程。

承载力验算

$$x = \frac{\sigma_p A_p + f_{y0} A_{s0} - f'_{y0} A'_{s0} - \alpha_1 f_{c0}(b'_f - b) h'_f}{\alpha_1 f_{c0} b}$$

$$= \frac{325 \times 628 + 300 \times 2281 - 0 - 1 \times 14.3 \times (400 - 200) \times 100}{1 \times 14.3 \times 200} = 210.6mm$$

$$M_u = \alpha_1 f_{c0} bx \left(h_p - \frac{x}{2} \right) + \alpha_1 f_{c0}(b'_f - b) h'_f \left(h_p - \frac{h'_f}{2} \right) + f'_{y0} A'_{s0}(h_p - a') - f_{y0} A_{s0}(h_p - h_0)$$

$$= [1 \times 14.3 \times 200 \times 210.6 \times (715 - 210.6/2) + 1 \times 14.3 \times 200 \times 100 \times (715 - 50) + 0$$

$$- 300 \times 2281 \times (715 - 640)] \times 10^{-6} = 506.14kN \cdot m > 478.86kN \cdot m,$$

满足承载力要求。

原梁钢筋和混凝土的弹性模量比 $\alpha_E = E_s / E_c = 2.0 \times 10^5 / (3.00 \times 10^4) = 6.67$

4）构件刚度计算。为了计算换算截面惯性矩，将有关参数列于表 4-2，表中各分块及其编号为：截面翼缘两边突出部分为①分块；截面腹板为②分块；原受拉纵筋为③分块。表 4-2 中，a_i 是分块重心至截面下边缘的距离，y_i 是各分块重心至换算截面重心轴 y-y 的距离。

于是可得：

换算截面面积 $A_0 = 0.1729m^2$

换算截面重心至底边的距离 $y = \frac{\sum S_i}{A_0} = \frac{0.062774}{0.1729} = 0.363m$

换算截面惯性矩为：$I_0 = \sum A_i y_i^2 + \sum I_i = 0.0028554 + 0.0057333 = 0.0085887m^4$

$$E_c I_0 = 3.00 \times 10^7 \times 0.0085887 = 257661kN \cdot m^2$$

例题 4-4 中的截面特性计算　　　　　　　　　　　　　表 4-2

编号	$A_i(m^2)$	$a_i(m)$	$S_i = A_i a_i(m^3)$	$y_i(m)$	$A_i y_i^2(m^4)$	$I_i(m^4)$
①	$0.2 \times 0.1 = 0.0200$	0.65	0.013000	0.287	0.0016474	0.0000167
②	$0.2 \times 0.7 = 0.1400$	0.35	0.049000	0.013	0.0000237	0.0057167
③	$0.002281 \times 5.67 = 0.0129$	0.06	0.000774	0.303	0.0011843	0
Σ	$A_0 = 0.1729$		0.062774		0.0028554	0.0057333

5）计算张拉控制应力的预应力损失值

张拉控制应力限值 $\sigma_{con} = 0.65 f_{ptk} = 0.65 \times 500 = 325N/mm^2$。

由于预应力筋采用焊接锚固，故取 $\sigma_{l1} = 0$；

预应力筋的初始状态为直线，竖向张拉量很少，故取 $\sigma_{l2} = 0$；

应力松弛损失

$$\sigma_{l4} = 0.05 \sigma_{con} = 0.05 \times 325 = 16.3N/mm^2$$

总预应力损失

$$\sigma_l = \sigma_{l4} = 16.3 \text{N/mm}^2$$

水平拉杆的有效预应力

$$\sigma_p = \sigma_{con} - \sigma_l = 325 - 16.3 = 308.7 \text{N/mm}^2$$

6）计算新增外荷载作用下拉杆产生的作用效应增量

新增荷载设计值 $\Delta P = 20 \text{kN/m}$，如图 4-3、图 4-4 所示，并且在式（4-14）、式（4-15）中，$l_2 = 7\text{m}$，$l_1 = 1$。

拉杆至折算截面重心距离 $e_p = 0.363 + 0.015 = 0.378\text{m}$。

$$\omega_2 = \Delta P(l^2 - l_1^2)/4 = 20 \times (9^2 - 1^2)/4 = 400 \text{kN} \cdot \text{m}^2$$

$$\Delta_{1p} = \frac{-\omega_2 e_p}{E_c I_0} = \frac{-400 \times 0.378}{257661} = -0.000587\text{m}$$

$$\delta_{11} = \frac{e_p^2 l_2}{E_c I_0} + \frac{l_2}{E_c A_0} + \frac{l_2}{E_p A_p} = \left(\frac{0.378^2 \times 7}{257661} + \frac{7}{3 \times 10^7 \times 0.1729} + \frac{7}{2 \times 10^8 \times 0.000628} \right)$$

$$= (3.880 + 1.350 + 55.733) \times 10^{-6} = 60.963 \times 10^{-6} \text{m/kN}$$

$$\Delta N = \frac{-\Delta_{1p}}{\delta_{11}} = \frac{0.000587}{60.963 \times 10^{-6}} = 9.623 \text{kN}$$

7）验算拉杆的拉应力

$$\sigma_p + \frac{\Delta N}{A_p} = 308.7 + \frac{9623}{628} = 324.1 \text{N/mm}^2 \leqslant \sigma_{con} = 325 \text{N/mm}^2$$

$$\sigma_p + \frac{\Delta N}{A_p} = 324.1 \text{N/mm}^2 \leqslant \beta_1 f_{py} = 0.8 \times 435 = 348 \text{N/mm}^2$$

满足要求。

8）验算正截面承载力

对加固梁按偏心受压构件进行正截面承载力验算

拉杆的拉力

$$N = \left(\sigma_p + \frac{\Delta N}{A_p} \right) A_p = 324.1 \times 628 \times 10^{-3} = 203.5 \text{kN}$$

跨中截面弯矩

$$M_p = M - Ne_p = 478.86 - 203.5 \times 0.378 = 401.9 \text{kN} \cdot \text{m}$$

受压区高度

$$x = \frac{N + f_{y0} A_{s0} - f'_{y0} A'_{s0} - \alpha_1 f_{c0}(b'_f - b)h'_f}{\alpha_1 f_{c0} b}$$

$$= \frac{203500 + 300 \times 2281 - 0 - 1 \times 14.3 \times (400 - 200) \times 100}{1 \times 14.3 \times 200} = 210.4 \text{mm} \leqslant \xi_b h_0 = 0.550 \times 640 = 299.2 \text{mm}$$

属于大偏心受压。

$$e_0 = \frac{M_p}{N} = \frac{401.9}{203.5} = 1.975\text{m} = 1975 \text{mm}; \quad e_a = 0$$

纵向力（拉杆拉力）作用点到受拉钢筋中心的距离

$$e = e_0 + e_a + \frac{h}{2} - a = 1975 + 0 + 700/2 - 60 = 2265\text{mm}$$

正截面承载力验算：

$$Ne = 203500 \times 2265 = 461.0\text{kN} \cdot \text{m}$$

$$M_u = \alpha_1 f_{c0} bx \left(h_0 - \frac{x}{2} \right) + \alpha_1 f_{c0} (b_f' - b) h_f' \left(h_0 - \frac{h_f'}{2} \right) + f_{y0}' A_{s0}' (h_0 - a')$$

$$= \left[1 \times 14.3 \times 200 \times 210.4 \times (640 - 210.4/2) + 1 \times 14.3 \times 200 \times 100 \times (640 - 50) + 0 \right] \times 10^{-6}$$

$$= 490.6\text{kN} \cdot \text{m}$$

$M_u \geqslant Ne$，满足正截面承载力要求。

9）验算梁的挠度

加固前梁无裂缝，取

$$B_1 = 0.5 E_c I_0 = 0.5 \times 257661 = 128831\text{kN} \cdot \text{m}^2$$

$$B_2 = B_p = 0.75 E_c I_0 = 0.75 \times 257661 = 193246\text{kN} \cdot \text{m}^2$$

加固前简支梁在原荷载标准值作用下跨中挠度

$$f_1 = \frac{5 M_{0k} L^2}{48 B_1} = \frac{5 \times 166.22 \times 9^2}{48 \times 128831} = 0.01089\text{m}$$

如跨内无支点，则预应力引起的反拱

$$f_p = \frac{N e_p}{6 B_p} (2 l_1^2 + 6 l_1 l_3 + 3 l_3^2) = \frac{203500 \times 0.378}{6 \times 193246} \times (2 \times 1000^2 + 6 \times 1000 \times 3500 + 3 \times 3500^2) = 0.00396\text{m}$$

梁端预应力筋高度到截面重心距离 e_1 不大于 0.1mm，其引起的反拱不考虑。

加固结束后，后加荷载标准值在简支梁跨中产生的弯矩

$$M_{k2} = \frac{\Delta P}{\gamma_Q} \cdot \frac{L}{4} = \frac{20}{1.5} \times \frac{9}{4} = 30\text{kN} \cdot \text{m}$$

加固结束后，后加荷载标准值作用下跨中挠度

$$f_2 = \frac{M_{k2} L^2}{12 B_2} = \frac{30 \times 9^2}{12 \times 193246} = 0.00105\text{m}$$

跨中挠度验算

$$f = f_1 - f_p + f_2 = 10.89 - 3.96 + 1.05 = 7.98\text{mm}$$

$$f < [f] = L/300 = 9000/300 = 30\text{mm}$$

满足要求。

　　SCS 软件计算对话框输入信息和最终计算结果如图 4-17 所示，可见其与手算结果相同。对话框中的"锚点下沉（量）"是梁端预应力筋锚固点至梁顶面的距离。预应力筋直线布筋时填 0，此时预应力筋锚点位于梁底面加 a_p。

　　严格来讲，本题在原荷载标准值作用下跨中挠度应按跨中集中荷载和沿梁长均布荷载作用分别计算后再叠加，以上是近似计算。

　　如果本题预应力筋在梁顶锚固，"锚点下沉" = 0，即锚固点高 = 700mm，则 $e_1 = y_0 - 700 = 363 - 700 = -337\text{mm}$，反拱挠度为

$$f_p = \frac{N e_p}{6 B_p} (2 l_1^2 + 6 l_1 l_3 + 3 l_3^2) + \frac{N e_1 l^2}{8 B_p} = 0.00396 - \frac{203.5 \times 0.337}{8 \times 193246} \times 9^2 = 0.00396 - 0.00359 = 0.00037\text{mm}$$

图 4-17 普通钢筋体外预应力提高梁受弯承载力算例

跨中挠度验算

$$f = f_1 - f_p + f_2 = 10.89 - 0.37 + 1.05 = 11.57 \text{mm}$$

SCS 软件计算对话框输入信息和最终计算结果如图 4-18 所示，可见其与手算结果相同。

图 4-18 普通钢筋体外预应力提高梁受弯承载力算例（梁顶锚固）

【例 4-5】预应力钢筋提高梁受弯承载力减小挠度算例之一

文献［5］第 123 页例题，某办公楼楼面大梁为钢筋混凝土简支梁，两端支承在 370mm 厚砖墙上，计算跨度 7.2m，截面尺寸 $b \times h = 300 \text{mm} \times 600 \text{mm}$，该楼层原为办公区，梁所承受的均布恒载标准值 $g_k = 12.5 \text{kN/m}$，均布活载标准值 $q_k = 6.0 \text{kN/m}$，原梁混凝土强度等级为 C25，梁底配筋 $3 \Phi 20$。现该楼层改作档案库，均布活荷载增加为 $q_k = 15.0 \text{kN/m}$。试对该梁进行加固设计（经加固前现场检测，梁上没有发现裂缝，梁斜截面满足加固后承载力要求，加固期间正常办公）。

【解】 一、确定加固方案

1）荷载及内力

加固后荷载设计值：$q = \gamma_G g_k + \gamma_Q q_k = 1.3 \times 12.5 + 1.5 \times 15 = 38.75 \text{kN/m}$

加固后弯矩设计值：$M = q l_0^2 / 8 = 38.75 \times 7.2^2 / 8 = 251.1 \text{kN} \cdot \text{m}$

2）原梁承载力计算

使用 RCM 软件[2] 复核功能，输入信息及简要输出结果如图 4-19 所示，可见原梁承载力不足，需要加固。

图 4-19　原梁受弯承载力

3）加固方案

计算表明，原梁不满足荷载增加后的正截面承载力要求，且承载力增量不大于原梁承载力的 1.5 倍。因此，对该梁采取预应力水平拉杆加固。拉杆采用 980 级预应力螺纹钢筋，$f_{pyk}=785\text{N/mm}^2$，$f_{py}=650\text{N/mm}^2$，$E_p=2.0\times10^5\text{N/mm}^2$；梁端用 U 形钢板扁担式锚固，千斤顶张拉，拉杆形心高出梁底 50mm。

4）原梁截面特性计算

原梁钢筋和混凝土的弹性模量比 $\alpha_E=E_s/E_c=2.0\times10^5/(2.8\times10^4)=7.143$，原梁折算截面特性计算见表 4-3。表 4-3 中 a_i 是分块（图 4-20）重心至截面下边缘的距离，y_i 是各分块重心至换算截面重心轴 $y-y$ 的距离。

图 4-20　原梁截面特性计算简图

（a）配筋简图；（b）折算截面

原梁截面特性计算　　　　　　　　　　　　　　　　　　　表 4-3

编号	$A_i(\text{mm}^2)$	$a_i(\text{mm})$	$S_i=A_ia_i(\text{mm}^3)$	$y_i(\text{mm})$	$A_iy_i^2(\text{mm}^4)$	$I_i(\text{mm}^4)$
①	$300\times600=180000$	300	54000000	6.1	6697800	5400000000
②	$(7.143-1)\times941=5780$	40	231200	253.9	372608914	0
③	$(7.143-1)\times226=1388$	564	782832	270.1	101260166	0
Σ	$A_0=187168$		55014032		480566880	5400000000

于是可得：

换算截面面积 $A_0 = 0.187168\text{m}^2$

换算截面重心至底边的距离 $y = \dfrac{\sum S_i}{A_0} = \dfrac{0.055014}{0.187168} = 0.2939\text{m}$

换算截面惯性矩为： $\quad I_0 = \sum A_i y_i^2 + \sum I_i = 0.000481 + 0.005400 = 0.005881\text{m}^4$

$$E_c I_0 = 2.80 \times 10^7 \times 0.005881 = 164668\text{kN} \cdot \text{m}^2$$

二、加固计算

1) 确定预应力水平拉杆的总截面面积

无粘结预应力钢筋选用预应力螺纹钢筋[3]（极限强度标准值 980MPa），张拉控制应力限值 $\sigma_p = \sigma_{con} = 0.70 f_{ptk} = 0.70 \times 785 = 549.5\text{N/mm}^2$，$h_p = h - 50 = 550\text{mm}$。

将已知参数代入式（4-2），得：

$$251.1 \times 10^6 = 1 \times 11.9 \times 300x \times (550 - x/2) + 300 \times 226 \times (550 - 36) - 300 \times 941 \times (550 - 560)$$

解出 $x = 122.3\text{mm}$，$x \le \xi_{pb} h_0 = 0.85 \times 0.550 \times 560 = 261.8\text{mm}$，满足要求。

代入式（4-3）得：

$$A_p = \frac{\alpha_1 f_{c0} bx - f_{y0} A_{s0} + f'_{y0} A'_{s0}}{\sigma_p} = \frac{1 \times 11.9 \times 300 \times 122.3 - 300 \times 941 + 300 \times 226}{549.5} = 404.2\text{mm}^2$$

确定预应力水平拉杆的总截面面积可使用 SCS 软件功能项 S301，如图 4-21 所示。

图 4-21　确定预应力水平拉杆的总截面面积

可选用 2 根直径 18mm 的预应力螺纹钢筋，截面积为 $A_p = 509\text{mm}^2$。

2) 计算张拉控制应力和预应力损失值

张拉控制应力限值 $\sigma_{con} = 0.70 f_{ptk} = 0.70 \times 785 = 549.5\text{N/mm}^2$。

一端张拉，螺帽和垫板缝隙 $a = 2\text{mm}$，锚具变形和钢筋回缩引起的预应力损失值

$$\sigma_{l1} = \frac{a}{l} E_p = \frac{2}{7200 + 370} \times 2 \times 10^5 = 52.8\text{N/mm}^2$$

拉杆的松弛损失

$$\sigma_{l4} = 0.03 \sigma_{con} = 0.03 \times 549.5 = 16.5\text{N/mm}^2$$

总预应力损失

$$\sigma_l = \sigma_{l1} + \sigma_{l4} = 52.8 + 16.5 = 69.3\text{N/mm}^2$$

水平拉杆的有效预应力

$$\sigma_p = \sigma_{con} - \sigma_l = 549.5 - 69.3 = 480.2 \text{N/mm}^2$$

3）计算新增外荷载作用下拉杆产生的作用效应增量

新增荷载设计值 $q = \gamma_Q \Delta q_k = 1.5 \times 9 = 13.5 \text{kN/m}$，如图 4-3、图 4-4 所示，并且在式（4-13）、式（4-15）中，$l_2 = l = 7.2\text{m}$，$l_1 = 0$。拉杆至折算截面重心距离 $e_p = 0.294 - 0.05 = 0.244\text{m}$。则：

$$\omega_2 = \frac{q}{12}l^3 - ql_1^2\left(\frac{l}{2} - \frac{l_1}{3}\right) = \frac{1}{12} \times 13.5 \times 7.2^3 = 419.9 \text{kN} \cdot \text{m}^2$$

$$\Delta_{1p} = \frac{-\omega_2 e_p}{E_c I_0} = \frac{-419.9 \times 0.244}{164668} = -0.000622\text{m}$$

$$\delta_{11} = \frac{e_p^2 l_2}{E_c I_0} + \frac{l_2}{E_c A_0} + \frac{l_2}{E_p A_p} = \left(\frac{0.244^2 \times 7.2}{164668} + \frac{7.2}{2.8 \times 10^7 \times 0.1872} + \frac{7.2}{2 \times 10^8 \times 0.000509}\right)$$

$$= (2.603 + 1.374 + 70.727) \times 10^{-6} = 74.703 \times 10^{-6} \text{m/kN}$$

$$\Delta N = \frac{-\Delta_{1p}}{\delta_{11}} = \frac{0.000622}{74.703 \times 10^{-6}} = 8.327\text{kN}$$

4）验算拉杆的拉应力

$$\sigma_p + \frac{\Delta N}{A_p} = 480.2 + \frac{8327}{509} = 497 \text{N/mm}^2 \leqslant \beta_1 f_{py} = 0.8 \times 650 = 520 \text{N/mm}^2$$

满足要求。

5）验算正截面承载力

对加固梁按偏心受压构件进行正截面承载力验算

拉杆的拉力

$$N = \left(\sigma_p + \frac{\Delta N}{A_p}\right) A_p = 497 \times 509 \times 10^{-3} = 253\text{kN}$$

跨中截面弯矩

$$M_p = M - Ne_p = 251.1 - 253 \times 0.244 = 189.4 \text{kN} \cdot \text{m}$$

受压区高度

$$x = \frac{N + f_{y0} A_{s0} - f'_{y0} A'_{s0}}{\alpha_1 f_{c0} b} = \frac{253000 + 300 \times 941 - 300 \times 226}{1 \times 11.9 \times 300} = 130.7\text{mm} \leqslant \xi_b h_0 = 0.550 \times 560 = 308\text{mm}$$

属于大偏心受压。

纵向力作用点到受拉钢筋中心的距离

$$e_0 = \frac{M_p}{N} = \frac{189.4}{253} = 0.755\text{m} = 755\text{mm}; \quad e_a = 0$$

$$e = e_0 + e_a + \frac{h}{2} - a = 755 + 0 + 600/2 - 40 = 1015\text{mm}$$

正截面承载力验算：

$$Ne = 253000 \times 1015 \times 10^{-6} = 255.1 \text{kN} \cdot \text{m}$$

$$M_u = \alpha_1 f_{c0} bx\left(h_0 - \frac{x}{2}\right) + f'_{y0} A'_{s0}(h_0 - a')$$

$$= \left[1 \times 11.9 \times 300 \times 130.7 \times (560 - 130.7/2) + 300 \times 226 \times (560 - 36)\right] \times 10^{-6} = 266.0 \text{kN} \cdot \text{m}$$

$M_u \geqslant Ne$，满足正截面承载力要求。

6）验算梁的挠度

加固前梁无裂缝，取

$$B_1 = 0.5E_cI_0 = 0.5 \times 164668 = 82334 \text{kN} \cdot \text{m}^2$$

$$B_2 = B_p = 0.75E_cI_0 = 0.75 \times 164668 = 123501 \text{kN} \cdot \text{m}^2$$

加固前简支梁在原荷载标准值作用下跨中挠度

$$f_1 = \frac{5M_{0k}L^2}{48B_1} = \frac{5 \times 119.88 \times 7.2^2}{48 \times 82334} = 0.00786\text{m}$$

如跨内无支点，则预应力引起的反拱

$$f_p = \frac{Ne_pL^2}{8B_p} = \frac{250 \times 0.244 \times 7.2^2}{8 \times 123501} = 0.00323\text{m}$$

加固结束后，后加荷载标准值在简支梁跨中产生的弯矩

$$M_{k2} = \frac{\Delta q}{\gamma_Q} \cdot \frac{L^2}{8} = \frac{13.5}{1.5} \times \frac{7.2^2}{8} = 58.32\text{kN} \cdot \text{m}$$

加固结束后，后加荷载标准值作用下跨中挠度

$$f_2 = \frac{5M_{k2}L^2}{48B_2} = \frac{5 \times 58.32 \times 7.2^2}{48 \times 123501} = 0.00255\text{m}$$

跨中挠度验算

$$f = f_1 - f_p + f_2 = 7.86 - 3.23 + 2.55 = 7.18\text{mm}$$

$$f < [f] = L/250 = 7200/250 = 28.8\text{mm}$$

满足要求。

SCS 软件计算对话框输入信息和最终计算结果如图 4-22 所示，可见其与手算结果相同。

图 4-22　预应力螺纹钢筋体外预应力提高梁受弯承载力，减小挠度

【例 4-6】预应力钢筋提高梁受弯承载力减小挠度算例之二

文献［6］第 59 页例题，某大会堂建于 20 世纪 40 年代，经过 60 多年的使用后拟进行改造并增加较大使用荷载。其中的舞台大梁为单跨钢筋混凝土简支梁，经现场调查和检测：梁跨 $l = 18$m，梁截面 $b \times h = 400$mm$\times 2000$mm，实际配筋 $A_s = 4909$mm^2，$A'_s = $

1964mm^2，钢筋按 HPB235 钢筋，$f_y = f'_y = 210\text{MPa}$，混凝土强度等级判定为 C20，$f_c = 9.6\text{MPa}$，按改造后使用要求计算得大梁应承担的均布线荷载标准值：恒荷载 $g_k = 57\text{kN/m}$，活荷载 $q_k = 21\text{kN/m}$；$q = 1.3g_k + 1.5q_k$。假设加固前梁承担着均布荷载标准值引起的弯矩 $M_{0k} = 1000\text{kN} \cdot \text{m}$。

【解】 1）基本参数确定

采用预应力加固法（两点张拉上张模式见图 4-23），$a' = 0$，$a = l/5 = 3.6\text{m}$，$a_p = 50\text{mm}$。选用 1860 级钢绞线，$f_{ptk} = 1860\text{MPa}$。

2）加固量计算

实测原梁钢筋保护层厚度知：$a_s = 68\text{mm}$，$a'_s = 42\text{mm}$，则 $h_0 = 2000 - 68 = 1932\text{mm}$，$\xi_b = 0.614$。

图 4-23   两点转向上张计算模式

原梁承载力计算

$$x = \frac{f_y A_s - f'_y A'_s}{\alpha_1 f_c b} = \frac{210 \times (4909 - 1964)}{1 \times 9.6 \times 400} = 161.1\text{mm}$$

$$2a'_s < x < \xi_b h_0$$

$$M_{u0} = \alpha_1 f_c bx(h_0 - x/2) + f'_y A'_s(h_0 - a'_s)$$

$$= 1 \times 7.2 \times 400 \times 161.1 \times (1932 - 161.1/2) + 210 \times 1964 \times (1932 - 42) = 1924.6 \times 10^6 \text{N} \cdot \text{mm}$$

$$= 1906.5\text{kN} \cdot \text{m}$$

加固后荷载及内力

$$q = \gamma_G g_k + \gamma_Q q_k = 1.3 \times 57 + 1.5 \times 21 = 105.6\text{kN/m}$$

弯矩设计值： $M = q l_0^2 / 8 = 105.6 \times 18^2 / 8 = 4276.8\text{kN} \cdot \text{m}$

相对于原梁增加受弯承载力（仿照文献 [6] 取安全系数 1.05）

$$\Delta M = 1.05 \times 4276.8 - 1906.5 = 2584.1\text{kN} \cdot \text{m}$$

相当于承受均布荷载

$$\Delta q = \frac{8\Delta M}{l^2} = \frac{8 \times 2584.1}{18^2} = 63.81\text{kN/m}$$

根据预估的预应力程度并扣除预应力损失后的预应力筋强度（估计其达到预应力筋强

度标准值的 50%），即 $\sigma_p = 0.50 \times 1860 = 930$MPa。$h_p = h + a_p = 2050$mm，将已知条件代入式（4-2）可求得 $x = 519.3$mm，再将 x 代入式（4-3）得 $A_p = 1557.1$mm^2。使用 SCS 功能项 S301 试算梁跨中截面预应力筋截面积数量，如图 4-24 所示。由此，可选用 6 根直径 21.6mm 钢绞线，截面面积 $A_p = 6 \times 285 = 1710mm^2 > 1557.1$mm^2。

图 4-24　估算预应力筋截面积

3）计算有效预应力

仿照文献［6］取张拉控制应力

$$\sigma_{con} = 0.65 f_{pk} = 0.65 \times 0.8 f_{ptk} = 0.52 \times 1860 = 967.2 \text{MPa}$$

因在下面计算中有一处不满足要求（M_u 不大于 Ne），为避免此，略微调整为 $\sigma_{con} = 0.55 \times 1860 = 1023.0$MPa

$$L_p = (18000 - 2 \times 3600 + 2 \times \sqrt{3600^2 + 2050^2}) = 19085.52 \text{mm}$$

采用两端张拉，张拉长度 $l = L_p/2 = 9542.76$mm

锚具变形损失 $\sigma_{l1} = \dfrac{aE_p}{l} = \dfrac{5 \times 1.95 \times 10^5}{9542.76} = 102.17$MPa

采用涂抹油脂的钢绞线，取 $\mu = 0.16$。

$$\theta = \arctan(2050/3600) = 29.66° \times \pi/180 = 0.5176 \text{rad}$$

预应力筋摩擦损失 $\sigma_{l2} = \sigma_{con}(1 - e^{-\mu\theta}) = 1023 \times (1 - e^{-0.16 \times 0.5176}) = 1023 \times \left(1 - \dfrac{1}{1.086}\right) = 81.4$MPa

混凝土的收缩和徐变损失 $\sigma_{l5} = 0$

$$\sigma_{pe} = \sigma_{con} - (\sigma_{l1} + \sigma_{l2} + \sigma_{l5}) = 1023 - (102.17 + 81.4) = 839.5 \text{MPa}$$

4）截面惯性矩

原梁钢筋和混凝土的弹性模量比 $\alpha_E = E_s/E_c = 2.0 \times 10^5/2.55 \times 10^4 = 7.843$

以下进行构件刚度计算。为了计算换算截面惯性矩，将有关参数列于表 4-4，表中各分块及其编号为：矩形截面为①分块；原受拉纵筋为②分块；原受压纵筋为③分块。表 4-4 中 a_i 是分块重心至截面下边缘的距离，y_i 是各分块重心至换算截面重心轴 $y-y$ 的距离。

于是可得：

换算截面面积 $A_0 = 0.84703$m^2

例题 4-6 中的截面特性计算   表 4-4

编号	$A_i(\text{m}^2)$	$a_i(\text{m})$	$S_i = A_i a_i(\text{m}^3)$	$y_i(\text{m})$	$A_i y_i^2(\text{m}^4)$	$I_i(\text{m}^4)$
①	$0.4 \times 2.0 = 0.800$	1.000	0.80000	0.025	0.00050	0.26667
②	$0.004909 \times 6.84 = 0.03359$	0.068	0.00228	0.907	0.02763	0.00
③	$0.001964 \times 6.84 = 0.01344$	1.958	0.02631	0.983	0.01299	0.00
$\sum$	$A_0 = 0.84703$		0.82869		0.04112	0.26667

换算截面重心至梁底边的距离 $y = \dfrac{\sum S_i}{A_0} = \dfrac{0.82869}{0.84703} = 0.9782\text{m}$

换算截面惯性矩为： $I_0 = \sum A_i y_i^2 + \sum I_i = 0.04112 + 0.26667 = 0.30778\text{m}^4$

$$E_c I_0 = 2.55 \times 10^7 \times 0.30778 = 7848386\text{kN} \cdot \text{m}^2$$

5）计算新增外荷载作用下拉杆产生的作用效应增量

新增荷载设计值 $\Delta q = 63.81\text{kN/m}$，如图 4-3、图 4-4 所示，并且在式（4-14）、式（4-16）中，$l_2 = 10.8\text{m}$，$l_1 = 3.6\text{m}$。水平拉杆至折算截面重心距离 $e_p = 0.9782 + 0.050 \approx 1.028\text{m}$。则：

$$\omega_2 = \frac{\Delta q}{12} l^3 - \Delta q l_1^2 \left(\frac{l}{2} - \frac{l_1}{3} \right) = 63.81 \times \left[\frac{18^3}{12} - 3.6^2 \times \left(\frac{18}{2} - \frac{3.6}{3} \right) \right] = 24561\text{kN} \cdot \text{m}^2$$

$$\Delta_{1p} = \frac{-\omega_2 e_p}{E_c I_0} = \frac{-24561 \times 1.028}{7848386} = -0.003218$$

$$\delta_{11} = \frac{e_p^2 l_2}{E_c I_0} + \frac{l_2}{E_c A_0} + \frac{l_2}{E_p A_p} = \left(\frac{1.028^2 \times 10.8}{7848386} + \frac{10.8}{2.55 \times 10^7 \times 0.84703} + \frac{10.8}{1.95 \times 10^8 \times 0.001710} \right)$$

$$= (1.4549 + 0.5000 + 32.3887) \times 10^{-6} = 34.344 \times 10^{-6}\text{m/kN}$$

$$\Delta N = \frac{-\Delta_{1p}}{\delta_{11}} = \frac{0.003218}{34.344 \times 10^{-6}} = 93.695\text{kN}$$

6）验算拉杆的拉应力

$$\sigma_p + \frac{\Delta N}{A_p} = 839.5 + \frac{93695}{1710} = 894.3\text{N/mm}^2 \leqslant \sigma_{con} = 1023\text{N/mm}^2 \leqslant \beta_1 f_{py} = 0.8 \times 1320 = 1056\text{N/mm}^2$$

满足要求。

7）验算正截面承载力

对加固梁按偏心受压构件进行正截面承载力验算

拉杆的拉力

$$N = \left(\sigma_p + \frac{\Delta N}{A_p} \right) A_p = 894.3 \times 1710 \times 10^{-3} = 1529.2\text{kN}$$

跨中截面弯矩

$$M_p = M - N e_p = 4276.8 - 1529.2 \times 1.028 = 2704.4\text{kN} \cdot \text{m}$$

受压区高度

$$x = \frac{N + f_{y0} A_{s0} - f'_{y0} A'_{s0}}{\alpha_1 f_{c0} b} = \frac{1529200 + 210 \times 4909 - 210 \times 1964}{1 \times 9.6 \times 400} = 559.3\text{mm} \leqslant \xi_b h_0$$

$$= 0.85 \times 0.614 \times 1932 = 1008.3\text{mm}$$

纵向力作用点到受拉钢筋中心的距离

$$e_0 = \frac{M_p}{N} = \frac{2704.4}{1529.2} = 1.769 \text{m} = 1769 \text{mm}; \quad e_a = 0$$

$$e = e_0 + e_a + \frac{h}{2} - a = 1769 + 0 + 2000/2 - 68 = 2701 \text{mm}$$

正截面承载力验算：

$$Ne = 1540000 \times 2701 \times 10^{-6} = 4130.4 \text{kN} \cdot \text{m}$$

$$M_u = \alpha_1 f_{c0} b x \left(h_0 - \frac{x}{2} \right) + f'_{y0} A'_{s0} (h_0 - a')$$

$$= [1 \times 9.6 \times 400 \times 599.3 \times (1932 - 599.3/2) + 210 \times 1964 \times (1932 - 42)] \times 10^{-6}$$

$$= 4328.2 \text{kN} \cdot \text{m}$$

$M_u \geqslant Ne$，满足正截面承载力要求。

8）验算梁的挠度

加固前梁无裂缝，取

$$B_1 = 0.5 E_c I_0 = 0.5 \times 7848386 = 3424193 \text{kN} \cdot \text{m}^2$$

$$B_2 = B_p = 0.75 E_c I_0 = 0.75 \times 7848386 = 5886290 \text{kN} \cdot \text{m}^2$$

加固前简支梁在原荷载标准值作用下跨中挠度

$$f_1 = \frac{5 M_{0k} L^2}{48 B_1} = \frac{5 \times 1000 \times 18.0^2}{48 \times 3424193} = 0.00860 \text{m}$$

因是跨内两支点下撑模式，预应力引起的反拱

$$f_{p1} = \frac{N e_p}{6 B_p} (2 l_1^2 + 6 l_1 l_3 + 3 l_3^2) = \frac{1529200 \times 1.028}{6 \times 5886290} \times (2 \times 3.6^2 + 6 \times 3.6 \times 5.4 + 3 \times 5.4^2)$$

$$= 0.01024 \text{m}$$

预应力筋锚固在梁截面上端（锚固点至截面重心距离 $e_1 = 2.0 - 0.9745 = 1.0255 \text{m}$），由此引起的反拱（实为正拱）为：

$$f_{p2} = \frac{N e_1 l^2}{8 B_p} = \frac{1529200 \times 1.028 \times 18.0^2}{8 \times 5886290} = 0.00988 \text{m}$$

反拱值合计：$f_p = f_{p1} + f_{p2} = 0.01024 - 0.00988 = -0.00036 \text{m}$

加固结束后，后加荷载标准值在简支梁跨中产生的弯矩

$$M_{k2} = \frac{\Delta q L^2}{\gamma_Q 8} = \frac{63.81}{1.5} \times \frac{18.0^2}{8} = 1722.87 \text{kN} \cdot \text{m}$$

加固后简支梁在后加荷载标准值作用下跨中挠度

$$f_2 = \frac{5 M_{k2} l^2}{48 B_p} = \frac{5 \times 1722.87 \times 18^2}{48 \times 5886290} = 0.00988 \text{m}$$

加固结束后，跨中挠度验算

$$f = f_1 - f_p + f_2 = 0.00860 - (-0.00051) + 0.00988 = 0.01899 \text{m}$$

SCS 软件计算对话框输入信息和最终计算结果如图 4-25 所示，可见其与手算结果相同。

图 4-25　预应力体外加固梁受弯承载力校核和变形计算

【例 4-7】跨中预应力钢筋单点下撑提高梁受弯承载力减小挠度算例

某简支大梁计算跨度为 12m，梁截面 $b \times h = 400mm \times 1500mm$，混凝土为 C30，HRB400 钢筋，实际配受拉纵筋 8 Φ 25，$A_s = 3927mm^2$，受压纵筋 4 Φ 25，$A'_s = 1964mm^2$，$a_s = 70mm$，$a'_s = 45mm$，则 $h_0 = 1500 - 70 = 1430mm$，承受均布恒荷载标准值 30kN/m，均布活荷载标准值 10kN/m，在跨中承受设备荷重标准值 200kN。现需改换设备，跨中设备荷重标准值增加至 500kN。试对此梁进行加固。加固方案：采用如图 4-2（a）所示，跨中单点下撑体外预应力筋加固，梁端预应力筋锚固点高出梁底 1250mm。

【解】 1）内力计算

加固时，梁上仅有均布恒荷载标准值作用产生的弯矩：

$$M_0 = \frac{1}{8} \times 30 \times 12^2 = 540kN \cdot m$$

在全部荷载作用产生的弯矩设计值：

$$M_{max} = \frac{1}{8} \times (1.3 \times 30 + 1.5 \times 10) \times 12^2 + \frac{1}{4} \times 1.5 \times 500 \times 12 = 3222kN \cdot m$$

改造后跨中集中荷载设计值增加量为：

$$\Delta P = 1.5 \times (500 - 200) = 450kN$$

2）原梁受弯承载力计算

使用 RCM 软件[2] 复核功能，输入信息及简要输出结果如图 4-26 所示，可见原梁承载力不足，需要加固。

图 4-26　原梁受弯承载力复核

3）加固设计

预应力钢拉杆采用 1860 级钢绞线，$f_{ptk}=1860\mathrm{MPa}$。根据预估的预应力程度并扣除预应力损失后的预应力筋强度（估计其达到预应力筋强度标准值的 56%）。

4）截面特性计算

原梁钢筋和混凝土的弹性模量比 $\alpha_E=E_s/E_c=2.0\times10^5/(2.80\times10^4)=7.14$

以下进行构件刚度计算。为了计算换算截面惯性矩，将有关参数列于表 4-5，表中各分块及其编号为：矩形截面为①分块；原受拉纵筋为②分块；原受压纵筋为③分块。表 4-5 中，a_i 是分块重心至截面下边缘的距离，y_i 是各分块重心至换算截面重心轴 y-y 的距离。

例题 4-7 中的截面特性计算　　　　　　　　　　　表 4-5

编号	$A_i(\mathrm{m}^2)$	$a_i(\mathrm{m})$	$S_i=A_ia_i(\mathrm{m}^3)$	$y_i(\mathrm{m})$	$A_iy_i^2(\mathrm{m}^4)$	$I_i(\mathrm{m}^4)$
①	$0.4\times1.5=0.600$	0.750	0.45000	0.012	0.0001	0.1125
②	$0.003927\times6.14=0.02412$	0.070	0.00170	0.668	0.0108	0.00
③	$0.001964\times6.14=0.01206$	1.455	0.01755	0.720	0.0063	0.00
Σ	$A_0=0.63619$		0.46925		0.0172	0.1125

于是，可得：

换算截面面积 $A_0=0.63619\mathrm{m}^2$

换算截面重心至梁底边的距离 $y_0=\dfrac{\sum S_i}{A_0}=\dfrac{0.46925}{0.63619}=0.7376\mathrm{m}$

换算截面惯性矩为：$I_0=\sum A_iy_i^2+\sum I_i=0.0172+0.1125=0.1300\mathrm{m}^4$

$$E_cI_0=2.80\times10^7\times0.130=3640000\mathrm{kN\cdot m}^2$$

5）计算有效预应力

取预应力筋应力

$$\sigma_{con}=0.56f_{pk}=0.56\times1860=1041.6\mathrm{MPa}$$

$L_p=2\times\sqrt{1550^2+6000^2}=2\times6197\mathrm{mm}$；采用两端张拉，张拉长度 $l=L_p/2=6197\mathrm{mm}$

支座区段钢绞线与梁纵向轴线的夹角 $\alpha=\arctan(1550/6000)=0.253\mathrm{rad}=14.5°$。

$$\Delta M=M-M_{u0}=3222-1940.88=1281.22\mathrm{kN\cdot m}$$

由式（4-8）

$$A_p=\frac{\Delta M}{(y_0+a_p)\sigma_{con}\cos\alpha}=\frac{1281.22\times10^6}{(737.6+50)\times1041.6\times\cos0.253}=1617.4\mathrm{mm}^2$$

使用 SCS 功能项 S301 试算梁跨中截面预应力筋截面积数量如图 4-27 所示。由此，可选用 6 根直径 21.6mm 的钢绞线，截面积 $A_p=6\times285=1710\mathrm{mm}^2>1617.4\mathrm{mm}^2$。

以上计算取预应力筋应力较低是因为预估了预应力损失，以下要准确计算预应力损失，则取张拉控制应力

$$\sigma_{con}=0.65f_{pk}=0.65\times1860=1209.0\mathrm{MPa}$$

锚具变形损失 $\sigma_{l1}=\dfrac{aE_p}{l}=5\times1.95\times10^5/6197=157.3\mathrm{MPa}$

图 4-27　估算预应力筋截面积

采用涂抹油脂的钢绞线，取 $\mu = 0.16$。

$$\theta = \arctan(1550/6000) = 14.5° \times \pi/180 = 0.253 \text{rad}$$

预应力筋摩擦损失 $\sigma_{l2} = \sigma_{\text{con}}(1 - e^{-\mu\theta}) = 1209.0 \times (1 - e^{-0.16 \times 0.253}) = 47.96 \text{MPa}$

混凝土的收缩和徐变损失 $\sigma_{l5} = 0$

$$\sigma_{\text{pe}} = \sigma_{\text{con}} - (\sigma_{l1} + \sigma_{l2} + \sigma_{l5}) = 1209 - (157.3 + 47.96) = 1003.7 \text{MPa}$$

6）计算新增外荷载作用下拉杆产生的作用效应增量

新增荷载设计值 $\Delta P = 450 \text{kN/m}$，如图 4-5 所示，并且在式（4-14）、式（4-16）中，$l = 12 \text{m}$。跨中拉杆至折算截面重心距离 $e_{\text{p}} = 0.7376 + 0.050 = 0.7876 \text{m}$。则：

$$\omega_2 = \frac{\Delta P l^2}{12} = \frac{450 \times 12^2}{12} = 5400 \text{kN} \cdot \text{m}^2$$

$$\alpha = \arctan(1550/6000) = 0.253 \text{rad}$$

$$\Delta_{1\text{p}} = \frac{-\omega_2 e_{\text{p}}}{E_{\text{c}} I_0} \cos\alpha = \frac{-5400 \times 0.7876}{3640000} \cos 0.253 = -0.00114 \text{m}$$

$$\delta_{11} = \frac{e_{\text{p}}^2 l_2 \cos^2\alpha}{E_{\text{c}} I_0} + \frac{l_2 \cos^2\alpha}{E_{\text{c}} A_0} + \frac{l_2 \cos^2\alpha}{E_{\text{p}} A_{\text{p}}} = \left(\frac{0.7868^2 \times 12 \times \cos^2 0.253}{3640000} + \frac{12 \times \cos^2 0.253}{2.8 \times 10^7 \times 0.63619} + \frac{12 \times \cos^2 0.253}{1.95 \times 10^8 \times 0.001710} \right)$$

$$= (1.9236 + 0.6315 + 33.7360) \times 10^{-6} = 36.291 \times 10^{-6} \text{m/kN}$$

$$\Delta N = \frac{-\Delta_{1\text{p}}}{\delta_{11}} = \frac{0.00114}{36.291 \times 10^{-6}} = 31.28 \text{kN}$$

7）验算拉杆的拉应力

$$\sigma_{\text{p}} + \frac{\Delta N}{A_{\text{p}}} = 1003.7 + \frac{31280}{1710} = 1022.0 \text{N/mm}^2 \leqslant \sigma_{\text{con}} = 1209 \text{N/mm}^2，也小于 \beta_1 f_{\text{py}} = 0.8 \times 1320 =$$
1056N/mm^2，满足要求。

8）验算正截面承载力

拉杆的拉力，$N = \left(\sigma_{\text{p}} + \frac{\Delta N}{A_{\text{p}}} \right) A_{\text{p}} = 1022.0 \times 1710 = 1747.6 \text{kN}$

预应力在跨中截面增加的受弯承载力

$$M_{\text{p}} = N e_{\text{p}} \cos\alpha = 1747.6 \times 0.7868 \times \cos 0.253 = 1332.6 \text{kN} \cdot \text{m}$$

原梁受弯承载力与现作用弯矩的差距：$\Delta M = M - M_{u0} = 3222 - 1940.9 = 1281.1\text{kN} \cdot \text{m}$

$M_p \geqslant \Delta M$，即加固后满足梁正截面承载力要求。

9) 验算梁的挠度

加固前梁无裂缝，取：

$$B_1 = 0.5E_cI_0 = 0.5 \times 3640000 = 1820000\text{kN} \cdot \text{m}^2$$

$$B_2 = B_p = 0.75E_cI_0 = 0.75 \times 3640000 = 2730000\text{kN} \cdot \text{m}^2$$

加固前简支梁在原荷载标准值作用下跨中挠度

$$f_1 = \frac{5M_{0k}L^2}{48B_1} = \frac{5 \times 540 \times 12.0^2}{48 \times 1820000} = 0.00445\text{m}$$

跨中单支点下撑模式，预应力引起的反拱

$$f_{p1} = \frac{Ne_pl^2}{12B_p} = \frac{1747.6 \times 0.7876}{12 \times 2730000} \times 12^2 = 0.00611\text{m}$$

预应力筋锚固在梁截面上端（锚固点至截面重心距离 $e_1 = 0.7376 - 1.5 = -0.7624\text{m}$），由此引起的反拱（实为正拱）为：

$$f_{p2} = \frac{Ne_1l^2}{8B_p} = \frac{1747.6 \times (-0.7624) \times 12^2}{8 \times 2730000} = -0.00882\text{m}$$

反拱值合计：$f_p = f_{p1} + f_{p2} = 0.00611 - 0.00882 = -0.00271\text{m}$

加固结束后，后加荷载标准值在简支梁跨中产生的弯矩

$$M_{k2} = \frac{\Delta P}{\gamma_Q} \cdot \frac{l}{4} = \frac{450}{1.5} \times \frac{12}{4} = 900\text{kN} \cdot \text{m}$$

加固后简支梁在后加集中荷载标准值作用下跨中挠度

$$f_2 = \frac{M_{k2}l^2}{12B_p} = \frac{900 \times 12^2}{12 \times 2730000} = 0.00396\text{m}$$

加固结束后，跨中挠度验算

$$f = f_1 - f_p + f_2 = 0.00445 - (-0.00271) + 0.00396 = 0.0111\text{m}$$

SCS 软件计算对话框输入信息和最终计算结果如图 4-28 所示，可见其与手算结果相近。

图 4-28　预应力体外加固梁受弯承载力校核和变形计算

4.6 型钢预应力双侧撑杆的加固轴心受压柱的计算

采用预应力双侧撑杆加固轴心受压的钢筋混凝土柱时，应按下列规定进行计算：

1）确定加固后轴向压力设计值 N；

2）按下式计算原柱的轴心受压承载力设计值 N_0：

$$N_0 = 0.9\varphi(f_{c0}A_{c0} + f'_{y0}A'_{s0})   \tag{4-20}$$

式中　φ——原柱的稳定系数；

　　　A_{c0}——原柱的截面面积；

　　　f_{c0}——原柱的混凝土抗压强度设计值；

　　　A'_{s0}——原柱的纵向钢筋总截面面积；

　　　f'_{y0}——原柱的纵向钢筋抗压强度设计值。

3）按下式计算撑杆承受的轴向压力设计值 N_1：

$$N_1 = N - N_0   \tag{4-21}$$

式中　N——柱加固后轴向压力设计值。

4）按下式计算预应力撑杆的总截面面积：

$$N_1 \leqslant 0.9\varphi\beta_2 f'_{py}A'_p   \tag{4-22}$$

式中　β_2——撑杆与原柱的协同工作系数，取 0.9；

　　　f'_{py}——撑杆钢材的抗压强度设计值；

　　　A'_p——预应力撑杆的总截面面积。

预应力撑杆每侧杆肢由两根角钢或一根槽钢构成。

5）柱加固后轴心受压承载力设计值可按下式验算：

$$N = 0.9\varphi(f_{c0}A_{c0} + f'_{y0}A'_{s0} + \beta_2 f'_{py}A'_p)   \tag{4-23}$$

注：《混凝土结构加固设计规范》GB 50367—2013 将此式系数写成 β_3，疑似有误，因规范在此式后未解释 β_3，而再次出现时才解释。

6）缀板应按现行《钢结构设计标准》GB 50017 进行设计计算，其尺寸和间距应保证撑杆受压肢及单肢角钢在施工时不致失稳。

7）设计应规定撑杆安装时需预加的压应力值 σ'_p，并按下式验算：

$$\sigma'_p \leqslant \varphi_1\beta_3 f'_{py}   \tag{4-24}$$

式中　φ_1——撑杆的稳定系数；确定该系数所需的撑杆计算长度，当采用横向张拉方法时，取其全长的 1/2；当采用顶升法时，取其全长，按格构式压杆计算其稳定系数；

　　　β_3——经验系数，取 0.75。

8）设计规定的施工控制量，应按采用的施加预应力方法计算：

① 当用千斤顶、楔子等进行竖向顶升安装撑杆时，顶升量 ΔL 可按下式计算：

$$\Delta L = \frac{L\sigma'_p}{\beta_4 E_a} + a_1   \tag{4-25}$$

式中　E_a——撑杆钢材的弹性模量；

　　　L——撑杆的全长；

a_1——撑杆端顶板与混凝土间的压缩量，取 2~4mm；

β_4——经验系数，取 0.90。

② 当用横向张拉法（图 4-29）安装撑杆时，横向张拉量 ΔH 按下式验算：

$$\Delta H \leqslant \frac{L}{2}\sqrt{\frac{2.2\sigma'_p}{E_a}} + a_2 \qquad (4-26)$$

式中　a_2——统合考虑各种误差因素对张拉量影响的修正项，可取 $a_2 = 5\sim7$mm。

实际弯折撑杆肢时，宜将长度中点处的横向弯折量取为 $\Delta H + 3\sim5$mm，但施工中只收紧 ΔH，使撑杆处于预压状态。

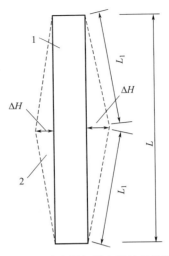

图 4-29　预应力撑杆横向张拉量计算图
1—被加固柱；2—撑杆

【例 4-8】 预应力双侧撑杆加固轴心受压柱的设计计算

文献 [4] 第 70 页例题，某无侧移框架结构，底层门厅矩形截面柱，截面尺寸 450mm×450mm，混凝土强度等级为 C25，纵向钢筋采用 HRB400 钢筋，配有对称钢筋 8 ⏀ 16（$A'_{s0} = 1608$mm²），柱为轴心受压构件，计算长度 = 4.5m，现因房屋改造，柱的轴向压力设计值增至 3000kN，试对该柱进行加固设计。

【解】 加固方法：由于加固时不卸载，为保证加固柱能有效地参与工作，以及原柱在后加荷载下的安全，采用双侧撑杆预应力加固法（图 4-30），张拉方法采用横向张拉法。张拉结束后，用 U 形箍加以固定。

图 4-30　柱双侧预应力撑杆加固构造

1）原柱承载力复核，采用 RCM 软件[2] 输入信息和简要计算结果如图 4-31 所示，可见其不满足要求。

2）加固计算

长细比 $l_0/b = 4500/450 = 10.0$，查《混凝土结构设计规范》 GB 50010，稳定系数 $\varphi =$

图 4-31   原柱承载力

0.980，如选用 Q235 角钢 4∟70×5，则 $A'_p = 2752.0mm^2$，加固后柱轴心受压承载力为：

$$N = 0.9\varphi(f_{c0}A_{c0}+f'_{y0}A'_{s0}+\beta_2 f'_{py}A'_p)$$

$$= 0.9\times 0.980\times [11.9\times 202500 + 360\times 1608 + 0.9\times 215\times 2752]\times 10^{-3} = 3105.65kN >$$

3000kN，满足要求。

3）计算预应力控制值 σ'_{con}

采用横向张拉法时，取 $l = l_0/2 = 225cm$，查型钢表得：$i = 2\times 2.16cm$，长细比 $l/i = 225/(2\times 2.16) = 52.1$，查《钢结构设计标准》GB 50017—2017 得，稳定系数 $\varphi_1 = 0.857$。

$$\sigma'_{con} = \varphi_1\beta_3 f'_{py} = 0.857\times 0.75\times 215 = 138.2N/mm^2$$

4）计算横向张拉量

规定撑杆安装时需预加的压应力 $\sigma'_p = 80MPa$

$$\Delta H \leqslant \frac{L}{2}\sqrt{\frac{2.2\sigma'_p}{E_a}}+a_2 = \frac{4500}{2}\sqrt{\frac{2.2\times 80}{206000}}+6 = 71.8mm。$$

SCS 软件计算对话框输入信息和最终计算结果如图 4-32 所示，可见其与手算结果相同。

图 4-32   预应力双侧撑杆加固轴心受压柱

4.7　型钢预应力单侧撑杆加固弯矩不变号的偏心受压柱的计算

采用单侧预应力撑杆加固弯矩不变号的偏心受压柱时，应按下列规定进行计算：

1）确定该柱加固后轴向压力 N 和弯矩 M 的设计值。

2）确定撑杆肢承载力，可试用两根较小的角钢或一根槽钢作撑杆，其有效受压承载力取为 $0.9f'_{py}A'_p$。

3）原柱加固后需承受的偏心受压荷载应按下列公式计算：

$$N_{01} = N - 0.9f'_{py}A'_p \tag{4-27}$$

$$M_{01} = M - 0.9f'_{py}A'_p h/2 \tag{4-28}$$

4）原柱截面偏心受压承载力应按下列公式验算：

$$N_{01} \leqslant \alpha_1 f_{c0}bx + f'_{y0}A'_{s0} - \sigma_{s0}A_{s0} \tag{4-29}$$

$$N_{01}e \leqslant \alpha_1 f_{c0}bx(h_0 - 0.5x) + f'_{y0}A'_{s0}(h_0 - a'_0) \tag{4-30}$$

$$e = e_0 + \frac{h}{2} - a'_0 \tag{4-31}$$

$$e_0 = M_{01}/N_{01} \tag{4-32}$$

如果是框架柱，按照《混凝土结构设计规范》GB 500010—2010 第 6.2.3 条，考虑柱自身挠曲二阶效应，可将式（4-31）改写如下：

$$e = C_m \eta_{ns} e_0 + e_a + \frac{h}{2} - a'_0 \tag{4-33}$$

如果是排架柱，按照《混凝土结构设计规范》GB 500010—2010 附录 B，考虑柱自身挠曲二阶效应，可将式（4-31）改写如下：

$$e = \eta_s e_0 + e_a + \frac{h}{2} - a'_0 \tag{4-34}$$

式中　　b——原柱截面宽度；

$\quad\quad x$——原柱截面的混凝土受压区高度；

$\quad\sigma_{s0}$——原柱纵向受拉钢筋的应力；

$\quad\quad e$——轴向力作用点至原柱纵向受拉钢筋合力点之间的距离；

$\quad\quad e_a$——附加偏心距，按偏心方向截面最大尺寸 h 确定，当 $h \leqslant 600\text{mm}$ 时，取 e_a 为 20mm；当 $h > 600\text{mm}$ 时，取 $e_a = h/30$；

C_m、η_{ns}——分别为框架柱端截面偏心距调节系数、弯矩增大系数，详见《混凝土结构设计规范》GB 50010—2010 第 6.2.4 条的规定；

$\quad\quad \eta_s$——排架柱端截面弯矩增大系数，详见《混凝土结构设计规范》GB50010—2010 附录 B 的规定；

$\quad\quad a'_0$——纵向受压钢筋合力点至受压边缘的距离。

当原柱偏心受压承载力不满足上述要求时，可加大撑杆截面面积，再重新验算。

5）缀板的设计应符合现行《钢结构设计标准》GB 50017 的有关规定，并应保证撑杆肢或角钢在施工时不失稳。

6）撑杆施工时应预加的压应力值 σ'_p 宜取为 50~80MPa。

【例4-9】型钢预应力单侧撑杆加固弯矩不变号的偏心受压框架柱算例

文献［4］第77页算例，某钢筋混凝土平台柱，截面尺寸 $b \times h = 300\text{mm} \times 400\text{mm}$，柱的计算长度 $l_c = 3\text{m}$，混凝土强度等级为C20，采用 HRB335 钢筋，$A_s = A_s' = 763\text{mm}^2$，承受设计轴向压力410kN，设计弯矩120kN·m。现因增加设备，增加设计轴向力 $\Delta N = 130\text{kN}$，设计弯矩 $\Delta M = 30\text{kN} \cdot \text{m}$，需加固处理。

【解】 加固方法：由于加固时原设备不拆除，原柱的应力还较高，为确保加固后柱能有效地参与工作以及原柱在后加荷载下的安全，采用单侧撑杆预应力加固法，即在受压边施加预应力钢撑杆（图4-33、图4-34）。选用角钢 2∟75×5（Q235钢），$A_p' = 1482\text{mm}^2$，张拉方法采用横向张拉法。张拉结束后，用U形箍加以固定，并喷射 1∶2 水泥砂浆加以保护。

图4-33　单侧预应力撑杆加固

1—被加固构件；2—加固撑杆；3—预焊缀板；4—钢垫板；5—拉紧螺栓；
6—钢垫板或槽钢；7—后焊传力角钢；8—后焊U形缀板

图4-34　预应力单侧撑杆加固柱

加固计算

1）原柱在加固后需承担的荷载为：

$$N_{01} = N - 0.9f_{py}'A_p' = [540000 - 0.9 \times 215 \times 1482.0] \times 10^{-3} = 253.23\text{kN}$$

$$M_{01} = M - 0.9f_{py}'A_p'h/2 = 150 \times 10^6 - 0.9 \times 215 \times 1482 \times 400/2 = 92.65\text{kN} \cdot \text{m}$$

2）对原柱截面偏心受压承载力进行验算

判断是否考虑自身挠曲二阶效应：

偏安全取 $M_1/M_2=1$，$e_0=\dfrac{M_{01}}{N_{01}}=\dfrac{92.65\times10^6}{253230}=365.9\text{mm}$

由于 $M_1/M_2=1>0.9$，且 $i=0.289h=0.289\times400=115.6\text{mm}$，则 $l_c/i=3000/115.6=26>34-12M_1/M_2=22$，因此，需要考虑挠曲变形引起的附加弯矩影响。

$$h_0=h-a=400-40=360\text{mm}$$

$$e_a=\max\left(\frac{h}{30},20\right)=\max\left(\frac{400}{30},20\right)=20.0\text{mm}$$

$$\zeta_c=\frac{0.5f_cA_c}{N_{01}}=\frac{0.5\times9.6\times120000}{253230}=2.275>1.0,\ \text{取}\ \zeta_c=1.0$$

$$C_m=0.7+0.3\frac{M_1}{M_2}=1.0$$

$$\eta_{ns}=1+\frac{1}{1300(e_0+e_a)/h_0}\left(\frac{l_c}{h}\right)^2\zeta_c=1+\frac{1}{1300\times(365.9+20)/360}\times\left(\frac{3000}{400}\right)^2\times1=1.040$$

$$e_i=C_m\eta_{ns}e_0+e_a=1\times1.040\times365.9+20=400.6\text{mm}$$

$$e_i>0.3h_0,\ \text{按大偏心受压计算}$$

$$e=e_i+\frac{h}{2}-a_0'=400.6+0.5\times400-40=560.6\text{mm}$$

$$x=\frac{N_{01}}{\alpha_1 f_{c0}b}=\frac{253230}{1\times9.6\times300}=87.9\text{mm}$$

$$A_{s0}'=A_{s0}=\frac{N_{01}e-\alpha_1 f_{c0}bx(h_0-0.5x)}{f_y'(h_0-a')}=\frac{253230\times560.6-1\times9.6\times300\times87.9\times(360-0.5\times87.9)}{300\times(360-40)}$$

$$=645.2\text{mm}^2$$

其值小于原有配筋面积，满足承载力要求！

图 4-35　预应力单侧撑杆加固弯矩不变号的偏心受压柱

3）计算预应力控制值

采用横向张拉法时，取 $l=l_0/2=150\text{cm}$，查型钢表得：$i=2\times2.32\text{cm}$，长细比 $l/i=150/$

（2×2.32）= 32.3，查《钢结构设计标准》GB 50017 得，稳定系数 $\varphi_1 = 0.933$。

$$\sigma'_{con} = \varphi_1 \beta_3 f'_{py} = 0.933 \times 0.75 \times 215 = 150.4 \text{N/mm}^2$$

4）计算横向张拉量

规定撑杆安装时需预加的压应力 $\sigma'_p = 70\text{MPa}$

$$\Delta H \leqslant \frac{L}{2}\sqrt{\frac{2.2\sigma'_p}{E_a}} + a_2 = \frac{3000}{2}\sqrt{\frac{2.2 \times 70.0}{206000}} + 6 = 47.0\text{mm}。$$

SCS 软件计算对话框输入信息和最终计算结果如图 4-35 所示，可见其与手算结果相同。

【例 4-10】型钢预应力单侧撑杆加固弯矩不变号的偏心受压排架柱算例

某钢筋混凝土排架厂房，作用于吊车梁顶面处的荷载：轴向压力 $N = 1000\text{kN}$；弯矩 $M = 400\text{kN·m}$。柱截面尺寸 $b \times h = 400\text{mm} \times 600\text{mm}$，柱的计算长度 $l_0 = 7\text{m}$，混凝土强度等级为 C30，截面两侧边配筋均为 $4 \Phi 20$（$A_s = A'_s = 1256\text{mm}^2$），$a = a' = 40\text{mm}$。要求对该柱进行承载力复核。如不满足要求，试进行加固计算。

【解】

1）原柱承载力计算，使用 RCM 软件[3] 设计计算，输入数据和简要输出结果如图 4-36 所示，可见现有配筋偏少，柱承载力达不到要求。

图 4-36　原矩形截面排架柱正截面承载力设计

加固计算，选用角钢 $2 \llcorner 75 \times 5$（Q235），$A'_p = 1482\text{mm}^2$。

2）原柱在加固后需承担的荷载为：

$$N_{01} = N - 0.9 f'_{py} A'_p = (1000000 - 0.9 \times 215 \times 1482.0) \times 10^{-3} = 713.233\text{kN}$$

$$M_{01} = M - 0.9 f'_{py} A'_p h / 2 = 400 \times 10^6 - 0.9 \times 215 \times 1482 \times 600 / 2 = 313.97\text{kN·m}$$

3）对原柱截面偏心受压承载力进行验算

自身挠曲二阶效应计算：

$$e_0 = \frac{M_{01}}{N_{01}} = \frac{313.97 \times 10^6}{713233} = 440.2\text{mm}$$

$$e_a = \max\left(\frac{h}{30}, 20\right) = \max\left(\frac{600}{30}, 20\right) = 20.0\text{mm}$$

$$\zeta_{\mathrm{c}} = \frac{0.5 f_{\mathrm{c}} A_{\mathrm{c}}}{N} = \frac{0.5 \times 14.3 \times 240000}{713233} = 2.41 > 1.0，取 \zeta_{\mathrm{c}} = 1.0$$

根据《混凝土结构设计规范》GB 50010—2010 式（B.0.4-2）

$$\eta_{\mathrm{s}} = 1 + \frac{1}{1500(e_0 + e_{\mathrm{a}})/h_0}\left(\frac{l_0}{h}\right)^2 \zeta_{\mathrm{c}} = 1 + \frac{1}{1500 \times (440.2 + 20)/560}\left(\frac{7000}{600}\right)^2 \times 1 = 1.110$$

$$e_i = \eta_{\mathrm{s}} e_0 + e_{\mathrm{a}} = 1.110 \times 440.2 + 20 = 508.8\mathrm{mm}$$

$$e_i > 0.3h_0，按大偏心受压计算$$

$$e = e_i + \frac{h}{2} - a'_{\mathrm{s}} = 508.8 + 0.5 \times 600 - 40 = 768.8\mathrm{mm}$$

$$x = \frac{N_{01}}{\alpha_1 f_{\mathrm{c}0} b} = \frac{713233}{1 \times 14.3 \times 400} = 124.7\mathrm{mm}$$

$$A'_{\mathrm{s}0} = A_{\mathrm{s}0} = \frac{N_{01}e - \alpha_1 f_{\mathrm{c}0} bx(h_0 - 0.5x)}{f'_{\mathrm{y}}(h_0 - a')}$$

$$= \frac{713233 \times 768.8 - 1 \times 14.3 \times 400 \times 124.7 \times (560 - 0.5 \times 124.7)}{300 \times (560 - 40)} = 1239.7\mathrm{mm}^2$$

其值小于原有配筋面积，满足承载力要求！

4）计算预应力控制值

采用横向张拉法时，取 $l = l_0/2 = 350\mathrm{cm}$，查型钢表得，$i = 2 \times 2.32\mathrm{cm}$，长细比 $l/i = 350/(2 \times 2.32) = 75.4$，查现行《钢结构设计标准》GB 50017 得，稳定系数 $\varphi_1 = 0.738$。

$$\sigma'_{\mathrm{con}} = \varphi_1 \beta_3 f'_{\mathrm{py}} = 0.738 \times 0.75 \times 215 = 119.0\mathrm{N/mm}^2$$

5）计算横向张拉量

规定撑杆安装时需预加的压应力 $\sigma'_{\mathrm{p}} = 80\mathrm{MPa}$

$$\Delta H \leqslant \frac{L}{2}\sqrt{\frac{2.2\sigma'_{\mathrm{p}}}{E_{\mathrm{a}}}} + a_2 = \frac{7000}{2}\sqrt{\frac{2.2 \times 80.0}{206000}} + 6 = 108.3\mathrm{mm}$$

SCS 软件计算对话框输入信息和最终计算结果如图 4-37 所示，可见其与手算结果相同。

图 4-37　单侧撑杆加固排架柱输入信息和简要输出结果

本章参考文献

[1] 卜良桃，周靖，叶蓁．混凝土结构加固设计规范算例［M］．北京：中国建筑工业出版社，2008.

[2] 王依群．混凝土结构设计计算算例［M］．3 版．北京：中国建筑工业出版社，2016.

[3] 中华人民共和国国家标准．混凝土结构设计规范：GB 50010—2010［S］．北京：中国建筑工业出版社，2010.

[4] 卜良桃，梁爽，黎红兵．混凝土结构加固设计规范算例［M］．2 版．北京：中国建筑工业出版社，2015.

[5] 卢亦焱．混凝土结构加固设计原理［M］．北京：高等教育出版社，2016.

[6] 李延和，陈贵，李树林等．高效预应力加固法理论及应用［M］．北京：科学出版社，2008.

第5章 外包型钢加固法

5.1 设计规定

外包型钢加固法按其与原构件连接方式，分为外粘型钢加固法和无粘结外包型钢加固法；均适用于需要大幅度提高截面承载能力和抗震能力的钢筋混凝土柱和梁的加固。本书将梁受拉侧角部粘角钢及梁受压侧粘或不粘钢板的加固方法放在第6章介绍。

《既有建筑鉴定与加固通用规范》GB 55021—2021 第6.5.5条规定：当采用外包型钢法加固钢筋混凝土实腹柱或梁时，应符合下列规定：(1) 干式外包钢加固后的钢架与原柱所承担的外力，应按各自截面刚度比例进行分配；(2) 湿式外包钢加固后的承载力和截面刚度应按整截面共同工作确定。

干式外包型钢加固法的设计尚应符合《混凝土结构加固设计规范》GB50367—2013[1] 第8章8.1.2节的规定。

当工程允许使用结构胶粘剂且原柱状况适于采取加固措施时，宜选用外粘型钢加固法 (图5-1)。该方法属于复合截面加固法，其设计应符合本章的规定。

混凝土结构构件采用符合《混凝土结构加固设计规范》GB 50367 设计规定的外粘型钢加固时，其加固后的承载力和截面刚度可按整截面计算；其截面刚度 EI 的近似值，可按下式计算：

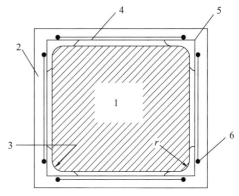

图 5-1 外粘型钢加固
1—原柱；2—防护层；3—注胶；4—缀板；
5—角钢；6—缀板与角钢焊缝

$$EI = E_{c0}I_{c0} + 0.5E_aA_aa_a^2 \tag{5-1}$$

式中 E_{c0}、E_a——分别为原构件混凝土和加固型钢的弹性模量；

I_{c0}——原构件截面惯性矩；

A_a——加固构件一侧外粘型钢截面面积；

a_a——受拉与受压两侧型钢截面形心之间的距离。

采用外包型钢加固法对钢筋混凝土结构进行加固时，应采取措施卸除或大部分卸除作用在原结构上的活荷载。

5.2 外粘型钢加固钢筋混凝土轴心受压柱的计算

采用外粘型钢（角钢或扁钢）加固钢筋混凝土轴心受压构件时，其正截面承载力应按下式验算：

$$N \leqslant 0.9\varphi(\psi_{sa}f_{c0}A_{c0} + f'_{y0}A'_{s0} + \alpha_a f'_a A'_a) \tag{5-2}$$

式中　N——构件加固后轴向压力设计值；

　　　φ——轴心受压构件的稳定系数，根据加固后的截面尺寸，按《混凝土结构设计规范》GB 50010[2] 的规定采用，加固后截面尺寸似应取四角钢外缘的尺寸，其比原截面尺寸略大些，为安全考虑本书这里采用原截面尺寸；

　　　ψ_{sc}——考虑钢构架对混凝土约束作用引入的混凝土承载力提高系数，对圆形截面柱，取为 1.15；对截面高宽比 $h/b \leqslant 1.5$、截面高度 $h \leqslant 600\mathrm{mm}$ 的矩形截面柱，取为 1.1；对不符合上述规定的矩形截面柱，取为 1.0；

　　　α_a——新增型钢强度利用系数，除抗震计算取为 1.0 外，其他计算均取为 0.9；

　　　f'_a——新增型钢抗压强度设计值，应按现行《钢结构设计标准》GB 50017 的规定采用；

　　　A'_a——型钢全部受压肢的截面面积。

【例 5-1】 外粘型钢加固钢筋混凝土轴心受压柱算例

某已建多层商用综合楼，结构形式为钢筋混凝土框架结构，因使用需要，新增两层，有可能导致底层中柱承载力不足，现知增加楼层后该柱仅承受轴向荷载设计值 $N = 4380\mathrm{kN}$，柱截面尺寸为 500mm×500mm，柱的计算长度 $l_0 = 6\mathrm{m}$，混凝土强度等级为 C30，原柱对称配筋共配 6Φ20（$A'_s = 1884\mathrm{mm}^2$）。要求对该柱进行承载力复核。如不满足要求，试进行采用外包角钢的加固计算。

【解】

1）原柱承载力验算，使用 RCM 软件[3]，输入信息和计算结果如图 5-2 所示，可见其不满足承载力要求。

图 5-2　原柱承载力验算

2）加固计算，长细比 $l_0/b = 6000/500 = 12.0$，$\varphi = 0.95$，由截面尺寸和高宽比知 $\psi_{sc} = 1.1$，由式（5-2）

$$A'_a = \frac{N/(0.9\varphi) - \psi_{sc} f_{c0} A_{c0} - f'_{y0} A'_{s0}}{\alpha_a f'_a} = \frac{4380000/(0.9\times0.95) - 1.1\times14.3\times250000 - 300\times1884}{0.9\times215} = 3230.5\text{mm}^2$$

SCS 软件计算对话框输入信息和最终计算结果如图 5-3 所示，可见其与手算结果相同。

可选用角钢 4∟80×6，$A'_a = 3747\text{mm}^2$。

图 5-3　外包角钢加固轴心受压柱

【例 5-2】 外粘型钢加固钢筋混凝土轴心受压柱复核算例

某框架底层中柱为轴心受压构件，因设计时荷载取值漏项，使用中发现部分柱子产生有纵向裂缝，经核算后其受轴向荷载设计值 $N = 4585.2\text{kN}$，柱截面尺寸为 500mm×600mm，柱的计算长度 $l_0 = 5\text{m}$，混凝土强度等级为 C25，原柱对称配筋共配 4 ⌀ 20 + 4 ⌀ 18（$A'_s = 2273\text{mm}^2$）。要求对该柱进行承载力复核，如不满足要求，试进行采用外包角钢的加固计算。

【解】

1）原柱承载力验算，使用 RCM 软件[3]，输入信息和计算结果如图 5-4 所示，可见其不满足承载力要求。

图 5-4　原柱承载力验算

2）加固计算

原柱承载力不足，决定采用粘型钢灌注加固，选择在柱的四角粘 Q235∟80×8，单根角钢截面积为 1230mm²，$A'_a = 4920mm²$。长细比 $l_0/b = 5000/500 = 10.0$，$\varphi = 0.980$，由式 (5-2)

$$N = 0.9\varphi(\psi_{sc}f_{c0}A_{c0}+f'_{y0}A'_{s0}+\alpha_a f'_a A'_a)$$
$$= 0.9×0.980×(1.10×11.9×300000+300×2273+0.9×215×4920.0)×10^{-3}$$
$$= 4904.73kN$$

SCS 软件计算对话框输入信息和最终计算结果如图 5-5 所示，可见其与手算结果相同。

图 5-5　外包角钢加固轴心受压柱复核

5.3　外粘型钢加固钢筋混凝土偏心受压构件的计算

采用外粘型钢加固钢筋混凝土偏心受压构件（图 5-6）时，其矩形正截面承载力应按下列公式确定：

图 5-6　外粘型钢加固偏心受压柱的截面计算简图

$$N \leqslant \alpha_1 f_{c0}bx + f'_{y0}A'_{s0} - \sigma_{s0}A_{s0} + \alpha_a f'_a A'_a - \sigma_a A_a \qquad (5\text{-}3)$$

按上式全部受压肢、全部受拉肢型钢截面面积 A'_a、A_a 相差不多（10%），为避免出现安装错误，考虑到施工便利，受拉侧型钢与受压侧型钢配置同一规格，计算时改用下式：

$$N \leqslant \alpha_1 f_{c0}bx + f'_{y0}A'_{s0} - \sigma_{s0}A_{s0} + \alpha_a f'_a A'_a - \alpha_a \sigma_a A_a \qquad (5\text{-}4)$$

$$Ne \leqslant \alpha_1 f_{c0}bx\left(h_0 - \frac{x}{2}\right) + f'_{y0}A'_{s0}(h_0 - a'_{s0}) - \sigma_{s0}A_{s0}(a_{s0} - a_a) + \alpha_a f'_a A'_a(h_0 - a'_a) \qquad (5\text{-}5)$$

$$\sigma_{s0} = \left(\frac{0.8h_{01}}{x} - 1\right)E_{s0}\varepsilon_{cu} \leqslant f_{y0} \qquad (5\text{-}6)$$

$$\sigma_a = \left(\frac{0.8h_0}{x} - 1\right)E_a\varepsilon_{cu} \leqslant f_a \qquad (5\text{-}7)$$

式中　N——构件加固后轴向压力设计值；

　　　b——原构件截面宽度；

　　　x——混凝土受压区高度；

　　　f_{c0}——原构件混凝土轴心抗压强度设计值；

　　　f'_{y0}——原构件受压区纵向钢筋抗压强度设计值；

　　　A'_{s0}——原构件受压较大边纵向钢筋截面面积；

　　　σ_{s0}——原构件受拉边或受压较小边纵向钢筋应力，当为小偏心受压构件时，图中 σ_{s0} 可能变号；

　　　A_{s0}——原构件受拉边或受压较小边纵向钢筋截面面积；

　　　α_a——新增型钢强度利用系数，除抗震计算取为 1.0 外，其他计算均取为 0.9；

　　　f'_a——新增型钢抗压强度设计值，应按现行《钢结构设计标准》GB 50017 的规定采用；

　　A'_a、A_a——全部受压肢、全部受拉肢型钢截面面积；

　　　σ_a——受拉肢或受压较小肢型钢的应力，可按式（5-7）计算，也可近似取 $\sigma_a = \sigma_{s0}$；

　　　e——偏心距，为轴向压力作用点至受拉区型钢形心的距离，按本书式（2-27）计算确定；

　　　h_{01}——加固前原截面有效高度；

　　　h_0——加固后受拉肢或受压较小肢型钢的截面形心至原构件截面受压较大边的距离；

　　　a'_{s0}——原截面受压较大边纵向钢筋合力点至原构件截面近边的距离；

　　　a'_a——受压较大肢型钢截面形心至原构件截面近边的距离；

　　　a_{s0}——原构件截面受拉边或受压较小边纵向钢筋合力点至原截面近边的距离；

　　　a_a——受拉肢或受压较小肢型钢截面形心至原构件截面近边的距离；

　　　E_a——型钢的弹性模量。

考虑地震作用组合计算柱的正截面承载力时，应在式（5-5）右端除以承载力抗震调整系数 γ_{RE}（轴压比小于 0.15 时，$\gamma_{RE} = 0.75$；否则，$\gamma_{RE} = 0.8$）。

【例 5-3】外粘型钢加固钢筋混凝土大偏心受压柱设计算例

已知矩形截面框架柱，截面尺寸为 400mm×500mm，柱的计算长度 $l_c = 5$m，混凝土强度等级为 C25，原柱对称配筋，截面每边配 4φ16（$A_s = A'_s = 804$mm²）。改变结构使用功能后，荷载产生的轴向力设计值 $N = 600$kN，$M_2 = 300$kN·m，要求对该柱进行承载力复核。

如不满足要求，试进行采用外包 Q235 角钢的加固计算。

【解】

1）原柱承载力验算，使用 RCM 软件[3]，输入信息和计算结果如图 5-7 所示，可见其不满足承载力要求。

图 5-7　原偏心受压柱的承载能力

2）判断是否考虑自身挠曲二阶效应：

偏安全取 $M_1/M_2 = 1$，$e_0 = \dfrac{M_2}{N} = \dfrac{300 \times 10^6}{600000} = 500\text{mm}$

由于 $M_1/M_2 = 1 > 0.9$，且 $i = 0.289h = 0.289 \times 500 = 144.5\text{mm}$，则 $l_c/i = 5000/144.5 = 34.6 > 34 - 12M_1/M_2 = 22$，因此，需要考虑挠曲变形引起的附加弯矩影响。

$$h_{01} = h - a = 500 - 40 = 460\text{mm}$$

$$e_a = \max\left(\frac{h}{30}, 20\right) = \max\left(\frac{500}{30}, 20\right) = 20.0\text{mm}$$

$$\zeta_c = \frac{0.5 f_c A_c}{N} = \frac{0.5 \times 11.9 \times 200000}{600000} = 1.983 > 1.0, \text{取 } \zeta_c = 1.0$$

$$C_m = 0.7 + 0.3 \frac{M_1}{M_2} = 1.0$$

$$\eta_{ns} = 1 + \frac{1}{1300(e_0 + e_a)/h_0}\left(\frac{l_c}{h}\right)^2 \zeta_c = 1 + \frac{1}{1300 \times (500 + 20)/460}\left(\frac{5000}{500}\right)^2 \times 1 = 1.068$$

$$e_i = \psi C_m \eta_{ns} e_0 + e_a = 1.2 \times 1 \times 1.068 \times 500 + 20 = 660.8\text{mm}$$

预估角钢的型号为 L 75×7，据此定出型钢截面形心至原构件截面近边的距离 $a_a = 21.1 - 7 \approx 14\text{mm}$。

$$e = e_i + \frac{h}{2} - a_a = 660.8 + 0.5 \times 500 - 14 = 896.8\text{mm}$$

3）判断大偏压还是小偏压

$N_b = \alpha_1 f_{c0} b \xi_b h_0 = 1 \times 11.9 \times 400 \times 0.550 \times 460 = 1204280 > N$，属于大偏压。

4）计算加固角钢的截面积

因是大偏压，截面受拉边的钢筋与角钢均达到受拉屈服应力；截面受压边的钢筋与角钢均达到受压屈服应力。

假设各自的受拉屈服应力与受压屈服应力相等，由式（5-4），截面受压区高度为：

$$x = \frac{N}{\alpha_1 f_{c0} b} = \frac{600000}{1 \times 11.9 \times 400} = 126.1 \text{mm}$$

加固后受拉肢或受压较小肢型钢的截面形心至原构件截面受压较大边的距离 $h_0 = h - a_a$ $= 500 - 14 = 486 \text{mm}$

据式（5-5），加固需要的角钢截面面积为：

$$A_a = A_a' = \frac{Ne - \alpha_1 f_{c0} bx(h_0 - x/2) - f_{y0}' A_{s0}'(h_0 - a_{s0}') + f_{y0} A_{s0}(a_{s0} - a_a)}{\alpha_a f_a'(h_0 - a_a')}$$

$$= \frac{600000 \times 896.8 - 1 \times 11.9 \times 400 \times 126.1 \times (486 - 126.1/2) - 300 \times 804 \times (486 - 40) + 300 \times 804 \times (40 - 14)}{0.9 \times 215 \times (486 - 14)}$$

$$= 2002.7 \text{mm}^2$$

SCS 软件计算对话框输入信息和最终计算结果如图 5-8 所示，可见其与手算结果相同。

图 5-8　外粘型钢加固钢筋混凝土大偏心受压柱设计算例

可选 4 ∟ 75×7，每边 2 ∟ 75×7，实配 $A_a = A_a' = 2040 \text{mm}^2$，重心距 21.1mm（$a_a = 14.1 \text{mm}$）与假设的符合较好。若 a_a 值不符，即差得较多，可重新假设再算。

【例 5-4】外粘型钢加固钢筋混凝土小偏心受压柱设计算例

已知矩形截面柱，截面尺寸为 400mm×600mm，柱的计算长度 $l_0 = 5\text{m}$，混凝土强度等级为 C25，原柱对称配筋，截面每边配 2 ⌀ 25 + 2 ⌀ 20（$A_s = A_s' = 1610 \text{mm}^2$）。结构加层后，荷载组合效应轴向力设计值 $N = 2500 \text{kN}$，杆端弯矩较大值 $M_2 = 280 \text{kN} \cdot \text{m}$，要求对该柱进行承载力复核，如不满足要求，试进行采用外包角钢的加固计算。

【解】

1）原柱承载力验算，使用 RCM 软件[3]，输入信息和计算结果如图 5-9 所示，可见其不满足承载力要求。

2）判断是否考虑自身挠曲二阶效应：

偏安全取 $M_1/M_2 = 1$，$e_0 = \frac{M_2}{N} = \frac{280 \times 10^6}{2500000} = 112 \text{mm}$

由于 $M_1/M_2 = 1 > 0.9$，且 $i = 0.289h = 0.289 \times 600 = 173.4 \text{mm}$，则 $l_c/i = 6000/173.4 = 34.6 > 34 - 12M_1/M_2 = 22$，因此，需要考虑挠曲变形引起的附加弯矩影响。

$$h_{01} = h - a = 600 - 40 = 560 \text{mm}$$

图 5-9　原偏心受压柱的承载能力

$$e_a = \max\left(\frac{h}{30}, 20\right) = \max\left(\frac{600}{30}, 20\right) = 20.0\text{mm}$$

$$\zeta_c = \frac{0.5 f_c A_c}{N} = \frac{0.5 \times 11.9 \times 240000}{2500000} = 0.571$$

$$C_m = 0.7 + 0.3\frac{M_1}{M_2} = 1.0$$

$$\eta_{ns} = 1 + \frac{1}{1300(e_0 + e_a)/h_0}\left(\frac{l_c}{h}\right)^2 \zeta_c = 1 + \frac{1}{1300 \times (112+20)/560}\left(\frac{5000}{600}\right)^2 \times 0.571 = 1.129$$

$$e_i = \psi C_m \eta_{ns} e_0 + e_a = 1.2 \times 1 \times 1.129 \times 112 + 20 = 171.8\text{mm}$$

3）判断大偏压还是小偏压

$N_b = \alpha_1 f_{c0} b \xi_b h_0 = 1 \times 11.9 \times 400 \times 0.550 \times 560 = 1466080 < N$，属于小偏压。

4）计算截面受压区高度

预估角钢的型号为 L 75×5，据此定出型钢截面形心至原构件截面近边的距离 $a_a = 20.4 - 5 \approx 15\text{mm}$。根据《混凝土结构设计规范》GB 50010—2010 公式（6.2.17-8）得

$$e = e_i + \frac{h}{2} - a_a = 171.8 + 0.5 \times 600 - 15 = 456.8\text{mm}$$

$$\xi = \frac{N - \alpha_1 f_c b \xi_b h_{01}}{\dfrac{Ne - 0.43\alpha_1 f_c b h_{01}^2}{(\beta_1 - \xi_b)(h_{01} - a_0')} + \alpha_1 f_c b h_{01}} + \xi_b$$

$$= \frac{2500000 - 1 \times 11.9 \times 400 \times 0.550 \times 560}{\dfrac{2500000 \times 456.8 - 0.43 \times 1 \times 11.9 \times 400 \times 560^2}{(0.8 - 0.550) \times (560 - 40)} + 1 \times 11.9 \times 400 \times 560} + 0.550 = 0.709$$

$$x = \xi h_{01} = 0.709 \times 560 = 396.9\text{mm}$$

5）原截面受压较小边纵向钢筋和受压较小肢型钢应力

加固后受拉肢或受压较小肢型钢的截面形心至原构件截面受压较大边缘的距离 $h_0 = h - a_a = 600 - 15 = 585\text{mm}$

$$\sigma_a = \left(\frac{0.8 h_0}{x} - 1\right) E_s \varepsilon_{cu} = \left(\frac{0.8 \times 585}{396.9} - 1\right) \times 206000 \times 0.0033 = 121.8\text{MPa}$$

$$\sigma_{s0} = \left(\frac{0.8 h_{01}}{x} - 1\right) E_{s0} \varepsilon_{cu} = \left(\frac{0.8 \times 560}{396.9} - 1\right) \times 200000 \times 0.0033 = 85.0\text{MPa}$$

6）计算加固角钢的截面积

据式（5-5），加固需要的角钢截面面积为：

$$A_a = A'_a = \frac{Ne - \alpha_1 f_{c0} bx(h_0 - x/2) - f'_{y0} A'_{s0}(h_0 - a'_{s0}) + \sigma_{s0} A_{s0}(a_{s0} - a_a)}{\alpha_a f'_a(h_0 - a'_a)}$$

$$= \frac{2500000 \times 456.8 - 1 \times 119 \times 400 \times 396.9 \times (585 - 396.9/2) - 300 \times 1610 \times (585 - 40) + 85.0 \times 1610 \times (40 - 15)}{0.9 \times 215 \times (585 - 15)}$$

$$= 1377.1 \text{mm}^2$$

SCS 软件计算对话框输入信息和最终计算结果如图 5-10 所示，可见其与手算结果相同。

图 5-10　外粘型钢加固钢筋混凝土小偏心受压柱设计算例

可选 4 ∟ 75×5，每边 2 ∟ 75×5，实配 $A_a = A'_a = 1482 \text{mm}^2$，重心距 20.4mm（$a_a = 15.4$mm），与假设的符合较好。

【例 5-5】外粘型钢加固钢筋混凝土大偏心受压柱复核算例

原柱及其受力同【例 5-3】，现确定加固措施是在该柱四角粘贴 ∟ 75×7，Q235 钢角钢，$A_a = A'_a = 2040 \text{mm}^2$。试进行加固后承载力复核。

【解】1）自身挠曲二阶效应计算（详见【例 5-3】）

$$e_i = \psi C_m \eta_{ns} e_0 + e_a = 1.2 \times 1 \times 1.068 \times 500 + 20 = 660.8 \text{mm}$$

$a_a = a'_a$ 型钢表中角钢重心距离截面肢内侧的距离，对于 ∟ 75×7 为 21.1 - 7 = 14.1mm

$$e = e_i + \frac{h}{2} - a_a = 660.8 + 0.5 \times 500 - 14.1 = 896.6 \text{mm}$$

2）计算截面受压区高度

$h_0 = h - a_a = 500 - 14.1 = 485.9 \text{mm}$，将已知参数代入式（5-4）、式（5-5）得：

$$600000 = 1 \times 11.9 \times 400 x + 300 \times 804 - \sigma_{s0} \times 804 + 0.9 \times 215 \times 2040 - 0.9 \times \sigma_a \times 2040$$

$$600000 \times 896.6 = 1 \times 11.9 \times 400 x \times (485.9 - x/2) + 300 \times 804 \times (485.9 - 40)$$

$$- \sigma_{s0} \times 804 \times (40 - 14.1) + 0.9 \times 215 \times 2040 \times (485.9 - 14.1)$$

解此联立方程，得 $x = 232.7 \text{mm}$，将其代入式（5-6）、式（5-7）得：

$$\sigma_a = \left(\frac{0.8 h_0}{x} - 1\right) E_a \varepsilon_{cu} = \left(\frac{0.8 \times 485.9}{232.7} - 1\right) \times 206000 \times 0.0033 = 455.7 \text{MPa}$$

$$\sigma_{s0}=\left(\frac{0.8h_{01}}{x}-1\right)E_{s0}\varepsilon_{cu}=\left(\frac{0.8\times460}{232.7}-1\right)\times200000\times0.0033=383.8\text{MPa}$$

$\sigma_a>f_a$，取 $\sigma_a=f_a$、$\sigma_{s0}>f_{y0}$，取 $\sigma_{s0}=f_{y0}$、将它们再代入式（5-4）、式（5-5）

$$600000=1\times11.9\times400x+300\times804-300\times804+0.9\times215\times2040-0.9\times215\times2040$$
$$600000\times896.6=1\times11.9\times400x\times(485.9-x/2)+300\times804\times(485.9-40)$$
$$-300\times804\times(40-14.1)+0.9\times215\times2040\times(485.9-14.1)$$

解此联立方程，得 $x=126.1\text{mm}$，$\sigma_a>f_a$，取 $\sigma_a=f_a$、$\sigma_{s0}>f_{y0}$，取 $\sigma_{s0}=f_{y0}$、将它们和 e 分别代入公式（5-5）两端，

$$Ne=600.0\times0.8966=537.98\text{kN}\cdot\text{m}$$

$$\alpha_1f_{c0}bx\left(h_0-\frac{x}{2}\right)+f'_{y0}A'_{s0}(h_0-a'_{s0})-\sigma_{s0}A_{s0}(a_{s0}-a_a)+\alpha_af'_aA'_a(h_0-a'_a)$$

$$=1\times11.9\times400\times126.1\times(485.9-126.1/2)+300\times804\times(485.9-40)$$
$$-300\times804\times(40-14.1)+0.9\times215\times2040\times(485.9-14.1)$$
$$=539.2\times10^6=539.2\text{kN}\cdot\text{m}$$

满足式（5-5），即满足承载力要求，此与【例5-3】结果一致。

使用 SCS 软件计算对话框输入信息和最终计算结果如图 5-11 所示，可见其与手算结果相近。

图 5-11　外粘型钢加固钢筋混凝土大偏心受压柱复核

【例5-6】外粘型钢加固钢筋混凝土小偏心受压柱复核算例

原柱及其受力同【例5-4】，现确定加固措施是在该柱四角粘贴 L 75×5，Q235 钢角钢，$A_a=A'_a=1482\text{mm}^2$。试进行加固后承载力复核。

【解】1）～2）与【例5-4】同。

3）偏心距计算

$a_a=a'_a$ 为型钢表中角钢重心距离截面肢内侧的距离，对于 L 75×5 为 20.3-5=15.3mm

$$e=e_i+\frac{h}{2}-a_a=171.8+0.5\times600-15.3=456.5\text{mm}$$

4）计算截面受压区高度

$h_0=h-a_a=600-15.3=584.7\text{mm}$，将已知参数代入式（5-4）、式（5-5）得：

$$2500000=1\times11.9\times400x+300\times1610-\sigma_{s0}\times1610+0.9\times215\times1482-0.9\times\sigma_a\times1482$$

$$2500000 \times 456.5 = 1 \times 11.9 \times 400x \times (584.7 - x/2) + 300 \times 1610 \times (584.7 - 40)$$
$$- \sigma_{s0} \times 1610 \times (40 - 15.3) + 0.9 \times 215 \times 1482 \times (584.7 - 15.3)$$

解此联立方程，得 $x = 410.5\text{mm}$，将其代入式（5-6）、式（5-7）得：

$$\sigma_a = \left(\frac{0.8h_0}{x} - 1\right)E_a\varepsilon_{cu} = \left(\frac{0.8 \times 584.7}{410.5} - 1\right) \times 206000 \times 0.0033 = 94.9\text{MPa}$$

$$\sigma_{s0} = \left(\frac{0.8h_{01}}{x} - 1\right)E_{s0}\varepsilon_{cu} = \left(\frac{0.8 \times 560}{410.5} - 1\right) \times 200000 \times 0.0033 = 60.3\text{MPa}$$

将它们和 e 分别代入式（5-5）两端，得

$$Ne = 2500.0 \times 0.4565 = 1141.24\text{kN} \cdot \text{m}$$

$$\alpha_1 f_{c0}bx\left(h_0 - \frac{x}{2}\right) + f'_{y0}A'_{s0}(h_0 - a'_{s0}) - \sigma_{s0}A_{s0}(a_{s0} - a_a) + \alpha_a f'_a A'_a(h_0 - a'_a)$$

$$= 1 \times 11.9 \times 400 \times 410.5 \times (584.7 - 410.5/2) + 300 \times 1610 \times (584.7 - 40)$$

$$- 60.3 \times 1610 \times (40 - 15.3) + 0.9 \times 215 \times 1482 \times (584.7 - 15.3)$$

$$= 1165.4 \times 10^6 = 1165.4\text{kN} \cdot \text{m}$$

满足式（5-5），即满足承载力要求，此与【例 5-4】结果一致。

使用 SCS 软件计算对话框输入信息和最终计算结果如图 5-12 所示，可见其与手算结果相近。

图 5-12 外粘型钢加固钢筋混凝土偏心受压柱复核

本章参考文献

［1］中华人民共和国国家标准. 混凝土结构加固设计规范：GB 50367—2013［S］. 北京：中国建筑工业出版社，2013.

［2］中华人民共和国国家标准. 混凝土结构设计规范：GB 50010—2010［S］. 北京：中国建筑工业出版社，2010.

［3］王依群. 混凝土结构设计计算算例［M］.3 版. 北京：中国建筑工业出版社，2016.

第6章 粘贴钢板加固法

6.1 设计规定

粘贴钢板加固法适用于对钢筋混凝土受弯、大偏心受压和受拉构件的加固。该方法不适用于素混凝土构件，包括纵向受力钢筋一侧配筋率小于 0.2% 的构件加固。

被加固的混凝土结构构件，其现场实测混凝土强度等级不得低于 C15，且混凝土表面的正拉粘结强度不得低于 1.5MPa。

《既有建筑鉴定与加固通用规范》GB 55021—2021 第 6.5.7 条规定：当采用粘贴钢板法加固受弯、大偏心受压和受拉构件时，应将钢板受力方式设计成仅承受轴向应力作用。

粘贴在混凝土构件表面上的钢板，其外表面应进行防锈蚀处理。表面防锈蚀材料对钢板及胶粘剂应无害。

采用《混凝土结构加固设计规范》GB 50367 规定的胶粘剂粘贴钢板加固混凝土结构时，其长期使用的环境温度不应高于 60℃；处于特殊环境（如高温、高湿、介质侵蚀、放射等）的混凝土结构采用本方法加固时，除应按国家现行有关标准的规定采取相应的防护措施外，尚应采用耐环境因素作用的胶粘剂，并按专门的工艺要求进行粘贴。

采用粘贴钢板对钢筋混凝土结构进行加固时，应采取措施卸除或大部分卸除作用在结构上的活荷载。

当被加固构件的表面有防火要求时，应按现行《建筑设计防火规范》GB 50016 规定的耐火等级及耐火极限要求，对胶粘剂和钢板进行防护。

6.2 受弯构件正截面加固计算

采用粘贴钢板对梁、板等受弯构件进行加固时，除应符合现行《混凝土结构设计规范》GB 50010 正截面承载力计算的基本假定外，尚应符合下列规定：

1）构件达到受弯承载能力极限状态时，外贴钢板的拉应变 ε_{sp} 应按截面应变保持平面的假定确定；

2）钢板应力 σ_{sp} 取等于拉应变 ε_{sp} 与弹性模量 E_{sp} 的乘积，且不高于钢板的抗拉、抗压强度设计值；

3）当考虑二次受力影响时，应按构件加固前的初始受力情况，确定粘贴钢板的滞后应变；

4）在达到受弯承载能力极限状态前，外贴钢板与混凝土之间不致出现粘贴剥离破坏。

受弯构件加固后的相对界限受压区高度 $\xi_{\mathrm{b,sp}}$ 应按加固前控制值的 0.85 倍采用，即：

$$\xi_{\mathrm{b,sp}} = 0.85\xi_{\mathrm{b}} \tag{6-1}$$

式中　ξ_{b}——构件加固前的相对界限受压区高度，按现行《混凝土结构设计规范》GB 50010 的规定计算。

由式（6-1）可见，如果加固前截面的 ξ 接近 ξ_{b}（即 $\xi \geqslant 0.85\xi_{\mathrm{b}}$），则不能通过仅在截面受拉区粘贴钢板进行加固。

在矩形截面受弯构件的受拉面和受压面粘贴钢板进行加固时（图 6-1），其正截面承载力应符合下列规定：

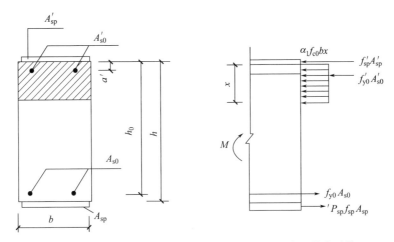

图 6-1　粘贴钢板加固钢筋混凝土矩形截面梁受弯承载力计算

$$M \leqslant \alpha_1 f_{\mathrm{c0}} bx \left(h - \frac{x}{2}\right) + f'_{\mathrm{y0}} A'_{\mathrm{s0}}(h - a') + f'_{\mathrm{sp}} A'_{\mathrm{sp}} h - f_{\mathrm{y0}} A_{\mathrm{s0}}(h - h_0) \tag{6-2}$$

$$\alpha_1 f_{\mathrm{c0}} bx = \psi_{\mathrm{sp}} f_{\mathrm{sp}} A_{\mathrm{sp}} + f_{\mathrm{y0}} A_{\mathrm{s0}} - f'_{\mathrm{y0}} A'_{\mathrm{s0}} - f'_{\mathrm{sp}} A'_{\mathrm{sp}} \tag{6-3}$$

$$\psi_{\mathrm{sp}} = \frac{(0.8\varepsilon_{\mathrm{cu}} h / x) - \varepsilon_{\mathrm{cu}} - \varepsilon_{\mathrm{sp,0}}}{f_{\mathrm{sp}} / E_{\mathrm{sp}}} \tag{6-4}$$

$$x \geqslant 2a' \tag{6-5}$$

当计算中计入纵向普通受压钢筋时，应满足式（6-5）的条件；当不满足此条件时，正截面受弯承载力应符合下列规定：

$$M \leqslant f_{\mathrm{y0}} A_{\mathrm{s0}}(h_0 - a') + \psi_{\mathrm{sp}} f_{\mathrm{sp}} A_{\mathrm{sp}}(h - a') + f'_{\mathrm{sp}} A'_{\mathrm{sp}} a' \tag{6-6}$$

注：《混凝土结构加固设计规范》GB 50367—2013 中没有式（6-6），这是本书作者仿照《混凝土结构设计规范》GB 50010—2010 式（6.2.14）列出的。

式中　M——构件加固后弯矩设计值；

$\quad\quad x$——混凝土受压区高度；

$\quad b$、h——矩形截面宽度和高度；

f_{sp}、f'_{sp}——加固钢板的抗拉、抗压强度设计值；

A_{sp}、A'_{sp}——受拉钢板和受压钢板的截面面积；

A_{s0}、A'_{s0}——原构件受拉和受压钢筋的截面面积；

$\quad\quad a'$——纵向受压钢筋合力点至截面近边的距离；

h_0——构件加固前的截面有效高度；

ψ_{sp}——考虑二次受力影响时，受拉钢板抗拉强度有可能达不到设计值而引用的折减系数；当 $\psi_{sp} > 1.0$ 时，取 $\psi_{sp} = 1.0$；

ε_{cu}——混凝土极限压应变，取 $\varepsilon_{cu} = 0.0033$；

$\varepsilon_{sp,0}$——考虑二次受力影响时，受拉钢板的滞后应变，应按式（6-9）计算；若不考虑二次受力影响，取 $\varepsilon_{sp,0} = 0$。

当受压面没有粘贴钢板（即 $A'_{sp} = 0$），可根据式（6-2）计算出混凝土受压区的高度 x，按式（6-4）计算出强度折减系数 ψ_{sp}，然后代入式（6-3），求出受拉面应粘贴的加固钢板量 A_{sp}。

考虑地震作用组合计算梁的正截面承载力时，应在式（6-2）、式（6-6）右端除以承载力抗震调整系数 γ_{RE}（= 0.75）。按照《建筑抗震加固技术规程》JGJ 116—2009 第 6.3.10-4 条 "对构件承载力的新增部分，其加固抗震承载力调整系数宜采用 1.0"，式（6-3）成为：

$$\alpha_1 f_{c0} bx / \gamma_{RE} = \psi_{sp} f_{sp} A_{sp} / 1.0 + f_{y0} A_{s0} / \gamma_{RE} - f'_{y0} A'_{s0} / \gamma_{RE} - f'_{yp} A'_{sp} / 1.0$$

对该式两端都乘 γ_{RE} 得到：

$$\alpha_1 f_{c0} bx = \gamma_{RE} \psi_{sp} f_{sp} A_{sp} + f_{y0} A_{s0} - f'_{y0} A'_{s0} - \gamma_{RE} f'_{yp} A'_{sp} \tag{6-3'}$$

同理，式（6-2）成为：

$$\gamma_{RE} M \leqslant \alpha_1 f_{c0} bx (h - x/2) + f'_{y0} A'_{s0} (h - a') + \gamma_{RE} f'_{sp} A'_{sp} h - f_{y0} A_{s0} (h - h_0) \tag{6-2'}$$

式（6-6）成为：

$$\gamma_{RE} M \leqslant f_{y0} A_{s0} (h_0 - a') + \gamma_{RE} \psi_{sp} f_{sp} A_{sp} (h - a') + \gamma_{RE} f'_{sp} A'_{sp} a' \tag{6-6'}$$

对受弯构件正弯矩区的正截面加固，其受拉面沿轴向粘贴的钢板的截断位置，应从其强度充分利用的截面算起，取不小于按下式确定的粘贴延伸长度：

$$l_{sp} \geqslant (f_{sp} t_{sp} / f_{bd}) + 200 \tag{6-7}$$

式中　l_{sp}——受拉钢板粘贴延伸长度（mm）；

t_{sp}——粘贴的钢板总厚度（mm）；

f_{sp}——加固钢板的抗拉强度设计值；

f_{bd}——钢板与混凝土之间的粘贴强度设计值（N/mm²），取 $f_{bd} = 0.5 f_t$；f_t 为混凝土抗拉强度设计值，按现行《混凝土结构设计规范》GB 50010 的规定值采用；当 f_{bd} 计算值低于 0.5MPa 时，取 f_{bd} 为 0.5MPa；当 f_{bd} 计算值高于 0.8MPa 时，取 f_{bd} 为 0.8MPa。

因为计算 l_{sp} 需用到粘贴钢板的总厚度 t_{sp}，所以 SCS 软件只在粘贴钢板或角钢梁正截面承载力复核 S406 和 S413 功能时（即已知 t_{sp} 时）计算钢板粘贴延伸长度，梁受拉边缘粘贴角钢时取 t_{sp} 为角钢肢厚。

对框架梁和独立梁的梁底进行正截面粘钢加固时，受拉钢板的粘贴应延伸至支座边或柱边，且延伸长度 l_{sp} 应满足式（6-7）的要求。当受实际条件限制无法满足此要求时，可在钢板的端部锚固区加贴 U 形箍板（图 6-2）。此时，U 形箍板数量的确定应符合下列规定：

1）当 $f_{sv} b_1 \leqslant 2 f_{bd} h_{sp}$ 时

$$f_{sp} A_{sp} \leqslant 0.5 f_{bd} l_{sp} b_1 + 0.7 n f_{sv} b_{sp} b_1 \tag{6-8}$$

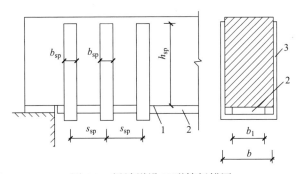

图 6-2　梁端增设 U 形箍板锚固
1—胶层；2—加固钢板；3—U 形箍板

2）当 $f_{sv}b_1 > 2f_{bd}h_{sp}$ 时

$$f_{sp}A_{sp} \leqslant 0.5f_{bd}l_{sp}b_1 + nf_{bd}b_{sp}h_{sp} \tag{6-9}$$

式中　f_{sv}——钢对钢粘贴强度设计值，对 A 级胶取 3.0MPa，对 B 级胶取 2.5MPa；

A_{sp}——加固钢板的截面面积；

n——加固钢板每端加贴 U 形箍板的数量；

b_1——加固钢板的宽度；

b_{sp}——U 形箍板的宽度；

h_{sp}——U 形箍板单肢与梁侧面混凝土粘贴的竖向高度。

对受弯构件负弯矩区的正截面加固，钢板的截断位置距充分利用截面的距离，除应根据负弯矩包络图按公式（6-7）确定外，尚应按《混凝土结构加固设计规范》GB 50367—2013 第 9.6.4 条的构造规定进行设计。

对翼缘位于受压区的 T 形截面受弯构件的受拉面粘贴钢板进行受弯加固时，应按前述矩形截面受弯构件正截面加固的原则和现行《混凝土结构设计规范》GB 50010 中关于 T 形截面受弯承载力的计算方法进行计算。

当考虑二次受力影响时，加固钢板的滞后应变 $\varepsilon_{sp,0}$ 应按下式计算：

$$\varepsilon_{sp,0} = \frac{\alpha_{sp}M_{0k}}{E_sA_sh_0} \tag{6-10}$$

式中　M_{0k}——加固前受弯构件验算截面上作用的弯矩标准值；

α_{sp}——综合考虑受弯构件裂缝截面内力臂变化、钢筋拉应变不均匀以及钢筋排列影响的计算系数，按表 6-1 的规定采用。

计算系数值 α_{sp}　　　　　　　　　　　　　　　　　表 6-1

ρ_{te}	≤0.007	0.010	0.020	0.030	0.040	≥0.060
单排钢筋	0.70	0.90	1.15	1.20	1.25	1.30
双排钢筋	0.75	1.00	1.25	1.30	1.35	1.40

注：1. ρ_{te} 为原混凝土有效受拉截面的纵向钢筋配筋率，即 $\rho_{te}=A_s/A_{te}$，A_{te} 为有效受拉截面面积，按现行《混凝土结构设计规范》GB 50010 的规定计算；

　　2. 当原构件钢筋应力 $\sigma_{s0} \leqslant 150$MPa 且 $\rho_{te} \leqslant 0.05$ 时，表中 α_{sp} 值可乘以调整系数 0.9。

当钢板全部粘贴在梁底面（受拉面）有困难时，允许将部分钢板对称地粘贴在梁的两侧面。此时，侧面粘贴区域应控制在距受拉边缘 1/4 梁高范围内，且按下式计算确定梁的两侧面实际需粘贴的钢板截面面积 $A_{sp,1}$。

$$A_{sp,1} = \eta_{sp} A_{sp,b} \tag{6-11}$$

式中　$A_{sp,b}$——按梁底面计算确定的、但需改贴到梁的两侧面的钢板截面面积；

　　　η_{sp}——考虑改贴梁侧面引起的钢板受拉合力及其力臂改变系数，按表 6-2 采用。

钢筋混凝土结构构件加固后，其正截面受弯承载力的提高幅度不应超过 40%，并应验算其受剪承载力，避免受弯承载力提高后而导致构件受剪破坏先于受弯破坏。

修正系数值 η_{sp}　　　　　表 6-2

h_{sp}/h	0.05	0.10	0.15	0.20	0.25
η_{sp}	1.09	1.20	1.33	1.47	1.65

注：h_{sp} 为从梁受拉边缘算起的侧面粘贴高度；h 为梁截面高度。

粘贴钢板的加固量，对受拉区和受压区，分别不应超过 3 层和 2 层，并且钢板总厚度不应大于 10mm。

【例 6-1】粘钢板加固钢筋混凝土矩形梁设计算例

文献［1］第 50 页例题，某矩形截面钢筋混凝土简支梁，截面尺寸为 250mm×

500mm，梁底部钢筋 3 ϕ 25（$A_s = 1473\text{mm}^2$），梁顶部钢筋 3 ϕ 16（$A_s' = 603\text{mm}^2$），混凝土强度等级为 C25，环境类别一类，$a = a' = 35\text{mm}$（图 6-3）。因使用功能改变，梁的弯矩设计值变为 230kN·m，原作用于梁上的弯矩标准值为 135kN·m，梁的抗剪能力满足要求，拟采用粘贴 Q345 钢板对梁的抗弯承载力加固，加固设计考虑二次受力影响。

图 6-3　原梁截面和配筋

【解】

1）原梁承载力验算，使用 RCM 软件[2]，输入信息和计算结果如图 6-4 所示，可见其不满足承载力要求。

弯矩提高系数：$\dfrac{M - M_{u0}}{M_{u0}} \times 100\% = \dfrac{230 - 187.7}{187.7} \times 100\% = 22.5\% \le 40\%$，可以采用粘钢板法加固。

图 6-4　原梁的受弯承载能力

2）加固计算

由式（6-2）得

$$x = h - \sqrt{h^2 - 2 \times \frac{M + f_{y0}A_{s0}(h - h_0) - f'_{y0}A'_{s0}(h - a')}{\alpha_1 f_{c0} b}}$$

$$= 500 - \sqrt{500^2 - 2 \times \frac{230 \times 10^6 + 300 \times (1473 \times 35 - 603 \times 465)}{1 \times 11.9 \times 250}} = 124\text{mm}$$

$\xi_{b,sp} = 124/465 = 0.267 < 0.85\xi_b = 0.85 \times 0.550 = 0.468$，属于适筋破坏。

$\rho_{te} = \dfrac{A_s}{0.5bh} = \dfrac{1473}{0.5 \times 250 \times 500} = 0.024$。查表 6-1，得计算系数值 $\alpha_{sp} = 1.17$

加固钢板的滞后应变 $\varepsilon_{sp,0} = \dfrac{\alpha_{sp} M_{0k}}{E_s A_s h_0} = \dfrac{1.17 \times 135 \times 10^6}{200000 \times 1473 \times 465} = 11.509 \times 10^{-4}$

$\psi_{sp} = \dfrac{(0.8\varepsilon_{cu}h/x) - \varepsilon_{cu} - \varepsilon_{sp,0}}{f_{sp}/E_{sp}} = \dfrac{(0.8 \times 0.0033 \times 500/124) - 0.0033 - 0.001151}{305/206000} = 4.13 > 1$，取为 1

由式（6-3）得：

$$A_{sp} = \frac{\alpha_1 f_{c0} bx - f_{y0}A_{s0} + f'_{y0}A'_{s0}}{\psi_{sp} f_{sp}} = \frac{1.0 \times 11.9 \times 250 \times 124 - 300 \times 1743 + 300 \times 603}{1 \times 305} = 351.8\text{mm}^2$$

可选用 Q345 钢板 $200 \times 2 = 400\text{mm}^2$

使用 SCS 软件计算对话框输入信息和最终计算结果如图 6-5 所示，可见其与手算结果相近。图 6-5 对话框中，a_a 是受拉角钢形心至混凝土截面近边的距离，输入 0 表示粘钢板加固；输入大于 0 的数表示梁受拉边粘角钢加固。

图 6-5　矩形截面双筋梁粘钢板加固设计

如果此梁受到地震作用组合弯矩为 $M = 306.67$（$= 230/0.75$）$\text{kN} \cdot \text{m}$，则由于式（6-2）左端乘 γ_{RE}（$= 0.75$）的原因，它就相当于上述静载下的题目，求解得到截面受压区高度与上述相同，由式（6-3'）得：

$$A_{sp} = \frac{\alpha_1 f_{c0} bx - f_{y0}A_{s0} + f'_{y0}A'_{s0}}{\gamma_{RE}\psi_{sp} f_{sp}} = \frac{1.0 \times 11.9 \times 250 \times 123.8 - 300 \times 1743 + 300 \times 603}{0.75 \times 1 \times 305} = 469.0\text{mm}^2$$

使用 SCS 软件计算对话框输入信息和最终计算结果如图 6-6 所示，可见其与手算结果相近。

使用 SCS 功能项 406 对该抗震设计复核，对话框输入信息和最终计算结果如图 6-7 所

图 6-6　矩形截面双筋梁粘钢板抗震加固设计

图 6-7　矩形截面双筋梁粘钢板抗震加固复核

示，可见其与设计结果相符。

【例 6-2】粘钢板加固钢筋混凝土矩形梁复核算例

某矩形截面钢筋混凝土简支梁，截面尺寸为 300mm×600mm，梁底部钢筋 4 Φ25＋1 Φ 22 （$A_{s0} = 2344\text{mm}^2$），梁顶部钢筋 2 Φ20 （$A'_{s0} = 628\text{mm}^2$），混凝土强度等级为 C20，环境类别一类，$a = a' = 35\text{mm}$ （图 6-8），梁底粘贴 Q345 钢板面积为 $A_{sp} = 260×4 = 1040\text{mm}^2$。考虑二次受力影响，加固前梁验算截面上作用的弯矩标准值为 $M_{0k} = 241\text{kN·m}$。试计算梁能承担的弯矩设计值。

图 6-8　原梁截面和配筋

【解】

1）原梁（未粘钢板前）承载力验算，使用 RCM 软件[2]，输入信息和计算结果如图 6-9 所示。

2）加固后梁承载力

$$\rho_{te} = \frac{A_s}{0.5bh} = \frac{2344}{0.5×300×600} = 0.026$$，查表 6-1 （即《混凝土结构加固设计规范》GB 50367—2013 表 9.2.9），得计算系数值 $\alpha_{sp} = 1.18$。

加固钢板的滞后应变 $\varepsilon_{sp,0} = \dfrac{\alpha_{sp}M_{0k}}{E_s A_s h_0} = \dfrac{1.18×241×10^6}{200000×2344×565} =$ 0.001074

图 6-9　矩形截面双筋梁受弯承载力

使用迭代法，先设 $\psi_{sp}=1.0$，由式（6-3）求出受压区高度

$$x=\frac{\psi_{sp}f_{sp}A_{sp}+f_{y0}A_{s0}-f'_{y0}A'_{s0}-f'_{sp}A'_{sp}}{\alpha_1f_{c0}b}=\frac{1\times305\times1040+300\times2344-300\times628-0}{1\times9.6\times300}$$

$$=288.9\text{mm}$$

由初次求得的 x 求

$$\psi_{sp}=\frac{0.8\varepsilon_{cu}h/x-\varepsilon_{cu}-\varepsilon_{sp,0}}{f_{sp}/E_{sp}}=\frac{(0.8\times0.0033\times600/288.9)-0.0033-0.001074}{305/206000}$$

$$=0.749$$

ψ_{sp} 与原先假设的不同，以此值代入式（6-3）再算

$$x=\frac{0.749\times305\times1040+300\times2344-300\times628-0}{1\times9.6\times300}=261.3\text{mm}$$

由求得的 x 再求

$$\psi_{sp}=\frac{0.8\varepsilon_{cu}h/x-\varepsilon_{cu}-\varepsilon_{sp,0}}{f_{sp}/E_{sp}}=\frac{0.8\times0.0033\times600/261.3-0.0033-0.001074}{305/206000}$$

$$=1.141$$

$\psi_{sp}>1.0$，取 $\psi_{sp}=1.0$，代入式（6-3）再算则进入无限循环，故 x 近似取上面两次平均值，即 $x=275.1\text{mm}$。

$\xi=x/h=275.1/600=0.458\leqslant\xi_{b,sp}=0.85\xi_b=0.85\times0.550=0.4675$，由式（6-2）得

$$M_u=\alpha_1f_{c0}bx\left(h-\frac{x}{2}\right)+f'_{y0}A'_{s0}(h-a')+f'_{sp}A'_{sp}h-f_{y0}A_{s0}(h-h_0)$$

$$=[1\times9.6\times300\times275.1\times(600-275.1/2)+300\times628\times(600-35)+305\times0\times600-300\times2344\times35]\times10^{-6}$$

$$=448.21\text{kN}\cdot\text{m}$$

受拉钢板粘贴延伸长度计算，C20 混凝土 $f_t=1.10\text{MPa}$，取 $f_{bd}=0.5f_t=0.55\text{MPa}$，$0.5\text{MPa}\leqslant f_{bd}\leqslant0.8\text{MPa}$

$$l_{sp}=f_{sp}t_{sp}/f_{bd}+200=305\times4/0.55+200=2418.2\text{mm}$$

使用 SCS 软件计算对话框输入信息和最终计算结果如图 6-10 所示，可见其与手算结果相同。

图 6-10　矩形截面双筋梁粘钢板加固复核

【例 6-3】粘钢板加固钢筋混凝土第一类 T 形梁和 $x<2a'$ 设计算例

文献［3］第 109 页例题，某 T 形截面梁，截面尺寸为 $b \times h = 250\text{mm} \times 500\text{mm}$，$b'_f = 800\text{mm}$，$h'_f = 80\text{mm}$，受拉钢筋 3 ϕ 22（$A_{s0} = 1140\text{mm}^2$，配筋率 0.98%），混凝土强度等级为 C20，环境类别一类，$a = 35\text{mm}$。梁的抗剪能力满足要求，仅需进行抗弯加固。要求梁抗弯承载力提高 40%，暂不考虑二次受力。

【解】

1）原梁承载力验算，使用 RCM 软件[2]，输入信息和计算结果如图 6-11 所示。

图 6-11　未加固前 T 形梁抗弯承载力

2）加固设计

$$M = 1.4 \times 151.4 = 211.99\text{kN} \cdot \text{m}$$

由式（6-2）得

$$M = \alpha_1 f_{c0} b'_f x \left(h - \frac{x}{2}\right) + f'_{y0} A'_{s0}(h-a') + f'_{sp} A'_{sp} h - f_{y0} A_{s0}(h-h_0)$$

$$211.99 \times 10^6 = 1 \times 9.6 \times 800x \times (500 - x/2) + 0 + 0 - 300 \times 1140 \times 35$$

解得 $x = 62.2\text{mm} < h'_f$，属于第一类 T 形截面梁。

不考虑二次受力，取 $\psi_{sp} = 1$

由式（6-3）得：$A_{sp} = \dfrac{\alpha_1 f_{c0} b'_f x - f_{y0} A_{s0} + f'_{y0} A'_{s0}}{\psi_{sp} f_{sp}} = \dfrac{1 \times 9.6 \times 800 \times 62.2 - 300 \times 1140 + 0}{1 \times 215} = 630.8\text{mm}^2$

可选用 Q235 钢板 $200 \times 4 = 800 mm^2$

使用 SCS 软件计算对话框输入信息和最终计算结果如图 6-12 所示，可见其与手算结果相同。

图 6-12 第一类 T 形梁粘钢板加固设计

假设此题再考虑梁的架立筋 $2 \Phi 12$（$A'_{s0} = 226 mm^2$），按梁抗弯承载力提高 40%，求此情况所需要粘贴钢板的面积。

【解】

1）原梁承载力验算，使用 RCM 软件[2]，输入信息和计算结果如图 6-13 所示。

图 6-13 $x < 2a'$ 未加固前 T 形梁抗弯承载力

2）加固设计

$$M = 1.4 \times 147.06 = 205.88 kN \cdot m$$

由式（6-2）得

$205.88 \times 10^6 = 1 \times 9.6 \times 800x \times (500 - x/2) + 300 \times 1140 \times (500 - 35) + 0 - 300 \times 1140 \times 35$

解得 $x = 51.2 mm < 2a'$，且 $x < h'_f$ 属于第一类 T 形截面梁。不考虑二次受力

$$\psi_{sp} = \frac{0.8\varepsilon_{cu}h/x - \varepsilon_{cu} - \varepsilon_{sp,0}}{f_{sp}/E_{sp}} = \frac{0.8 \times 0.0033 \times 500/51.2 - 0.0033 - 0}{215/206000} = 21.5$$

$\psi_{sp} > 1.0$，取 $\psi_{sp} = 1.0$

由式（6-6）得：

$$A_{sp} = \frac{M - f_{y0}A_{s0}(h_0 - a')}{\psi_{sp}f_{sp}(h - a')} = \frac{205.88 \times 10^6 - 300 \times 1140 \times (465 - 35)}{1 \times 215 \times (500 - 35)} = 588.35 \text{mm}^2$$

使用 SCS 软件计算对话框输入信息和最终计算结果如图 6-14 所示，可见其与手算结果相同。

图 6-14 $x < 2a'$ 的 T 形梁粘钢板加固设计

此题的复核过程为：先设 $\psi_{sp} = 1.0$，由式（6-3）求出受压区高度

$$x = \frac{\psi_{sp}f_{sp}A_{sp} + f_{y0}A_{s0} - f'_{y0}A'_{s0} - f'_{sp}A'_{sp}}{\alpha_1 f_{c0}b'_f} = \frac{1 \times 215 \times 588.35 + 300 \times 1140 - 300 \times 226 - 0}{1 \times 9.6 \times 600} = 52.2 \text{mm}$$

$$\psi_{sp} = \frac{0.8\varepsilon_{cu}h/x - \varepsilon_{cu} - \varepsilon_{sp,0}}{f_{sp}/E_{sp}} = \frac{0.8 \times 0.0033 \times 500/52.2 - 0.0033 - 0}{215/206000} = 21.1$$

$\psi_{sp} > 1.0$，取 $\psi_{sp} = 1.0$，与原假设相同。由式（6-6）得：

$$M_u = f_{y0}A_{s0}(h_0 - a') + \psi_{sp}f_{sp}A_{sp}(h - a') + f'_{sp}A'_{sp}a'$$

$$= 300 \times 1140 \times (465 - 35) + 1 \times 215 \times 588.35 \times (500 - 35) + 0 = 205.88 \text{kN} \cdot \text{m}$$

使用 SCS 软件计算对话框输入信息和最终计算结果如图 6-15 所示，可见其与手算结果相同。

图 6-15 $x < 2a'$ 的 T 形梁粘钢板加固复核

如果此梁受到地震组合弯矩为 $M = 274.51$（$= 205.88/0.75$）kN · m，求解得到 $x < 2a'$，由式（6-6'）得：

$$A_{sp} = \frac{\gamma_{RE}M - f_{y0}A_{s0}(h_0 - a') - \gamma_{RE}f'_{sp}A'_{sp}a'}{\gamma_{RE}\psi_{sp}f_{sp}(h - a')} = \frac{0.75 \times 274.51 \times 10^6 - 300 \times 1140 \times (465 - 35)}{0.75 \times 1 \times 215 \times (500 - 35)} = 784.5 \text{mm}^2$$

使用 SCS 软件计算对话框输入信息和最终计算结果如图 6-16 所示，可见其与手算结果相同。

图 6-16　$x<2a'$ 的 T 形梁粘钢板抗震加固设计

使用 SCS-406 对该抗震设计复核，对话框输入信息和最终计算结果如图 6-17 所示，可见其与设计结果相符。

图 6-17　$x<2a'$ 的 T 形梁粘钢板抗震加固复核

【例 6-4】粘钢板加固钢筋混凝土第二类 T 形梁设计算例

文献［1］第 114 页例题，如图 6-18 所示，某 T 形截面梁 $b×h=250mm×600mm$，$b'_f=600mm$，$h'_f=100mm$，混凝土强度等级为 C20，纵筋为 HRB335 钢筋，受拉筋 $2\phi25+2\phi22$（$A_{s0}=1742mm^2$），$a=35mm$。要求承担弯矩设计值 330kN·m，梁的抗剪能力满足要求，仅需进行抗弯加固，考虑二次受力。

解： 1）原梁承载力验算。

使用文献［2］介绍的 RCM 软件输入信息与简要计算结果如图 6-19 所示。可见，承载力不满足要求，需要加固。

2）加固计算

① 判别 T 形梁的类型

$$M_f=\alpha_1 f_c b'_f h'_f(h_0-0.5h'_f)=1×9.6×600×100×(565-50)×10^{-6}$$
$$=296.6kN·m<330kN·m，属于第二类 T 形截面梁。$$

图 6-18　T 形截面梁

图 6-19　T 形截面梁受弯承载力验算

② 计算受压区高度

$$x = h\left[1-\sqrt{1-2\times\dfrac{M+f_{y0}A_{s0}a-f'_{y0}A'_{s0}(h-a')-\alpha_1 f_{c0}(b'_f-b)h'_f(h-h'_f/2)}{\alpha_1 f_{c0}bh^2}}\right]$$

$$=600\times\left[1-\sqrt{1-2\times\dfrac{330\times10^6+300\times1742\times35-0-1\times9.6\times(600-250)\times100\times(600-50)}{1\times9.6\times250\times600^2}}\right]$$

$$=127.0\text{mm}$$

$x\leqslant0.85\xi_b h_0=0.85\times0.550\times565=264.1\text{mm}$，满足要求。

③ 计算滞后应变和应变比

$\rho_{te}=\dfrac{A_s}{0.5bh}=\dfrac{1742}{0.5\times250\times600}=0.023$ 查表 6-1 （即《混凝土结构加固设计规范》 GB

50367—2013 表 9.2.9)，得 $\alpha_{sp}=1.17$

加固钢板的滞后应变 $\varepsilon_{sp,0}=\dfrac{\alpha_{sp}M_{0k}}{E_s A_s h_0}=\dfrac{1.17\times80\times10^6}{200000\times1742\times565}=0.00047$

$$\psi_{sp}=\dfrac{0.8\varepsilon_{cu}h/x-\varepsilon_{cu}-\varepsilon_{sp,0}}{f_{sp}/E_{sp}}=\dfrac{0.8\times0.0033\times600/127-0.0033-0.00047}{215/206000}$$

$$=8.337$$

$\psi_{sp}>1.0$，取 $\psi_{sp}=1.0$。

④ 求加固所需钢板量，由式 （6-3） 并考虑截面翼缘的作用，得：

$$A_{sp}=\dfrac{\alpha_1 f_{c0}bx+\alpha_1 f_{c0}(b'_f-b)h'_f-f_{y0}A_{s0}+f'_{y0}A'_{s0}}{\psi_{sp}f_{sp}}$$

$$=\dfrac{1\times9.6\times[250\times127+(600-250)\times100]-300\times1742+0}{1\times215}$$

$$=549.4\text{mm}^2$$

使用 SCS 软件计算对话框输入信息和最终计算结果如图 6-20 所示，可见其与手算结果相同。

图 6-20　第二类 T 形梁粘钢板加固算例

6.3　下粘角钢上粘钢板梁正截面加固计算

由于经常梁的正截面和斜截面承载力同时需要加固，梁又经常与楼板整体浇筑在一起，梁底面粘贴角钢、梁顶面粘贴钢板、梁侧面粘贴扁钢的（钢构套）做法很常见。本节参照上节介绍的规范方法，给出下粘角钢上粘钢板梁正截面加固计算方法。

下粘角钢上粘钢板梁正截面加固所用基本假定、二次受力计算、构造要求，均与 6.2 节规定相同。

在矩形截面受弯构件的受拉面粘贴角钢和受压面粘贴钢板进行加固时（图 6-21），其正截面承载力应符合下列规定。

图 6-21　受拉面粘贴角钢和受压面粘贴钢板加固矩形梁受弯承载力计算

如对角钢形心起矩：

$$M \leqslant \alpha_1 f_{c0} bx \left(h_0 - \frac{x}{2} \right) + f'_{y0} A'_{s0} (h_0 - a') + f'_{sp} A'_{sp} h_0 - f_{y0} A_{s0} (a - a_a) \tag{6-12a}$$

如对混凝土截面受拉边缘起矩：

$$M \leqslant \alpha_1 f_{c0} bx\left(h-\frac{x}{2}\right)+f'_{y0}A'_{s0}(h-a')+f'_{sp}A'_{sp}h-f_{y0}A_{s0}a-\psi_{sp}f_{sp}A_{sp}a_a \qquad (6\text{-}12\text{b})$$

$$\alpha_1 f_{c0} bx = \psi_{sp}f_{sp}A_{sp}+f_{y0}A_{s0}-f'_{y0}A'_{s0}-f'_{sp}A'_{sp} \qquad (6\text{-}13)$$

$$\psi_{sp}=\frac{(0.8\varepsilon_{cu}h_0/x)-\varepsilon_{cu}-\varepsilon_{sp,0}}{f_{sp}/E_{sp}} \qquad (6\text{-}14)$$

$$x \geqslant 2a' \qquad (6\text{-}15)$$

当计算中计入纵向普通受压钢筋时，应满足式（6-15）的条件；当不满足此条件时，正截面受弯承载力应符合下列规定：

$$M \leqslant f_{y0}A_{s0}(h_{01}-a')+\psi_{sp}f_{sp}A_{sp}(h-a'-a_a)+f'_{sp}A'_{sp}a' \qquad (6\text{-}16)$$

式中　M——构件加固后弯矩设计值；

　　　　x——混凝土受压区高度；

　　　b、h——矩形截面宽度和高度；

　f_{sp}、f'_{sp}——加固钢板的抗拉、抗压强度设计值；

　A_{sp}、A'_{sp}——受拉角钢和受压钢板的截面面积；

　A_{s0}、A'_{s0}——原构件受拉和受压钢筋的截面面积；

　　　a、a'——纵向受拉、受压钢筋合力点至截面近边的距离；

　　　　a_a——受拉角钢形心至混凝土截面近边的距离；

　h_{01}、h_0——构件加固前、加固后的截面有效高度，$h_0=h-a_a$；

　　　ψ_{sp}——考虑二次受力影响时，受拉角钢抗拉强度有可能达不到设计值而引用的折减系数；当$\psi_{sp}>1.0$时，取$\psi_{sp}=1.0$；

　　　ε_{cu}——混凝土极限压应变，取$\varepsilon_{cu}=0.0033$；

　　$\varepsilon_{sp,0}$——考虑二次受力影响时，受拉角钢的滞后应变，应按式（6-10）计算；若不考虑二次受力影响，取$\varepsilon_{sp,0}=0$。

注意：式（6-14）与式（6-4）的不同在于，假定粘钢板时截面有效高度是$h_0=h$。

式（6-12a）用于截面设计，式（6-12b）用于截面复核。受拉面粘贴的角钢比粘贴钢板的做法，又多了个未知数，不便求解。截面设计时，根据预估的角钢可查角钢表（本书附录）得知a_a（$=y_0-t$），计算后如果相差太多，可调整a_a后再算；截面复核时，可先假设受拉面粘贴的角钢规格，验算加固后的承载力是否满足设计要求。

考虑地震作用组合计算梁的正截面承载力时，在式（6-12）、式（6-13）、式（6-16）右端除以承载力抗震调整系数γ_{RE}（$=0.75$），并且对钢板或角钢项取$\gamma_{RE}=1$。各式成为：

$$\gamma_{RE}M \leqslant \alpha_1 f_{c0} bx(h-x/2)+f'_{y0}A'_{s0}(h_0-a')+\gamma_{RE}f'_{sp}A'_{sp}h_0-f_{y0}A_{s0}(a-a_a) \qquad (6\text{-}12\text{a}')$$

$$\gamma_{RE}M \leqslant \alpha_1 f_{c0} bx(h-x/2)+f'_{y0}A'_{s0}(h-a')+\gamma_{RE}f'_{sp}A'_{sp}h-f_{y0}A_{s0}a-\gamma_{RE}\psi_{sp}f_{sp}A_{sp}a_a \qquad (6\text{-}12\text{b}')$$

$$\alpha_1 f_{c0} bx = \gamma_{RE}\psi_{sp}f_{sp}A_{sp}+f_{y0}A_{s0}-f'_{y0}A'_{s0}-\gamma_{RE}f'_{sp}A'_{sp} \qquad (6\text{-}13')$$

$$\gamma_{RE}M \leqslant f_{y0}A_{s0}(h_{01}-a')+\gamma_{RE}\psi_{sp}f_{sp}A_{sp}(h-a'-a_a)+\gamma_{RE}f'_{sp}A'_{sp}a' \qquad (6\text{-}16')$$

【例 6-5】梁下粘角钢上粘钢板和 $x<2a'$ 梁加固受弯承载力设计算例

文献［4］第148页例题，某混凝土单筋矩形梁，截面尺寸为$b \times h = 300mm \times 650mm$，混凝土强度等级为C30，受拉钢筋采用HRB335钢筋，配置为4ϕ20，$a_0=a'_0=40mm$。原弯矩标准值为213kN·m，现跨中弯矩设计值$M=450kN·m$，试采用底部粘贴角钢和顶部粘贴钢板加固法对该梁进行加固设计。

【解】

1) 原梁承载力验算，使用 RCM 软件[2]，输入信息和计算结果如图 6-22 所示。可见，原梁受弯承载力 $M_{u0}=213.3\text{kN}\cdot\text{m}<M=450\text{kN}\cdot\text{m}$，需对该梁进行正截面承载力加固。

图 6-22　未加固梁抗弯承载力

2) 加固设计

按照《混凝土结构加固设计规范》GB 50367—2013 第 8.2.3 条，采用外贴型钢加固混凝土梁时，应在梁截面的四隅粘贴角钢。当梁的受压区有翼缘或有楼板时，应将梁顶面两隅的角钢改为钢板。如果梁顶面两隅未能粘贴角钢或钢板，似应按梁下部粘贴钢板加固法受弯承载力提高幅度不大于 40%限制，因为这两种做法类似。

本题加固后的梁受弯承载力提高幅度超过了原梁承载力的 40%，因梁上部有楼板，故拟在梁顶粘贴钢板。假设梁顶面粘贴 Q235 受压钢板有截面面积为 $A'_{sp}=1000\text{mm}^2$（$=5\text{mm}\times200\text{mm}$）。

假设在梁底两角隅粘贴 Q235 受拉纵向角钢，查角钢表预估采用 L75×7 角钢，a_a 近似取重心距 y_0 减去壁厚 21.1−7≈14mm，则 $h_0=h-a_a=650-14=636\text{mm}$

将已知数值代入方程（6-12a）得到

$$450\times10^6=1\times14.3\times300\times x\times(636-x/2)+215\times1000\times636-300\times1256\times26$$

解此二次方程，得 $x=132.1\text{mm}$

$x\leqslant0.85\xi_b h_0=0.85\times0.550\times636\text{mm}=285.2\text{mm}$，满足要求。

$$\rho_{te}=\frac{A_s}{0.5bh}=\frac{1256}{0.5\times300\times650}=0.0129$$，查表 6-1，得计算系数值 $\alpha_{sp}=0.97$

加固角钢的滞后应变 $\varepsilon_{sp,0}=\dfrac{\alpha_{sp}M_{0k}}{E_s A_s h_{01}}=\dfrac{0.97\times213\times10^6}{2.0\times10^5\times1256\times636}=0.00130$

$$\psi_{sp}=\frac{(0.8\varepsilon_{cu}h_0/x)-\varepsilon_{cu}-\varepsilon_{sp,0}}{f_{sp}/E_{sp}}=\frac{(0.8\times0.0033\times636/132.1)-0.0033-0.00130}{215/206000}=7.77>1.0$$

取 $\psi_{sp}=1.0$。由式（6-13）得：

$$A_{sp}=\frac{\alpha_1 f_{c0}bx-f_{y0}A_{s0}+f'_{sp}A'_{sp}}{\psi_{sp}f_{sp}}=\frac{1\times14.3\times300\times132.1-300\times1256+215\times1000}{1\times215}=1883.9\text{mm}^2$$

使用 SCS 软件设计的输入信息与简要计算结果如图 6-23 所示，可见其与手算结果

图 6-23　角钢加固梁抗弯承载力设计

相同。

为了计算更准确，查角钢规格表，可见选用 2∟75×7，$A_{sp}=2032\text{mm}^2$。此规格角钢 $a_a=y_0-t=21.1-7=14.1\text{mm}$，与上面的计算结果接近，可用 SCS-406 验算，如图 6-24 所示。

受拉钢板粘贴延伸长度计算，C30 混凝土 $f_t=1.43\text{MPa}$，取 $f_{bd}=0.5f_t=0.715\text{MPa}$，$0.5\text{MPa}\leqslant f_{bd}\leqslant 0.8\text{MPa}$

$$l_{sp}=f_{sp}t_{sp}/f_{bd}+200=215\times7/0.715+200=2304.9\text{mm}$$

使用 SCS 软件复核的输入信息与简要计算结果如图 6-24 所示，从另一面校核了手算和电算设计结果。

图 6-24　梁底角钢梁顶钢板加固梁抗弯承载力复核

假设此题截面再配有 2φ22（$A'_{s0}=760\text{mm}^2$）纵向受压钢筋，其他条件均不变，求此情况下加固所需的角钢规格。

假设在梁底两角隅粘贴 Q235 受拉纵向角钢，查角钢表预估采用∟75×6 角钢，a_a 近似取重心距 y_0 减去壁厚，即 $20.7-6\approx14\text{mm}$，则 $h_0=h-a_a=650-14=636\text{mm}$

将已知数值代入方程（6-12a）得到

$$450\times10^6=1\times14.3\times300\times x\times(636-x/2)+300\times760\times(636-40)+215\times1000\times636-300\times1256\times26$$

解此二次方程，得 $x=72.8\text{mm}$

$$\psi_{sp}=\frac{0.8\varepsilon_{cu}h_0/x-\varepsilon_{cu}-\varepsilon_{sp,0}}{f_{sp}/E_{sp}}=\frac{0.8\times0.0033\times636/72.8-0.0033-0.00130}{215/206000}=17.7>1.0$$

取 $\psi_{sp}=1.0$。由式（6-16）得：

$$A_{sp} = \frac{M-f_{y0}A_{s0}(h_{01}-a')+f'_{sp}A'_{sp}a'}{\psi_{sp}f_{sp}(h_0-a_a-a')} = \frac{450\times10^6-300\times1256\times(610-40)-215\times1000\times40}{1\times215\times(650-14-40)}$$

$$= 1768.6\,mm^2$$

使用 SCS 软件设计的输入信息与简要计算结果如图 6-25 所示，可见其与手算结果相同。

图 6-25　梁底角钢梁顶钢板加固梁抗弯承载力设计

查角钢规格表，可见选用 $2\llcorner75\times6$，$A_{sp}=1760\,mm^2$。复核过程如下：

取 $\psi_{sp}=1.0$。由式（6-13）得：

$$x = \frac{\psi_{sp}f_{sp}A_{sp}+f_{y0}A_{s0}-f'_{y0}A'_{s0}-f'_{sp}A'_{sp}}{\alpha_1 f_{c0}b}$$

$$= (1\times215\times1760+300\times1256-300\times760-215\times1000)/(1\times14.3\times300) = 72.8\,mm$$

$x<2a'$，由式（6-14）计算得 $\psi_{sp}>1.0$，取 $\psi_{sp}=1.0$，可知前面假设是对的。由式（6-16）得：

$$M_u = f_{y0}A_{s0}(h_{01}-a')+\psi_{sp}f_{sp}A_{sp}(h-a'-a_a)+f'_{sp}A'_{sp}a'$$

$$= 300\times1256\times(610-40)+1\times215\times1760\times(650-40-14)+215\times1000\times40 = 448.9\,kN\cdot m$$

略小于作用弯矩，可认为满足要求。

使用 SCS 软件复核的输入信息与简要计算结果如图 6-26 所示，校核了手算和电算的设计结果。

图 6-26　梁底角钢梁顶钢板加固梁抗弯承载力复核

【例 6-6】 梁下粘角钢加固受弯承载力复核算例

框架梁的信息同【例 6-2】，将其题梁底粘贴钢板改为梁下角粘贴角钢 2∟50×6，重心距 $y_0=14.6\text{mm}$，截面面积 $A_{sp}=1138\text{mm}^2$，与【例 6-2】所粘钢板截面面积 1040mm^2 接近，试计算该梁的受弯承载力。

【解】

1）原梁（未加固前）承载力验算，同【例 6-2】。

2）加固后梁承载力

查表 6-1（即《混凝土结构加固设计规范》GB 50367—2013 表 9.2.9），得计算系数值 $\alpha_{sp}=1.18$。

加固角钢的滞后应变 $\varepsilon_{sp,0}=\dfrac{\alpha_{sp}M_{0k}}{E_sA_sh_{01}}=\dfrac{1.18\times241\times10^6}{200000\times2344\times565}=0.001074$

使用迭代法，先设 $\psi_{sp}=1.0$，由式（6-3）求出受压区高度

$$x=\frac{\psi_{sp}f_{sp}A_{sp}+f_{y0}A_{s0}-f'_{y0}A'_{s0}-f'_{sp}A'_{sp}}{\alpha_1 f_{c0}b}=\frac{1\times305\times1138+300\times2344-300\times628-0}{1\times9.6\times300}=299.3\text{mm}$$

$$h_0=h-a_a=600-8.6=591.4\text{mm}$$

由初次求得的 x 求

$$\psi_{sp}=\frac{0.8\varepsilon_{cu}h_0/x-\varepsilon_{cu}-\varepsilon_{sp,0}}{f_{sp}/E_{sp}}=\frac{0.8\times0.0033\times591.4/299.3-0.0033-0.001074}{305/206000}=0.570$$

ψ_{sp} 与原先假设的不同，以此值代入式（6-3）再算

$$x=\frac{0.570\times305\times1138+300\times2344-300\times628-0}{1\times9.6\times300}=247.4\text{mm}$$

由求得的 x 再求

$$\psi_{sp}=\frac{0.8\varepsilon_{cu}h_0/x-\varepsilon_{cu}-\varepsilon_{sp,0}}{f_{sp}/E_{sp}}=\frac{0.8\times0.0033\times591.4/247.4-0.0033-0.001074}{305/206000}=1.309$$

两次结果差距较大，取 $x=(299.3+247.4)/2=273.4\text{mm}$，迭代

$$\psi_{sp}=\frac{0.8\varepsilon_{cu}h_0/x-\varepsilon_{cu}-\varepsilon_{sp,0}}{f_{sp}/E_{sp}}=\frac{0.8\times0.0033\times591.4/273.4-0.0033-0.001074}{305/206000}=0.904$$

$$x=\frac{0.904\times305\times1138+300\times2344-300\times628-0}{1\times9.6\times300}=287.7\text{mm}$$

取 $x=(273.4+287.7)/2=280.5\text{mm}$，与上次结果差距不大，可停止迭代。

$$\psi_{sp}=\frac{0.8\varepsilon_{cu}h_0/x-\varepsilon_{cu}-\varepsilon_{sp,0}}{f_{sp}/E_{sp}}=\frac{0.8\times0.0033\times591.4/280.5-0.0033-0.001074}{305/206000}=0.805$$

$\xi=x/h_0=280.5/565=0.496>\xi_{b,sp}=0.85\xi_b=0.85\times0.550=0.4675$，属超筋梁，取 $x=0.4675\times565=264.1\text{mm}$。

$$\psi_{sp}=\frac{0.8\varepsilon_{cu}h_0/x-\varepsilon_{cu}-\varepsilon_{sp,0}}{f_{sp}/E_{sp}}=\frac{0.8\times0.0033\times591.4/264.1-0.0033-0.001074}{305/206000}$$

$$=1.298>1\text{ 取 }\psi_{sp}=1.0$$

$h-h_0=a_a=z_0-6=14.6-6=8.6\text{mm}$，由式（6-12）得

$$M_{u}=\alpha_{1}f_{c0}bx\left(h-\frac{x}{2}\right)+f'_{y0}A'_{s0}(h-a')+f'_{sp}A'_{sp}h-f_{s0}A_{s0}a-\psi_{sp}f_{sp}A_{sp}a_{a}$$

= 1×9. 6×300×264. 1×（600−264. 1/2）+300×628×（600−35）+305×0×600−300×2344×35

　−1. 0×305×1138×8. 6=434. 8kN・m

使用 SCS 软件输入信息与简要计算结果如图 6-27 所示。

图 6-27　梁下粘角钢正截面加固复核

【例 6-7】 粘钢板加固圆孔板提高受弯承载力设计算例

既有预制空心楼板如图 6-28（a）所示。C30 混凝土和 HRB335 钢筋，原始设计弯矩为 13. 2kN・m（原设计见文献［5］第 69 页例题），现设计弯矩增加至原设计弯矩的 1. 30 倍，即为 17. 16kN・m，加固前卸载至仅剩自重引起的弯矩标准值 5kN・m，试在板底粘贴钢板加固此圆孔板。

图 6-28　既有圆孔板截面信息

（a）既有预制空心楼板；（b）转换后的截面

【解】

1）原圆孔板（未加固前）承载力验算

将圆孔空心板换算成工字形截面。根据截面积不变、截面惯性矩不变的原则，先将圆孔转换成矩形孔。

设圆孔直径为 D，转换后矩形孔宽度为 b_R，高为 h_R，则 $\pi D^2/4=b_R h_R$，$\pi D^4/64=b_R h_R^3/12$。可解得：$h_R=0. 866D=0. 866×80=69. 3mm$，$b_R=0. 907D=0. 907×80=72. 6mm$。转换后的截面尺寸如图 6-28（b）所示。

计算原梁受弯承载力，按照《混凝土结构设计规范》GB 50010—2010 式（6. 2. 11-1）

$$x=\frac{f_{y}(A_{s}-A'_{s})}{\alpha_{1}f_{c0}b'_{f}}=\frac{300×(453-0)}{1×14. 3×850}=11. 2mm$$

$$M_{u0} = \alpha_1 f_{c0} b_f' x (h_0 - 0.5x) + f_y' A_s' (h_0 - a') = 1 \times 14.3 \times 850 \times 11.2 \times (105 - 11.2/2) + 0 = 13.51 \text{kN} \cdot \text{m}$$

重心距 $y_0 = 14.6\text{mm}$，截面积 $A_{sp} = 1138\text{mm}^2$，与【例 6-2】所粘钢板截面面积 1040mm^2 接近，试计算该梁的受弯承载力。

2）加固后梁承载力设计

假设其为第一类 T 形梁，即以宽为 b_f' 的矩形截面计算，将数据代入式（6-2）得：

$$17.16 \times 10^6 = 1 \times 14.3 \times 850 x (125 - x/2) - 300 \times 453 \times (125 - 105)$$

解方程得：$x = 13.9\text{mm} \leqslant h_f'$，是属于第一类 T 形梁。

$\rho_{te} = \dfrac{453}{0.5 \times 269.3 \times 125} = 0.0269$，查表 6-1（即《混凝土结构加固设计规范》GB 50367—2013 表 9.2.9），得计算系数值 $\alpha_{sp} = 1.18$。

加固钢板的滞后应变 $\varepsilon_{sp,0} = \dfrac{\alpha_{sp} M_{0k}}{E_s A_s h_0} = \dfrac{1.18 \times 5.0 \times 10^6}{200000 \times 453 \times 105} = 0.00052$

$$\psi_{sp} = \dfrac{(0.8\varepsilon_{cu} h_0/x) - \varepsilon_{cu} - \varepsilon_{sp,0}}{f_{sp}/E_{sp}} = \dfrac{(0.8 \times 0.0033 \times 125/13.9) - 0.0033 - 0.00052}{215/206000} = 19.2 > 1 \text{ 取 } \psi_{sp} = 1$$

由式（6-3）得加固用钢板截面积：

$$A_{sp} = \dfrac{\alpha_1 f_{c0} b_f' x - f_{y0} A_{s0} + f_{y0}' A_{s0}'}{\psi_{sp} f_{sp}} = \dfrac{1 \times 14.3 \times 850 \times 13.9 - 300 \times 453 + 0}{1 \times 215} = 150.9\text{mm}^2$$

使用 SCS 软件输入信息与简要计算结果如图 6-29 所示。

图 6-29　圆孔板粘钢板加固设计

6.4　受弯构件斜截面加固计算

受弯构件斜截面受剪承载力不足，应采用粘贴的箍板进行加固，箍板宜设计成加锚封闭箍、胶锚 U 形箍或钢板锚 U 形箍的构造方式（图 6-30a），当受力很小时，也可采用一般 U 形箍。箍板应垂直于构件轴线方向粘贴（图 6-30b）；不得采用斜向粘贴。

1）永久、短暂设计状况

受弯构件加固后的斜截面应符合下列规定：

当 $h_w/b \leqslant 4$ 时

$$V \leqslant 0.25\beta_c f_{c0} b h_0 \tag{6-17a}$$

图 6-30　扁钢抗剪箍及其粘贴方式

（a）构造方式；（b）U 形箍加纵向钢板压条

1—扁钢；2—胶锚；3—粘贴钢板压条；4—板；5—钢板底面空鼓处应加钢垫板；

6—钢板压条附加锚栓锚固；7—U 形箍；8—梁

当 $h_w/b \geqslant 6$ 时

$$V \leqslant 0.20\beta_c f_{c0}bh_0 \tag{6-17b}$$

当 $4 < h_w/b < 6$ 时，按线性内插法取用，即

$$V \leqslant 0.025(14-h_w/b)\beta_c f_{c0}bh_0 \tag{6-17c}$$

式中　V——构件斜截面加固后的剪力设计值；

β_c——混凝土强度影响系数：当混凝土强度等级不超过 C50 时，β_c 取为 1.0；当混凝土强度等级为 C80 时，β_c 取为 0.8；其间按线性内插法确定；

b——矩形截面的宽度，T 形或 I 形截面的腹板宽度；

h_w——截面的腹板高度，矩形截面的 h_w 取有效高度，T 形截面的 h_w 取有效高度减去翼缘高度，工字形截面的 h_w 取腹板净高。

采用加锚封闭箍或其他 U 形箍对钢筋混凝土梁进行抗剪加固时，其斜截面承载力应符合下列公式规定：

$$V \leqslant V_{b0}+V_{b,sp} \tag{6-18}$$

$$V_{b,sp} = \psi_{vb}f_{sp}A_{b,sp}h_{sp}/s_{sp} \tag{6-19}$$

式中　V_{b0}——加固前梁的斜截面承载力，按现行《混凝土结构设计规范》GB 50010 计算；

$V_{b,sp}$——粘贴钢板加固后，对梁斜截面承载力的提高值；

ψ_{vb}——与钢板的粘贴方式及受力条件有关的抗剪强度折减系数，按表 6-3 确定；

$A_{b,sp}$——配置在同一截面处的箍板各肢的截面面积之和，即 $2b_{sp}t_{sp}$，此处：b_{sp} 和 t_{sp} 分别为箍板宽度和箍板厚度；

h_{sp}——U 形箍板单肢与梁侧面混凝土粘贴的竖向高度；

s_{sp}——箍板的间距（图 6-30b）。

抗剪强度折减系数 ψ_{vb} 值   表 6-3

箍板构造		加锚封闭箍	胶锚或钢板锚 U 形箍	一般 U 形箍
受力	均布荷载或剪跨比 $\lambda \geqslant 3$	1.00	0.92	0.85
条件	剪跨比 $\lambda \leqslant 1.5$	0.68	0.63	0.58

注：当 λ 为中间值时，按线性内插法确定 ψ_{vb} 值。

2）地震设计状况

当跨高比大于 2.5 时，　　　　　$V \leqslant 0.20\beta_c f_{c0}bh_0/\gamma_{RE}$　　　　　(6-20a)

当跨高比不大于 2.5 时，　　　　$V \leqslant 0.15\beta_c f_{c0}bh_0/\gamma_{RE}$　　　　　(6-20b)

斜截面受剪承载力应符合下列规定：

$$V \leqslant V_{b0E}+V_{bspE} \tag{6-21}$$

$$V_{bspE} = \psi_{vb}f_{sp}A_{b,sp}h_{sp}/s_{sp} \tag{6-22}$$

式中　V_{b0E}——加固前梁的斜截面抗震承载力，按现行《混凝土结构设计规范》GB 50010
　　　　　　计算；

　　　γ_{RE}——承载力抗震调整系数，这里 $\gamma_{RE}=0.85$。

注：式（6-22）是按照《建筑抗震加固技术规程》JGJ 116—2009 第 6.3.10-4 条要求，由 $V_{bspE}=\psi_{vb}f_{sp}A_{b,sp}h_{sp}/(s_{sp}\gamma_{RE})$ 中取 $\gamma_{RE}=1$ 得到，SCS 软件采用的是《建筑抗震加固技术规程》JGJ 116—2009 第 6.3.5-4 条要求钢板强度折减 0.8，因其更偏于安全。

【例 6-8】粘钢板加固钢筋混凝土受集中力为主独立梁设计算例

图 6-31　剪力图

钢筋混凝土矩形截面简支独立梁承受荷载设计值如图 6-31 所示，其中集中荷载 $F=300kN$，均布荷载 $q=10kN/m$，梁截面尺寸为 $b \times h = 250mm \times 600mm$，配有纵筋 4 Φ 25，$a=40mm$，混凝土强度等级为 C25，HPB235 箍筋 2 ϕ 8，箍筋间距 $s=150mm$，箍板型材为 Q235，箍板高度为 500mm。试求所需的箍板截面面积和数量。

【解】

1）原梁受剪承载力验算，使用 RCM 软件，输入信息和计算结果如图 6-32 所示。

2）加固梁受剪承载力设计验算

截面限制条件：

$$h_w/b=(600-40-100)/250=460/250=1.84<4$$

图 6-32　原梁受剪承载力计算

$$0.25\beta_c f_{c0} bh_0 = 0.25 \times 11.9 \times 250 \times 560 \times 10^{-3} = 416.5\text{kN} > 329\text{kN}$$

截面尺寸符合要求。

$$V_{b,sp} = V - V_{b0} = 329 - 168.9 = 160.1\text{kN}$$

据采用一般 U 形箍板及剪跨比 $\lambda = 1375/560 = 2.46$，查表 6-3 得强度折减系数 $\psi_{vb} = 0.85 - (0.85 - 0.58) \times (3 - 2.46)/(3 - 1.5) = 0.75$。

再由式（6-21），得

$$\frac{A_{b,sp}}{s_{sp}} = \frac{V_{b,sp}}{\psi_{vb} f_{sp} h_{sp}} = \frac{160100}{0.75 \times 215 \times 500} = 1.99\text{mm}$$

使用 SCS 软件计算对话框输入信息和最终计算结果如图 6-33 所示，可见其与手算结果相同。

图 6-33　粘贴钢板加固梁受剪承载力算例

设取箍板宽度 $b_{sp} = 50$mm，箍板厚度 $t_{sp} = 4$mm，箍板间距 $s_{sp} = 200$mm，则 $A_{b,sp}/s_{sp} = 2 \times 50 \times 4/200 = 2mm>1.99$mm，满足要求。

6.5　大偏心受压构件正截面加固计算

采用粘钢板加固大偏心受压钢筋混凝土柱时，应将钢板粘贴于构件受拉区，且钢板长向应与柱的纵轴线一致（图 6-34）。

图 6-34　矩形截面大偏心受压构件粘钢加固承载力计算
1—截面重心轴；2—加固钢板

在矩形截面大偏心受压构件受拉边混凝土表面上粘贴钢板加固时，其正截面承载力应按下列公式确定：

$$N \leqslant \alpha_1 f_{c0} bx + f'_{y0} A'_{s0} - f_{y0} A_{s0} - f_{sp} A_{sp} \qquad (6-23)$$

$$Ne \leqslant \alpha_1 f_{c0} bx \left(h_0 - \frac{x}{2} \right) + f'_{y0} A'_{s0} (h_0 - a') + f_{sp} A_{sp} (h - h_0) \qquad (6-24)$$

$$e = e_i + h/2 - a \qquad (6-25)$$

$$e_i = e_0 + e_a \qquad (6-26)$$

式中　N——加固后轴向压力设计值；

e——轴向压力作用点至纵向受拉钢筋合力作用点的距离；

e_i——初始偏心距；

e_0——轴向压力对截面重心的偏心距，取为 $e_0 = M/N$；当需要考虑二阶效应时，M 应按国家标准《混凝土结构设计规范》GB 50010—2010 第 6.2.4 条规定的 $C_m \eta_{ns} M_2$，乘以修正系数 ψ 确定，即取 M 为 $\psi C_m \eta_{ns} M_2$；

ψ——修正系数，当为对称方式加固时，取 ψ 为 1.2；当为非对称方式加固时，取 ψ 为 1.3；

e_a——附加偏心距，按偏心方向截面最大尺寸 h 确定；当 $h \leqslant 600\text{mm}$ 时，取 e_a 为 20mm；当 $h > 600\text{mm}$ 时，取 $e_a = h/30$；

a、a'——分别为纵向受拉钢筋合力点、纵向受压钢筋合力点至截面近边的距离；

f_{sp}——加固钢板的抗拉强度设计值。

注：《混凝土结构加固设计规范》GB 50367—2013 对 a 解释为"纵向受拉钢筋和钢板合力点"有误。如果规范解释是对的，则式（6-24）最右端项不会存在。另：图 6-34 也改正了规范中图的错误。

考虑地震作用组合计算大偏压柱的正截面承载力时，应在式（6-24）右端除以承载力抗震调整系数 γ_{RE}（轴压比小于 0.15 时，$\gamma_{RE} = 0.75$；否则，$\gamma_{RE} = 0.80$）。考虑《建筑抗震加固技术规程》JGJ 116—2009 第 6.3.10-4 条要求，在式（6-23）、式（6-24）钢板项乘 γ_{RE}，两式成为：

$$N \leqslant \alpha_1 f_{c0} bx + f'_{y0} A'_{s0} - f_{y0} A_{s0} - \gamma_{RE} f_{sp} A_{sp} \qquad (6-23')$$

$$\gamma_{RE}Ne \leq \alpha_1 f_{c0}bx(h_0-x/2)+f'_{y0}A'_{s0}(h_0-a')-\gamma_{RE}f_{sp}A_{sp}(h-h_0) \qquad (6-24')$$

【例 6-9】 矩形对称配筋截面大偏心受压构件受拉侧粘贴钢板加固设计算例

已知某矩形截面框架柱，截面尺寸为 $b \times h = 400\text{mm} \times 500\text{mm}$，计算长度 $l_c=5000\text{mm}$，C25 混凝土，对称配筋，单侧纵向钢筋 4 ϕ 16（$A_{s0}=A'_{s0}=804\text{mm}^2$）。因加层改造，柱需承受的荷载增至 $N=600\text{kN}$，弯矩 $M=300\text{kN} \cdot \text{m}$。拟采用受拉侧粘贴钢板加固。要求计算该柱所需的粘贴钢板截面面积。

【解】 1）原柱承载力复核

按照《混凝土结构设计规范》GB 50010—2010，偏心受压构件计算需要知道杆件两端弯矩比值 M_1/M_2，在不知道的情况下，为安全考虑，设 $M_1/M_2=1$。使用文献［2］介绍的 RCM 软件输入信息与简要计算结果如图 6-35 所示。可见承载力不足，需要加固。

图 6-35　原柱受压弯承载力

2）加固计算

自身挠曲二阶效应计算

假设加固后柱的自身挠曲二阶效应与加固前相同，实际上加固后柱的自身挠曲二阶效应比加固前要小，这样假设是偏于安全的。另偏安全取 $M_1/M_2=1$，$e_0=M/N=500\text{mm}$

由于 $M_1/M_2=1>0.9$，且 $i=0.289h=0.289 \times 500=144.5\text{mm}$，则 $l_c/i=5000/144.5=34.6>34-12M_1/M_2=22$，因此，需要考虑挠曲变形引起的附加弯矩影响。

$$h_0=h-a=500-40=460\text{mm}$$

$$e_a=\max\left(\frac{h}{30},20\right)=\max\left(\frac{500}{30},20\right)=20.0\text{mm}$$

$$\zeta_c=\frac{0.5f_cA_c}{N}=\frac{0.5 \times 11.9 \times 200000}{600000}=1.983>1,取\ \zeta_c=1.0$$

$$C_m=0.7+0.3\frac{M_1}{M_2}=1.0$$

$$\eta_{ns}=1+\frac{1}{1300(e_0+e_a)/h_0}\left(\frac{l_c}{h}\right)^2\zeta_c=1+\frac{1}{1300 \times (500+20)/460}\left(\frac{5000}{500}\right)^2 \times 1=1.068$$

$$e_i=\psi C_m\eta_{ns}e_0+e_a=1.3 \times 1 \times 1.068 \times 500+20=714.2\text{mm}$$

$$e=e_i+\frac{h}{2}-a'=714.2+0.5 \times 500-40=924.2\text{mm}$$

判断是否是大偏心受压破坏

$N_b = \alpha_1 f_{c0} b \xi_b h_0 = 1 \times 11.9 \times 400 \times 0.550 \times 460 \times 10^{-3} = 1204\text{kN} > N$，属于大偏心受压破坏。

计算截面受压区高度，由式（6-23）、式（6-24）联立

$$x = h \left[1 - \sqrt{1 - 2 \times \frac{N(e+a) - f_{y0} A_{s0}(h_0 - a')}{\alpha_1 f_{c0} b h^2}} \right]$$

$$= 500 \times \left[1 - \sqrt{1 - 2 \times \frac{600000 \times (924.2 + 40) - 300 \times 804 \times (460 - 40)}{1 \times 11.9 \times 400 \times 500^2}} \right] = 277.6\text{mm}$$

$x > \xi_b h_0$，表明该构件加固前接近于小偏压，加固后属于小偏压构件，说明不适合用此法加固。SCS 软件给出提示，如图 6-36 所示。

图 6-36　大偏心受压柱粘贴钢板加固计算

此题若偏心距更大些，如 $N = 500\text{kN}$，其余条件不变，则重复上面的求解过程得 $x = 249.8\text{mm}$，$x \le \xi_b h_0$。

由式（6-23）

$$A_{sp} = \frac{\alpha_1 f_{c0} bx - N}{f_{sp}} = \frac{1 \times 11.9 \times 400 \times 249.8 - 500000}{215} = 3203.8\text{mm}^2$$

使用 SCS 软件计算对话框输入信息和最终计算结果如图 6-37 所示，可见其与手算结果相同。

图 6-37　大偏心受压柱粘贴钢板加固计算

若此柱受到的地震作用组合为：$N = 500\text{kN}$，弯矩 $M = 375$（$= 300/0.8$）$\text{kN} \cdot \text{m}$。由式（6-23′）、式（6-24′）与式（6-23）、式（6-24）对比可见，将式（6-24′）左端乘 γ_{RE} 后，抗震设计与静力设计求解 x 过程和数值相同，得到 $x = 277.6\text{mm}$。再由式（6-23′）计算所需的 A_{sp}，与非抗震设计的差别在于比静力结果多除以 γ_{RE}，即抗震设计所需的 $A_{\text{sp}} = 3203.8/0.8 = 4004.75\text{mm}^2$。使用 SCS 软件计算对话框输入信息和最终计算结果如图 6-38 所示，可见其与手算结果相同。

图 6-38 大偏心受压柱粘贴钢板抗震加固计算

6.6 大偏心受拉构件正截面加固计算

采用粘钢板加固钢筋混凝土受拉构件时，应按原构件纵向受拉钢筋的配置方式，将钢板粘贴于相同位置的混凝土表面上，且应处理好端部的连接构造及锚固。

矩形截面大偏心受拉构件加固的截面应力如图 6-39 所示。由此图可知，正截面承载力应按下列公式确定：

图 6-39 矩形截面大偏心受拉构件粘钢加固承载力计算
1—截面重心轴；2—加固钢板

当 $x \geq 2a'$ 时

$$N \leqslant f_{y0}A_{s0} + f_{sp}A_{sp} - \alpha_1 f_{c0}bx - f'_{y0}A'_{s0} \tag{6-27}$$

$$Ne \leqslant \alpha_1 f_{c0} bx \left(h_0 - \frac{x}{2} \right) + f'_{y0} A'_{s0} (h_0 - a') + f_{sp} A_{sp} (h - h_0) \qquad (6\text{-}28)$$

$$e = e_0 - \frac{h}{2} + a \qquad (6\text{-}29)$$

当 $x < 2a'$ 时

$$Ne' \leqslant f_{y0} A_{s0} (h_0 - a') + f_{sp} A_{sp} (h - a') \qquad (6\text{-}30)$$

$$e' = e_0 + \frac{h}{2} - a' \qquad (6\text{-}31)$$

式中　　N——加固后轴向拉力设计值；

　　e、e'——轴向拉力作用点至纵向受拉、受压钢筋合力点的距离；

　　　e_0——轴向拉力对截面重心的偏心距，取为 $e_0 = M/N$；

　a、a'——分别为纵向受拉钢筋合力点、纵向受压钢筋合力点至截面近边的距离；

A_{sp}、f_{sp}——加固钢板的截面面积、抗拉强度设计值。

　　考虑地震作用组合计算大偏拉柱的正截面承载力时，应在式（6-28）、式（6-30）右端除以承载力抗震调整系数 γ_{RE}（ = 0.85）。考虑《建筑抗震加固技术规程》JGJ 116—2009 第 6.3.10-4 条要求，在式（6-27）、式（6-28）、式（6-30）钢板项乘 γ_{RE}，则三式成为：

$$N \leqslant f_{y0} A_{s0} + \gamma_{RE} f_{sp} A_{sp} - \alpha_1 f_{c0} bx - f'_{y0} A'_{s0} \qquad (6\text{-}27')$$

$$\gamma_{RE} Ne \leqslant \alpha_1 f_{c0} bx (h_0 - x/2) + f'_{y0} A'_{s0} (h_0 - a') + \gamma_{RE} f_{sp} A_{sp} (h - h_0) \qquad (6\text{-}28')$$

$$\gamma_{RE} Ne' \leqslant f_{y0} A_{s0} (h_0 - a') + \gamma_{RE} f_{sp} A_{sp} (h - a') \qquad (6\text{-}30')$$

【例 6-10】 矩形截面大偏心受拉构件粘贴钢板加固设计算例

　　已知某矩形截面偏心受拉构件，截面尺寸为 $b \times h = 250\text{mm} \times 400\text{mm}$，计算长度 $l_c = 3000\text{mm}$，C25 混凝土，受压侧纵向钢筋 3 Φ 16（$A'_{s0} = 603\text{mm}^2$），受拉侧纵向钢筋 4 Φ 22（$A_{s0} = 1520\text{mm}^2$），$a = a' = 45\text{mm}$。因工程改造，构件需承受的轴向拉力设计值 $N = 200\text{kN}$，弯矩设计值 $M = 120\text{kN} \cdot \text{m}$。拟采用受拉侧粘贴钢板加固。要求计算该构件所需的粘贴钢板截面面积。

　　【解】 1）原构件承载力复核

　　使用文献［2］介绍的 RCM 软件输入信息与简要计算结果如图 6-40 所示。可见承载力不足，需要加固。

图 6-40　原构件受拉承载力复核

2）加固计算

偏心距计算 $e_0 = M/N = 120/0.2 = 600\mathrm{mm}$

$$e = e_0 - h/2 + a = 600 - 400/2 + 45 = 445\mathrm{mm}$$

计算截面受压区高度，由式（6-27）、式（6-28）联立

$$x = h\left[1 - \sqrt{1 - 2 \times \frac{N(e-a) + f_{y0}A_{s0}a - f'_{y0}A'_{s0}(h-a')}{\alpha_1 f_{c0}bh^2}}\right]$$

$$= 400 \times \left[1 - \sqrt{1 - 2 \times \frac{200000 \times (445-45) + 300 \times 1520 \times 45 - 300 \times 603 \times (400-45)}{1 \times 11.9 \times 250 \times 400^2}}\right]$$

$$= 39.3\mathrm{mm}$$

$$x < 2a' = 90\mathrm{mm}, e' = e_0 + h/2 - a' = 600 + 400/2 - 45 = 755\mathrm{mm}, 由式（6-30）$$

$$A_{sp} = \frac{Ne' - f_{y0}A_{s0}(h_0 - a')}{f_{sp}(h-a')} = \frac{200000 \times 755 - 300 \times 1520 \times (355-45)}{215 \times (400-45)} = 126.3\mathrm{mm}^2$$

使用 SCS 软件计算对话框输入信息和最终计算结果如图 6-41 所示，可见其与手算结果相同。

图 6-41   大偏心受拉构件粘贴钢板加固计算

若此构件受到的地震组合作用为：$N = 200\mathrm{kN}$（拉力），弯矩 $M = 141.18$（$= 120/0.85$）$\mathrm{kN \cdot m}$。由式（6-27'）、式（6-28'）与式（6-27）、式（6-28）对比可见，将式（6-28'）左端乘 γ_{RE} 后，抗震设计与静力设计求解 x 过程和数值相同，得到 $x = 39.3\mathrm{mm}$。再由式（6-27'）计算所需的 A_{sp}，与非抗震设计的差别在于比静力结果多除以 γ_{RE}，即抗震设计所需的 $A_{sp} = 126.3/0.85 = 148.6\mathrm{mm}^2$。使用 SCS 软件计算对话框输入信息和最终计算结果如图 6-42 所示，可见其与手算结果相同。

如果该构件需承受的轴向拉力设计值 $N = 200\mathrm{kN}$，弯矩设计值 $M = 240\mathrm{kN \cdot m}$。要求计算该构件所需的粘贴钢板截面面积。

加固计算

偏心距计算 $e_0 = M/N = 240/200 = 1.2\mathrm{m} = 1200\mathrm{mm}$

计算截面受压区高度，由式（6-27）、式（6-28）联立

图 6-42　大偏心受拉柱粘贴钢板抗震加固计算

$$e = e_0 - \frac{h}{2} + a = 1200 - 400/2 + 45 = 1045\text{mm}$$

$$
\begin{aligned}
x &= h\left[1 - \sqrt{1 - 2 \times \frac{N(e-a) + f_{y0}A_{s0}a - f'_{y0}A'_{s0}(h-a')}{\alpha_1 f_{c0}bh^2}}\right] \\
&= 400 \times \left[1 - \sqrt{1 - 2 \times \frac{200000 \times (1045-45) + 300 \times 1520 \times 45 - 300 \times 603 \times (400-45)}{1 \times 11.9 \times 250 \times 400^2}}\right] \\
&= 177.6\text{mm}
\end{aligned}
$$

$x \geqslant 2a' = 90\text{mm}$，由式（6-27）

$$A_{sp} = \frac{N - f_{y0}A_{s0} + \alpha_1 f_{c0}bx + f'_{y0}A'_{s0}}{f_{sp}} = \frac{200000 - 300 \times 1520 + 1 \times 11.9 \times 250 \times 177.6 + 300 \times 603}{215}$$

$$= 2108.5\text{mm}^2$$

使用 SCS 软件计算对话框输入信息和最终计算结果如图 6-43 所示，可见其与手算结果相同。

图 6-43　大偏心受拉构件粘贴钢板加固计算

本章参考文献

［1］左成平，左明汉．混凝土结构粘结加固设计与算例［M］．北京：中国建筑工业出版社，2007.

［2］王依群．混凝土结构设计计算算例［M］．3 版．北京：中国建筑工业出版社，2016.

［3］卜良桃，梁爽，黎红兵．混凝土结构加固设计规范算例［M］．2 版．北京：中国建筑工业出版社，2015.

［4］卢亦焱．混凝土结构加固设计原理［M］．北京：高等教育出版社，2016.

［5］王海军，魏华．混凝土结构基本原理［M］．北京：机械工业出版社，2017.

第7章 梁侧锚固钢板加固法

7.1 设计规定

顾名思义，梁侧锚固钢板加固法（Bolted-side-plating，简称 BSP 法）[1] 就是在钢筋混凝土梁侧面设置钢板并将其锚固于梁，约束了梁的混凝土，提高了混凝土强度，并使钢板与梁一起承受弯矩、剪力作用。

图 7-1 所示一根未采取支座锚固措施的典型 BSP 梁示意图。可见，钢板覆盖了梁侧很大一部分面积，从受拉区延伸到受压区。这相当于钢筋混凝土梁的受拉纵筋和受压纵筋都得到加强，因而纵筋配筋率得以保持在较低水平，在显著提高梁受弯承载力的同时，不明显降低梁的变形能力和延性。因为锚栓植筋钻孔施工在梁侧进行，而且箍筋间距较大，与梁底锚固钢板法相比，采用该加固法打断既有纵筋的概率很小。

图 7-1 典型 BSP 梁示意

由于采用植筋式后锚固连接，钢板的反力通过锚栓直接传到钢筋混凝土梁内部，从而避免了界面上的剥离破坏。同时，由于梁底不需要进行加固操作，因此可设置临时支撑以部分恢复梁在既有荷载下的变形，从而部分消除剪力滞后效应。总之，与其他加固方法相比，对于钢筋混凝土梁，特别是其受拉钢筋配筋率较大的中等配筋梁适用。另外，由于此法不增加梁高，对于梁下使用高度不宜改变的情况，BSP 法都具有独特的优势。

使用 BSP 法，须注意以下几个问题。

在梁底锚固钢板加固混凝土梁中，钢板与混凝土梁之间的部分协同作用是由两者纵向相对滑移引起的；而在 BSP 梁中，两者的部分协同作用更为复杂，它由两者之间纵向与横向滑移的共同作用引起，如图 7-2 所示。这种部分协同作用是制约 BSP 梁整体受力性能的重要因素。

除了纵横向滑移引起的部分协同作用，由于梁侧钢板仅由间隔布置的锚栓提供的点约束限定，BSP 梁的受力性能还会由于钢板受压区的屈曲而降低。对于采用宽形钢板的 BSP 梁，由于钢板的截面大部分处于受压区，其对加固梁的受力性能影响更大。对此，可采用

图 7-2　纵横向滑移

约束钢筋局部屈曲的措施[1] 解决，如在受压区增设加劲肋、加密锚栓间距等。

钢筋混凝土梁的受弯破坏模式由受拉纵筋配筋率控制，低配筋率梁的破坏模式为延性破坏。此时，梁的强度和刚度可通过外加受拉纵筋（或相当于纵筋的梁底所粘钢板、碳纤维）得到大幅度提高，梁延性（随受拉纵筋配筋率的提高而降低）略有降低。超筋梁或界限梁（接近于超筋梁），其受弯承载力由混凝土受压强度控制，再增加受拉纵筋只会使梁发生延性极低的脆性破坏（超筋破坏）。既有结构中存在相当一部分中等配筋梁，其受拉钢筋配筋率虽小于界限配筋率，但是非常接近。因为 BSP 法可同时增加受拉和受压钢筋（相当于另外增加一根矩形钢梁），从而保持梁配筋在较低水平，特别适用于这种中等配筋梁。

文献［1］及其他文献通过大量试验和分析等基础性工作，初步建立了 BSP 梁受弯、受剪承载力数学模型和计算方法。文献［1］的计算方法只是为了验证其试验结果，未计入我国设计规范要求的安全系数，并且有些依据是欧洲混凝土结构设计规范。本书适当简化处理后，编入了 SCS 软件。提醒读者仔细阅读文献［1］等相关文献，深入理解后再付诸应用。

本章介绍应用较多的梁侧钢板宽度接近梁高度，且钢板受压区屈曲受到约束（带加劲肋梁侧锚固钢板加固梁）情况。

7.2　带加劲肋梁侧锚固钢板加固梁的受弯承载力计算

7.2.1　基本假定

在计算带加劲肋 BSP 梁截面极限受弯承载力时，采用如下基本假定[1]：

（1）忽略受拉、受压纵筋与混凝土的粘结滑移效应，即钢筋与周围混凝土的应变相同。

（2）忽略梁侧钢板和混凝土梁之间的纵横向滑移，采用完全协同作用假定。

（3）BSP 梁截面的变形遵循平截面假定。

（4）当梁侧钢板上边缘螺栓间距满足 7.2.2 节的要求时，可不考虑钢板受压屈曲对梁受弯承载力的影响；否则，必须使用屈曲应力替代按应变计算的钢板压应力。

（5）当梁侧钢板上边缘配置满足要求的加劲肋时，可不考虑钢板受压屈曲对梁受弯承载力的影响，并且可按 7.2.4 节的规定计入锚栓对受压区混凝土的围压强化，加劲肋按受压纵筋计入。

（6）受拉和受压纵筋达到屈服，钢板采用塑性屈服假定，其受拉或受压屈服状态由中性轴的高度确定。

（7）忽略混凝土的抗拉强度。

7.2.2　确定锚栓间距

为了确保梁侧钢板的破坏模式为延性的钢板屈服而不是脆性的锚栓剪切破坏，从弯矩最大处到梁侧钢板端部的锚栓群的受剪承载力合力 $\sum R_{by}$ 必须大于钢板的轴向屈服承载力，如下式所示：

$$\sum R_{by} = \frac{1}{\gamma_b} m_b R_{by} \geqslant T_{yp} = f_{yp} t_p h_p \tag{7-1}$$

式中　R_{by}——单个锚栓所能提供的抗剪承载力，$R_{by} = \alpha_v f_{ub} \dfrac{\pi d_b^2}{4}$；

f_{ub}——锚栓极限抗拉强度，SCS 软件中取其为锚栓屈服强度 f_{yb} 的 1.22 倍；

d_b——锚栓公称直径；

α_v——修正系数，按欧洲规范[2] 取 0.5 或 0.6（SCS 软件中取 0.5）；

m_b——从弯矩最大处到梁侧钢板端部的锚栓数量，如图 7-3（a）所示；

γ_b——考虑到锚栓群内剪力分布差异而引入的不均匀折减系数。

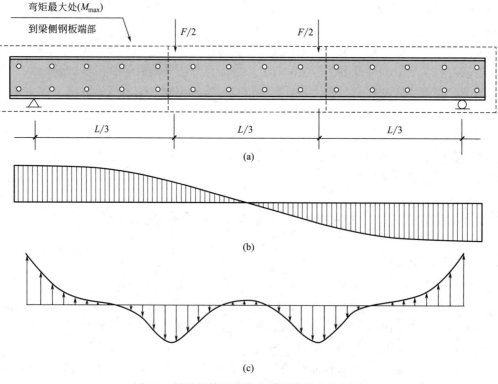

图 7-3　锚栓群数量计算区域及其剪力分布图

（a）锚栓数量计算区域；（b）纵向剪力分布示意图；（c）横向剪力分布示意图

根据文献［1］研究，在图 7-3（a）所示的四点加荷情况下，锚栓间的剪力分布是不均匀的，而是介于三角形分布和抛物线分布之间，如图 7-3（b）、（c）所示，因此 γ_b 取值在 1.5~2.0 之间；f_{yp}、t_p 和 h_p 分别为梁侧钢板的屈服强度、厚度和宽度。

解不等式（7-1）可得

$$m_b \geq \gamma_b \frac{f_{yp} t_p h_p}{R_{by}} \tag{7-2}$$

当锚栓群中锚栓数量 m_b 确定后，锚栓间距 s_b 就能确定了。满足式（7-2），就能保证 BSP 破坏模式是梁侧钢板屈服而不是锚栓剪切失效。

然而，由式（7-2）得出的锚栓间距并不能保证梁侧钢板受压边缘不发生受压屈曲失稳。为了确保钢板不发生受压屈曲，须控制钢板受到的压应力，将梁侧钢板简化为均布压力作用下的平板，其发生平面外屈曲的临界应力 σ_{cr} 应大于钢板的屈服强度 f_{yp}，表达式如下：

$$\sigma_{cr} = k \frac{\pi^2 D}{t_p h_p^2} \geq f_{yp} \Rightarrow k \geq f_{yp} \frac{t_p h_p^2}{\pi^2 D} \tag{7-3}$$

式中　D——梁侧钢板的平面外弯曲刚度，可由下式计算得到：

$$D = \frac{E_p t_p^3}{12(1-\nu^2)} \tag{7-4}$$

k——由锚栓间距与梁侧钢板宽度之比 s_b / h_p 所确定的比例因子：

$$k = \left(\frac{m h_p}{s_b} + \frac{s_b}{m h_p} \right)^2 \tag{7-5}$$

经文献［1］研究，m 取 1.5，将式（7-5）代入式（7-3），并将其不等式右侧定义为参数 k_0，可得到：

$$\left(\frac{1.5 h_p}{s_b} + \frac{s_b}{1.5 h_p} \right)^2 \geq k_0 \tag{7-6}$$

式中　$k_0 = f_{yp} \dfrac{t_p h_p^2}{\pi^2 D}$。

解不等式（7-6），可得确保钢板不发生受压屈曲的最大锚栓间距为：

$$s_b \leq 0.75 h_p \cdot \left(\sqrt{k_0} - \sqrt{k_0 - 4} \right) \tag{7-7}$$

所以，一种确保钢板不发生受压屈曲的措施是缩小锚栓的间距，即满足式（7-7）时，在计算 BSP 梁承载力时可不考虑钢板屈曲的影响。

7.2.3　加劲肋尺寸

经文献［1］研究，加劲肋的厚度和宽度分别取 1.2 倍和 6 倍梁侧钢板厚度（$t_{st} = 1.2 t_p$，$b_{st} = 6 t_p$），就能保证加固钢板不发生屈曲。

7.2.4　受压区混凝土强化系数

当采用在梁侧钢板受压边缘焊接加劲肋、锚固角钢或满足式（7-7）锚栓间距的约束钢板受压屈曲措施时，由于梁侧钢板、防止钢板屈曲措施的联合作用，受压区混凝土受到巨大的围压作用，其强度有较大幅度提高，采用 Hobbs 修正公式，受压混凝土强化系数表达如下：

$$\beta = 1 + 3.7\left(\frac{p}{f_c}\right)^{0.86} \tag{7-8}$$

式中 f_c——混凝土抗压强度；

   p——混凝土受到的围压应力，主要由箍筋和锚杆的约束作用所得到。我国《混凝土结构设计规范》GB 50010 也有相似规定，只是其采用表格表达，不便编程实现。

取 BSP 梁中纯弯段任一截面的一半进行受力分析，如图 7-4 所示，图中阴影部分为箍筋包围的混凝土，不考虑加固梁保护层范围内的混凝土，围压应力可计算如下：

图 7-4 极限状态下 BSP 梁受力模型

$$p = \frac{2f_{ys}A_{sv}}{(h-a_s-a_s')s} + \frac{n_b f_{yb}A_{sb}}{(h-a_s-a_s')s_b} \tag{7-9}$$

式中 f_{ys}、f_{yb}——箍筋、锚栓抗拉屈服强度（不用符号 f_{yv} 是因两者取值不同）；

   h——钢筋混凝土梁高度；

   A_{sv}、A_{sb}——一根箍筋、一根锚栓的横截面面积，均可根据其公称直径查钢筋截面积表得到；

   s、s_b——箍筋、锚栓水平间距；

   n_b——锚栓排数；

   a_s'、a_s——受压、受拉纵筋保护层厚度（注：a_s'、a_s 应分别为受压、受拉纵筋重心距混凝土近边的距离，文献［1］中此写法有误，造成算出的 p 偏大了，尤其是配置多排纵筋的情况）。

按照文献［1］概念正确的文字描述，SCS 软件中改用式（7-10），如下：

$$p = \frac{2f_{ys}A_{sv}}{(h-2c)s} + \frac{n_b f_{yb}A_{sb}}{(h-2c)s_b} \tag{7-10}$$

式中 c——纵筋保护层厚度。

7.2.5 受弯承载力计算

极限状态下 BSP 梁受力模型如图 7-5 所示。由破坏截面在水平方向上的平衡条件得知，平衡力系由受压区混凝土、受压纵筋、受压区钢板、加劲肋、受拉纵筋、受拉区钢板等几部分组成。当梁侧钢板上边缘配置符合约束钢板受压屈曲条件的加劲肋时，并假设加劲肋与钢板采用同种钢材时，力的平衡方程可表达为：

$$\alpha_1\beta f_c bx + f_y'A_s' + 2t_p(x-a_p')f_{yp} + 2A_{ss}f_{yp} = f_yA_s + 2f_{yp}t_p(h_p-x-a_p') \tag{7-11}$$

由此

$$x = \frac{f_yA_s - f_y'A_s' + 2f_{yp}t_p h_p - 2f_{yp}A_{ss}}{\alpha_1\beta f_c b + 4f_{yp}t_p} \tag{7-12}$$

其中

$$x \geq 2a_s' ; x \leq \xi_b(h-a_s')$$

式中 f_c、f_y'、f_y、f_{yp}——混凝土抗压强度、受压和受拉纵筋屈服强度，梁侧钢板和加劲肋屈服强度；

   b、h——钢筋混凝土梁宽度和高度；

(a) 横截面　　　　　　　　　(b) 应变分布　　(c) 混凝土梁受力　(d) 钢板受力

图 7-5　极限状态下 BSP 梁受力模型

$A_{\rm ss}$、$A_{\rm s}$、$A_{\rm s}'$——加劲肋面积、受压和受拉纵筋面积；

$a_{\rm p}'$、$a_{\rm p}$——梁侧钢板上、下边缘到钢筋混凝土梁上下表面的距离。

求出受压区高度 x 后，极限受弯承载力可计算得：

$$M_{\rm u}=\frac{1}{2}\alpha_1\beta f_{\rm c}bx^2+f_{\rm y}'A_{\rm s}'(x-a_{\rm s}')+f_{\rm y}A_{\rm s}(h-x-a_{\rm s})+2f_{\rm yp}A_{\rm ss}(x-d_{\rm s}')+f_{\rm yp}t_{\rm p}(x-a_{\rm p}')^2+f_{\rm yp}t_{\rm p}(h-x-a_{\rm p})^2$$

(7-13)

式中　$d_{\rm s}'$——加劲肋重心到钢筋混凝土上边缘的距离。

当 $x<2a_{\rm s}'$ 且 $d_{\rm s}'\leqslant2a_{\rm s}'$ 时，

$$M_{\rm u}=f_{\rm y}A_{\rm s}(h-a_{\rm s}-a_{\rm s}')+2f_{\rm yp}A_{\rm ss}(a_{\rm s}'-d_{\rm s}')+f_{\rm yp}t_{\rm p}(2a_{\rm s}'-a_{\rm p}')(2a_{\rm s}'+a_{\rm p}')+f_{\rm yp}t_{\rm p}(h-a_{\rm p}-2a_{\rm s}')(h-a_{\rm p})$$

(7-14)

7.2.6　SCS 软件简化处理

BSP 加固法数据繁多，为了简化输入，SCS 软件对钢材作出适当归并，具体如下：

假设加固用钢板与加劲肋钢材的材质相同，它们的弹性模量和泊松比取用常见钢材的值，即 $E_{\rm s}=2.0\times10^5{\rm N/mm}^2$、$v=0.25$，且两者的屈服强度相同。锚栓极限抗拉强度取其屈服强度的 1.22 倍，即 $f_{\rm ub}=1.22f_{\rm yb}$。注意设计时，材料强度和作用力应取设计值，文献 [1] 和本书有的例题材料强度取的是实测值，为的是与试验结果对比。

【例 7-1】带加劲肋梁侧锚固钢板加固梁算例

文献 [1] 第 132 页试件 BSP-B，梁的尺寸和配筋如图 7-6 所示。梁长 4m，梁的计算跨度 $L=3.6{\rm m}$，采用对称的 4 点加载方式加载，两加载点间距 1200mm（图 7-3）。浇筑试件时预留了立方体和棱柱体试件，实测混凝土极限抗压强度为 35.4MPa（由原文无法判断此数是立方体强度还是棱柱体强度）。本例假设混凝土强度等级为 C60，截面尺寸为 $b\times h=200{\rm mm}\times350{\rm mm}$，纵筋为 HRB335 钢筋，纵向受拉钢筋 3$\phi$20，纵向受压钢筋 2$\phi$12，$a_{\rm s}'=31{\rm mm}$，$a_{\rm s}=35{\rm mm}$。

加固时，沿梁全长两侧锚固钢板，钢板厚 4mm，宽 300mm，长 4000mm。对钢板受压边缘焊接加劲肋（-30mm×6mm），其布置如图 7-6 中的剖面图 BSP-B 所示。加固钢板采用

图 7-6　试件配筋图

Q235 钢材。

采用的 HAS-E 锚杆为 5.8 级普通强度螺栓，直径 12mm，表面镀锌层厚度不小于 5μm；HIT-RE500 植筋胶为一种预配好的双组分环氧树脂结构胶。锚栓水平间距为 300mm。

各钢材材性试验结果如表 7-1 所示。锚栓抗拉屈服强度 640MPa，极限强度 783MPa。

试按设计要求计算该简支梁抗弯加固效果（抗剪承载力满足要求）。

钢材材性试验结果　　　　　　　　　　　　　　　表 7-1

钢材种类	屈服强度 f_y（MPa）	极限强度 f_u（MPa）	杨氏模量 E_s（GPa）
受拉纵筋	390.0	573.0	175.0
受压纵筋	470.0	570.0	201.0
箍筋	295.0	417.0	193.0
加固钢板	240.0	378.0	198.4
钢板加劲肋	266.0	390.0	186.0
角钢加劲肋	275.0	421.3	169.0

【解】

由于试验采用的是材料强度实测值，设计要考虑安全系数，即采用设计值。所以，在以下计算中，对《混凝土结构设计规范》GB 50010 有规定的材料采用该规范中规定的设计值；对其他材料则采用试验的实测值，即本计算对这部分材料的强度未采用标准值且除以分项安全系数。

1）原梁跨中截面受弯承载力计算

使用文献［3］介绍的 RCM 软件输入信息与简要计算结果如图 7-7 所示。

2）验算锚栓和加劲肋布置能否保证加固钢板不发生屈曲

① 单个锚栓所能提供的抗剪承载力

$$R_{by} = \alpha_v f_{ub} \frac{\pi d_b^2}{4} = 0.5 \times 1.22 \times 640 \times 3.1416 \times 12 \times 12 \times 10^{-3}/4 = 44.153 \text{kN}$$

图 7-7　原梁跨中截面受弯承载力

② 简支梁四点加载方式锚栓群内锚栓个数最小值

$$m_b = \gamma_b \frac{f_{yp} t_p h_p}{R_{by}} = 1.5 \times \frac{240 \times 4 \times 300}{44153} = 9.8$$

现从弯矩最大处到梁侧钢板端部的锚栓群中锚栓数为 10，满足要求。

③ 梁侧钢板平面外弯曲刚度

$$D = \frac{E_p t_p^3}{12(1-\nu^2)} = \frac{2.0 \times 10^5 \times 4^3}{12 \times (1 - 0.25^2)} = 1.138 \times 10^6 \text{MPa}$$

④ 由锚栓间距与梁侧钢板宽度之比确定的比例因子的最小值

$$k_0 = f_{yp} \frac{t_p h_p^2}{\pi^2 D} = 240 \times \frac{4 \times 300^2}{3.1416^2 \times 1.138 \times 10^6} = 7.69$$

⑤ 梁侧钢板不发生平面外受压屈曲的锚栓间距最大值

$$s_b = 0.75 h_p \cdot \left(\sqrt{k_0} - \sqrt{k_0 - 4} \right) = 0.75 \times 300 \times \left(\sqrt{7.69} - \sqrt{7.69 - 4} \right) = 191.7 \text{mm}$$

现锚栓的水平间距 $s_b = 300 \text{mm}$，大于 191.7mm，不满足要求。需要设置加劲肋或加密锚栓。

⑥ 现已经设置了加劲肋，检验加劲肋的尺寸

加劲肋厚度 $t_{st} = 6 \text{mm} \geqslant 1.2 t_p$，满足要求。加劲肋宽度 $b_{st} = 30 \text{mm} \geqslant 6 t_p$，满足要求。

3）计算加固梁受弯承载力

受压混凝土强化系数计算，由 a'_s、a_s 和纵筋排数、纵筋直径、箍筋直径可得 $c = 15 \text{mm}$。

$$p = \frac{2 f_{ys} A_{sv}}{(h - 2c) s} + \frac{n_b f_{yb} A_{sb}}{(h - 2c) s_b} = \frac{2 \times 270 \times 78.5}{(350 - 2 \times 15) \times 100} + \frac{2 \times 640 \times 113.1}{(350 - 2 \times 15) \times 300} = 1.32 + 1.51 = 2.83 \text{MPa}$$

受压混凝土强化系数

$$\beta = 1 + 3.7 \left(\frac{p}{f_c} \right)^{0.86} = 1 + 3.7 \times \left(\frac{2.83}{27.5} \right)^{0.86} = 1.52$$

混凝土受压区高度 x 计算如下：

$$x = \frac{f_y A_s - f'_y A'_s + 2 f_{yp} t_p h_p - 2 f_{yp} A_{ss}}{\alpha_1 \beta f_c b + 4 f_{yp} t_p} = \frac{300 \times (942 - 226) + 2 \times 240 \times 4 \times 350 - 2 \times 240 \times 180}{0.98 \times 1.52 \times 27.5 \times 200 + 4 \times 240 \times 4} = 58.4 \text{mm}$$

$x < 2a'_s = 62$mm，根据公式（7-14），得加固后梁的受弯承载力：

$$M_u = f_y A_s (h - a_s - a'_s) + 2 f_{yp} A_{ss} (a'_s - d'_s) + f_{yp} t_p (2a'_s - a'_p)(2a'_s + a'_p) + f_{yp} t_p (h - a_p - 2a'_s)(h - a_p)$$

$$= 300 \times 942 \times (350 - 35 - 31) + 2 \times 240 \times 180 \times (31 - 45) + 240 \times 4 \times (62 - 25) \times (62 + 25)$$

$$+ 240 \times 4 \times (350 - 25 - 62) \times (350 - 25) = 160.20 \text{kN} \cdot \text{m}$$

使用 SCS-414 计算输入信息的简要输出如图 7-8 所示，可见其结果与手算结果相同。

图 7-8　带加劲肋梁侧锚固钢板加固梁受弯承载力计算

文献［1］试验得到的极限荷载 $F = 334.42$kN，相当于梁极限弯矩 $M = 334.42 \times 1.2/2 = 200.65$kN·m。以上手算和 SCS 计算值比试验结果小很多，部分是因为计算中取材料强度设计值，实质是考虑了安全系数。另外，计算中混凝土强度取值低于实测值。

【例 7-2】带角钢加劲肋梁侧锚固钢板加固梁算例

文献［1］第 132 页试件 BSP-A，梁的尺寸和配筋如图 7-6 所示。基本数据见【例 7-1】，采用∟63×40×5 角钢，加固截面图见图 7-6（c）。

【解】

假设角钢的钢材与加固钢板的钢材相同。从上题求解过程可见，梁截面受压区高度较小，角钢与钢板平行的肢因靠近截面中性轴，其对提高受弯承载力发挥的作用不大，所以计算时可忽略它的存在。由此，可将角钢水平肢看作钢板加劲肋（-40×5），利用 SCS 软件计算如图 7-9 所示。手算过程因与上题手算类似，就不列出了。对于梁截面受压区高度较大情况，可适当折算角钢竖向肢面积到水平肢上。

文献［1］试验得到的极限荷载 $F = 331.40$kN，相当于梁极限弯矩 $M = 331.40 \times 1.2/2 = 198.84$kN·m。以上手算和 SCS 计算值比试验结果小很多，部分是因为计算中取材料强度设计值，实质是考虑了安全系数。另外，计算中混凝土强度取值低于实测值。

【例 7-3】受压边加密锚栓梁侧锚固钢板加固梁算例

文献［1］第 132 页试件 BSP-H，梁的尺寸和配筋如图 7-6 所示。基本数据见【例 7-1】，加固截面图见图 7-6（d）。

图 7-9　带角钢加劲肋梁侧锚固钢板加固梁受弯承载力计算

【解】

出于约束加固钢板发生受压屈曲的目的，对梁侧钢板受压边加密锚栓，如图 7-6（d）所示。梁侧钢板受拉边锚栓不加密。利用 SCS 软件计算如图 7-10 所示。手算过程因为与【例 7-1】手算类似，就不列出了。需要说明的是：无加劲肋项和计算混凝土围压应力时锚栓间距的取值，软件计算中取输入锚栓间距的 1.5 倍，即取钢板上、下边缘锚栓间距的平均值。SCS 软件根据加劲肋厚度和宽度输入均为 0，确定受压边锚栓间距是加密的情况的。

图 7-10　受压边锚栓加密梁侧锚固钢板加固梁受弯承载力计算

文献［1］试验得到的极限荷载 $F=305.60\text{kN}$，相当于梁极限弯矩 $M=305.60\times1.2/2=183.36\text{kN·m}$。以上手算和 SCS 计算值比试验结果小很多，部分是因为计算中取材料强度设计值，实质是考虑了安全系数，另外，计算中混凝土强度取值低于实测值。

7.3 梁侧锚固钢板加固梁的受剪承载力计算

现行《混凝土结构设计规范》GB 50010 采用的梁的受剪承载力由混凝土剪压区受剪承载力和腹筋（不设弯起筋时，就是箍筋）受剪承载力所组成。由此得出，梁侧锚固钢板加固梁的受剪承载力是在以上的基础上再加上钢板提供的受剪承载力。因为贡献较小、规范中没计入受拉纵筋的销栓（抗剪）作用，但在利用文献［1］方法计算锚固钢板受剪承载力时，为了较为准确地计算，在其计算过程中仍然考虑梁截面受拉纵筋的销栓作用。

7.3.1 计算锚固钢板受剪承载力时的基本假定

基于传统钢筋混凝土梁剪切破坏理论假定，BSP 梁受剪承载力分析模型中采用如下假定[1]：

（1）受剪承载力计算以剪压破坏模式为依据，并通过后续分析模型提供的构造措施来避免脆性的斜拉破坏模式。

（2）达到受剪承载力极限状态时，剪压区混凝土被压碎，其压剪强度准则采用坪井善胜（Yoshikatsu Tsuboi）提出的试验曲线。

（3）当梁接近破坏时，主斜裂缝张开角度很大，开裂面上骨料的咬合与摩擦可忽略不计，纵筋销栓力的贡献可加以考虑。

（4）受拉纵筋和受剪箍筋均达到屈服。

（5）跨越主斜裂缝的梁底受拉纵筋一般尚未屈服，其拉力可根据剪跨内梁侧钢板和与受拉纵筋的变形协调条件进行计算确定。

（6）梁侧钢板在主斜裂缝方向服从平截面假定，其底边达到屈服应变，上部区域的受力情况依据剪压区的深度确定。

目前，根据试验[1]所限，梁侧锚固钢板加固梁的受剪承载力计算限于四点对称加载梁。另外，仅有的几根试验梁，钢板宽度不低于梁高的一半且试件未发生斜压破坏，即梁的受剪承载力突破了常见的截面限制条件，这可能是得益于较宽的梁两侧的锚固钢板的约束作用。所以，提醒读者目前本法仅限用于钢板宽度不低于梁高一半的情况。

7.3.2 锚固钢板受剪承载力计算

取图 7-11 所示 BSP 梁左端支座与主斜裂缝之间的部分为隔离体进行分析。在受剪承载力极限状态下，左端支座反力等于受剪承载力的一半（$P_u/2$），它主要由以下几个作用平衡：①加载点处剪压区混凝土的剪力 V_c；②箍筋的拉力 T_v；③梁侧钢板拉力 T_p 的竖向分量；④开裂面上骨料的咬合与摩擦力 V_i 的竖向分量；⑤纵筋的销栓力 V_d。由于达到受剪承载力极限状态时主斜裂缝宽度较大，开裂面上骨料的咬合与摩擦力 V_i 可忽略不计。隔离体在竖直方向上的平衡方程如下：

$$P_u/2 = T_p\cos\alpha + V_c + V_d + T_v \tag{7-15}$$

其中，主斜裂缝与梁纵轴的夹角为：

$$\alpha = \arctan\left(\frac{h_0-x}{a-b_1}\right) \tag{7-16}$$

式中 a——剪跨；

h_0——梁有效高度；

x——剪压区混凝土高度；

b_1——支座宽度的一半。

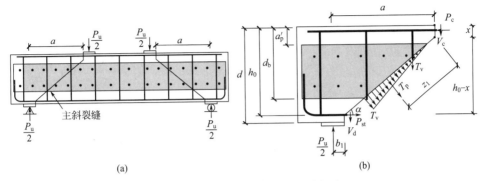

图 7-11　受剪隔离体平衡状态受力图

（a）梁立面图；（b）剪跨区段

在计算加载点处剪压区混凝土剪力 V_c 时，如果配置有受压纵筋 A'_s，尚应考虑其有利影响，如下：

$$V_c = \tau_c \left[bx + (\alpha_E - 1) A'_s \right] \tag{7-17}$$

$$\alpha_E = E_s / E_c \tag{7-18}$$

式中　τ_c——剪压区混凝土剪应力；

　　　　b——梁截面宽度。

受拉纵筋销栓力 V_d 的数值一般较小，可采用纵筋当量混凝土面积（$\alpha_E A_s$）上的混凝土的抗拉承载力进行估算，如下：

$$V_d = \alpha_E f_t A_s \tag{7-19}$$

式中　f_t——混凝土抗拉强度。

穿过主斜裂缝的箍筋数量具有不确定性，因此可采用弥散化的方法，首先计算配箍率（即单位梁长的配箍面积 A_{sv}/s），然后计算剪跨范围内的箍筋拉力 T_v，如下：

$$T_v = \frac{f_{yv} A_{sv}}{s} \left(\frac{h_0 - x}{\tan \alpha} \right) \tag{7-20}$$

式中　f_{yv}——箍筋的屈服强度；

　　　　A_{sv}——间距 s 范围内配置的箍筋截面积。

剪跨区内梁侧钢板的应力极其复杂，这里将其简化为方向与主斜裂缝垂直且呈三角形分布的拉应力[1]，其下边缘达到其屈服强度 f_{yv}，如图 7-12 所示。考虑到锚栓连接、植筋质量及锚杆与钢板孔洞之间存在空隙等不同情况，计算钢板受力时引入折减系数 $\beta_p = 0.8$，其合力 T_p 可按下式计算：

$$T_p = \frac{1}{2} \beta_p f_{yp} A_p \tag{7-21}$$

$$A_p = \begin{cases} t_p (d_b - a'_p) / \sin \alpha & , x \leqslant a'_p \\ t_p (d_b - x) / \sin \alpha & , x > a'_p \end{cases} \tag{7-22}$$

式中　d_a、d_b——钢板上、下边缘距离；

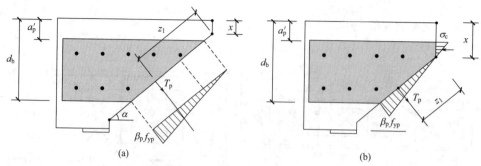

图 7-12　钢板拉应力分布示意图

(a) $x \leqslant a'_p$；(b) $x > a'_p$

A_p——钢板沿主斜裂缝的斜截面面积；

t_p——梁两侧钢板总厚度。

钢板受力方向与其轴线斜交且不通过端部锚栓群形心，因此尚需验算该锚栓群在剪扭作用下的受剪承载力。此处，采用对单个锚栓承载力进行折减（$\beta_b = 0.8$）的简化计算方法。实际设计时，可在确定锚栓数量和间距后进行锚栓群受力验算。

$$T_p \leqslant m_b \beta_b R_{by} \tag{7-23}$$

式中　m_b、R_{by}——主斜裂缝左侧的锚栓总数和单个锚栓的受剪承载力。

根据假定的应力分布，钢板拉力作用点到混凝土剪压区底端的距离计算如下：

$$z_1 = \begin{cases} \left[\dfrac{2}{3}(d_b - a'_p) + (a'_p - x)\right]/\sin\alpha, & x \leqslant a'_p \\ \left[\dfrac{2}{3}(d_b - x)\right]/\sin\alpha, & x > a'_p \end{cases} \tag{7-24}$$

由隔离体在水平方向上的平衡条件可知，混凝土剪压区轴压力 P_c 与梁底受拉纵筋拉力 P_{st} 及钢板拉力 T_p 的水平分量平衡：

$$P_c = T_p \sin\alpha + P_{st} \tag{7-25}$$

与式（7-17）类似，计算混凝土剪压区轴压力 P_c 时，尚需考虑受压纵筋的贡献。当剪压区高度大于钢板上边缘时，钢板上部区域受压。此时，仍假定混凝土区压应变均匀分布，但是由于钢板应力滞后效应，其在该区域的应变假定为线性分布，如图 7-12（b）所示。因此，混凝土剪压区轴压力 P_c 应考虑钢板上部区域的贡献如下：

$$P_c = \begin{cases} \sigma_c(bx - A'_s) + f'_y A'_s, & x \leqslant a'_p \\ \sigma_c(bx - A'_s) + f'_y A'_s + \dfrac{1}{2}\sigma_c t_p(x - a'_p), & x > a'_p \end{cases} \tag{7-26}$$

式中　σ_c——剪压区混凝土压应力。

主斜裂缝出现后，整个剪跨其他区域的变形大部分恢复，应变向主斜裂缝附近集中，因此，可假定剪跨内梁段的整体变形在竖向可由跨过主斜裂缝的钢板剪切变形（δ_p 的竖向分量）代表，水平方向可由主斜裂缝附近受拉纵筋的拉伸变形 δ_{st} 代表，如图 7-13 所示。并假定在钢板和受拉纵筋附近裂缝宽度相等，可得如下关系：

$$\delta_{st} = \delta_p \cos\alpha \Rightarrow \varepsilon_{st} = \varepsilon_p \cos\alpha \tag{7-27}$$

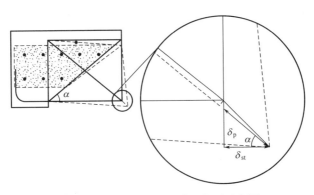

图 7-13　受剪隔离体剪跨区变形示意图

式中　ε_p、ε_{st}——梁侧钢板和受拉纵筋应变，代入其表达式，即可得受拉纵筋受力 P_{st} 如下：

$$P_{st} = A_s E_s \frac{2T_p}{\beta_p A_p E_p} \cos\alpha \tag{7-28}$$

对剪压区混凝土底部（即主斜裂缝顶端）取矩，可得隔离体的弯矩平衡方程如下：

$$\frac{P_u}{2}a = P_c \frac{x}{2} + P_{st}(h_0 - x) + T_p z_1 + V_d\left(\frac{h_0 - x}{\tan\alpha}\right) + T_v\left(\frac{h_0 - x}{2\tan\alpha}\right) \tag{7-29}$$

梁达到受剪极限状态时，剪压区混凝土被压碎，其压剪强度准则采用坪井善胜（Yoshikatsu Tsuboi）的试验曲线：

$$\frac{\tau_c}{f_c} \leqslant \left[\frac{\tau_c}{f_c}\right] = \sqrt{0.0089 + 0.095\frac{\sigma_c}{f_c} - 0.104\left(\frac{\sigma_c}{f_c}\right)^2} \tag{7-30}$$

当式左端的应力比与式右端的允许应力比接近时，认为达到预想的破坏模式，此时算出的力为梁破坏荷载。此状态下的钢板提供的受剪承载力 $T_p\cos\alpha$，即为所求。加固梁的受剪承载力就是原梁的受剪承载力加上钢板提供的受剪承载力，即：

$$V_u = V_0 + T_p\cos\alpha = \alpha_{cv} f_t b h_0 + f_{yv}\frac{A_{sv}}{s}h_0 + T_p\cos\alpha \tag{7-31}$$

式中　α_{cv}——斜截面混凝土受剪承载力系数，对于一般受弯构件取 0.7、对集中荷载作用下的独立梁，取为 $\frac{1.75}{\lambda+1}$，λ 为计算截面的剪跨比，可取 λ 等于 a/h_0；当 λ 小于 1.5 时，取 1.5；当 λ 大于 3 时，取 3；a 为集中荷载作用点至支座截面或节点边缘的距离。

7.3.3　计算步骤

由以上公式可见，V_0、V_d 可直接计算出来，其余各内力均可表达为 x 的函数，较为复杂，不能直接求出，只好用迭代方法计算，计算步骤如图 7-14 所示。

SCS 软件编程实施时，有所简化。对混凝土和钢筋强度采用设计规范规定的设计值。假设加固用钢板和钢筋的弹性模量取用常见钢材的值，即 $E_p = E_s = 2.0 \times 10^5 \text{N/mm}^2$。锚栓极限抗拉强度取其屈服强度的 1.22 倍，即 $f_{ub} = 1.22 f_{yb}$。

【例 7-4】梁侧锚固钢板加固梁受剪承载力算例

文献［1］第 147 页一组试件，梁的尺寸 $b \times h = 200\text{mm} \times 400\text{mm}$。梁长 2.6m，梁的计算

图 7-14　计算流程

跨度 2.3m，采用对称的四点加载方式加载，两加载点间距 1220mm。试件实测的立方体抗压强度为 61.5MPa，本例采用与其接近的混凝土强度等级 C60，钢材的实测强度见表 7-2。根据取值接近，取纵筋、箍筋均为 HRB500 钢筋，纵向受拉钢筋 3 ⌀ 25（$A_s = 1472\text{mm}^2$），纵向受压钢筋 2 ⌀ 12（$A_s = 226\text{mm}^2$），$a'_s = 31\text{mm}$、$a_s = 37\text{mm}$。箍筋为 2 ⌀ 6@ 200。加固时，沿梁全长两侧锚固钢板，钢板厚 4mm，宽 200mm，长 2600mm。钢板布置在梁高中部，即 $a'_p = 100\text{mm}$，$d_b = 300\text{mm}$。采用的 HIT-RE 锚杆为 8.8 级螺栓，直径 12mm，锚栓水平间距

100mm。各试件控制参数如表 7-3 所示。

试件钢筋、钢板和锚栓材料力学性能　　　表 7-2

材料	屈服强度（MPa）	极限强度（MPa）	弹性模量（GPa）
箍筋	474	675	219
受压纵筋	484	628	184
受拉纵筋	471	636	194
4mm 厚钢板	324	469	209
6mm 厚钢板	318	436	202
8.8 级 M12 锚栓	689	810	211

BSP 梁抗剪加固控制参数和受剪承载力　　　表 7-3

试件名称	单侧钢板厚（mm）	钢板宽（mm）	锚栓水平间距（mm）	加强肋	一个剪跨内的锚栓数	极限剪力试验值（kN）	SCS 算得的受剪承载力（kN）
CTRL	无（此为无加固梁，对比试件）					471	140.66
P2B2	4	200	200	无	10	552	472.94
P2B1	4	200	100	无	16	587	472.94
P3B2	4	300	200	无	10	630	564.83
P3B2-stiff	4	300	200	有	10	637	564.83
P2B1-t6	6	200	100	无	16	695	645.16
P3B1	4	300	100	无	24	705	564.83

【解】

先用手工计算试件 P2B1，按照图 7-14 计算流程图，逐步求出各参数如下：

（1）原梁受剪承载力

遵照《混凝土结构设计规范》GB 50010—2010，截面限制条件允许的剪力

$$h_0 = 400 - 37 = 363 \text{mm},$$

$$h_w/b = h_0/b = 363/200 = 1.82 \leqslant 4$$

$$[V_u] = 0.25\beta_c f_c bh_0 = 0.25 \times 0.93 \times 27.5 \times 200 \times 363 \times 10^{-3} = 465.83 \text{kN}$$

截面受剪承载力

$$\lambda = a/h_0 = 490/363 = 1.35 < 1.5, \text{取} \lambda = 1.5$$

$$V_{cs} = \frac{1.75}{\lambda+1} f_t bh_0 + f_{yv} \frac{A_{sv}}{s} h_0 = \frac{1.75}{1.5+1} \times 2.04 \times 200 \times 363 + 360 \times 56.6 \times 363 \times 10^{-3}/200 = 140.66 \text{kN}$$

原梁受剪承载力取两者的较小值，即 $V_0 = 140.66 \text{kN}$

纵筋销栓力 V_d 可根据式（7-18）求得：

$$\alpha_E = E_s/E_c = 200/36 = 5.56$$

$$V_d = \alpha_E f_t A_s = 5.56 \times 2.04 \times 1472 \times 10^{-3} = 16.68 \text{kN}$$

（2）为简单计，此处省略迭代过程，直接取数次迭代后满足条件的剪压区混凝土厚度为

$$x = 123 \text{mm}$$

（3）代入式（7-16）

$$\alpha = \arctan\left(\frac{h_0-x}{a-b_1}\right) = \arctan\left(\frac{363-123}{490-50}\right) = 28.6°$$

（4）箍筋拉力 T_v 可根据式（7-20）计算得：

$$T_v = \frac{f_{yv}A_{sv}}{s}\left(\frac{h_0-x}{\tan\alpha}\right) = \frac{360\times56.6}{200}\times\left(\frac{363-123}{\tan28.6}\right)\times10^{-3} = 44.83\text{kN}$$

（5）钢板拉力 T_p 可根据式（7-21）~式（7-23）计算得：

$$x>a'_p, A_p = t_p(d_b-x)/\sin\alpha = 8\times(300-123)/\sin28.6 = 2957.1\text{mm}^2$$

$$T_p = \frac{1}{2}\beta_p f_{yp} A_p = 0.5\times0.8\times320\times2957.1\times10^{-3} = 378.51\text{kN}$$

单个锚栓所能提供的抗剪承载力 $R_{by} = \alpha_v f_{ub}\dfrac{\pi d_b^2}{4} = 0.5\times1.22\times640\times3.1416\times12\times12\times10^{-3}/4 = 44.153\text{kN}$

$$T_p \leqslant m_b\beta_b R_{by} = 16\times0.8\times44.153 = 565.2\text{kN}$$

锚栓剪切性能满足要求。

（6）受拉纵筋拉力 P_{st} 可根据式（7-28）计算得到：

$$P_{st} = A_s E_s\frac{2T_p}{\beta_p A_p E_p}\cos\alpha = 1472\times200000\times\frac{2\times378510}{0.8\times2957.1\times200000}\times\cos28.6\times10^{-3}$$
$$= 413.52\text{kN}$$

（7）剪压区混凝土轴压力 P_c 可根据式（7-25）算得：

$$P_c = T_p\sin\alpha + P_{st} = 565.2\times\sin28.6 + 413.52 = 594.77\text{kN}$$

（8）支座反力 P_u 可根据式（7-29）计算如下：

钢板拉力作用点到混凝土剪压区底端的距离 z_1

$$x>a'_p, z_1 = \left[\frac{2}{3}(d_b-x)\right]/\sin\alpha = \frac{2\times(300-123)}{3\times\sin28.6} = 246.4\text{mm}$$

$$P_u = \frac{2}{a}\left[P_c\frac{x}{2} + P_{st}(h_0-x) + T_p z_1 + V_d\left(\frac{h_0-x}{\tan\alpha}\right) + T_v\left(\frac{h_0-x}{2\tan\alpha}\right)\right]$$

$$= \frac{2}{490}\times\left[594.77\times123/2 + 413.52\times(363-123) + 378.51\times246.4 + (16.68+44.83/2)\times\frac{363-123}{\tan28.6}\right]$$
$$= 1005.3\text{kN}$$

（9）剪压区混凝土剪力 V_c 可由式（7-15）算得：

$$V_c = P_u/2 - T_p\cos\alpha - V_d - T_v = 1005.3/2 - 378.51\times\cos28.6 - 16.68 - 44.83 = 108.85\text{kN}$$

（10）剪压区混凝土压应力 σ_c 可根据式（7-26）算得：

$$x>a'_p, \sigma_c = \frac{P_c - f'_y A'_s}{bx - A'_s + t_p(x-a'_p)/2} = \frac{594770 - 435\times226}{200\times123 - 226 + 8\times(123-100)/2} = 20.3\text{MPa}$$

（11）剪压区混凝土剪应力 τ_c 可根据式（7-17）算得：

$$\tau_c = \frac{V_c}{bx + (\alpha_E-1)A'_s} = \frac{108850}{200\times123 + (5.56-1)\times226} = 4.2\text{MPa}$$

（12）根据剪压区混凝土的压剪强度准则（7-30）计算得到最大允许剪应力为：

$$\left[\frac{\tau_c}{f_c}\right] = \sqrt{0.0089 + 0.095\frac{\sigma_c}{f_c} - 0.104\left(\frac{\sigma_c}{f_c}\right)^2} = \sqrt{0.0089 + 0.095\times\frac{20.3}{27.5} - 0.104\times\left(\frac{20.3}{27.5}\right)^2}$$

$$= 0.154$$

从而可得剪压区混凝土剪应力（τ_c/f_c）与最大允许剪应力（$[\tau_c/f_c]$）接近。

$$\frac{\tau_c}{f_c} = \frac{4.2}{27.5} = 0.153 \approx \left[\frac{\tau_c}{f_c}\right] = 0.154$$

（13）可以认为此时已达受剪极限状态，不再迭代。

此时加固钢板提供的受剪承载力为：$T_p\cos\alpha = 378.51\times\cos28.6 = 332.29\text{kN}$

加固后梁的受剪承载力为：

$$V_u = V_0 + T_p\cos\alpha = 140.66 + 332.29 = 472.94\text{kN}$$

利用 SCS 软件计算时输入信息和简要结果如图 7-15 所示，可见其与手算结果相同。

图 7-15　梁侧锚固钢板加固梁受剪承载力计算

注：图 7-15 所示的对话框与 SCS 软件其他对话框不同是其没有"打开简报"按钮，原因是迭代算法输出的简报文件体积过大，只得使用三级菜单项的"打开简报"打开该文件查看。

由于计算公式中没反映锚栓间距的影响因素，因此除了在剪跨区锚栓数量应满足锚栓不被剪坏的条件外，P2B2 试件与 P2B1 试件的 SCS 计算结果是相同的，P3B2 试件与 P3B1 试件的 SCS 计算结果是相同的。同样，计算公式中没反映钢板外加强肋的影响，所以 P3B2-stiff 试件与 P3B1 试件的 SCS 计算结果也是相同的。

利用 SCS 软件计算 P3B1 试件时输入信息和简要结果如图 7-16 所示，手算过程与以上计算 P2B1 试件相类同，故省略。

利用 SCS 软件计算 P2B1-t6 试件时输入信息和简要结果如图 7-17 所示，手算过程与以上计算 P2B1 试件相类同，故省略。

由表 7-3 的 SCS 计算结果与试验结果比较可见，受剪承载力计算值均低于试验值，这是由于计算中采用了中国规范规定的材料设计值和原构件的承载力计算公式，其中有一定的安全系数。各试件的计算随控制参数的变化符合试验结果的变化趋势。计算选取的锚栓在剪跨内的数量略高于试件的，可能是由于欧洲公式的安全系数略高于我国的所致。

图 7-16　梁侧锚固钢板加固梁受剪承载力计算 P3B1 试件

图 7-17　梁侧锚固钢板加固梁受剪承载力计算 P2B1-t6 试件

本章参考文献

［1］李凌志．锚固钢板加固钢筋混凝土梁试验、仿真及设计［M］．上海：同济大学出版社，2017.

［2］EN 1993-1-8—2005 Eurocode 3：Design of steel structures-Part 1-8：Design of joints［S］．European Committee for Standardization，2005.

［3］王依群．混凝土结构设计计算算例［M］．3 版．北京：中国建筑工业出版社，2016.

第8章 粘贴纤维复合材加固法

8.1 设计规定

《既有建筑鉴定与加固通用规范》GB 55021—2021 第6.5.9条规定：

当采用粘贴纤维复合材加固钢筋混凝土受弯、轴心受压或大偏心受压构件时，应符合下列规定：

（1）应将纤维受力方式设计成仅承受拉应力作用；

（2）不得将纤维复合材直接暴露阳光或有害介质中，其表面应进行防护处理。表面防护材料应对纤维及胶粘剂无害，且应与胶粘剂有可靠的粘结及相互协调的变形性能。

《混凝土结构加固设计规范》GB 50367—2013 规定：

该方法不适用于素混凝土构件，包括纵向受力钢筋一侧配筋率小于0.2%的构件加固。

被加固的混凝土结构构件，其现场实测混凝土强度等级不得低于C15，且混凝土表面的正拉粘结强度不得低于1.5MPa。

采用粘贴纤维复合材法加固的混凝土结构，其长期使用的环境温度不应高于60℃；处于特殊环境（如高温、高湿、介质侵蚀、放射等）的混凝土结构采用本方法加固时，除应按国家现行有关标准采取相应的防护措施外，尚应采用耐环境因素作用的胶粘剂并按专门的工艺要求进行粘贴。

采用纤维复合材对钢筋混凝土结构进行加固时，应采取措施卸除或大部分卸除作用在结构上的活荷载。

当被加固构件的表面有防火要求时，应按现行《建筑设计防火规范》GB 50016 规定的耐火等级及耐火极限要求，对纤维复合材进行防护。

8.2 受弯构件正截面加固计算

采用纤维复合材对梁、板等受弯构件进行加固时，除应符合现行国家标准《混凝土结构设计规范》GB50010 正截面承载力计算的基本假定外，尚应符合下列规定：

1）纤维复合材的应力与应变关系取直线式，其拉应力 σ_f 等于拉应变 ε_f 与弹性模量 E_f 的乘积；

2）当考虑二次受力影响时，应按构件加固前的初始受力情况，确定纤维复合材的滞后应变；

3）在达到受弯承载能力极限状态前，加固材料与混凝土之间不致出现剥离破坏。

受弯构件加固后的相对界限受压区高度 $\xi_{b,f}$ 应按加固前控制值的0.85倍采用，即：

$$\xi_{b,f} = 0.85\xi_b \tag{8-1}$$

式中　ξ_b——构件加固前的相对界限受压区高度，按现行《混凝土结构设计规范》GB 50010 的规定计算。

由式（8-1）可见，如果加固前截面的 ξ 接近 ξ_b（即 $\xi \geqslant 0.85\xi_b$），则不能通过仅在截面受拉区粘贴纤维复合材进行加固。

在矩形截面受弯构件的受拉边粘贴纤维复合材进行加固时（图8-1），其正截面承载力应按下列公式确定：

图 8-1　粘贴纤维复合材加固钢筋混凝土矩形截面梁受弯承载力计算

$$M \leqslant \alpha_1 f_{c0} bx\left(h-\frac{x}{2}\right)+f'_{y0}A'_{s0}(h-a')-f_{y0}A_{s0}(h-h_0) \tag{8-2}$$

$$\alpha_1 f_{c0} bx = f_{y0}A_{s0}+\psi_f f_f A_{fe}-f'_{y0}A'_{s0} \tag{8-3}$$

$$\psi_f = \frac{0.8\varepsilon_{cu}h/x-\varepsilon_{cu}-\varepsilon_{f0}}{\varepsilon_f} \tag{8-4}$$

$$x \geqslant 2a' \tag{8-5}$$

当计算中计入纵向普通受压钢筋时，应满足式（8-5）的条件；当不满足此条件时，正截面受弯承载力应符合下列规定：

$$M \leqslant f_{y0}A_{s0}(h_0-a')+\psi_f f_f A_{fe}(h-a') \tag{8-6}$$

注：《混凝土结构加固设计规范》GB 50367—2013 中没有式（8-6），这是本书作者仿照《混凝土结构设计规范》GB 50010—2010 式（6.2.14）列出的。

式中　M——构件加固后弯矩设计值；

　　　x——混凝土受压区高度；

　b、h——矩形截面宽度和高度；

f_{y0}、f'_{y0}——原截面受拉钢筋和受压钢筋的抗拉、抗压强度设计值；

A_{s0}、A'_{s0}——原截面受拉钢筋和受压钢筋的截面面积；

　　　a'——纵向受压钢筋合力点至截面近边的距离；

　　　h_0——构件加固前的截面有效高度；

　　　f_f——纤维复合材的抗拉强度设计值，应根据纤维复合材的品种，分别按《混凝土结构加固设计规范》GB 50367—2013 表 4.3.4-1、表 4.3.4-2 及表 4.3.4-3 采用；

　　　A_{fe}——纤维复合材的有效截面面积；

　　　ψ_f——考虑纤维复合材实际抗拉应变达不到设计值而引入的强度利用系数；当 ψ_f >

1.0 时，取 $\psi_f = 1.0$；

ε_{cu}——混凝土极限压应变，取 $\varepsilon_{cu} = 0.0033$；

ε_f——纤维复合材拉应变设计值，应根据纤维复合材的品种，按《混凝土结构加固设计规范》GB 50367—2013 表 4.3.5 采用；

ε_{f0}——考虑二次受力影响时纤维复合材的滞后应变，应按式（8-10）计算；若不考虑二次受力影响，取 $\varepsilon_{f0} = 0$。

考虑地震作用组合计算纤维布加固梁的正截面承载力时，应在式（8-2）、式（8-3）、式（8-6）右端除以承载力抗震调整系数 γ_{RE}（= 0.75），并按照《建筑抗震加固技术规程》JGJ 116—2009 第 6.3.11-3 条"对构件承载力的新增部分，其加固抗震承载力调整系数宜采用 1.0"，则式（8-2）、式（8-3）、式（8-6）成为：

$$\gamma_{RE}M \leqslant \alpha_1 f_{c0}bx\left(h-\frac{x}{2}\right)+f'_{y0}A'_{s0}(h-a')-f_{y0}A_{s0}(h-h_0) \qquad (8\text{-}2')$$

$$\alpha_1 f_{c0}bx = f_{y0}A_{s0}+\gamma_{RE}\psi_f f_f A_{fe}-f'_{y0}A'_{s0} \qquad (8\text{-}3')$$

$$\gamma_{RE}M \leqslant f_{y0}A_{s0}(h_0-a')+\gamma_{RE}\psi_f f_f A_{fe}(h-a') \qquad (8\text{-}6')$$

实际应粘贴的纤维复合材截面面积 A_f，应按下式计算：

$$A_f = A_{fe}/k_m \qquad (8\text{-}7)$$

纤维复合材厚度折减系数 k_m，应按下列规定确定：

1）当采用预成型板时，$k_m = 1.0$；

2）当采用多层粘贴的纤维织物时，k_m 值按下式计算：

$$k_m = 1.16-\frac{n_f E_f t_f}{308000} \leqslant 0.90 \qquad (8\text{-}8)$$

式中　E_f——纤维复合材弹性模量设计值（MPa），应根据纤维复合材的品种，按《混凝土结构加固设计规范》GB 50367—2013 表 4.3.5 采用；

n_f——纤维复合材（单向织物）层数；

t_f——纤维复合材（单向织物）的单层厚度（mm）。

对受弯构件正弯矩区的正截面加固，其粘贴纤维复合材的截断位置应从其强度充分利用的截面算起，取不小于按下式确定的粘贴延伸长度（图 8-2）：

$$l_c \geqslant \frac{f_f A_f}{f_{f,v}b_f}+200 \qquad (8\text{-}9)$$

式中　l_c——纤维复合材粘贴延伸长度（mm）；

b_f——对梁为受拉面粘贴的纤维复合材的总宽度（mm），对板为 1000mm 板宽范围内粘贴的纤维复合材总宽度；

f_f——纤维复合材抗拉强度设计值（N/mm²），按《混凝土结构加固设计规范》GB 50367—2013 表 4.3.4-1、表 4.3.4-2 及表 4.3.4-3 采用；

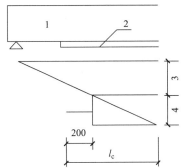

图 8-2　纤维复合材的粘贴延伸长度
1—梁；2—纤维复合材；3—原钢筋承担的弯矩；
4—加固要求的弯矩增量

$f_{\mathrm{f,v}}$——纤维与混凝土之间的粘贴抗剪强度设计值（N/mm²），取 $f_{\mathrm{f,v}} = 0.40f_{\mathrm{t}}$；$f_{\mathrm{t}}$ 为混凝土抗拉强度设计值，按现行国家标准《混凝土结构设计规范》GB 50010 的规定值采用；当 $f_{\mathrm{f,v}}$ 计算值低于 0.40MPa 时，取 $f_{\mathrm{f,v}}$ 为 0.40MPa；当 $f_{\mathrm{f,v}}$ 计算值高于 0.70MPa 时，取 $f_{\mathrm{f,v}}$ 为 0.70MPa。

因为计算 l_{c} 需用到粘贴纤维复合材的截面积 A_{f}，所以 SCS 软件只在粘贴纤维复合材梁正截面承载力复核 S502 功能时（即已知 A_{f} 时）计算纤维复合材粘贴的延伸长度。

对受弯构件负弯矩区的正截面加固，纤维复合材的截断位置距支座边缘的距离，除应根据负弯矩图包络图按上式确定外，尚应符合《混凝土结构加固设计规范》GB 50367—2013 第 10.9.3 条的构造规定。

对翼缘位于受压区的 T 形截面受弯构件的受拉面粘贴纤维复合材进行受弯加固时，应按本章矩形截面的计算原则和现行国家标准《混凝土结构设计规范》GB 50010 中关于 T 形截面受弯承载力的计算方法进行计算。

当考虑二次受力影响时，纤维复合材的滞后应变 $\varepsilon_{\mathrm{f0}}$ 应按下式计算：

$$\varepsilon_{\mathrm{f0}} = \frac{\alpha_{\mathrm{f}} M_{0k}}{E_{\mathrm{s}} A_{\mathrm{s}} h_0} \qquad (8\text{-}10)$$

式中　M_{0k}——加固前受弯构件验算截面上原作用的弯矩标准值；

α_{f}——综合考虑受弯构件裂缝截面内力臂变化、钢筋拉应变不均匀以及钢筋排列影响的计算系数，按表 8-1 的规定采用。

计算系数值 α_{f}   表 8-1

ρ_{te}	≤0.007	0.010	0.020	0.030	0.040	≥0.060
单排钢筋	0.70	0.90	1.15	1.20	1.25	1.30
双排钢筋	0.75	1.00	1.25	1.30	1.35	1.40

注：1. ρ_{te} 为原混凝土有效受拉截面的纵向钢筋配筋率，即 $\rho_{\mathrm{te}} = A_{\mathrm{s}}/A_{\mathrm{te}}$；$A_{\mathrm{te}}$ 为有效受拉截面面积，按现行国家标准《混凝土结构设计规范》GB 50010 的规定计算；

2. 当原构件钢筋应力 $\sigma_{\mathrm{s0}} \leqslant 150$MPa 且 $\rho_{\mathrm{te}} \leqslant 0.05$ 时，表中 α_{f} 值可乘以调整系数 0.9。

当纤维复合材全部粘贴在梁底面（受拉面）有困难时，允许将部分纤维复合材对称地粘贴在梁的两侧面。此时，侧面粘贴区域应控制在距受拉边缘 1/4 梁高范围内，且应按下式计算确定梁的两侧面实际需粘贴的纤维复合材截面面积 $A_{\mathrm{f,1}}$。

$$A_{\mathrm{f,1}} = \eta_{\mathrm{f}} A_{\mathrm{f,b}} \qquad (8\text{-}11)$$

式中　$A_{\mathrm{f,b}}$——按梁底面计算确定的、但需改贴到梁的两侧面的纤维复合材截面面积；

η_{f}——考虑改贴梁侧面引起的纤维复合材受拉合力及其力臂改变系数，按表 8-2 采用。

修正系数值 η_{f}   表 8-2

h_{f}/h	0.05	0.10	0.15	0.20	0.25
η_{f}	1.09	1.19	1.30	1.43	1.59

注：h_{f} 为从梁受拉边缘算起的侧面粘贴高度；h 为梁截面高度。

钢筋混凝土结构构件加固后，其正截面受弯承载力的提高幅度不应超过 40%，并应验算其受剪承载力，避免受弯承载力提高后而导致构件受剪破坏先于受弯破坏。

　　纤维复合材的加固量，对预成型板，不宜超过 2 层；对湿法铺层的织物，不宜超过 4 层；超过 4 层时，宜改用预成型板，并采取可靠的锚固措施。

　　【例 8-1】矩形截面双筋梁纤维复合材加固算例

　　文献［1］第 200 页例题，某梁的几何与力学参数为，混凝土强度等级为 C20，截面尺寸为 $b×h=250\text{mm}×600\text{mm}$，纵筋为 HRB335 钢筋，受拉筋 $4\phi22$（$A_{s0}=1520\text{mm}^2$），受压筋 $3\phi16$（$A'_{s0}=603\text{mm}^2$），$a=a'=40\text{mm}$。加固后截面需承受弯矩设计值为 270kN·m，加固前弯矩标准值为 50kN·m。求纤维复合材的加固量。

　　解：1）原梁承载力验算

　　使用文献［2］介绍的 RCM 软件输入信息与简要计算结果如图 8-3 所示。可见承载力不足，需要加固。

　　2）加固计算

图 8-3　矩形截面双筋梁受弯承载力验算

　　由式（8-2）、式（8-3）联立求解，得：

$$x = h\left[1-\sqrt{1-2×\frac{M+f_{y0}A_{s0}a-f_{y0}A'_{s0}(h-a')}{\alpha_1 f_{c0}bh^2}}\right]$$

$$=600×\left[1-\sqrt{1-2×\frac{270×10^6+300×1520×40-300×603×(600-40)}{1×9.6×250×600^2}}\right]=148.1\text{mm}$$

$x\leqslant0.85\xi_b h_0=0.85×0.550×560=261.8\text{mm}$，满足要求。

$$\rho_{te}=\frac{A_s}{0.5bh}=\frac{1520}{0.5×250×600}=0.02027，查表 8-1 得 \alpha_f=1.151$$

$$\sigma_{s0}=\frac{M_{0k}}{0.87A_s h_0}=\frac{50×10^6}{0.87×1520×560}=67.5\text{MPa}\leqslant150\text{MPa}，且 \rho_{te}\leqslant0.05，取 \alpha_f=0.9×1.151$$

$=1.036$

　　纤维复合材的滞后应变 $\varepsilon_{f0}=\dfrac{\alpha_f M_{0k}}{E_s A_s h_0}=\dfrac{1.036×50×10^6}{200000×1520×560}=0.00030$

$$\psi_f=\frac{0.8\varepsilon_{cu}h/x-\varepsilon_{cu}-\varepsilon_{f0}}{\varepsilon_f}=\frac{0.8×0.0033×600/148.1-0.0033-0.00030}{0.010}=0.7092$$

由式（8-3）得：

$$A_{fe}=\frac{\alpha_1 f_{c0}bx-f_{y0}A_{s0}+f'_{y0}A'_{s0}}{\psi_f f_f}=\frac{9.6\times250\times148.1-300\times(1520-603)}{0.7092\times2300}=49.2\text{mm}^2$$

使用 SCS 软件计算，对话框输入信息和最终计算结果如图 8-4 所示，可见其与手算结果相同。

图 8-4　截面双筋梁纤维复合材加固设计

选取粘贴 3 层碳纤维布，厚度折减系数为

$$k_m=1.16-\frac{n_f E_f t_f}{308000}=1.16-\frac{3\times2.3\times10^5\times0.111}{308000}=0.91>0.90,\text{取}\ k_m=0.9$$

则
$$A_f=A_{fe}/k_m=49.2/0.9=54.7\text{mm}^2$$

粘贴的纤维布总宽度（即展开为单层的总宽度）为：$B_f=54.7/0.111=493\text{mm}$

下面，根据此题的计算结果演示一下复核过程。

根据 $b_f=493\text{mm}$ 和 $k_m=0.9$，$A_{fe}=k_m b_f t_f=0.9\times493\times0.111=49.25\text{mm}^2$。先假设 $\psi_f=1.0$，由式（8-3）得到受压区高度的初次预测值：

$$x_0=(f_{y0}A_{s0}+\psi_f f_f A_{fe}-f'_{y0}A'_{s0})/(\alpha_1 f_{c0}b)$$
$$=(300\times1520+1\times2300\times49.25-300\times603)/(1\times9.6\times250)=161.8\text{mm}$$

根据式（8-4）由初次求得的 x_0 求 ψ_f

$$\psi_f=(0.8\varepsilon_{cu}h/x-\varepsilon_{cu}-\varepsilon_{f0})/\varepsilon_f=(0.8\times0.0033\times600/161.8-0.0033-0.00030)/0.010=0.618$$

$\psi_f<1$，与先前假设的不同，迭代重求 x

$$x_1=(f_{y0}A_{s0}+\psi_f f_f A_{fe}-f'_{y0}A'_{s0})/(\alpha_1 f_{c0}b)$$
$$=(300\times1520+0.618\times2300\times49.25-300\times603)/(1\times9.6\times250)=143.8\text{mm}$$

x_1 与 x_0 相差较大（>5mm），取 $x=(x_0+x_1)/2=152.8\text{mm}$，

再算 $\psi_f=(0.8\varepsilon_{cu}h/x-\varepsilon_{cu}-\varepsilon_{f0})/\varepsilon_f=(0.8\times0.0033\times600/152.8-0.0033-0.00030)/0.010=0.676$

再求 x

$$x_1=(f_{y0}A_{s0}+\psi_f f_f A_{fe}-f'_{y0}A'_{s0})/(\alpha_1 f_{c0}b)$$
$$=(300\times1520+0.676\times2300\times49.25-300\times603)/(1\times9.6\times250)=146.5\text{mm}$$

认为误差不会很大了，加固后的极限承载力为：

$$M_u = \alpha_1 f_{c0} bx \left(h - \frac{x}{2} \right) + f'_{y0} A'_{s0} (h - a') - f_{y0} A_{s0} (h - h_0)$$

$$= 1 \times 9.6 \times 250 \times 146.5 \times (600 - 146.5/2) + 300 \times 603 \times (600 - 40) - 300 \times 1520 \times (600 - 560)$$

$$= 268.3 \text{kN} \cdot \text{m}$$

受拉纤维复合材粘贴延伸长度计算：

C20 混凝土 $f_t = 1.10 \text{MPa}$，取 $f_{bd} = 0.4 f_t = 0.44 \text{MPa}$，$0.4 \text{MPa} \leqslant f_{bd} \leqslant 0.7 \text{MPa}$

$$l_c \geqslant \frac{f_f A_f}{f_{f,v} b_f} + 200 = f_f t_f / f_{f,v} + 200 = 2300 \times 0.111 / 0.44 + 200 = 780.2 \text{mm}$$

使用 SCS-502 复核如图 8-5 所示，验证了 SCS-501 的结果，并计算了纤维复合材的粘贴延伸长度。

图 8-5　矩形梁粘贴纤维复合材单向织物布加固复核算例

【例 8-2】 第一类 T 形截面和 $x < 2a'$ 梁纤维复合材加固算例

文献 [3] 第 134 页例题，某 T 形截面梁 $b \times h = 250 \text{mm} \times 550 \text{mm}$，$b'_f = 750 \text{mm}$，$h'_f = 80 \text{mm}$，混凝土强度等级为 C20，纵筋为 HRB335 钢筋，受拉筋 3 ϕ 22（$A_{s0} = 1140 \text{mm}^2$），$a = 35 \text{mm}$。梁的抗剪能力满足要求，仅需进行抗弯加固，要求抗弯承载力提高 40%，不考虑二次受力。

解： 1）原梁承载力验算

使用文献 [2] 介绍的 RCM 软件输入信息与简要计算结果如图 8-6 所示。

图 8-6　T 形截面梁受弯承载力验算

2）加固计算

加固后设计弯矩值为 $168 \times 1.4 = 235.2 \mathrm{kN \cdot m}$。先假设是第一类 T 形截面梁，即设 $b = b'_f = 750 \mathrm{mm}$，代入式（8-2）求解，得：

$$x = h \left[1 - \sqrt{1 - 2 \times \frac{M + f_{y0}A_{s0}a - f'_{y0}A'_{s0}(h - a')}{\alpha_1 f_{c0}bh^2}} \right]$$

$$= 550 \times \left[1 - \sqrt{1 - 2 \times \frac{235.2 \times 10^6 + 300 \times 1140 \times 35}{1 \times 9.6 \times 750 \times 550^2}} \right] = 66.4 \mathrm{mm} < h'_f，是第一类 T 形梁。$$

$x \leqslant 0.85\xi_b h_0 = 0.85 \times 0.550 \times 515 = 240.8 \mathrm{mm}$，满足要求。

$$\psi_f = \frac{0.8\varepsilon_{cu}h/x - \varepsilon_{cu} - \varepsilon_{f0}}{\varepsilon_f} = \frac{0.8 \times 0.0033 \times 550/66.4 - 0.0033 - 0.0}{0.01} = 1.856 > 1，取 \psi_f = 1$$

采用高强度 I 级碳纤维布，由式（8-3）得：

$$A_{fe} = \frac{\alpha_1 f_{c0}bx - f_{y0}A_{s0} + f'_{y0}A'_{s0}}{\psi_f f_f} = \frac{1 \times 9.6 \times 750 \times 66.4 - 300 \times 1140 + 0}{1 \times 2300} = 59.3 \mathrm{mm}^2$$

使用 SCS 软件计算对话框输入信息和最终计算结果如图 8-7 所示，可见其与手算结果相同。

图 8-7　第一类 T 形梁粘贴纤维复合材加固算例

预估采用 3 层 0.167mm 厚的碳纤维布：

$$k_m = 1.16 - \frac{n_f E_f t_f}{308000} = 1.16 - \frac{3 \times 2.3 \times 10^5 \times 0.167}{308000} = 0.786$$

实际应粘贴的碳纤维布面积：$A_f = A_{fe}/k_m = 59.3/0.786 = 75.4 \mathrm{mm}^2$

碳纤维布总宽度为：$B_f = 75.4/0.167 = 452 \mathrm{mm}$

如果本题考虑截面有受压纵筋，比如 2φ16（$A'_{s0} = 420 \mathrm{mm}^2$），$a = 35 \mathrm{mm}$，则可考察一下 $x < 2a'$ 的情况如何计算。

由于考虑受压纵筋截面有效高度减小，使得原梁受弯承载力略有降低，经计算 $M_{u0} = 164.16 \mathrm{kN \cdot m}$，加固后可提高到 $164.16 \times 1.4 = 229.8 \mathrm{kN \cdot m}$。由式（8-2）求解，得：

$$x = h \left[1 - \sqrt{1 - 2 \times \frac{M + f_{y0}A_{s0}a - f'_{y0}A'_{s0}(h - a')}{\alpha_1 f_{c0}bh^2}} \right.$$

$$= 550 \times \left[1 - \sqrt{1 - 2 \times \frac{229.8 \times 10^6 + 300 \times 1140 \times 35 - 300 \times 402 \times (550 - 35)}{1 \times 9.6 \times 750 \times 550^2}} \right] = 47.4 \text{mm}$$

$x < h'_\text{f}$，是第一类 T 形梁，且 $x < 2a'$

$\psi_\text{f} = (0.8\varepsilon_\text{cu}h/x - \varepsilon_\text{cu} - \varepsilon_\text{f0})/\varepsilon_\text{f} = (0.8 \times 0.0033 \times 550/47.4 - 0.0033 - 0)/0.010 = 2.73 > 1$，取

$\psi_\text{f} = 1$

由式（8-6）得：

$$A_\text{fe} = [M - f_\text{y0}A_\text{s0}(h_0 - a')]/[\psi_\text{f}f_\text{f}(h - a')]$$

$$= [229.8 \times 10^6 - 300 \times 1140 \times (515 - 35)]/[1 \times 2300 \times (550 - 35)] = 55.42 \text{mm}^2$$

实际应粘贴的碳纤维布面积：$A_\text{f} = A_\text{fe}/k_\text{m} = 55.42/0.786 = 70.5 \text{mm}^2$

碳纤维布总宽度为：$B_\text{f} = 70.5/0.167 = 423 \text{mm}$

使用 SCS 软件计算，对话框输入信息和最终计算结果如图 8-8 所示，可见其与手算结果相同。

图 8-8　$x < 2a'$ 第一类 T 形梁粘贴纤维复合材加固算例

下面，根据此题的计算结果演示一下复核过程。

根据 $b_\text{f} = 423 \text{mm}$ 和 $k_\text{m} = 0.786$，$A_\text{fe} = k_\text{m}b_\text{f}t_\text{f} = 0.786 \times 423 \times 0.111 = 55.52 \text{mm}^2$。先假设 $\psi_\text{f} = 1.0$，由式（8-3）得到受压区高度的初次预测值：

$$x_0 = (f_\text{y0}A_\text{s0} + \psi_\text{f}f_\text{f}A_\text{fe} - f'_\text{y0}A'_\text{s0})/(\alpha_1 f_\text{c0}b'_\text{f})$$

$$= (300 \times 1140 + 1 \times 2300 \times 55.52 - 300 \times 402)/(1 \times 9.6 \times 750) = 48.5 \text{mm}$$

根据式（8-4）由初次求得的 x_0 求 ψ_f

$\psi_\text{f} = (0.8\varepsilon_\text{cu}h/x - \varepsilon_\text{cu} - \varepsilon_\text{f0})/\varepsilon_\text{f} = (0.8 \times 0.0033 \times 550/48.5 - 0.0033 - 0.0)/0.010 = 2.665$

$\psi_\text{f} > 1$，取 $\psi_\text{f} = 1$，与先前假设相同，取 $x = x_0$，$x < 2a'$，由式（8-6）得：

$$M_\text{u} = f_\text{y0}A_\text{s0}(h_0 - a') + \psi_\text{f}f_\text{f}A_\text{fe}(h - a')$$

$$= 300 \times 1140 \times (515 - 35) + 1 \times 2300 \times 55.52 \times (550 - 35) = 229.9 \text{kN} \cdot \text{m}$$

使用 SCS 软件计算对话框输入信息和最终计算结果如图 8-9 所示，可见其与手算结果相同。

假设该 T 形截面梁是属于 C 类建筑抗震设计的梁，其在地震组合作用下的内力为 $M = 306.4 \text{kN} \cdot \text{m}$，试计算粘贴纤维法加固所需纤维复合材数量。

抗震 C 类建筑，$\gamma_\text{Ra} = \gamma_\text{RE} = 0.75$，静载下的作用效应为 $M = 0.75 \times 229.8 = 306.4 \text{kN} \cdot \text{m}$。与

图 8-9　$x<2a'$ 第一类 T 形梁粘贴纤维复合材加固复核

图 8-8 静载作用下题目相对应，求解过程几乎与其相同，这里不重复了。只改用式（8-6'）计算纤维复合材截面积，

$$A_{fe}=\frac{\gamma_{RE}M-f_{y0}A_{s0}(h_0-a')}{\gamma_{RE}\psi_f f_f(h-a')}=\frac{0.75\times306.4\times10^6-300\times1140\times(515-35)}{0.75\times1\times2300\times(550-35)}=73.9\,mm^2$$

使用 SCS 软件计算，对话框输入信息和最终计算结果如图 8-10 所示，可见其与手算结果相同。

图 8-10　粘贴纤维复合材法抗震加固梁受弯承载力

【例 8-3】 第二类 T 形截面梁纤维复合材加固算例

图 8-11　T 形截面梁

文献 ［4］ 第 114 页例题，如图 8-11 所示，某 T 形截面梁 $b\times h=250\,mm\times600\,mm$，$b'_f=600\,mm$，$h'_f=100\,mm$，混凝土强度等级为 C20，纵筋为 HRB335 钢筋，受拉筋 $2\phi25+2\phi22$（$A_{s0}=1742\,mm^2$），$a=35\,mm$。要求承担弯矩设计值 330kN·m，加固前弯矩标准值为 80kN·m，梁的抗剪能力满足要求，仅需进行抗弯加固，考虑二次受力。

解：1）原梁承载力验算

使用文献 ［2］ 介绍的 RCM 软件输入信息与简要计算结果如图 8-12 所示。可见承载力不满足要求，需要加固。

图 8-12　T 形截面梁受弯承载力验算

2）加固计算

① 判别 T 形梁的类型

$$M_f = \alpha_1 f_c b_f' h_f' (h_0 - 0.5 h_f') = 1 \times 9.6 \times 600 \times 100 \times (565 - 50) \times 10^{-6}$$

$$= 296.6 \text{kN} \cdot \text{m} < 330 \text{kN} \cdot \text{m}, 属于第二类 T 形截面梁。$$

② 计算受压区高度

$$x = h \left[1 - \sqrt{1 - 2 \times \frac{M + f_{y0} A_{s0} a - f_{y0}' A_{s0}' (h - a') - \alpha_1 f_{c0} (b_f' - b) h_f' (h - h_f'/2)}{\alpha_1 f_{c0} b h^2}} \right]$$

$$= 600 \times \left[1 - \sqrt{1 - 2 \times \frac{330 \times 10^6 + 300 \times 1742 \times 35 - 0 - 1 \times 9.6 \times (600 - 250) \times 100 \times (600 - 50)}{1 \times 9.6 \times 250 \times 600^2}} \right]$$

$$= 127.0 \text{mm}$$

$x \leqslant 0.85 \xi_b h_0 = 0.85 \times 0.550 \times 565 = 264.1 \text{mm}$，满足要求。

③ 计算滞后应变和应变比

$$\rho_{te} = \frac{A_s}{0.5bh} = \frac{1742}{0.5 \times 250 \times 600} = 0.023, 查表 8-1 得 \alpha_f = 1.166$$

$$\sigma_{s0} = \frac{M_{0k}}{0.87 A_s h_0} = \frac{80 \times 10^6}{0.87 \times 1742 \times 565} = 93.4 \text{MPa}, 又 \rho_{te} \leqslant 0.05, 由表 8-1 注 2, \alpha_f = 0.9 \times$$

$1.166 = 1.050$

纤维复合材的滞后应变 $\varepsilon_{f0} = \dfrac{\alpha_f M_{0k}}{E_s A_s h_0} = \dfrac{1.050 \times 80 \times 10^6}{200000 \times 1742 \times 565} = 0.00043$

$$\psi_f = \frac{0.8 \varepsilon_{cu} h / x - \varepsilon_{cu} - \varepsilon_{f0}}{\varepsilon_f} = \frac{0.8 \times 0.0033 \times 600 / 127 - 0.0033 - 0.00043}{0.010} = 0.8749$$

④ 求受弯承载力，采用高强度Ⅰ级碳纤维布，由力平衡方程式（8-3）得：

$$A_{fe} = \frac{\alpha_1 f_c (b_f' - b) h_f' + \alpha_1 f_c b x - f_{y0} A_{s0} + f_{y0}' A_{s0}'}{\psi_f f_f}$$

$$= \frac{1 \times 9.6 \times (600 - 250) \times 100 + 1 \times 9.6 \times 250 \times 127 - 300 \times (1742 - 0)}{0.8749 \times 2300} = 58.7 \text{mm}^2$$

预估采用 3 层 0.167mm 厚的碳纤维布：

$$k_m = 1.16 - \frac{n_f E_f t_f}{308000} = 1.16 - \frac{3 \times 2.3 \times 10^5 \times 0.167}{308000} = 0.786 \leqslant 0.90$$

实际应粘贴的碳纤维布面积：

$$A_f = A_{fe}/k_m = 58.7/0.786 = 74.7 \text{mm}^2$$

碳纤维布总宽度为：$B = 74.7/0.167 = 448 \text{mm}$

使用 SCS 软件计算，对话框输入信息和最终计算结果如图 8-13 所示，可见其与手算结果相同。

图 8-13　第二类 T 形梁粘贴纤维复合材加固算例

【例 8-4】 第二类 T 形截面梁纤维复合材（条形板）加固算例

对【例 8-3】中的梁使用纤维材（条形板）加固。如图 8-11 所示，某 T 形截面梁 $b \times h = 250 \text{mm} \times 600 \text{mm}$，$b'_f = 600 \text{mm}$，$h'_f = 100 \text{mm}$，混凝土强度等级为 C20，纵筋为 HRB335 钢筋，受拉筋 $2 \phi 25 + 2 \phi 22$（$A_{s0} = 1742 \text{mm}^2$），$a = 35 \text{mm}$。要求承担弯矩设计值 330kN·m，梁的抗剪能力满足要求，仅需进行抗弯加固，考虑二次受力。采用碳纤维复合材高强度 I 级条形板（抗拉强度标准值 2400MPa）。

解：1）原梁承载力验算

使用文献［2］介绍的 RCM 软件输入信息与简要计算结果如图 8-12 所示。可见承载力不满足要求，需要加固。

2）加固计算

由【例 8-3】已求得受压区高度 $x = 127.0 \text{mm}$，属于第二类 T 形截面梁。并求得纤维复合材的滞后应变 $\varepsilon_{f0} = 0.00043$，查《混凝土结构加固设计规范》GB 50367—2013 表 4.3.5 得 $\varepsilon_f = 0.010$，则：

$$\psi_f = \frac{0.8\varepsilon_{cu}h/x - \varepsilon_{cu} - \varepsilon_{f0}}{\varepsilon_f} = \frac{0.8 \times 0.0033 \times 600/127 - 0.0033 - 0.00043}{0.010} = 0.8749$$

再查《混凝土结构加固设计规范》GB 50367—2013 表 4.3.4-1 得，碳纤维复合材高强度 I 级条形板抗拉强度设计值（一般构件）$f_f = 1600 \text{MPa}$，则由力平衡方程式（8-3）得需要的纤维复合材的有效截面面积：

$$A_{fe} = \frac{\alpha_1 f_c (b'_f - b) h'_f + \alpha_1 f_c bx - f_{y0}A_{s0} + f'_{y0}A'_{s0}}{\psi_f f_f}$$

$$= \frac{1 \times 9.6 \times (600 - 250) \times 100 + 1 \times 9.6 \times 250 \times 127 - 300 \times 1742}{0.8749 \times 1600} = 84.4 \text{mm}^2$$

使用 SCS 软件计算，对话框输入信息和最终计算结果如图 8-14 所示，可见其与手算结果相同。

图 8-14　第二类 T 形梁粘贴纤维复合材条形板加固算例

还可使用 SCS-504 进行复核，如图 8-15 所示，可见其得到的受弯承载力正好与图 8-14 输入的作用弯矩相符。SCS 软件默认条形板均为单层设置。

图 8-15　第二类 T 形梁粘贴纤维复合材条形板加固复核

【例 8-5】 粘纤维布加固圆孔板提高受弯承载力设计算例

同本书【例 6-7】，只是将粘钢板加固方法改为粘贴纤维布。既有预制空心楼板截面信息如图 6-28（a）所示。C30 混凝土和 HRB335 钢筋，原始设计弯矩为 13.2kN·m，现设计弯矩增加至原设计弯矩的 1.3 倍，即为 17.16kN·m，加固前卸载至仅剩自重引起的弯矩标准值 5kN·m，试在板底粘贴纤维布加固此圆孔板。

【解】

1）原圆孔板（未加固前）承载力验算

见本书【例 6-7】。

2）加固板承载力设计

假设其为第一类 T 形梁，即以宽为 b'_f 的矩形截面计算，将数据代入式（8-2）、式（8-3）得：

$$x = h\left[1 - \sqrt{1 - 2 \times \frac{M + f_{y0}A_{s0}a - f'_{y0}A'_{s0}(h - a')}{\alpha_1 f_{c0}bh^2}}\right]$$

$$= 125 \times \left[1 - \sqrt{1 - 2 \times \frac{17.16 \times 10^6 + 300 \times 453 \times 20 - 300 \times 0 \times (125 - 0)}{1 \times 14.3 \times 850 \times 125^2}}\right]$$

$= 13.85\text{mm} \leqslant h'_f$，是属于第一类 T 形梁。

计算滞后应变和应变比

$$\rho_{te} = \frac{453}{0.5 \times 269.3 \times 125} = 0.0269$$

$\sigma_{s0} = \dfrac{M_{0k}}{0.87A_sh_0} = \dfrac{5.0 \times 10^6}{0.87 \times 453 \times 105} = 120.8\text{MPa}$，又 $\rho_{te} \leqslant 0.05$，查表 8-1（即《混凝土结构加固设计规范》GB 50367—2013 表 10.2.8）得 $\alpha_f = 1.18$，并由表 8-1 注 2，$\alpha_f = 0.9 \times 1.18 = 1.066$。

纤维复合材的滞后应变 $\varepsilon_{f0} = \dfrac{\alpha_f M_{0k}}{E_s A_s h_0} = \dfrac{1.066 \times 5.0 \times 10^6}{200000 \times 453 \times 105} = 0.00056$

$$\psi_f = \frac{0.8\varepsilon_{cu}h/x - \varepsilon_{cu} - \varepsilon_{f0}}{\varepsilon_f} = \frac{0.8 \times 0.0033 \times 125/13.85 - 0.0033 - 0.00056}{0.010} = 1.997 > 1 \text{ 取 } \psi_f = 1$$

由《混凝土结构加固设计规范》GB 50367—2013 式（10.2.3-2）得加固用纤维布截面积：

$$A_{fe} = \frac{\alpha_1 f_{c0}bx - f_{y0}A_{s0} + f'_{y0}A'_{s0}}{\psi_f f_f} = \frac{1 \times 14.3 \times 850 \times 13.85 - 300 \times 453 + 0}{1 \times 2300} = 14.1\text{mm}^2$$

采用 2 层 0.167mm 厚的碳纤维布：

$$k_m = 1.16 - \frac{n_f E_f t_f}{308000} = 1.16 - \frac{2 \times 230000 \times 0.167}{308000} = 0.911，\text{取 } k_m = 0.90$$

实际应粘贴的碳纤维布面积：$A_f = A_{fe}/k_m = 14.1/0.9 = 15.7\text{mm}^2$

碳纤维布总宽度为：$B = 15.7/0.167 = 94\text{mm}$。

使用 SCS 软件计算，对话框输入信息和最终计算结果如图 8-16 所示，可见其与手算结果相同。

图 8-16　圆孔板粘纤维布加固设计

此题也可用手算出等效工字形截面尺寸后，用 SCS-501 的功能计算，对话框输入信息和最终计算结果如图 8-17 所示，可见其与图 8-16 的结果相同。

图 8-17　用 SCS-501 进行圆孔板粘纤维布加固设计

8.3　受弯构件斜截面加固计算

采用纤维复合材条带（以下简称条带）对受弯构件的斜截面进行加固时，应粘贴成垂直于构件轴线方向的环形箍或其他有效的 U 形箍（图 8-18）；不得采用斜向粘贴方式。

图 8-18　纤维复合材抗剪箍及其粘贴方式

（a）条带构造方式；（b）U 形箍及纵向压条粘结方式

1—胶锚；2—钢板压条；3—纤维织物压条；4—板；5—锚栓加胶粘锚固；6—U 形箍；7—梁

1. 永久、短暂设计状况

受弯构件加固后的斜截面应符合下列规定：

当 $h_w/b \leqslant 4$ 时

$$V \leqslant 0.25\beta_c f_{c0} bh_0 \tag{8-11a}$$

当 $h_w/b \geqslant 6$ 时

$$V \leqslant 0.2\beta_c f_{c0} bh_0 \tag{8-11b}$$

当 $4 < h_w/b < 6$ 时，按线性内插法取用，即

$$V \leqslant 0.025(14 - h_w/b)\beta_c f_{c0} bh_0 \tag{8-11c}$$

式中　V——构件斜截面加固后的剪力设计值；

β_c——混凝土强度影响系数：当混凝土强度等级不超过 C50 时，β_c 取为 1.0；当混凝土强度等级为 C80 时，β_c 取为 0.8；其间按线性内插法确定；

f_{c0}——原构件混凝土轴心抗压强度设计值；

b——矩形截面的宽度，T 形或 I 形截面的腹板宽度；

h_0——截面有效高度；

h_w——截面的腹板高度，矩形截面的 h_w 取有效高度，T 形截面的 h_w 取有效高度减去翼缘高度，工字形截面的 h_w 取腹板净高。

当采用条带构成的环形（封闭）箍或 U 形箍对钢筋混凝土梁进行抗剪加固时，其斜截面承载力应按下列公式计算：

$$V \leqslant V_{b0} + V_{bf} \tag{8-12}$$

$$V_{bf} = \psi_{vb} f_f A_f h_f / s_f \tag{8-13}$$

式中　V_{b0}——加固前梁的斜截面承载力，按现行国家标准《混凝土结构设计规范》GB 50010 计算；

V_{bf}——粘贴条带加固后，对梁斜截面承载力的提高值；

ψ_{vb}——与条带加锚方式及受力条件有关的抗剪强度折减系数，按表 8-3 确定；

f_f——受剪加固采用的纤维复合材抗拉强度设计值，应根据纤维复合材品种分别按《混凝土结构加固设计规范》GB 50367—2013 表 4.3.4-1、表 4.3.4-2 及表 4.3.4-3 规定的抗拉强度设计值乘以调整系数 0.56 确定；当为框架梁或悬挑构件时，调整系数改取 0.28；

A_f——配置在同一截面处构成环形或 U 形箍的纤维复合材条带的全部截面面积；$A_f = 2n_f b_f t_f$，n_f 为条带粘贴的层数，b_f 和 t_f 分别为条带宽度和条带单层厚度；

h_f——梁侧面粘贴的条带竖向高度，对环形箍，取 $h_f = h$；

s_f——纤维复合材条带的间距（图 8-18b）。

抗剪强度折减系数 ψ_{vb} 值　　　　　　　　　　　表 8-3

条带加锚构造		环形箍及自锁式 U 形箍	胶锚或钢板锚 U 形箍	加织物压条的一般 U 形箍
受力条件	均布荷载或剪跨比 $\lambda \geqslant 3$	1.00	0.88	0.75
	剪跨比 $\lambda \leqslant 1.5$	0.68	0.60	0.50

注：当 λ 为中间值时，按线性内插法确定 ψ_{vb} 值。

2. 地震设计状况

当跨高比大于 2.5 时，　　　　　$V \leqslant 0.2\beta_c f_{c0} bh_0 / \gamma_{RE} \tag{8-14a}$

当跨高比不大于 2.5 时，　　　　$V \leqslant 0.15\beta_c f_{c0} bh_0 / \gamma_{RE} \tag{8-14b}$

按照《建筑抗震加固技术规程》JGJ 116—2009 第 6.3.11-3 条 "对构件承载力的新增部分，其加固抗震承载力调整系数宜采用 1.0"，斜截面受剪承载力应符合下列规定：

$$V \leqslant V_{\mathrm{b0E}} + V_{\mathrm{bfE}} \tag{8-15}$$

$$V_{\mathrm{bfE}} = \psi_{\mathrm{vb}} f_{\mathrm{f}} A_{\mathrm{f}} h_{\mathrm{f}} / s_{\mathrm{f}} \tag{8-16}$$

式中　V_{b0E}——加固前梁的斜截面抗震承载力，按现行《混凝土结构设计规范》GB 50010计算；

　　　　γ_{RE}——承载力抗震调整系数，这里 $\gamma_{\mathrm{RE}} = 0.85$。

【例 8-6】纤维复合材加固均布荷载钢筋混凝土框架梁设计算例

钢筋混凝土现浇楼盖，楼板厚度 80mm，框架梁截面尺寸为 $b \times h = 250\mathrm{mm} \times 600\mathrm{mm}$，$a = 35\mathrm{mm}$，混凝土强度等级为 C25，HPB235 箍筋 $\phi 8$，箍筋间距 $s = 200\mathrm{mm}$，承受均布荷载引起的剪力设计值 400kN，采用纤维复合材粘贴加固，箍板高度为 520mm。试求所需的纤维复合材条带板截面面积和数量。

【解】1）验算截面尺寸限制条件

$$h_{\mathrm{w}} / b = (565 - 80) / 250 = 1.94 \leqslant 4$$

$400\mathrm{kN} \leqslant 0.25 \beta_{\mathrm{c}} f_{\mathrm{c0}} b h_0 = 0.25 \times 1 \times 11.9 \times 250 \times 565 \times 10^{-3} = 420.22\mathrm{kN}$，满足要求。

2）原梁受剪承载力

使用文献［2］介绍的 RCM 软件输入信息与简要计算结果如图 8-19 所示。可见承载力不满足要求，需要加固。

由图 8-19 得知 $V_{\mathrm{b0}} = 185.25\mathrm{kN}$。

图 8-19　原梁受剪承载力计算

3）碳纤维承载剪力

$$V_{\mathrm{bf}} = V - V_{\mathrm{b0}} = 400 - 185.25 = 214.75\mathrm{kN}$$

4）碳纤维布用量

由于采用加织物压条的一般 U 形箍作法，查表 8-3 得抗剪强度折减系数 $\psi_{\mathrm{vb}} = 0.75$，采用高强度Ⅱ级碳纤维布，$f_{\mathrm{f}} = 0.28 \times 2000 = 560\mathrm{N/mm}^2$。由式（8-13）得

$$\frac{A_{\mathrm{f}}}{s_{\mathrm{f}}} = \frac{V_{\mathrm{bf}}}{\psi_{\mathrm{vb}} f_{\mathrm{f}} h_{\mathrm{f}}} = \frac{214750}{0.75 \times 560 \times 520} = 0.984\mathrm{mm}$$

使用 SCS 软件计算对话框输入信息和最终计算结果如图 8-20 所示，可见其与手算结

图 8-20　碳纤维布加固一般荷载作用下的梁计算结果

果相同。

预估采用 3 层 0.167mm 厚的碳纤维布：$k_{\mathrm{m}} = 1.16 - \dfrac{n_{\mathrm{f}} E_{\mathrm{f}} t_{\mathrm{f}}}{308000} = 1.16 - \dfrac{3 \times 2.3 \times 10^5 \times 0.167}{308000}$

$= 0.786 < 0.90$

取 $t_{\mathrm{f}} = 0.167$mm，$b_{\mathrm{f}} = 200$mm，$s_{\mathrm{f}} = 250$mm，$\dfrac{A_{\mathrm{f}}}{s_{\mathrm{f}}} = \dfrac{2 n_{\mathrm{f}} b_{\mathrm{f}} t_{\mathrm{f}}}{s_{\mathrm{f}} k_{\mathrm{m}}} = \dfrac{2 \times 3 \times 200 \times 0.167}{250 \times 0.786} = 1.020$mm

> 0.984mm

故选取粘贴 3 层碳纤维布，层厚 0.167mm，宽 200mm，净间距 50mm。

假设本例的框架梁是属于 C 类建筑抗震设计的梁，其跨高比大于 2.5，在地震组合作用下的内力为 $V = 390$kN，试计算粘贴纤维法加固所需纤维复合材的数量。

【解】 1）验算截面尺寸限制条件

跨高比大于 2.5

390kN $\leqslant 0.20 \beta_{\mathrm{c}} f_{\mathrm{c}} b h_0 / \gamma_{\mathrm{Ra}} = 0.20 \times 1 \times 11.9 \times 250 \times 565 \times 10^{-3} / 0.85 = 395.50$kN，满足要求。

2）原梁受剪承载力

使用文献 [3] 介绍的 RCM 软件输入信息与简要计算结果如图 8-21 所示，由此得知 $V_{\mathrm{b0}} = 158.85$kN。可见承载力不满足要求，需要加固。

图 8-21　原梁受剪承载力计算

3）碳纤维承载剪力

$$V_{bf} = V - V_{b0} = 390 - 158.85 = 231.15\text{kN}$$

4）碳纤维布用量

由于采用加织物压条的一般 U 形箍作法，查《混凝土结构加固设计规范》GB 50367—2013 表 10.3.3 得抗剪强度折减系数 $\psi_{vb} = 0.75$，采用高强度 II 级碳纤维布，$f_f = 0.28 \times 2000 = 560\text{N}/\text{mm}^2$。由式（16-13）得

$$\frac{A_f}{s_f} = \frac{V_{bf}}{\psi_{vb} f_f h_f} = \frac{231150}{0.75 \times 560 \times 520} = 1.058\text{mm}^2/\text{mm}$$

使用 SCS 软件计算，对话框输入信息和最终计算结果如图 8-22 所示，可见其与手算结果相同。

图 8-22　粘贴纤维复合材法抗震加固梁受剪承载力

【例 8-7】纤维复合材加固集中荷载作用为主的钢筋混凝土梁设计算例

文献［4］第 126 页例题，承受均布荷载和集中力荷载的简支独立梁，集中力作用点距支座边缘 1875mm，如图 8-23 所示。$b \times h = 250\text{mm} \times 600\text{mm}$，$a = 60\text{mm}$，混凝土强度等级为 C20，HPB235 箍筋 $\phi 8$，箍筋间距 $s = 200\text{mm}$。采用纤维复合材粘贴加固。试求所需的纤维复合材条带板截面面积和数量。

图 8-23　承受均布荷载和集中力荷载的简支梁

【解】 1）验算截面尺寸限制条件

$$h_w/b = (600-60)/250 = 2.16 \leqslant 4$$
$$168.75\text{kN} \leqslant 0.25\beta_c f_{c0} bh_0$$

$$= 0.25 \times 1 \times 9.6 \times 250 \times 540 \times 10^{-3} = 324\text{kN}，满足要求。$$

2）原梁受剪承载力

剪跨比 $\lambda = a/h_0 = 1875/540 = 3.47 > 3$，取 $\lambda = 3$。

使用文献［2］介绍的 RCM 软件输入信息与简要计算结果如图 8-24 所示。可见承载力不满足要求，需要加固。

由图 8-24 得知 $V_{b0} = 122.01\text{kN}$。

图 8-24　原梁受剪承载力计算

3）碳纤维承载剪力

$$V_{bf} = V - V_{b0} = 168.75 - 122.01 = 46.74\text{kN}$$

4）碳纤维布用量

由于采用加织物压条的一般 U 形箍做法，查表 8-3 得抗剪强度折减系数 $\psi_{vb} = 0.75$，采用高强度 II 级碳纤维布，$f_f = 0.56 \times 2000 = 1120\text{N/mm}^2$。由式（8-13）得：

$$\frac{A_f}{s_f} = \frac{V_{bf}}{\psi_{vb} f_f h_f} = \frac{46741}{0.75 \times 1120 \times 600} = 0.093\text{mm}$$

使用 SCS 软件计算，对话框输入信息和最终计算结果如图 8-25 所示，可见其与手算

图 8-25　碳纤维布加固集中荷载作用为主的独立梁计算结果

结果相同。

取单层碳纤维布 $t_f = 0.167\text{mm}$，$b_f = 150\text{mm}$，$s_f = 250\text{mm}$，由

$$A_f/s_f = 2n_f b_f t_f/s_f = 2 \times 1 \times 150 \times 0.167/250 = 0.200\text{mm} > 0.093\text{mm}$$

纤维条带宽度 $b_f \leqslant 200\text{mm}$，条带净间距 $s_{f,n} = 250 - 150 = 100\text{mm}$，其不大于混凝土规范要求的箍筋最大间距 250mm 的 0.7 倍，也不大于梁高的 1/4。满足加固规范的构造要求。

为检验 SCS 软件计算结果，可使用 SCS-506 功能项计算，如图 8-26 所示。对话框输入信息和最终计算结果如该图所示，可见其与图 8-25 的计算结果相互印证。

图 8-26　碳纤维布加固集中荷载作用为主的独立梁复核结果

8.4　受压构件正截面加固计算

轴心受压构件可采用沿其全长无间隔地环向连续粘贴纤维织物的方法（简称环向围束法）进行加固。

采用环向围束法加固轴心受压构件仅适用于下列情况：

1）长细比 $l/D \leqslant 12$ 的圆形截面柱；

2）长细比 $l/b \leqslant 14$、截面高宽比 $h/b \leqslant 1.5$、截面高度 $h \leqslant 600\text{mm}$，且截面棱角经过圆化打磨的正方形或矩形截面柱。

采用环向围束法加固轴心受压构件，其正截面承载力应符合下列公式规定：

$$N \leqslant 0.9\left[\left(f_{c0} + 4\sigma_l\right)A_{cor} + f'_{y0}A'_{s0}\right] \qquad (8\text{-}17)$$

$$\sigma_l = 0.5\beta_c k_\rho \rho_f E_f \varepsilon_{fe} \qquad (8\text{-}18)$$

式中　N——加固后轴向压力设计值；

f_{c0}——原构件混凝土轴心抗压强度设计值；

σ_l——有效约束应力；

A_{cor}——环向围束内混凝土面积（图 8-27）；圆形 $A_{cor} = \pi D^2/4$，正方形和矩形：$A_{cor} = bh - (4-\pi) r^2$；

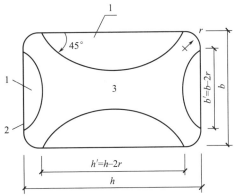

图 8-27　环向围束内矩形截面有效约束面积
1—无效约束面积；2—环向围束；3—有效约束面积

D——圆形截面柱的直径；

b——正方形截面边长或矩形截面的宽度；

h——矩形截面高度；

r——截面棱角的圆化半径（倒角半径）；

β_c——混凝土强度影响系数：当混凝土强度等级不超过 C50 时，β_c 取为 1.0；当混凝土强度等级为 C80 时，β_c 取为 0.8；其间按线性内插法确定；

k_c——环向围束的有效约束系数，按式（8-19）计算；

ρ_f——环向围束体积比，按式（8-20）或式（8-21）计算；

E_f——纤维复合材的弹性模量；

ε_{fe}——纤维复合材的有效拉应变设计值，重要构件取 $\varepsilon_{fe} = 0.0035$；一般构件取 $\varepsilon_{fe} = 0.0045$。

环向围束的计算参数 k_c 和 ρ_f，应按下列规定确定：

1）有效约束系数 k_c 值的确定：

（1）圆形截面柱：$k_c = 0.95$；

（2）正方形的矩形截面柱，应按下式计算：

$$k_c = 1 - \frac{(b-2r)^2 + (h-2r)^2}{3A_{cor}(1-\rho_s)} \tag{8-19}$$

式中　ρ_s——柱中纵向钢筋的配筋率。

2）环向围束体积比 ρ_f 值的确定：

对圆形截面柱：

$$\rho_f = 4n_f t_f / D \tag{8-20}$$

对正方形和矩形截面柱：

$$\rho_f = 2n_f t_f (b+h)/A_{cor} \tag{8-21}$$

式中　n_f——纤维复合材的层数；

t_f——纤维复合材每层厚度。

《既有建筑鉴定与加固通用规范》GB 55021—2021 第 6.5.12 条规定：当采用纤维复合材的环向围束对钢筋混凝土柱进行正截面加固或提高延性的抗震加固时其环向围束的纤维织物的层数不应少于 3 层。

【例 8-8】轴心受压矩形柱纤维复合材加固复核

某高层建筑框架结构的轴心受压中柱，截面尺寸 600mm×600mm，计算长度 $l_0 = 6$m，混凝土强度等级为 C25，截面配筋 4 Φ 22+8 Φ 18（400 级钢，$A_s' = 3556$mm^2），原轴向力设计值 N 为 4200kN，现因加层改造，加层后轴力设计值 N 为 5100kN。如果采用碳纤维围束加固方法，试进行加固设计。

【解】1）原柱承载力复核，使用文献［2］介绍的 RCM 软件输入信息与简要计算结果如图 8-28 所示。可见承载力不满足要求，需要加固。

2）加固计算

① 柱长细比和截面尺寸

$l/b = 6000/600 = 10 \leqslant 14$，截面高宽比 $h/b \leqslant 1.5$，截面高度 $h \leqslant 600$mm，符合采用围束加固柱的范围。

图 8-28 原柱轴心受压承载力

② 计算相关参数

施工时设计棱角圆化半径为 30mm。

选用高强 I 级 200g/m² 型 CFRP 围束，其弹性模量为 2.3×10^5MPa，按构造要求，对矩形截面其层数不应少于 3 层，设 CFRP 围束为三层 $n_f=3$，$t_f=0.111$mm，$A_{cor}=600^2-(4-\pi)\times30^2=359200$mm²。

$$\rho_f=2\times3\times0.111\times1200/359200=0.0022$$

$$\rho_s=A'_s/(b\times h)=3556/360000=0.0099$$

$$k_c=1-\frac{(b-2r)^2+(h-2r)^2}{3A_{cor}(1-\rho_s)}=1-\frac{(600-2\times30)^2\times2}{3\times359200\times(1-0.0099)}=1-0.547=0.453$$

$$\sigma_l=0.5\beta_ck_c\rho_fE_f\varepsilon_{fe}=0.5\times1\times0.453\times0.0022\times230000\times0.0035=0.406\text{N/mm}^2$$

$$N_u=0.9[(f_{c0}+4\sigma_l)A_{cor}+f'_{y0}A'_{s0}]=0.9[(11.9+4\times0.406)\times359200+360\times3556]\times10^{-3}=5524.57\text{kN}$$

$N_u>5100$kN，满足设计要求。

使用 SCS 软件计算，对话框输入信息和最终计算结果如图 8-29 所示，可见其与手算结果相同。

图 8-29 纤维复合材轴心受压构件加固复核

【例8-9】轴心受压圆柱纤维复合材加固复核

文献［5］第114页例题，某圆形截面轴心受压柱，截面尺寸 $D=400$mm，计算长度 l_0 = 2.75m，混凝土强度等级为C25，截面配筋 6 ϕ 16（HRB335级钢，$A_s'=1206$mm^2），纵筋保护层厚度30mm，螺旋箍筋直径 $d=10$mm，间距 $s=60$mm，箍筋采用 HPB235 钢筋。荷载等级提高后，截面轴向力组合设计值 N 为 2150kN。验算截面承载力，若不满足，试采用碳纤维围束加固方法，试进行加固设计。

【解】 1. 原柱承载力复核

使用文献［2］介绍的 RCM 软件输入信息与简要计算结果如图 8-30 所示。可见承载力不满足要求，需要加固。

图 8-30 原柱轴心受压承载力

2. 加固计算

1）柱长细比和截面尺寸

$l_0/D = 2750/400 = 6.9 \leqslant 12$，符合采用围束加固柱的范围。

2）计算相关参数

原构件有效截面面积：$A_{cor} = \dfrac{\pi D^2}{4} = \dfrac{\pi \times 400^2}{4} = 125664$mm^2

圆形截面柱，环向围束的有效约束系数 $k_c = 0.95$

选用高强 I 级 CFRP 围束，按构造要求，设 CFRP 围束为三层，即 $n_f = 3$，$t_f = 0.167$mm。

3）加固后承载力验算

环向围束体积比

$$\rho_f = 4n_f t_f/D = 4 \times 3 \times 0.167/400 = 0.00501$$

有效约束应力

$$E_f = 240000\text{N/mm}^2 ; \varepsilon_{fe} = 0.0035$$

$$\sigma_l = 0.5\beta_c k_c \rho_f E_f \varepsilon_{fe} = 0.5 \times 1 \times 0.95 \times 0.00501 \times 240000 \times 0.0035 = 2.00\text{N/mm}^2$$

加固后截面承载力为

$$N_u = 0.9\big[(f_{c0} + 4\sigma_l)A_{cor} + f_{y0}' A_{s0}'\big] = 0.9\big[(11.9 + 4 \times 2.00) \times 125664 + 300 \times 1206\big] \times 10^{-3} = 2576.3\text{kN}$$

$N_u > 2150$kN，满足设计要求。

使用 SCS 软件计算，对话框输入信息和最终计算结果如图 8-31 所示，可见其与手算结果相同。

图 8-31　纤维复合材轴心受压构件加固复核

8.5　框架柱斜截面加固计算

当采用纤维复合材的条带对钢筋混凝土框架柱进行受剪加固时，应粘贴成环形箍，且纤维方向应与柱的纵轴线垂直。

采用环形箍加固的柱：

1）永久、短暂设计状况

受弯构件加固后的斜截面应符合下列规定：

$$V \leqslant 0.25\beta_c f_{c0} bh_0 \tag{8-22}$$

其斜截面受剪承载力应符合下列公式规定：

$$V \leqslant V_{c0} + V_{cf} \tag{8-23}$$

$$V_{cf} = \psi_{vc} f_f A_f h / s_f \tag{8-24}$$

$$A_f = 2n_f b_f t_f \tag{8-25}$$

2）地震设计状况

当剪跨比大于 2 时，　　　　$V \leqslant 0.2\beta_c f_{c0} bh_0 / \gamma_{RE} \tag{8-26a}$

当剪跨比不大于 2 时，　　　$V \leqslant 0.15\beta_c f_{c0} bh_0 / \gamma_{RE} \tag{8-26b}$

按照《建筑抗震加固技术规程》JGJ 116—2009 第 6.3.11-3 条"对构件承载力的新增部分，其加固抗震承载力调整系数宜采用 1.0"，斜截面受剪承载力应符合下列规定：

$$V \leqslant V_{c0E} + V_{cfE} \tag{8-27}$$

$$V_{cfE} = \psi_{vc} f_f A_f h / s_f \tag{8-28}$$

式中　V——构件加固后剪力设计值；

V_{c0}——加固前原构件斜截面受剪承载力，C 类建筑按现行《混凝土结构设计规范》GB 50010—2010 的规定计算；

V_{cf}——粘贴纤维复合材加固后，对柱斜截面承载力的提高值；

ψ_{vc}——与纤维复合材受力条件有关的抗剪强度折减系数，按表 8-4 的规定值采用；

f_f——受剪加固采用的纤维复合材抗拉强度设计值，应按《混凝土结构加固设计规范》GB 50367—2013 第 4.3.4 条规定的抗拉强度设计值乘以调整系数 0.5

确定；

A_f——配置在同一截面处纤维复合环形箍的全部截面面积；

n_f——纤维复合材环形箍的层数；

b_f、t_f——分别为纤维复合材环形箍的宽度和每层厚度；

h——柱的截面高度；

s_f——环形箍的中心间距；

V_{c0E}——加固前梁的斜截面抗震承载力，按现行《混凝土结构设计规范》GB 50010 计算；

γ_{RE}——承载力抗震调整系数，这里 $\gamma_{RE} = 0.85$。

抗剪强度折减系数 ψ_{vc} 值   表 8-4

	轴压比	≤0.1	0.3	0.5	0.7	0.9
受力条件	均布荷载或 $\lambda_c \geq 3$	0.95	0.84	0.72	0.62	0.51
	$\lambda_c \leq 1$	0.90	0.72	0.54	0.34	0.16

注：1. λ_c 为柱的剪跨比，对框架柱 $\lambda_c = H_n / (2h_0)$，H_n 为柱的净高；h_0 为柱截面有效高度。
2. 中间值按线性内插法确定。

【例 8-10】受压构件斜截面纤维复合材加固设计

某框架结构柱，截面尺寸 400mm×400mm，柱净高 4.0m，混凝土强度等级为 C30，均匀布置 HPB235 箍筋 φ10@200，柱轴压比为 0.5，现设计剪力 350kN。如果采用碳纤维环向加固方案，试进行加固计算。

【解】1）验算截面尺寸

$V = 350\text{kN} \leq 0.25\beta_c f_{c0}bh_0 = 0.25 \times 1 \times 14.3 \times 400 \times 360 \times 10^{-3} = 514.8\text{kN}$，满足要求。

2）确定原柱受剪承载力

轴压比 = 0.5 > 0.3，取

$$N = 0.3f_{c0}bh = 0.3 \times 14.3 \times 400 \times 400 \times 10^{-3} = 686.4\text{kN}$$

使用文献［2］介绍的 RCM 软件输入信息与简要计算结果如图 8-32 所示。可见承载力不满足要求，需要加固。

图 8-32 原柱受剪承载力

3）碳纤维承载剪力

$$V_{cf} = V - V_{c0} = 350 - 197.48 = 152.52\text{kN}$$

4）碳纤维布用量

查表 8-4 得 $\psi_{vc} = 0.72$。采用高强度 I 级碳纤维布，则 $f_f = 0.5 \times 1600 = 800\text{N}/\text{mm}^2$

$$\frac{A_f}{s_f} = \frac{V_{cf}}{\psi_{vc} f_f h} = \frac{152520}{0.72 \times 800 \times 400} = 0.662\text{mm}$$

使用 SCS 软件计算对话框输入信息和最终计算结果如图 8-33 所示，可见其与手算结果相同。

图 8-33　受压构件斜截面纤维复合材加固设计

选取粘贴碳纤维布，3 层，层厚 0.167mm，宽 200mm，间距 300mm，则实际

$$\frac{A_f}{s_f} = \frac{2n_f b_f t_f}{s_f} = \frac{2 \times 3 \times 200 \times 0.167}{300} = 0.668\text{mm} > 0.662\text{mm}$$

使用 SCS 软件 SCS-509 复核功能计算对话框输入信息和最终计算结果如图 8-34 所示。

图 8-34　受压构件斜截面纤维复合材加固复核

如果此柱受到地震组合剪力 $V = 350\text{kN}$ 作用又知该结构属于 C 类建筑，采用碳纤维环向加固方案，试进行加固计算。

【解】1）验算截面尺寸

剪跨比 $\lambda_c = H_n/2h_0 = 4000/(2 \times 360) = 5.56 > 2$，

$V = 350\mathrm{kN} \le 0.20\beta_c f_{c0}bh_0/\gamma_{RE} = 0.20 \times 1 \times 14.3 \times 400 \times 360 \times 10^{-3}/0.85 = 484.5\mathrm{kN}$，满足要求。

2）确定原柱受剪承载力

轴压比 $= 0.5 > 0.3$，取 $N = 0.3f_{c0}bh = 686.4\mathrm{kN}$

$$V_{c0E} = \frac{1}{\gamma_{RE}}\left(\frac{1.05}{\lambda+1}f_{t0}bh_0 + f_{yv}\frac{A_{sv}}{s}h_0 + 0.056N\right) = 178.63\mathrm{N}$$。可见承载力不满足要求，需要加固。

3）碳纤维承载剪力

$$V_{cf} = V - V_{c0} = 350 - 178.63 = 171.37\mathrm{kN}$$

4）碳纤维布用量

查表 8-4 得 $\psi_{vc} = 0.72$。采用高强度 I 级碳纤维布，则 $f_f = 0.5 \times 1600 = 800\mathrm{N/mm^2}$

$$\frac{A_f}{s_f} = \frac{V_{cf}}{\psi_{vc}f_f h} = 171360/(0.72 \times 800 \times 400) = 0.744\mathrm{mm}$$

使用 SCS 软件计算对话框输入信息和最终计算结果如图 8-35 所示，可见其与手算结果相同。

图 8-35　受压构件斜截面纤维复合材抗震加固设计

8.6　大偏心受压构件加固计算

当采用纤维增强复合材加固大偏心受压的钢筋混凝土柱时，应将纤维复合材粘贴于构件受拉区边缘混凝土表面，且纤维方向应与柱的纵轴线方向一致。

矩形截面大偏心受压柱的加固，其正截面承载力应符合下列公式规定：

$$N \le \alpha_1 f_{c0}bx + f'_{y0}A'_{s0} - f_{y0}A_{s0} - f_f A_f \tag{8-29}$$

$$Ne \le \alpha_1 f_{c0}bx\left(h_0 - \frac{x}{2}\right) + f'_{y0}A'_{s0}(h_0 - a') + f_f A_f(h - h_0) \tag{8-30}$$

$$e = e_i + \frac{h}{2} - a \tag{8-31}$$

$$e_i = e_0 + e_a \tag{8-32}$$

考虑地震作用组合计算大偏压柱的正截面承载力时，应在式（8-30）右端除以承载力

抗震调整系数 γ_{RE}（轴压比小于 0.15 时，$\gamma_{RE}=0.75$；否则，$\gamma_{RE}=0.80$）。按照《建筑抗震加固技术规程》JGJ 116—2009 第 6.3.11-3 条 "对构件承载力的新增部分，其加固抗震承载力调整系数宜采用 1.0"。式（8-29）、式（8-30）中纤维项乘 γ_{RE}，即得：

$$N \leqslant \alpha_1 f_{c0} bx + f'_{y0} A'_{s0} - f_{y0} A_s - \gamma_{RE} f_f A_f \tag{8-29'}$$

$$\gamma_{RE} Ne \leqslant \alpha_1 f_{c0} bx (h_0 - x/2) + f'_{y0} A'_{s0} (h_0 - a') + \gamma_{RE} f_f A_f (h - h_0) \tag{8-30'}$$

式中　N——加固后轴向压力设计值；

　　　e——轴向压力作用点至纵向受拉钢筋 A_s 合力作用点的距离；

　　　e_i——初始偏心距；

　　　e_0——轴向压力对截面重心的偏心距，取为 $e_0 = M/N$；当需要考虑二阶效应时，框架柱的 M 应按国家标准《混凝土结构设计规范》GB 50010—2010 第 6.2.4 条规定的 $C_m \eta_{ns} M_2$，乘以修正系数 ψ 确定，即取 M 为 $\psi C_m \eta_{ns} M_2$；

　　　ψ——修正系数，当为对称方式加固时，取 ψ 为 1.2；当为非对称方式加固时，取 ψ 为 1.3；

　　　e_a——附加偏心距，按偏心方向截面最大尺寸 h 确定，当 $h \leqslant 600mm$ 时，取 e_a 为 20mm；当 $h > 600mm$ 时，取 $e_a = h/30$；

a、a'——分别为纵向受拉钢筋合力点、纵向受压钢筋合力点至截面近边的距离；

　　　f_f——纤维复合材抗拉强度设计值，应根据其品种，分别按《混凝土结构加固设计规范》GB 50367—2013 表 4.3.4-1、表 4.3.4-2 及 4.3.4-3 采用。

【例 8-11】大偏心受压构件正截面纤维复合材加固设计算例

某框架结构柱，截面尺寸 $b \times h = 400mm \times 600mm$，柱计算长度 3.0m，混凝土强度等级为 C25，对称配筋 4 Φ 22（$A_{s0} = A'_{s0} = 1520mm^2$），$a = a' = 40mm$。加固后截面需承受轴力设计值 780kN，弯矩设计值为 460kN·m。求纤维复合材的加固量。

【解】

1）原柱承载力复核

按照《混凝土结构设计规范》GB 50010—2010，偏心受压构件计算需要知道杆件两端弯矩比值 M_1/M_2，在未知的情况下，为安全计，设 $M_1/M_2 = 1$。使用文献［2］介绍的 RCM 软件输入信息与简要计算结果如图 8-36 所示。可见承载力不足，需要加固。

图 8-36　原柱受压弯承载力

2）加固计算

自身挠曲二阶效应计算

假设加固后柱的自身挠曲二阶效应与加固前相同，实际上加固后柱的自身挠曲二阶效应比加固前要小，这样假设是偏于安全的。另偏安全，取 $M_1/M_2=1$，$e_0=M/N=460000/780=589.7\text{mm}$

由于 $M_1/M_2=1>0.9$，因此，需要考虑挠曲变形引起的附加弯矩影响。

$$h_0=h-a=600-40=560\text{mm}$$

$$e_a=\max\left(\frac{h}{30},20\right)=\max\left(\frac{600}{30},20\right)=20.0\text{mm}$$

$$\zeta_c=\frac{0.5f_cA_c}{N}=\frac{0.5\times11.9\times240000}{780000}=1.831>1，取\ \zeta_c=1.0$$

$$C_m=0.7+0.3\frac{M_1}{M_2}=1.0$$

$$\eta_{ns}=1+\frac{1}{1300(e_0+e_a)/h_0}\left(\frac{l_c}{h}\right)^2\zeta_c=1+\frac{1}{1300\times(589.7+20)/560}\left(\frac{3000}{600}\right)^2\times1=1.018$$

采用非对称加固

$$e_i=\psi C_m\eta_{ns}e_0+e_a=1.3\times1\times1.018\times589.7+20=800.2\text{mm}$$

$$e=e_i+\frac{h}{2}-a'=800.2+0.5\times600-40=1060.2\text{mm}$$

判断是否是大偏心受压破坏

$N_b=\alpha_1f_{c0}b\xi_bh_0=1\times11.9\times400\times0.518\times560\times10^{-3}=1380\text{kN}>N$，属于大偏心受压破坏。
计算截面受压区高度，由式（8-29）、式（8-30）联立

$$x=h\left[1-\sqrt{1-2\times\frac{N(e+a)-f_{y0}A_{s0}(h_0-a)}{\alpha_1f_{c0}bh^2}}\right]$$

$$=600\times\left[1-\sqrt{1-2\times\frac{780000\times(1060.2+40)-360\times1520\times(560-40)}{1\times11.9\times400\times600^2}}\right]=255.1\text{mm}$$

$x\leqslant\xi_bh_0=0.518\times560=290.1\text{mm}$，确认是大偏心受压。

由式（8-24）$A_f=\dfrac{\alpha_1f_{c0}bx-N}{f_f}=\dfrac{1\times11.9\times400\times255.1-780000}{2300}=188.7\text{mm}^2$

使用 SCS 软件计算对话框输入信息和最终计算结果如图 8-37 所示，可见其与手算结果相同。

选取粘贴碳纤维布，3 层，层厚 0.167mm。采用两条粘贴（每条宽度≤200mm），宽度计算如下：

由 $A_f=2n_fb_ft_f$，$b_f=\dfrac{A_f}{2n_ft_f}=188.7/(2\times3\times0.167)=188.3\text{mm}$。可取每条宽 190mm。

以下检验下 SCS 软件的大偏心受压柱粘贴纤维复合材加固复核功能。构件信息如上，并已知加固采用粘贴 188.7mm^2 单向高强度碳纤维 I 级布（标准值 3400MPa），求加固后构件的承载能力是否满足已知轴力和弯矩组合作用的要求。

问题可转变为已知偏心距 $e_a=M/N=460000/780=589.7\text{mm}$，求能承受的轴向力 N 的过程。

图 8-37　大偏心受压柱粘贴纤维复合材加固计算

【解】

加固计算，计算自身挠曲二阶效应 η_{ns} 与计算题几乎相同，只是因 N 是未知数，所以截面曲率修正系数计算如下：

$$\zeta_{\mathrm{c}} = 0.2 + 2.7\frac{e_i}{h_0} = 0.2 + 2.7 \times \frac{589.7 + 20}{560} = 3.140 > 1.0,\ \text{取}\ \zeta_{\mathrm{c}} = 1.0,\ \text{偏心距}\ e = 1060.2\mathrm{mm},$$

与设计题所求相同。

代入《混凝土结构加固设计规范》GB 50367—2013 式（10.6.2-1）、式（10.6.2-2），即本书式（8-29）、式（8-30）并联立，得 x 的二次方程。求解得 $x = 255.0\mathrm{mm}$。

$x \leqslant \xi_{\mathrm{b}}h_0 = 0.518 \times 560 = 290.1\mathrm{mm}$，确认是大偏心受压。

由式（8-29）

$$N = \alpha_1 f_{c0}bx + f'_{y0}A'_{s0} - f_{y0}A_{s0} - f_{f}A_{f} = (1 \times 11.9 \times 400 \times 250 - 2300 \times 188.7) \times 10^{-3} = 780\mathrm{kN}$$

使用 SCS 软件计算对话框输入信息和最终计算结果如图 8-38 所示，可见其与手算结果相同，其也与设计过程相符。

图 8-38　大偏心受压柱粘贴纤维复合材加固复核

如果该柱所受地震作用组合轴力设计值 780kN，弯矩设计值为 575（=460/0.8）kN·m。

求纤维复合材的用量。

由式（8-29'）、式（8-30'）与式（8-29）、式（8-30）比较可见，如将式（8-30）左端乘 γ_{RE}，则求解方程组的过程与静力分析是一样的，得到 $x = 255.1\text{mm}$。再由式（8-29'）

$$A_f = \frac{\alpha_1 f_{c0} bx - N}{\gamma_{RE} f_f} = 188.7/0.8 = 235.9\text{mm}^2$$。使用 SCS-510 功能输入信息和最终计算结果如图 8-39 所示。

图 8-39 大偏心受压柱粘贴纤维复合材抗震加固设计

为验证 SCS 软件此计算功能的可靠性，使用 SCS-511 功能输入信息和最终计算结果如图 8-40 所示。比较图 8-39 可见，软件计算是可靠的。

图 8-40 大偏心受压柱粘贴纤维复合材抗震加固复核

8.7 大偏心受拉构件正截面加固计算

采用外贴纤维复合材加固环形或其他封闭式钢筋混凝土受拉构件时，应按原构件纵向受拉钢筋的配置方式，将纤维织物粘贴于相应位置的混凝土表面上，且纤维方向应与构件受拉方向一致，并处理好围拢部位的搭接和锚固问题。

矩形截面大偏心受拉构件加固的截面应力图可参见图 6-39，但图中的 $f_{sp}A_{sp}$ 改为 f_fA_f，由此图可知，正截面承载力应按下列公式确定：

当 $x \geqslant 2a'$ 时

$$N \leqslant f_{y0}A_{s0} + f_fA_f - \alpha_1 f_{c0}bx - f'_{y0}A'_{s0} \tag{8-33}$$

$$Ne \leqslant \alpha_1 f_{c0}bx\left(h_0 - \frac{x}{2}\right) + f'_{y0}A'_{s0}(h_0 - a') + f_fA_f(h - h_0) \tag{8-34}$$

$$e = e_0 - \frac{h}{2} + a \tag{8-35}$$

当 $x < 2a'$ 时

$$Ne' \leqslant f_{y0}A_{s0}(h_0 - a') + f_fA_f(h - a') \tag{8-36}$$

$$e' = e_0 + \frac{h}{2} - a' \tag{8-37}$$

式中　　N——加固后轴向拉力设计值；

　　e、e'——轴向拉力作用点至纵向受拉、受压钢筋合力点的距离；

　　　e_0——轴向拉力对截面重心的偏心距，取为 $e_0 = M/N$；

　a、a'——分别为纵向受拉钢筋合力点、纵向受压钢筋合力点至截面近边的距离；

　　　f_f——纤维复合材抗拉强度设计值，应根据其品种，分别按《混凝土结构加固设计规范》GB 50367—2013 表 4.3.4-1、表 4.3.4-2 及 4.3.4-3 采用。

考虑地震作用组合计算大偏拉柱的正截面承载力时，应在式（8-34）、式（8-36）右端除以承载力抗震调整系数 γ_{RE}（= 0.85）。按照《建筑抗震加固技术规程》JGJ 116—2009 第 6.3.11-3 条"对构件承载力的新增部分，其加固抗震承载力调整系数宜采用 1.0。"，式（8-33）、式（8-34）、式（8-36）中纤维项乘 γ_{RE}。即得：

$$N \leqslant f_{y0}A_{s0} + \gamma_{RE}f_fA_f - \alpha_1 f_{c0}bx - f'_{y0}A'_{s0} \tag{8-33'}$$

$$Ne \leqslant \alpha_1 f_{c0}bx(h_0 - x/2) + f'_{y0}A'_{s0}(h_0 - a') + \gamma_{RE}f_fA_f(h - h_0) \tag{8-34'}$$

$$Ne' \leqslant f_{y0}A_{s0}(h_0 - a') + \gamma_{RE}f_fA_f(h - a') \tag{8-36'}$$

式（8-34'）、式（8-36'）左端的 e、e' 是已将式（8-35）、式（8-37）中的 e_0 换成 $\gamma_{RE}e_0$ 后的，所以式（8-34'）、式（8-36'）左端就不显现 γ_{RE} 了。

【例 8-12】 矩形截面大偏心受拉构件纤维复合材加固设计算例

已知某矩形截面偏心受拉构件，截面尺寸为：$b \times h = 250\text{mm} \times 400\text{mm}$，计算长度 $l_c = 3000\text{mm}$，C25 混凝土，受压侧纵向钢筋 3 ϕ 16（$A'_{s0} = 603\text{mm}^2$），受拉侧纵向钢筋 4 ϕ 22（$A_{s0} = 1520\text{mm}^2$），$a = a' = 45\text{mm}$。因工程改造，构件需承受的轴向拉力设计值 $N = 200\text{kN}$，弯矩设计值 $M = 120\text{kN·m}$。拟采用受拉侧粘贴纤维复合材加固，要求计算该构件所需的粘贴纤维复合材截面面积。

【解】 1）原构件承载力复核

使用文献［2］介绍的 RCM 软件输入信息与简要计算结果如图 8-41 所示。可见承载力不足，需要加固。

2）加固计算

偏心距计算　　　　　　　　$e_0 = M/N = 120/0.2 = 600\text{mm}$

$$e = e_0 - \frac{h}{2} + a = 600 - 400/2 + 45 = 445\text{mm}$$

图 8-41　原构件受拉承载力复核

计算截面受压区高度，由式（8-33）、式（8-34）联立

$$x = h\left[1-\sqrt{1-2\times\dfrac{N(e-a)+f_{y0}A_{s0}a-f'_{y0}A'_{s0}(h-a')}{\alpha_1 f_{c0}bh^2}}\right]$$

$$= 400\times\left[1-\sqrt{1-2\times\dfrac{200000\times(455-45)+300\times1520\times45-300\times603\times(400-45)}{1\times11.9\times250\times400^2}}\right]$$

$$= 31.8\text{mm}$$

真实的 x 比 31.8mm 还小，因为受压纵筋未达到屈服状态，此情况式（8-33）、式（8-34）不成立。至此可以肯定 $x<2a'=90\text{mm}$，$e'=e_0+h/2-a'=600+400/2-45=755\text{mm}$，由式（8-36）

$$A_{\text{f}} = \dfrac{Ne'-f_{y0}A_{s0}(h_0-a')}{f_{\text{f}}(h-a)} = \dfrac{200000\times755-300\times1520\times(355-45)}{2300\times(400-45)} = 11.81\text{mm}^2$$

使用 SCS 软件计算对话框输入信息和最终计算结果如图 8-42 所示，可见其与手算结果相同。

图 8-42　大偏心受拉构件粘贴纤维复合材加固计算之一

使用 SCS-513 复核计算时，对话框输入信息和最终计算结果如图 8-43 所示，可见其也与设计过程相符。

如果该构件需承受的轴向拉力设计值 $N=200\text{kN}$，弯矩设计值 $M=240\text{kN}\cdot\text{m}$。要求计算该构件所需的粘贴钢板截面面积。

图 8-43　大偏心受拉杆件粘贴纤维复合材加固复核之一

加固计算

偏心距计算 $e_0 = M/N = 240/0.2 = 1200\text{mm}$

计算截面受压区高度，由式（8-33）、式（8-34）联立

$$e = e_0 - \frac{h}{2} + a = 1200 - 400/2 + 45 = 1045\text{mm}$$

$$
\begin{aligned}
x &= h\left[1 - \sqrt{1 - 2 \times \frac{N(e-a) + f_{y0}A_{s0}a - f'_{y0}A'_{s0}(h-a')}{\alpha_1 f_{c0}bh^2}}\right]\\
&= 400 \times \left[1 - \sqrt{1 - 2 \times \frac{200000 \times (1045-45) + 300 \times 1520 \times 45 - 300 \times 603 \times (400-45)}{1 \times 11.9 \times 250 \times 400^2}}\right]\\
&= 165.6\text{mm}
\end{aligned}
$$

$x \geqslant 2a' = 90\text{mm}$，由式（8-34）

$$
\begin{aligned}
A_f &= \frac{Ne - \alpha_1 f_{c0}bx(h_0 - x/2) - f'_{y0}A'_{s0}(h_0 - a')}{f_f a}\\
&= \frac{200000 \times 1045 - 1 \times 11.9 \times 250 \times 165.6 \times (355 - 165.6/2) - 300 \times 603 \times (355-45)}{2300 \times 45}\\
&= 181.6\text{mm}^2
\end{aligned}
$$

使用 SCS 软件计算对话框输入信息和最终计算结果如图 8-44 所示，可见其与手算结果相同。

使用 SCS-513 复核计算时，对话框输入信息和最终计算结果如图 8-45 所示，可见其也与设计过程相符。

如果该构件承受的地震作用组合：轴向拉力设计值 $N = 200\text{kN}$，弯矩设计值 $M = 141.18$（$= 120/0.85$）kN·m。拟采用受拉侧粘贴纤维复合材加固。要求计算该构件所需的粘贴纤维复合材截面面积。

因为弯矩值正好是静载的数值除以 γ_{RE}，所以求解过程同前得到 $x = 31.8\text{mm}$，若没执行《建筑抗震加固技术规程》JGJ 116—2009 第 6.3.11-3 条，则得到的纤维复合材截面面积也与静载下的相同。执行该要求则由式（8-36）换成式（8-36'），即由静载结果再除以

图 8-44　大偏心受拉构件粘贴纤维复合材加固计算之二

图 8-45　大偏心受拉杆件粘贴纤维复合材加固复核之二

γ_{RE}，得 $A_{\mathrm{f}} = 11.81/0.85 = 13.89\mathrm{mm}^2$。

使用 SCS 软件功能项 513 复核计算时，对话框输入信息和最终计算结果如图 8-46 所示。

图 8-46　大偏心受拉构件粘贴纤维复合材抗震加固计算

使用 SCS-513 复核计算时，对话框输入信息和最终计算结果如图 8-47 所示，其中偏心距 = 141.18/0.2 = 705.9mm，可见其也与设计过程相符。

图 8-47　大偏心受拉构件粘贴纤维复合材抗震加固复核

8.8　偏心受压圆形柱提高正截面承载力粘纤维复合材加固计算

按照《纤维增强复合材料工程应用技术标准》GB 50608—2020[6] 第 5.4 节或《碳纤维增强复合材料加固混凝土结构技术规程》T/CECS 146—2022[7] 第 4.4 节，采用连续封闭方式粘贴纤维布约束圆形或矩形截面混凝土受压构件的加固（图 8-48），应符合下列规定：

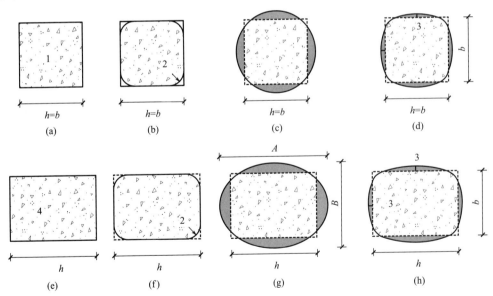

图 8-48　方形及矩形截面的倒角处理、改变形状及圆弧化处理

（a）原有混凝土柱；（b）倒角处理；（c）正方形变圆形；（d）圆弧化处理；
（e）原有混凝土柱；（f）倒角处理；（g）矩形变椭圆形；（h）圆弧化处理
1—正方形截面；2—倒角≥20mm 及 h/10；3—矢高≥b/20 或 h/20；4—矩形截面

（1）粘贴纤维布时，纤维方向应与构件轴线垂直。

（2）被加固矩形截面受压构件的角部应进行倒角处理，倒角半径不应小于 20mm 及截

面长度 h 的 1/10，截面长宽比 h/b 不应大于 1.5，截面长度 h 不宜大于 600mm。当 h 大于 600mm 时，尚应对矩形截面进行改变形状或圆弧化处理（图 8-48）。

（3）圆弧化处理应在经过倒角处理后的正方形或矩形截面上进行，圆弧线的矢高不应小于边长的 1/20 ［图 8-48（d）和图 8-48（b）］。

混凝土的约束状态及构件长细比应符合下列规定：

（1）混凝土的约束状态应由约束刚度参数确定。约束刚度参数应按下式计算：

$$\beta_j = \frac{E_f t_f}{f_{ck} R} \tag{8-38}$$

式中　β_j——约束刚度系数；

　　　E_f——纤维布的弹性模量；

　　　t_f——纤维布的厚度；

　　　f_{ck}——混凝土轴心抗压强度标准值；

　　　R——几何参数，按表 8-5 取值。

参数 R 及 β_{jb} 的取值　　　　表 8-5

参数	圆形截面	椭圆截面（改形处理矩形截面）	矩形截面及圆弧化处理矩形截面
R	r	$0.5A$	$0.5\sqrt{b^2+h^2}$
β_{jb}	6.5	$6.5/k_{s\sigma}$	$6.5/k_{s\sigma}$

注：r 为圆形截面半径；A 为椭圆截面的长轴长度；b、h 分别为矩形截面的长度和宽度或圆弧化处理矩形截面的原始长度和宽度；$k_{s\sigma}$ 为应力截面形状系数。

（2）当 β_j 大于 β_{jb} 时，为强约束；当 β_j 小于或等于 β_{jb} 时，为弱约束。用于区分混凝土约束状态强弱的约束刚度参数界限值 β_{jb} 应按表 8-5 取值。

（3）构件的长细比应符合下式的规定：

$$l_0/h \leq 12.5 - 375\varepsilon_{ru,k} \tag{8-39}$$

式中　l_0——柱的计算长度，按现行《混凝土结构设计规范》GB 50010 的有关规定取值；

　　　h——截面尺寸，对圆形截面取直径，对矩形截面、圆弧化处理矩形截面，取其偏心方向的截面尺寸；

　　$\varepsilon_{ru,k}$——由复合材料约束混凝土标准圆柱试件确定的纤维布环向极限标准值，复合材料约束混凝土标准圆柱的试验方法应符合《纤维增强复合材料工程应用技术标准》GB 50608 附录 F 的规定；无试验条件时，对碳纤维复合材料，取 $0.5f_{fk}/E_f$；对玻璃纤维复合材料，取 $0.7f_{fk}/E_f$；其中，f_{fk} 为纤维布的抗拉强度标准值；E_f 为纤维布的弹性模量。

复合材料约束混凝土的轴心抗压强度设计值应按下列公式计算：

$$f_{cc} = f_c + 3.5 \frac{E_f t_f}{R}\left(k_{s\sigma} - \frac{6.5}{\beta_j}\right)\varepsilon_{ru} \tag{8-40}$$

$$\varepsilon_{ru} = \frac{\varepsilon_{ru,k}}{\gamma_f \gamma_e} \tag{8-41}$$

（1）对于圆形截面，$k_{s\sigma}=1$；

（2）对于矩形截面，$k_{s\sigma}$ 应按下式计算：

$$k_{s\sigma} = \left(1.25\frac{r_c}{b}+\frac{r_c}{h}+0.33\right)\left(\frac{b}{h}\right)^{0.4} \tag{8-42}$$

（3）对于椭圆形截面，$k_{s\sigma}$ 应按下式计算：

$$k_{s\sigma} = 1.6-0.6A/B \tag{8-43}$$

（4）对于圆弧化处理矩形截面，$k_{s\sigma}$ 应按下式计算：

$$k_{s\sigma} = \left(1.25\frac{r_c}{b}+\frac{r_c}{h}+0.33\right)\left(\frac{b}{h}\right)^{0.4}(1+2.5r_{cs}^{0.5}) \tag{8-44}$$

式中　ε_{ru}——约束混凝土柱中复合材料环向极限应变设计值；

　　　$k_{s\sigma}$——应力截面形状系数；

　　　R——几何参数；

　　　β_j——约束刚度参数；

　　　γ_f——复合材料分项系数；

　　　γ_e——复合材料环境影响系数；

　　　r_c——矩形截面和圆弧化处理矩形截面的倒角半径；

　　　r_{cs}——圆弧化处理矩形截面的矢高与边长的比值；

A、B——椭圆截面的长轴、短轴长度。

复合材料约束混凝土的极限压应变设计值应按下式计算：

$$\varepsilon_{ccu} = 0.0033+0.6k_{s\varepsilon}\beta_j^{0.8}\varepsilon_{ru}^{1.45} \tag{8-45}$$

（1）对于圆形截面，$k_{s\varepsilon}=1$；

（2）对于矩形截面，$k_{s\varepsilon}$ 应按下式计算：

$$k_{s\varepsilon} = \left(1.25\frac{r_c}{b}+\frac{r_c}{h}+0.33\right)\left(\frac{h}{b}\right)^{0.5} \tag{8-46}$$

（3）对于椭圆形截面，$k_{s\varepsilon}$ 应按下式计算：

$$k_{s\varepsilon} = 1.3-0.3A/B \tag{8-47}$$

（4）对于圆弧化处理矩形截面，$k_{s\varepsilon}$ 应按下式计算：

$$k_{s\varepsilon} = \left(1.25\frac{r_c}{b}+\frac{r_c}{h}+0.33\right)\left(\frac{h}{b}\right)^{0.5}(1+1.5r_{cs}^{0.03}) \tag{8-48}$$

式中　$k_{s\varepsilon}$——应变截面形状系数。

计算复合材料约束加固受压构件的正截面受压承载力时，应计入附加偏心距 e_a。对于偏心受压构件，其值应取 20mm 和计入附加偏心距方向截面最大尺寸的 1/30 两者中的较大值；对于轴心受压构件，其值应取 20mm 和计入附加偏心距方向截面最大尺寸的 1/30 两者中的较大值（《纤维增强复合材料工程应用技术标准》GB 50608 这后半句疑似有误，对照《混凝土结构设计规范》GB 50010 轴心受压，并没有考虑偏心距一说）。

复合材料约束钢筋混凝土偏心受压构件正截面受压区混凝土的应力图形可简化为等效的矩形应力图。矩形应力图受压区高度可取实际受压区高度乘以系数 β_1；矩形应力图的应力值应取为 f_{cc} 乘以系数 α_1。α_1 和 β_1 应按下列公式计算：

$$\alpha_1 = 1.17-0.2f_{cc}/f_c \tag{8-49}$$

$$\beta_1 = 0.9 \tag{8-50}$$

复合材料约束加固圆形截面钢筋混凝土偏心受压构件，当其纵向钢筋沿周边均匀配置且纵筋数量不小于6根时（图8-49），其正截面受压承载力宜按下列公式计算：

$$N \leq \alpha \alpha_1 f_{cc} A \left(1 - \frac{\sin 2\pi\alpha}{2\pi\alpha}\right) + (\alpha_c - \alpha_t) f_y A_s \tag{8-51}$$

$$N e_{max} \leq \frac{2}{3} \alpha_1 f_{cc} A r \frac{\sin^3 \pi\alpha}{\pi} + f_y A_s r_s \frac{\sin \pi\alpha_c + \sin \pi\alpha_t}{\pi} \tag{8-52}$$

$$\alpha_c = 1.25\alpha - 0.125 \tag{8-53}$$

$$\alpha_t = 1.125 - 1.5\alpha \tag{8-54}$$

$$e_{max} = \max(\eta e_i, e_2 + e_a) \tag{8-55}$$

$$e_i = e_0 + e_a \tag{8-56}$$

$$e_0 = 0.6 e_2 + 0.4 e_1 \geq 0.4 e_2 \tag{8-57}$$

抗震设计时，用式（8-52'）替换式（8-52）

$$N e_{max} \leq \frac{1}{\gamma_{RE}} \left(\frac{2}{3} \alpha_1 f_{cc} A r \frac{\sin^3 \pi\alpha}{\pi} + f_y A_s r_s \frac{\sin \pi\alpha_c + \sin \pi\alpha_t}{\pi}\right) \tag{8-52'}$$

式中 N——轴向压力设计值；

     A——圆形截面面积；

     A_s——全部纵向钢筋的截面面积；

     f_y——纵向钢筋抗拉强度设计值；

     r——圆形截面的半径；

     r_s——纵向钢筋重心所在圆周的半径；

     e_i——初始偏心距；

     e_a——附加偏心距；

e_1、e_2——柱两端的偏心距，构件同向受弯时，两者同号；反向受弯时，两者异号；e_2 为两者中绝对值较大者且始终取正值；

     e_0——轴向压力对截面重心的偏心距；

   e_{max}——计入附加偏心距后等效偏心距和较大端部偏心距两者中的较大值；

     η——偏心距增大系数；

     α——对应于受压区混凝土截面面积的圆心角（rad）与 2π 的比值；

     α_c——纵向受压钢筋截面面积与全部纵向钢筋截面面积的比值，$0 \leq \alpha_c \leq 1$；

     α_t——纵向受拉钢筋截面面积与全部纵向钢筋截面面积的比值，$0 \leq \alpha_t \leq 1$；

   γ_{RE}——承载力抗震调整系数，取为 0.80，当轴压比小于 0.15 时，取为 0.75。

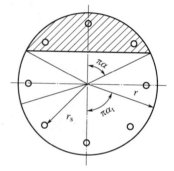

图8-49   沿周边均匀配筋的圆形截面

复合材约束加固钢筋混凝土偏心受压构件的偏心距增大系数，可按下列公式计算：

$$\eta = 1 + \frac{1.25\varepsilon_{ccu} + 0.0017}{8.3 e_i / h_0} \left(\frac{l_0}{h}\right)^2 \zeta_1 \zeta_2 \tag{8-58}$$

$$\zeta_1 = \frac{0.8 f_{cc} A}{N} \tag{8-59}$$

$$\zeta_2 = (1.15 + 30\varepsilon_{ru}) - (0.01 + 6\varepsilon_{ru}) l_0 / h \tag{8-60}$$

当构件的长细比符合下列条件时，取 $\eta = 1$：

$$\frac{l_0}{h} \leqslant \frac{15\dfrac{e_2-e_1}{h}+5}{\dfrac{f_{cc}}{f_c}(1+30\varepsilon_{ru,k})} \tag{8-61}$$

式中　l_0——柱计算长度，按现行《混凝土结构设计规范》GB 50010 的有关规定取值（此规范中柱计算长度符号是 l_c）；

h——截面尺寸，对圆形截面取直径，对其他截面取其偏心方向的截面尺寸；

h_0——截面有效高度，对圆形截面取 $r+r_s$；

A——构件的截面面积；

ε_{ru}——约束混凝土柱中纤维布环向极限应变设计值；

$\varepsilon_{ru,k}$——约束混凝土柱中纤维布环向极限应变标准值；

ζ_1——偏心受压构件的截面曲率修正系数，当 $\zeta_1>1$ 时，取 1；

ζ_2——构件长细比对截面曲率的影响系数，当 $\zeta_2>1$ 时，取 1。

复合材约束加固钢筋混凝土偏心受压构件除应计算弯矩作用平面的受压承载力外，尚应按轴心受压构件验算垂直于弯矩作用平面的受压承载力。

为方便求解，偏安全取 $e_1=e_2$，由式（8-58）得 $e_0=e_2$，$e_i=e_2+e_a$ 则 $e_{max}=\eta(e_2+e_a)$，因 $\eta \geqslant 1$，由式（8-52）求得 e_{max} 后，即可得出 $e_2 \leqslant e_{max}/\eta - e_a$。

计算原柱承载力时，同样假设 $M_1=M_2$，按照《混凝土结构设计规范》GB 50010—2010 的规定计算，其中偏心距增大系数为：

$$\eta_{ns}=1+\frac{1}{1300(M_2/N+e_a)/h_0}\left(\frac{l_c}{h}\right)^2\zeta_c \tag{8-62}$$

$$\zeta_c=\frac{0.5f_cA}{N}$$

以上详见《混凝土结构设计规范》GB 50010—2010 和文献 [2]，由 $e_{max}=\eta_{ns}e_2+e_a$ 求得 e_{max} 后，即可得出 $e_2 \leqslant (e_{max}-e_a)/\eta_{ns}$。

【例 8-13】偏心受压圆形柱加固复核计算

已知既有圆形偏心受压柱，$r=250mm$，$r_s=220mm$，柱计算长度 $l_c=3000mm$，C30 混凝土，HRB335 级钢筋，原设计压力 $N=2000kN$，设计弯矩 $M=200kN \cdot m$。设计结果实配纵筋 7ϕ25（$A_s=3436.3mm^2$）。现因工程改造设计压力提高至 $N=2300kN$，设计弯矩 $M=230kN \cdot m$，求纤维约束加固后承载力是否足够？

【解】先按照《混凝土结构设计规范》GB 50010 附录 E 的方法计算原柱的受弯承载力，经计算在压力 $N=2300kN$ 作用下，对应于受压区混凝土截面面积的圆心角（rad）与 2π 的比值 $\alpha=0.5742$，抵抗弯矩

$$M=\frac{2}{3}\alpha_1 f_c Ar\frac{\sin^3\pi\alpha}{\pi}+f_y A_s r_s\frac{\sin\pi\alpha+\sin\pi\alpha_t}{\pi}=230.17kN \cdot m$$

偏安全取 $M_1=M_2$ 即 $e_1=e_2$，则 $e_{max}=\eta_{ns}e_2+e_a=M/N=230.17\times10^6/2300000=100.1mm$

$$\zeta_c=\frac{0.5f_cA}{N}=\frac{0.5\times14.3\times196350}{2300000}=0.610$$

$$\eta_{ns}=1+\frac{1}{1300\ (M_2/N+e_a)\ /h_0}\left(\frac{l_c}{h}\right)^2\zeta_c=1+\frac{1}{1300(230000/2300+20)/470}\left(\frac{3000}{500}\right)^2\times0.610=1.066$$

原柱端能承担的最大偏心距 $e_{2max}=(e_{max}-e_a)/\eta_{ns}=(100.1-20)/1.066=75.1\text{mm}$

原柱端能承担的最大弯矩 $M_{2max}=Ne_{2max}=2300000\times75.1=172.74\text{kN}\cdot\text{m}<$ 作用弯矩 M，需要加固。

加固计算：

加固纤维布选为：高强型碳纤维布 CFS3500，其抗拉强度 $f_{fk}\geqslant3500\text{MPa}$，弹性模量 $E_f\geqslant230\text{GPa}$，单层厚 0.167mm 的碳纤维布，共粘贴三层（总厚度 0.5mm）。

柱长细比检验，$l_0/h=l_c/h=3000/500=6$，$\varepsilon_{ru,k}=0.5f_{fk}/E_f=0.5\times3500/230000=0.007609$

允许的柱长细比 $[l_0/h]=12.5-375\varepsilon_{ru,k}=125-375\times0.007609=9.65$

可见 $l_0/h\leqslant[l_0/h]$，可以用此法进行加固。

计算复合材约束混凝土的轴心抗压强度设计值，几何参数 $R=r=500/2=250\text{mm}$

约束刚度参数：$\beta_j=E_ft_f/(f_{ck}R)=230000\times0.5/(20.1\times250)=22.886$

约束混凝土柱中纤维布环向极限应变设计值 $\varepsilon_{ru}=\dfrac{\varepsilon_{ru,k}}{\gamma_f\gamma_e}=0.007609/(1.4\times1.0)=0.005435$

应力截面形状系数：$k_{s\sigma}=1$

复合材约束混凝土的轴心抗压强度设计值：

$$f_{cc}=f_c+3.5\frac{E_ft_f}{R}\left(k_{s\sigma}-\frac{6.5}{\beta_j}\right)\varepsilon_{ru}=14.3+3.5\times\frac{230000\times0.5}{250}\times\left(1-\frac{6.5}{22.886}\right)\times0.005435=20.56\text{MPa}$$

$f_{cc}\leqslant1.75f_c$，满足《纤维增强复合材料工程应用技术标准》GB 50608—2020 第 5.4.4 条要求。

代入式（8-51）可算出对应于受压区混凝土截面面积的圆心角（rad）与 2π 的比值 $\alpha=0.5139$。

将 $\alpha=0.5139$ 代入式（8-52），可算出抵抗弯矩

$$M_{max}=\frac{2}{3}\alpha_1f_{cc}Ar\frac{\sin^3\pi\alpha}{\pi}+f_yA_sr_s\frac{\sin\pi\alpha_c+\sin\pi\alpha_t}{\pi}=350.53\text{kN}\cdot\text{m}$$

偏安全取 $e_1=e_2$，则 $e_{max}=\eta e_2+e_a=M_{max}/N=205.53\times10^6/2300000=152.4\text{mm}$

确定是否考虑挠曲二阶效应

$$\left[\frac{l_0}{h}\right]=\frac{15\dfrac{e_2-e_1}{h}+5}{\dfrac{f_{cc}}{f_c}(1+30\varepsilon_{ru,k})}=\frac{15\times0/500+5}{20.56\times(1+30\times0.007609)/14.3}=3.44$$

$l_0/h=6>[l_0/h]$，需要考虑杆件自身挠曲二阶效应，

$$\zeta_1=\frac{0.8f_{cc}A}{N}=0.8\times20.56\times196350/2300000=1.404>1\ \text{取}\ \zeta_1=1$$

$\zeta_2=(1.15+30\varepsilon_{ru})-(0.01+6\varepsilon_{ru})l_0/h=1.15+30\times0.005435-(0.01+6\times0.005435)\times6$
$\quad=1.306>1\ \text{取}\ \zeta_2=1$

复合材约束混凝土的极限压应变设计值：

$$\varepsilon_{ccu}=0.0033+0.6k_{s\varepsilon}\beta_j^{0.8}\varepsilon_{ru}^{1.45}=0.0033+0.6\times1\times22.886^{0.8}\times0.005435^{1.45}=0.007118$$

$$e_i = e_0 + e_a；\quad e_0 = M/N = 200 \times 10^3 / 2000 = 100\text{mm}，\quad e_a = 20\text{mm}$$

$$\eta = 1 + \frac{1.25\varepsilon_{ccu} + 0.0017}{8.3 e_i / h_0}\left(\frac{l_0}{h}\right)^2 \zeta_1 \zeta_2 = 1 + \frac{1.25 \times 0.007118 + 0.0017}{8.3 \times (100+20)/470} \times \left(\frac{3000}{500}\right)^2 \times 1 \times 1 = 1.180$$

加固后柱端能承担的最大偏心距 $e_{2max} = (e_{max} - e_a)/\eta = (152.4 - 20)/1.180 = 112.2\text{mm}$

加固后柱端能承担的最大弯矩 $M_{2max} = Ne_{2max} = 2300000 \times 112.2 = 258.07\text{kN·m} \geqslant$ 作用弯矩 M，加固后柱承担力足够！

平面外按轴心受压柱承载力 N_u 复核

$N_u = 0.9\varphi(f_{cc}A + f_y'A_s') = 0.9 \times 1.0 \times (20.56 \times 196350 + 300 \times 3436.3) = 4561.9\text{kN} \geqslant$ 作用轴力 N，满足要求。

使用 SCS 软件计算对话框输入信息和最终计算结果如图 8-50 所示，可见其与手算结果相同。

图 8-50　纤维围束加固偏心受压圆柱复核计算

如果此柱受到地震作用组合作用为：$N = 2300\text{kN}$，$M = 287.5(=230/0.85)\text{kN·m}$。则由式（8-52′）可见计算结果将与静力作用组合 $N = 2300\text{kN}$，$M = 230\text{kN·m}$ 的计算结果相同。使用 SCS 软件计算对话框输入信息和最终计算结果如图 8-51 所示。

图 8-51　纤维围束加固偏心受压圆柱抗震设计复核计算

8.9　提高柱延性的加固计算

钢筋混凝土柱因延性不足而进行抗震加固时，可采用环形粘贴纤维复合材料构成的环向围束作为附加箍筋。

当采用环向围束作为附加箍筋时，应按下列公式计算柱箍筋的体积配箍率 ρ_v，且应满足国家标准《混凝土结构设计规范》GB 50010 规定的要求：

$$\rho_v = \rho_{v,e} + \rho_{v,f} \tag{8-63}$$

按《混凝土结构加固设计规范》GB 50367—2013 计算

$$\rho_{v,f} = k_c \rho_f \frac{b_f f_f}{s_f f_{yv0}} \tag{8-64}$$

按《纤维增强复合材料工程应用技术标准》GB 50608—2020 计算

$$\rho_{v,f} = \frac{t_f u w_f}{A_c (w_f + s_f)} \cdot \frac{E_f \varepsilon_{fe}}{f_{yv}} \tag{8-65}$$

式中　$\rho_{v,e}$——被加固柱原有箍筋的体积配箍率；当需要重新复核时，应按箍筋范围内的核心截面进行计算；

　　　$\rho_{v,f}$——环向围束作为附加箍筋算得的箍筋体积配箍率的增量；

　　　ρ_f——环向围束体积比，应按式（8-20）或式（8-21）计算；

　　　k_c——环向围束的有效约束系数，圆形截面，$k_c = 0.90$；正方形截面，$k_c = 0.66$；矩形截面，$k_c = 0.42$（使用此数值时应限制截面高宽比 $h/b \leqslant 1.5$）；

　　　b_f——环向围束纤维条带的宽度；

　　　s_f——环向围束纤维条带的中心间距；

　　　f_f——纤维复合材抗拉强度设计值，应根据其品种，分别按《混凝土结构加固设计规范》GB 50367—2013 表 4.3.4-1、表 4.3.4-2 及 4.3.4-3 采用；

　　　f_{yv}——原箍筋抗拉强度设计值；

　　　t_f——复材片材的厚度；

　　　u——柱截面周长；

　　　w_f——封闭复材条带宽度；

　　　s_f——复材条带净间距；

　　　A_c——柱截面面积；

　　　ε_{fe}——连续封闭粘贴复材片材对钢筋混凝土柱抗震加固时复材片材有效应变值，按表8-6取值，当柱的轴压力设计值下的轴压比大于 0.5 时，表中的值宜乘以 0.8。

抗震加固时复材片材的有效应变　　　　　　　　　　　　表 8-6

纤维种类	截面形状	
	矩形截面、圆弧化或改形处理矩形截面	圆柱
高强型碳纤维复材	0.005	0.006
玻璃纤维复材或芳纶复材	0.007	0.008

【例8-14】 提高矩形柱延性纤维复合材加固设计算例

已知矩形截面柱，截面尺寸为：$b×h=400\text{mm}×400\text{mm}$，计算长度 $l_c=3000\text{mm}$，C30 混凝土，均匀布置 HPB235 箍筋 $\phi8@100$，纵筋保护层厚度 25mm。拟采用碳纤维高强 I 级纤维，环向围束加固，要求达到体积配箍率 1.2%，试分别按《混凝土结构加固设计规范》GB 50367—2013 和《纤维增强复合材料工程应用技术标准》GB 50608—2020 计算所需的粘贴纤维复合材截面面积。

【解】 1）原构件体积配箍率复核

使用文献［2］介绍的 RCM 软件输入信息与简要计算结果如图 8-52 所示。可见体积配箍率不足，需要加固。

图 8-52　原构件体积配箍率

2）需增加体积配箍率

$$\rho_{v,f}=\rho_v-\rho_{v,e}=1.2\%-0.588\%=0.612\%$$

3）碳纤维布计算

环向围束的有效约束系数 $k_c=0.66$，$f_f=1600\text{N}/\text{mm}^2$，$f_{yv0}=210\text{N}/\text{mm}^2$，取环向围束纤维条带的宽度 $b_f=100\text{mm}$ 采用厚度 0.111mm 的碳纤维布，

$$A_{cor}=400^2-(4-\pi)30^2=159227\text{mm}^2$$

$$\rho_f=2n_ft_f(b+h)/A_{cor}=2×3×0.111×(400+400)/159227=0.335\%$$

由式（8-39）$s_f=k_c\rho_f\dfrac{b_ff_f}{\rho_{v,f}f_{yv0}}=0.66×0.335\%×\dfrac{100×1600}{0.00612×210}=274.8\text{mm}$

使用 SCS 软件计算对话框输入信息和最终计算结果如图 8-53 所示，可见其与手算结果相同。

如选取粘贴单层层厚 0.111mm 碳纤维布，则需粘贴（每条宽度≤100mm），中心间距 270mm（净间距 170mm）。

按《纤维增强复合材料工程应用技术标准》GB 50608—2020 选用纤维弹性模量与按《混凝土结构加固设计规范》GB 50367—2013 计算相同的纤维布，如图 8-53 所示。

根据截面形状、纤维布种类、轴压比（设其不大于 0.5）查《纤维增强复合材料工程应用技术标准》GB 50608—2020 表 5.5.2 得复材片材的有效应变值 $\varepsilon_{fe}=0.005$。前面已算

图 8-53　纤维围束增加矩形柱体积配箍率（《混凝土结构加固设计规范》GB 50367—2013 方法）

出需要增加的体积配箍率 $\rho_{vf} = 0.00612$。

　　柱截面倒角后截面积 $A_c = b \times h - (4 - \pi) r_c^2 = 400 \times 400 - (4 - 3.1416) \times 40 \times 40 = 158627 \text{mm}^2$

　　截面周长 $u = 2 \times (b + h - 4 \times r_c) + 2\pi r_c = 1531.3 \text{mm}$

　　由《纤维增强复合材料工程应用技术标准》GB 50608—2020 式（5.5.2-2）可得纤维条带净间距（即相邻条带间空白区宽度）

$$s_f = \frac{t_f u w_f}{A_c \rho_{vf}} \cdot \frac{E_f \varepsilon_{fe}}{f_{yv}} - w_f = \frac{0.333 \times 1531.3 \times 100}{158627 \times 0.00612} \times \frac{230000 \times 0.005}{210} - 100 = 187.5 \text{mm}$$

　　使用 SCS 软件计算对话框输入信息和最终计算结果如图 8-54 所示，可见其与手算结果相同。

图 8-54　纤维围束增加矩形柱（倒角处理）体积配箍率

（《纤维增强复合材料工程应用技术标准》GB 50608—2020 方法）

　　如选择用圆弧化处理矩形截面，则根据弦长 $b_x = b - 2 \times 0.293 r_c = 400 - 2 \times 0.293 \times 40 = 376.2 \text{mm}$，矢高 $h_x = b_x / 20 = 18.8 \text{mm}$，确定圆弧半径为 $R = 950 \text{mm}$，圆心角 $\theta = 0.3987$ 弧度。

　　弓形面积 $A_x = \frac{1}{2} R^2 \theta - \frac{1}{2} b_x \sqrt{R^2 - (b_x / 2)^2} = 4728 \text{mm}^2$

从而圆弧化处理后截面积为

$$A_c = 158627 + 4 \times 4728 - 4 \times 0.297 \times 40 \times (376.2 + 0.297 \times 40) = 159343 \text{mm}^2$$

截面周长 $u = 4R\theta = 4 \times 950 \times 0.3987 = 1515 \text{mm}$

由《纤维增强复合材料工程应用技术标准》GB 50608—2020 式（5.5.2-2）可得纤维条带净间距（即相邻条带间空白区宽度）

$$s_f = \frac{t_f u w_f}{A_c \rho_{vf}} \cdot \frac{E_f \varepsilon_{fe}}{f_{yv}} - w_f = \frac{0.333 \times 1515 \times 100}{159343 \times 0.00612} \times \frac{230000 \times 0.005}{210} - 100 = 183.1 \text{mm}$$

使用 SCS 软件计算对话框输入信息和最终计算结果如图 8-55 所示，可见其与手算结果相同。

图 8-55　纤维围束增加矩形柱（圆弧化处理）体积配箍率

（《纤维增强复合材料工程应用技术标准》GB 50608—2020 方法）

三种方法粘贴碳纤维布（每条带宽度 = 100mm），中心间距分别为 270mm、287mm 和 283mm，结果比较接近。

【例 8-15】提高圆形柱延性纤维复合材加固设计算例

已知圆形截面柱，截面直径为：$D = 600 \text{mm}$，均匀布置 HPB235 箍筋 $\phi 6.5@200$，纵筋保护层厚度 $c = 32 \text{mm}$。拟采用碳纤维高强 I 级纤维，环向围束加固，要求达到体积配箍率 1.2%，试分别按《混凝土结构加固设计规范》GB 50367—2013 和《纤维增强复合材料工程应用技术标准》GB 50608—2020 计算所需的粘贴纤维复合材截面面积。

【解】 1）原构件体积配箍率复核

混凝土核心区直径 $d_{cor} = D - 2c = 600 - 2 \times 32 = 536 \text{mm}$

混凝土核心区面积 $A_{cor} = \pi d_{cor}^2 / 4 = 3.1416 \times 536 \times 536 / 4 = 225642 \text{mm}^2$

近似取图 8-42 所示箍筋直线段长度为包围其圆直径的 0.9 倍，则截面内箍筋的总长度为：

$$l = \pi \times (d_{cor} + d) + 4 \times 0.9 \times d_{cor} = 3.1416 \times (536 + 6.5) + 3.6 \times 536 = 3634 \text{mm}$$

体积配箍率 $\rho_{v,c} = \dfrac{l \times A_{s1}}{A_{cor} s} = \dfrac{l \times \pi \times d^2}{4 A_{cor} s} = \dfrac{3634 \times 3.1416 \times 6.5^2}{4 \times 225642 \times 200} = 0.2672\%$。可见体积配箍率不足，需要加固。

2）需增加体积配箍率

$$\rho_{v,f} = \rho_v - \rho_{v,e} = 1.2\% - 0.267\% = 0.933\%$$

3）碳纤维布计算

环向围束的有效约束系数 $k_c = 0.9$，$f_f = 1600N/mm^2$，$f_{yv0} = 210N/mm^2$，取环向围束纤维条带的宽度 $b_f = 150mm$ 采用厚度 0.111mm 的碳纤维布，按式（8-20）

$$\rho_f = 4n_f t_f/D = 4 \times 2 \times 0.111/600 = 0.2220\%$$

由式（8-37）$s_f = k_c \rho_f \dfrac{b_f f_f}{\rho_{v,f} f_{yv0}} = 0.9 \times 0.00222 \times \dfrac{150 \times 1600}{0.00933 \times 210} = 244.8mm$

使用 SCS 软件计算对话框输入信息和最终计算结果如图 8-56 所示，可见其与手算结果相同。

如选取粘贴 3 层单层层厚 0.111mm 碳纤维布，则需粘贴（每条宽度 = 150mm），中心间距 240mm（净间距 90mm）。

图 8-56　纤维围束增加圆形柱体积配箍率（《混凝土结构加固设计规范》GB 50367—2013 方法）

按 GB 50608—2020 选用纤维弹性模量与按《混凝土结构加固设计规范》GB 50367—2013 计算相同的纤维布，如图 8-57 所示。

图 8-57　纤维围束增加圆形柱体积配箍率（《纤维增强复合材料工程应用技术标准》GB 50608—2020 方法）

根据截面形状、纤维布种类、轴压比（设其不大于 0.5）查《纤维增强复合材料工程应用技术标准》GB 50608—2020 表 5.5.2 得复材片材的有效应变值 $\varepsilon_{\mathrm{fe}} = 0.006$。

柱截面倒角后截面积 $A_{\mathrm{c}} = \pi D^2/4 = 3.1416 \times 600 \times 600/4 = 282744\mathrm{mm}^2$

截面周长 $u = \pi D = 3.1416 \times 600 = 1885\mathrm{mm}$，前面已算出需要增加的体积配箍率 $\rho_{\mathrm{vf}} = 0.00933$。

由《纤维增强复合材料工程应用技术标准》GB 50608—2020 式（5.5.2-2）可得纤维条带净间距（即相邻条带间空白区宽度）

$$s_{\mathrm{f}} = \frac{t_{\mathrm{f}} u w_{\mathrm{f}}}{A_{\mathrm{c}} \rho_{\mathrm{vf}}} \times \frac{E_{\mathrm{f}} \varepsilon_{\mathrm{fe}}}{f_{\mathrm{yv}}} - w_{\mathrm{f}} = \frac{0.333 \times 1885 \times 150}{282744 \times 0.00933} \times \frac{230000 \times 0.006}{210} - 150 = 84.6\mathrm{mm}$$

使用 SCS 软件计算对话框输入信息和最终计算结果如图 8-57 所示，可见其与手算结果相同。

如选取粘贴 3 层单层层厚 0.111mm 碳纤维布，则需粘贴（每条带宽度＝150mm），条带中心间距两种方法分别为：240mm（净间距 90mm）、234mm，两种方法结果差距不大。但是，如果柱轴压比超过 0.5，则《纤维增强复合材料工程应用技术标准》GB 50608 的结果如图 8-58 所示。因为取 $\varepsilon_{\mathrm{fe}} = 0.0048$，所以其最终结果比《混凝土结构加固设计规范》GB 50367—2013 方法结果严格得多。

图 8-58　纤维围束增加圆形柱（n>0.5）体积配箍率
（《纤维增强复合材料工程应用技术标准》GB 50608—2020 方法）

8.10　降低柱轴压比加固计算

《纤维增强复合材料工程应用技术标准》GB 50608—2020 规定：对于圆形截面、圆弧化处理矩形截面及改形处理矩形截面柱，并沿柱整个高度连续封闭粘贴复材片材约束混凝土加固时，轴压比可按下式计算：

$$n = \frac{N}{f_{\mathrm{cc}} A_{\mathrm{c}}} \tag{8-66}$$

式中　N——地震作用组合时柱轴向压力设计值；

f_{cc}——复材约束混凝土抗压强度设计值；

A_c——柱截面面积，对于圆弧化处理矩形截面及改形处理矩形截面，应按处理后的截面尺寸确定。

【例 8-16】 粘贴纤维复合材降低圆柱轴压比设计算例

已知混凝土框架结构某圆形截面柱，截面直径为：$D=400mm$，柱计算长度 3000mm，C30 混凝土，承受地震作用组合轴压力设计值 1500kN。加固前轴压比为 0.83，满足规范对原结构抗震等级为三级的要求（$n \leqslant 0.85$）。现因设防烈度调高为抗震等级为二级，该柱不满足二级的轴压比要求（$n \leqslant 0.75$）。拟采用沿柱整个高度连续封闭粘贴碳纤维高强纤维，试计算粘贴纤维复合材后柱的轴压比。

【解】 假设选用粘贴三层，单层厚 0.111mm 的高强型碳纤维布 CFS2500，查《纤维增强复合材料应用技术标准》GB 50608—2020 表 4.2.4 知其抗拉强度标准值柱 $f_{fk}=2500MPa$，弹性模量 $E_f=210GPa$。

长细比：$l_0/h=3000/400=7.50$

$$\varepsilon_{ru,k}=0.5f_{fk}/E_f=0.5 \times 2500/210000=0.005952$$

柱长细比允许值 $[l_0/h]=12.5-375\varepsilon_{ru,k}=12.5-375 \times 0.005952=10.27$

$l_0/h \leqslant [l_0/h]$，柱长细比 $\leqslant$ 允许的柱长细比，可以用此法加固！

几何参数 $R=400/2=200mm$，约束刚度参数 $\beta_j=E_ft_f/(f_{ck}R)=210000 \times 0.333/(20.1 \times 200)=17.40$

应力截面形状系数 $k_{s\sigma}=1.0$

约束混凝土柱中纤维布环向极限应变设计值 $\varepsilon_{ru}=\varepsilon_{ru,k}/(\gamma_f\gamma_e)=0.005952/(1.4 \times 1.0)=0.004251$

复材约束混凝土的轴心抗压强度设计值：

$$f_{cc}=f_c+3.5\frac{E_ft_f}{R}\left(k_{s\sigma}-\frac{6.5}{\beta_j}\right)\varepsilon_{ru}=14.3+3.5 \times 210000 \times 0.333 \times (1-6.5/17.40) \times 0.004251/200$$

$$=17.56MPa$$

$f_{cc} \leqslant 1.75f_c$，满足《纤维增强复合材料应用技术标准》GB 50608—2020 第 5.4.4 条要求。

$$柱截面积\ A_c=\pi D^2/4=3.1416 \times 400 \times 400/4=125664mm^2$$

$$加固前柱轴压比\ n_0=N/(f_cA_c)=1500 \times 1000/(14.3 \times 125664)=0.83$$

$$加固后柱轴压比\ n=N/(f_{cc}A_c)=1500 \times 1000/(17.56 \times 125664)=0.68$$

使用 SCS 软件计算对话框输入信息和最终计算结果如图 8-59 所示，可见其与手算结果相同。

【例 8-17】 粘贴纤维复合材降低矩形柱轴压比设计算例

已知混凝土框架结构某矩形截面柱，截面尺寸为：$b \times h=300mm \times 400mm$，柱计算长度 2800mm，C30 混凝土，承受地震作用组合轴压力设计值 1500kN。现因设防烈度调高抗震等级为二级。拟采用沿柱整个高度连续封闭粘贴碳纤维高强纤维，试计算粘贴纤维复合材后柱的轴压比。

【解】 假设选用粘贴三层，单层厚 0.167mm 的高强型碳纤维布 CFS3500，查《纤维增强复合材料应用技术标准》GB 50608—2020 表 4.2.4 知其抗拉强度标准值，柱 $f_{fk}=$

图 8-59　粘贴纤维减少圆柱轴压比

3500MPa，弹性模量 $E_f = 230GPa$。

长细比：$l_0/h = 2800/300 = 9.33$

$$\varepsilon_{ru,k} = 0.5 f_{fk}/E_f = 0.5 \times 3500/230000 = 0.007609$$

柱长细比允许值 $[l_0/h] = 12.5 - 375\varepsilon_{ru,k} = 12.5 - 375 \times 0.007609 = 9.65$

$l_0/h \leq [l_0/h]$，柱长细比≤允许的柱长细比，可以用此法加固！

几何参数 $R = 0.5\sqrt{b^2 + h^2} = 0.5 \times 500 = 250mm$，

约束刚度参数 $\beta_j = E_f t_f/(f_{ck} R) = 230000 \times 0.50/(20.1 \times 250) = 22.89$

应力截面形状系数（取倒角半径 $r_c = 40mm$、圆弧化处理矩形截面的矢高与边长的比值 $r_{cs} = 1/20 = 0.05$）

$$k_{s\sigma} = \left(1.25 \frac{r_c}{b} + \frac{r_c}{h} + 0.33\right)\left(\frac{b}{h}\right)^{0.4}(1 + 2.5 r_{cs}^{0.5})$$

$$= \left(1.25 \times \frac{40}{300} + \frac{40}{400} + 0.33\right)\left(\frac{300}{400}\right)^{0.4} \times (1 + 2.5\sqrt{0.05}) = 0.829$$

约束混凝土柱中纤维布环向极限应变设计值 $\varepsilon_{ru} = \varepsilon_{ru,k}/(\gamma_f \gamma_e) = 0.007609/(1.4 \times 1.0) = 0.005435$

复材约束混凝土的轴心抗压强度设计值：

$$f_{cc} = f_c + 3.5 \frac{E_f t_f}{R}\left(k_{s\sigma} - \frac{6.5}{\beta_j}\right)\varepsilon_{ru} = 14.3 + 3.5 \times 230000 \times 0.5 \times (0.829 - 6.5/22.89) \times 0.005435/250$$

$$= 19.07MPa$$

$f_{cc} \leq 1.75 f_c$，满足《纤维增强复合材料应用技术标准》GB 50608—2020 第 5.4.4 条要求。

柱原截面积 $A_0 = b \times h = 300 \times 400 = 120000mm^2$

倒角后截面积 $A_1 = b \times h - (4-\pi) r_c^2 = 120000 - (4-\pi) \times 40 \times 40 = 118627mm^2$

根据弦长 $b_x = b - 0.594 r_c = 276.2mm$，矢高 $h_x = b_x/20 = 13.8mm$，确定上、下圆弧半径

为 $R_y = 697.5\text{mm}$，圆心角 $\theta_y = 4\arctan(2h_x/b_x) = 0.3987$ 弧度，弓形面积 $A_y = 2548.7\text{mm}^2$

根据弦长 $b_y = h - 0.594r_c = 376.2\text{mm}$，矢高 $h_y = b_y/20 = 18.8\text{mm}$，确定左、右圆弧半径

为 $R_x = 950.0\text{mm}$，圆心角 $\theta_x = 4\arctan(2h_y/b_y) = 0.3987$ 弧度，弓形面积 $A_x = 4728.0\text{mm}^2$

加固后柱截面积 $A_c = A_1 + 2[A_x + A_y - 0.297r_c \times (b_x + b_y + 0.594r_c)] = 117329\text{mm}^2$

加固前柱轴压比 $n_0 = N/(f_c A_0) = 1500 \times 1000/(14.3 \times 120000) = 0.87$

加固后柱轴压比 $n = N/(f_{cc} A_c) = 1500 \times 1000/(19.07 \times 117329) = 0.67$

使用 SCS 软件计算对话框输入信息和最终计算结果如图 8-60 所示，可见其与手算结果相同。

图 8-60　粘贴纤维减少矩形柱轴压比

本章参考文献

[1] 卢亦焱. 混凝土结构加固设计原理 [M]. 北京：高等教育出版社，2016.

[2] 王依群. 混凝土结构设计计算算例 [M]. 3 版. 北京：中国建筑工业出版社，2016.

[3] 卜良桃，梁爽，黎红兵. 混凝土结构加固设计规范算例 [M]. 2 版. 北京：中国建筑工业出版社，2015.

[4] 左成平，左明汉. 混凝土结构粘结加固设计与算例 [M]. 北京：中国建筑工业出版社，2007.

[5] 邬晓光，白青侠，雷自学. 公路桥梁加固设计规范应用计算示例 [M]. 北京：人民交通出版社，2011.

[6] 中华人民共和国国家标准. 纤维增强复合材料工程应用技术标准 GB 50608—2020 [S]. 北京：中国计划出版社，2020.

[7] 中国工程建设标准化协会标准. 碳纤维增强复合材料加固混凝土结构技术规程 T/CECS 146—2022 [S]. 北京：中国建筑工业出版社，2022.

第9章 预应力碳纤维复合板加固法

9.1 设 计 规 定

预应力碳纤维复合板加固 PFRP 法适用截面偏小或配筋不足的钢筋混凝土受弯、受拉和大偏心受压构件的加固。本方法不适用于素混凝土构件，包括纵向受力钢筋一侧配筋率低于 0.2% 的构件加固。

被加固的混凝土结构构件，其现场实测混凝土强度等级不得低于 C25，且混凝土表面的正拉粘结强度不得低于 2.0MPa。

粘贴在混凝土构件表面上的预应力碳纤维复合板，其表面应进行防护处理。表面防护材料应对纤维及胶粘剂无害。

粘贴预应力碳纤维复合材加固钢筋混凝土结构构件时，应将碳纤维复合板受力方式设计成仅承受拉应力作用。

采用预应力碳纤维复合板对钢筋混凝土结构进行加固时，碳纤维复合板张拉锚固部分之外的板面与混凝土之间也应涂刷结构胶粘剂。

采用本方法加固的混凝土结构，其长期使用的环境温度不应高于 60℃；处于特殊环境（如高温、高湿、动荷载、介质侵蚀、放射等）的混凝土结构采用本方法加固时，除应按国家现行有关标准采取相应的防护措施外，尚应采用耐环境因素作用的结构胶粘剂，并按专门的工艺要求施工。

当被加固构件的表面有防火要求时，应按现行《建筑设计防火规范》GB 50016 规定的耐火等级及耐火极限要求，对胶粘剂和碳纤维复合板进行防护。

采用预应力碳纤维复合板加固混凝土结构构件时，纤维复合板宜直接粘贴在混凝土表面。不推荐采用嵌入式粘贴方式。

图 9-1 张拉前锚具平面示意图

1—张拉端锚具；2—推力架；3—导向螺杆；4—张拉支架；5—固定端定位板；6—固定端锚具；7—M20 胶锚螺栓；
8—M16 螺栓；9—碳纤维复合板；10—M12 螺栓；11—预留孔，张拉完成后植入 M20 胶锚螺栓设计应对所用锚栓的抗剪强度进行验算，锚栓的设计剪应力不得大于锚栓材料抗剪强度设计值的 0.6 倍。

采用预应力碳纤维复合板对钢筋混凝土结构进行加固时，其锚具（图 9-1～图 9-4）的张拉端和锚固端至少应有一端为自由活动端。

图 9-2　张拉前锚具纵向剖面示意图

1—张拉端锚具；2—推力架；3—导向螺杆；4—张拉支架；5—固定端定位板；6—固定端锚具；7—M20 胶锚螺栓；
8—M16 螺栓；9—千斤顶；10—楔形锁固；11—6° 倾斜角；l—张拉行程；h—锚固深度，取为 170mm

图 9-3　张拉完成锚具平面示意图

1—张拉端锚具；2—固定端锚具；3—M20 胶锚螺栓；4—碳纤维复合板

图 9-4　张拉完成锚具纵向剖面示意图

1—张拉端锚具；2—固定端锚具；3—M20 胶锚螺栓；4—碳纤维复合板；5—楔形锁固；
6—结构胶粘剂；L—张拉位移；h—锚固深度，取为 170mm

9.2　预应力碳纤维复合板加固受弯构件

当采用预应力碳纤维复合板对梁、板等受弯构件进行加固时，其预应力损失应按下列规定计算：

1. 锚具变形和碳纤维复合板内缩引起的预应力损失值 σ_{l1}

$$\sigma_{l1} = \frac{a}{l} E_f \tag{9-1}$$

式中　a——张拉锚具变形和碳纤维复合板内缩值，应按表 9-1 采用；

　　　l——张拉端至锚固端之间的净距离；

　　　E_f——碳纤维复合板的弹性模量。

锚具类型和预应力碳纤维复合板内缩值 a（mm）　　　　表 9-1

锚具类型	平板锚具	波形锚具
a	2	1

2. 预应力碳纤维复合板的松弛损失 σ_{l2}

$$\sigma_{l2} = r\sigma_{con} \tag{9-2}$$

式中　r——松弛损失率，可近似取 2.2%。

3. 混凝土收缩和徐变引起的预应力损失值 σ_{l3}

$$\sigma_{l3} = \frac{55 + 300\sigma_{pc}/f'_{cu}}{1 + 15\rho} \tag{9-3}$$

式中　σ_{pc}——预应力碳纤维复合板处的混凝土法向压应力；

　　　ρ——预应力碳纤维复合板和钢筋的配筋率，其计算公式为：$\rho = (A_f E_f/E_s + A_s)/(bh_0)$；

　　　f'_{cu}——施加预应力时的混凝土立方体抗压强度。

4. 由季节温差造成的温差损失值 σ_{l4}

$$\sigma_{l4} = \Delta T \, | \alpha_f - \alpha_c | E_f \tag{9-4}$$

式中　ΔT——年平均最高（或最低）温度与预应力碳纤维复合板张拉锚固时的温差；

　　　α_f、α_c——碳纤维复合板、混凝土的轴向温度膨胀系数，α_f 可取为 $1 \times 10^{-6}/℃$；α_c 可取为 $1 \times 10^{-5}/℃$。

受弯构件加固后的相对界限受压区高度 $\xi_{b,f}$ 可采用下式计算，即取加固前控制值的 0.85 倍：

$$\xi_{b,f} = 0.85\xi_b \tag{9-5}$$

式中　ξ_b——构件加固前的相对界限受压区高度，按现行《混凝土结构设计规范》GB 50010 的规定计算。

采用预应力碳纤维复合板对梁、板等受弯构件进行加固时，除应符合现行《混凝土结构设计规范》GB 50010 正截面承载力的基本假定外，尚应符合下列补充规定：

1）构件达到承载能力极限状态时，粘结预应力碳纤维复合板的拉应变 ε_f 应按截面应变保持平面的假设确定；

2）碳纤维复合板应力 σ_f 取等于拉应变 ε_f 与弹性模量 E_f 的乘积；

3）在达到受弯承载力极限状态前，预应力碳纤维复合板与混凝土之间的粘结不致出现剥离破坏。

在矩形截面受弯构件的受拉边混凝土表面粘贴预应力碳纤维复合板进行加固时，其锚具设计所采用的预应力纤维复合板与混凝土相粘结的措施，仅作为安全储备，不考虑其在结构设计中的粘结作用。在这一前提下，其正截面承载力应符合下列规定：

$$M \leq \alpha_1 f_{c0} bx\left(h-\frac{x}{2}\right)+f'_{y0}A'_{s0}(h-a')-f_{y0}A_{s0}(h-h_0) \tag{9-6}$$

$$\alpha_1 f_{c0} bx = f_f A_f + f_{y0} A_{s0} - f'_{y0} A'_{s0} \tag{9-7}$$

$$2a' \leq x \leq \xi_{b,f} h_0 \tag{9-8}$$

当计算中计入纵向普通受压钢筋时，应满足式（9-8）的条件；当不满足此条件时，正截面受弯承载力应符合下列规定：

$$M \leq f_{y0}A_{s0}(h_0-a')+f_f A_f(h-a') \tag{9-9}$$

注：《混凝土结构加固设计规范》GB 50367—2013 中没有式（9-9），这是本书作者仿照《混凝土结构设计规范》GB 50010—2010 式（6.2.14）列出的。

T 形截面受弯构件，截面混凝土受压区高度 x 大于翼缘设计 h'_f 时，式（9-6）、式（9-7）应用下列二式替换：

$$M \leq \alpha_1 f_{c0} bx\left(h-\frac{x}{2}\right)+\alpha_1 f_{c0}(b'_f-b)h'_f\left(h-\frac{h'_f}{2}\right)+f'_{y0}A'_{s0}(h-a')-f_{y0}A_{s0}(h-h_0) \tag{9-10}$$

$$\alpha_1 f_{c0} bx = f_f A_f + f_{y0} A_{s0} - f'_{y0} A'_{s0} - \alpha_1 f_{c0}(b'_f-b)h'_f \tag{9-11}$$

按照《建筑抗震加固技术规程》JGJ 116—2009 第 6.3.11-3 条粘贴纤维布"对构件承载力的新增部分，其加固抗震承载力调整系数宜采用 1.0"，考虑地震组合计算梁的正截面承载力时，应在式（9-6）、式（9-7）、式（9-10）、式（9-11）抗力项除以承载力抗震调整系数 γ_{RE}（=0.75），即用下面四式代替。

$$\gamma_{RE}M \leq \alpha_1 f_{c0} bx\left(h-\frac{x}{2}\right)+f'_{y0}A'_{s0}(h-a')-f_{y0}A_{s0}(h-h_0) \tag{9-6'}$$

$$\alpha_1 f_{c0} bx = \gamma_{RE}f_f A_f + f_{y0} A_{s0} - f'_{y0} A'_{s0} \tag{9-7'}$$

$$\gamma_{RE}M \leq \alpha_1 f_{c0} bx\left(h-\frac{x}{2}\right)+\alpha_1 f_{c0}(b'_f-b)h'_f\left(h-\frac{h'_f}{2}\right)+f'_{y0}A'_{s0}(h-a')-f_{y0}A_{s0}(h-h_0) \tag{9-10'}$$

$$\alpha_1 f_{c0} bx = \gamma_{RE}f_f A_f + f_{y0} A_{s0} - f'_{y0} A'_{s0} - \alpha_1 f_{c0}(b'_f-b)h'_f \tag{9-11'}$$

式中　M——弯矩（包括加固前的初始弯矩）设计值；

α_1——计算系数，当混凝土强度等级不超过 C50 时，取 $\alpha_1=1.0$；当混凝土强度等级为 C80 时，取 $\alpha_1=0.94$，其间按线性内插法确定；

f_{c0}——混凝土轴心抗压强度设计值；

x——混凝土受压区高度；

b、h——矩形截面的宽度和高度；

b'_f、h'_f——T 形截面受压翼缘的宽度和高度；

f_{y0}、f'_{y0}——受拉钢筋、受压钢筋的抗拉、抗压强度设计值；

A_{s0}、A'_{s0}——受拉钢筋、受压钢筋的截面面积；

a'——纵向受压钢筋合力点至混凝土受压区边缘的距离；

h_0——构件加固前的截面有效高度；

f_f——碳纤维复合板的抗拉强度设计值，按《混凝土结构加固设计规范》GB 50367—2013 表 4.3.4-1 采用；

A_f——预应力碳纤维复合材的截面面积；

γ_{RE}——承载力抗震调整系数。

加固设计时，可根据公式（9-6）计算出混凝土受压区的高度 x，然后代入公式（9-7），即可求出受拉面应粘贴的预应力碳纤维复合板的截面面积 A_f。

对翼缘位于受压区的 T 形截面受弯构件的受拉面粘贴预应力碳纤维复合板进行受弯加固时，应按上述三条规定和现行《混凝土结构设计规范》GB 50010 中关于 T 形截面受弯承载力的计算方法进行计算。

采用预应力碳纤维复合板加固的钢筋混凝土受弯构件，应进行正常使用极限状态的抗裂和变形验算，并进行预应力碳纤维复合板的应力验算。受弯构件的挠度验算按现行《混凝土结构设计规范》GB 50010 的规定执行。

采用预应力碳纤维复合板进行加固的钢筋混凝土受弯构件，其抗裂控制要求可按现行《混凝土结构设计规范》GB 50010 确定。

在荷载效应的标准组合下，当受拉边缘混凝土名义拉应力 $\sigma_{ck}-\sigma_{pc}\leqslant f_{tk}$ 时，抗裂验算可按现行《混凝土结构设计规范》GB 50010 的方法进行；当受拉边缘混凝土名义拉应力 $\sigma_{ck}-\sigma_{pc}>f_{tk}$ 时，在荷载效应的标准组合并考虑长期影响的最大裂缝宽度应按下列公式计算：

$$w_{max} = 1.9\psi \frac{\sigma_{sk}}{E_s}\left(1.9c+0.08\frac{d_{eq}}{\rho_{te}}\right) \tag{9-12}$$

$$\psi = 1.1-0.65\frac{f_{tk}}{\rho_{te}\sigma_{sk}} \tag{9-13}$$

$$d_{eq} = \frac{\sum n_i d_i^2}{\sum n_i v_i d_i} \tag{9-14}$$

$$\rho_{te} = \frac{A_s+A_f E_f/E_s}{A_{te}} \tag{9-15}$$

$$\sigma_{sk} = \frac{M_k \pm M_2-N_{p0}(z-e_p)}{(A_f E_f/E_s+A_s)z} \tag{9-16}$$

$$z = \left[0.87-0.12(1-\gamma_f')\left(\frac{h_0}{e}\right)^2\right]h_0 \tag{9-17}$$

$$e = e_p+\frac{M_k \pm M_2}{N_{p0}} \tag{9-18}$$

式中　ψ——裂缝间纵向受拉钢筋应变不均匀系数：当 $\psi<0.2$ 时，取 $\psi=0.2$；$\psi>1.0$ 时，取 $\psi=1.0$；对直接承受重复荷载的构件，取 $\psi=1.0$；

σ_{sk}——按荷载标准组合或准永久组合计算的受弯构件纵向受拉钢筋的等效应力；

E_s——钢筋的弹性模量；

E_f——预应力碳纤维复合板的弹性模量，按《混凝土结构加固设计规范》GB 50367—2013 表 4.3.5 采用；

c——最外层纵向受拉钢筋外边缘至受拉区底边的距离（mm）：当 $c<20$ 时，取 $c=20$；$c>65$ 时，取 $c=65$；

ρ_{te}——按有效受拉混凝土截面面积计算的纵向受拉钢筋等效配筋率；在最大裂缝宽度计算中，当 $\rho_{te}<0.01$ 时，取 $\rho_{te}=0.01$；

A_f——预应力碳纤维复合板的截面面积；

A_{te}——有效受拉混凝土截面面积：受弯构件取 $A_{te}=0.5bh+(b_f-b)h_f$，其中 b_f、h_f 为受拉翼缘的宽度、高度；

d_{eq}——受拉区纵向钢筋的等效直径（mm）；

d_i——受拉区第 i 种纵向钢筋的公称直径（mm）；

n_i——受拉区第 i 种纵向钢筋的根数；

v_i——受拉区第 i 种纵向钢筋的相对粘结性系数，对光圆钢筋取 0.7，对带肋钢筋取 1.0；

M_k——按荷载效应标准组合计算的弯矩值；

M_2——后张法预应力混凝土超静定结构构件中的次弯矩，应按《混凝土结构设计规范》GB 50010—2010 第 10.1.5 条确定；

N_{p0}——纵向钢筋和预应力碳纤维复合板的合力；

z——受拉区纵向钢筋和预应力碳纤维复合板合力点至截面受压区合力点的距离；

γ'_f——受压翼缘截面面积与腹板有效截面面积的比值，计算公式为 $\gamma'_f=\dfrac{(b'_f-b)h'_f}{bh_0}$；

b'_f、h'_f——受压翼缘的宽度和高度，当 $h'_f>0.2h_0$ 时，取 $h'_f=0.2h_0$；

e_p——混凝土法向预应力等于零时 N_{p0} 的作用点至受拉区纵向钢筋合力点的距离；

f_{tk}——混凝土抗拉强度标准值。

采用预应力碳纤维复合板加固的钢筋混凝土受弯构件，其抗弯刚度 B_s 应按下列方法计算：

1）不出现裂缝的受弯构件：

$$B_s=0.85E_cI_0 \tag{9-19}$$

2）出现裂缝的受弯构件：

$$B_s=\frac{0.85E_cI_0}{k_{cr}+(1-k_{cr})w} \tag{9-20}$$

$$k_{cr}=\frac{M_{cr}}{M_k} \tag{9-21}$$

$$w=\left(1.0+\frac{0.21}{\alpha_E\overline{\rho}}\right)(1.0+0.45\gamma_f)-0.7 \tag{9-22}$$

$$M_{cr}=(\sigma_{pc}+\gamma f_{tk})W_0 \tag{9-23}$$

式中　E_c——混凝土的弹性模量；

I_0——换算截面惯性矩；

α_E——纵向受拉钢筋弹性模量与混凝土弹性模量的比值，计算公式为：$\alpha_E=E_s/E_c$；

$\overline{\rho}$——纵向受拉钢筋的等效配筋率，$\overline{\rho}=(A_fE_f/E_s+A_s)/(bh_0)$；

γ_f——受拉翼缘截面面积与腹板有效截面面积的比值；

k_{cr}——受弯构件正截面的开裂弯矩 M_{cr} 与弯矩 M_k 的比值，当 $k_{cr}>1.0$ 时，取 $k_{cr}=1.0$；

σ_{pc}——扣除全部预应力损失后，由预应力在抗裂边缘产生的混凝土预压应力；

γ——混凝土构件的截面抵抗塑性影响系数，应按现行《混凝土结构设计规范》GB 50010 的规定计算。

【例 9-1】 矩形截面梁预应力碳纤维板加固算例

文献 [1] 第 147 页例题，梁的跨度 4m，混凝土强度等级为 C30，截面尺寸为 $b \times h =$ 200mm×400mm，纵筋为 HRB400 钢筋，纵向受拉钢筋 2 Φ 16，纵向受压钢筋 2 Φ 12，$a = a' = 35$mm。现因房屋使用功能改变，梁上荷载变为：恒荷载标准值 $g_k = 24$kN/m，活荷载标准值 $q_k = 16$kN/m。组合值系数 = 0.7，准永久值系数 = 0.5。设计使用所限为 50 年，环境类别为一类。裂缝控制等级为三级，即允许出现裂缝。要求对该简支梁采用预应力（高强 I 级）碳纤维板进行抗弯加固（抗剪承载力满足要求）。

【解】 1. 受弯承载力加固设计计算

1）跨中截面弯矩计算

恒荷载产生的弯矩标准值

$$M_{Gk} = g_k l^2 / 8 = 24 \times 4^2 / 8 = 48 \text{kN} \cdot \text{m}$$

活荷载产生的弯矩标准值

$$M_{Qk} = q_k l^2 / 8 = 16 \times 4^2 / 8 = 32 \text{kN} \cdot \text{m}$$

跨中弯矩的标准组合值

$$M_k = M_{Gk} + M_{Qk} = 48 + 32 = 80 \text{kN} \cdot \text{m}$$

可变荷载效应控制的基本组合

$$M_1 = \gamma_G M_{Gk} + \gamma_Q M_{Qk} = 1.3 \times 48 + 1.5 \times 32 = 110.4 \text{kN} \cdot \text{m}$$

得跨中弯矩设计值 $M = 110.4$kN·m

2）抗弯承载力验算

使用文献 [2] 介绍的 RCM 软件输入信息与简要计算结果如图 9-5 所示。可见承载力不足，需要加固。

图 9-5　矩形截面双筋受弯构件正截面承载力

3）承载力加固计算

根据公式（9-6），得：

$$x = h \left[1 - \sqrt{1 - 2 \frac{M + f_{y0} A_{s0} a - f'_{y0} A'_{s0} (h - a')}{\alpha_1 f_{c0} b h^2}} \right]$$

$$= 400 \times \left[1 - \sqrt{1 - 2 \times \frac{110.4 \times 10^6 + 360 \times 402 \times 35 - 360 \times 226 \times (400 - 35)}{1 \times 14.3 \times 200 \times 400^2}} \right] = 83.7 \text{mm}$$

$x = 83.7$mm $\leqslant \xi_{b,f} h_0 = 0.85 \times 0.518 \times 365 = 160.7$mm，满足要求。

代入公式（9-7），得：

$$A_f = \frac{\alpha_1 f_{c0} bx - f_{y0}(A_{s0} - A'_{s0})}{f_f} = \frac{1 \times 14.3 \times 200 \times 83.7 - 360 \times (402 - 226)}{1600} = 110.1\,mm^2$$

使用 SCS-517 计算输入信息的简要输出如图 9-6 所示，可见其结果与手算结果相同。

图 9-6　预应力碳纤维板加固矩形截面双筋受弯构件正截面承载力

可选用一条 85mm 宽、1.4mm 厚的碳纤维板，$A_f = 85 \times 1.4 = 119\,mm^2 > 110.1\,mm^2$，满足要求。

2. 预应力及其损失计算

1）截面几何特性（为简化，近似按毛截面计算）

截面面积：$A_n = A_0 = A = b \times h = 200 \times 400 = 80000\,mm^2$

截面惯性矩：$I = bh^3/12 = 200 \times 400^3/12 = 1.07 \times 10^9\,mm^4$

受拉边缘抵抗矩：$W = bh^2/6 = 200 \times 400^2/6 = 5.33 \times 10^6\,mm^3$

2）预应力控制值：

$$\sigma_{con} = 0.65 \times 1600 = 1040\,N/mm^2$$

3）锚具变形和碳纤维复合板内缩引起的预应力损失值 σ_{l1}：

锚具采用平板锚具 $a = 2mm$；张拉时一端锚固一端张拉，张拉端至锚固之间的净距离 $l = 3200mm$。

$$\sigma_{l1} = \frac{a}{l} E_f = \frac{2}{3200} \times 1.6 \times 10^5 = 100\,N/mm^2$$

第一批预应力损失为 $\sigma_{l1} = \sigma_{l1} = 100\,N/mm^2$。

4）预应力碳纤维复合板的松弛损失 σ_{l2}：

松弛损失率近似取 2.2%，则 $\sigma_{l2} = r\,\sigma_{con} = 0.022 \times 1040 = 22.88\,N/mm^2$

5）混凝土收缩和徐变引起的预应力损失值 σ_{l3}：

预应力碳纤维复合板和钢筋的等效配筋率为

$$\bar{\rho} = (A_f E_f/E_s + A_s)/(bh_0) = [119 \times 1.6 \times 10^5/(2 \times 10^5) + 402]/(200 \times 365) = 0.68\%$$

加固前卸载到只剩下自重。钢筋混凝土的重度为 25kN/m³，沿梁长度和自重标准值为：

$$g_{1k} = 25 \times 200 \times 400 = 2.0\,kN/m$$

自重在梁跨中截面产生弯矩的标准值为：

$$M_{G1k} = g_{1k}l^2/8 = 2 \times 4^2/8 = 4.0 \text{kN} \cdot \text{m}$$

考虑第一批损失后,预应力碳纤维板中的拉力为:

$$N_{pI} = A_f(\sigma_{con} - \sigma_{l1}) = 119 \times (1040 - 100) = 111860 \text{N}$$

考虑梁自重影响,预应力碳纤维复合板处的混凝土法向压应力为:

$$\sigma_{pcI} = \frac{N_{pI}}{A_n} + \frac{N_{pI}h/2 - M_{G1k}}{W} = \frac{111860}{80000} + \frac{111860 \times 400/2 - 4 \times 10^6}{5.33 \times 10^6} = 4.84 \text{N/mm}^2 < 0.5f'_{cu} = 15 \text{N/mm}^2$$

混凝土收缩和徐变引起的预应力损失

$$\sigma_{l3} = \frac{55 + 300\sigma_{pc}/f'_{cu}}{1 + 15\bar{\rho}} = \frac{55 + 300 \times 4.84/30}{1 + 15 \times 0.0068} = 93.8 \text{N/mm}^2$$

本梁的加固条件为一类环境,不考虑由季节温差造成的温差损失。

6)跨中截面预应力总损失和混凝土有效预应力

$$\sigma_l = \sigma_{l1} + \sigma_{l2} + \sigma_{l3} = 100 + 22.88 + 93.8 = 216.72 \text{N/mm}^2 > 80 \text{N/mm}^2$$

混凝土有效预应力

$$N_p = (\sigma_{con} - \sigma_l)A_f - \sigma_{l3}A_{s0} = (1040 - 216.72) \times 119 - 93.8 \times 402 = 60245 \text{N}$$

预应力对截面中心的偏心距

$$e_{pn} = \frac{(\sigma_{con} - \sigma_l)A_f y_{pn} - \sigma_{l3}A_{s0} y_{sn}}{N_p} = \frac{(1040 - 216.72) \times 119 \times 200 - 93.8 \times 402 \times 165}{60245} = 221.9 \text{mm}$$

截面受拉边缘处混凝土法向预压应力为

$$\sigma_{pc} = \frac{N_p}{A_n} + \frac{N_p e_{pn}}{W} = \frac{60245}{80000} + \frac{60245 \times 221.9}{5.33 \times 10^6} = 3.26 \text{N/mm}^2$$

3. 裂缝验算

荷载标准组合下混凝土受拉钢筋应力

$$\sigma_{ck} = \frac{M_k}{W} = \frac{80 \times 10^6}{5.33 \times 10^6} = 15.0 \text{N/mm}^2$$

则 $\sigma_{ck} - \sigma_{pc} = 15.0 - 3.26 = 11.74 \text{N/mm}^2 > f_{tk} = 2.01 \text{N/mm}^2$,梁会开裂。

$$e_p = e_{pn} - y_{sn} = 221.9 - 165 = 56.9 \text{mm}$$

$$e = e_p + \frac{M_k \pm M_2}{N_p} = 56.9 + \frac{80 \times 10^6}{60245} = 1384.8 \text{mm}$$

$$z = \left[0.87 - 0.12(1 - \gamma'_f)\left(\frac{h_0}{e}\right)^2\right]h_0 = \left[0.87 - 0.12 \times \left(\frac{365}{1384.8}\right)^2\right] \times 365 = 314.5 \text{mm}$$

$$\sigma_{sk} = \frac{M_k \pm M_2 - N_p(z - e_p)}{(A_f E_f/E_s + A_s)z} = \frac{(80 \pm 0) \times 10^6 - 60245 \times (314.5 - 56.9)}{(119 \times 160000/200000 + 402) \times 314.5} = 412.4 \text{N/mm}^2$$

$$\rho_{te} = \frac{A_s + A_f E_f/E_s}{A_{te}} = \frac{402 + 119 \times 160000/200000}{0.5 \times 200 \times 400} = 0.0124$$

$$\psi = 1.1 - 0.65\frac{f_{tk}}{\rho_{te}\sigma_{sk}} = 1.1 - 0.65 \times 2.0/(0.0124 \times 412.4) = 0.8451$$

$$w_{max} = 1.9\psi\frac{\sigma_{sk}}{E_s}\left(1.9c + 0.08\frac{d_{eq}}{\rho_{te}}\right) = 1.9 \times 0.845 \times \frac{412.4}{200000} \times (1.9 \times 25 + 0.08 \times 16/0.0124) = 0.498 \text{mm}$$

与混凝土设计规范对照，其超出裂缝控制等级为三级的裂缝宽度限值，须定期在梁表面采用柔性防护涂层覆面。

4. 挠度验算

据《混凝土结构设计规范》GB 50010—2010 式（7.2.4）

$$\gamma = \left(0.7 + \frac{120}{h}\right)\gamma_m = (0.7 + 120/400) \times 1.55 = 1.55$$

$$M_{cr} = (\sigma_{pc} + \gamma f_{tk})W_0 = (3.26 + 1.55 \times 2.01) \times 5.33 \times 10^6 = 34.0 \times 10^6 \text{N} \cdot \text{mm}$$

$$\alpha_E = E_s/E_c = 200000/30000 = 6.67$$

$$w = \left(1.0 + \frac{0.21}{\alpha_E \bar{\rho}}\right)(1.0 + 0.45\gamma_f) - 0.7 = \left(1.0 + \frac{0.21}{6.67 \times 0.0068}\right)(1.0 + 0.45 \times 0) - 0.7 = 4.925$$

$$k_{cr} = \frac{M_{cr}}{M_k} = \frac{34 \times 10^6}{80 \times 10^6} = 0.425$$

$$B_s = \frac{0.85 E_c I_0}{k_{cr} + (1 - k_{cr})w} = \frac{0.85 \times 30000 \times 1.07 \times 10^6}{0.425 + (1 - 0.425) \times 4.925} = 8.35 \times 10^{12} \text{ N} \cdot \text{mm}^2$$

加固后梁的挠度为：

$$f = \frac{5M_k l^2}{48B_s} = \frac{5 \times 80 \times 4000^2}{48 \times 8.35 \times 10^{12}} = 15.97\text{mm} \approx l/250$$

满足要求。

使用 SCS-518 计算输入信息的简要输出如图 9-7 所示，可见其结果与手算结果相同。

图 9-7 预应力碳纤维板加固矩形截面双筋受弯构件裂缝宽度与变形

【例 9-2】 T 形截面梁预应力碳纤维板加固算例

原梁信息几乎与本书例题【4-2】完全相同，只是本例的混凝土强度等级为 C30。要求对该简支梁采用预应力（高强Ⅰ级）碳纤维板进行抗弯加固（抗剪承载力满足要求）。

【解】 1. 受弯承载力加固设计计算

由本书例题【4-2】知跨中截面弯矩设计值 $M = 444.7\text{kN} \cdot \text{m}$

根据公式（9-6），得：

$$x = h\left[1-\sqrt{1-2\dfrac{M+f_{y0}A_{s0}a-f'_{y0}A'_{s0}(h-a')}{\alpha_1 f_{c0}b'_f h^2}}\right]$$

$$= 700\times\left[1-\sqrt{1-2\times\dfrac{444.7\times10^6+300\times2281\times60-300\times226\times(700-36)}{1\times14.3\times400\times700^2}}\right] = 120.4\text{mm}>h'_f$$

属于第二类 T 形截面，需要重算 x，根据公式（9-6'），得：

$$x = h\left[1-\sqrt{1-2\times\dfrac{M+f_{y0}A_{s0}a-f'_{y0}A'_{s0}(h-a')-\alpha_1 f_{c0}(b'_f-b)h'_f(h-h'_f/2)}{\alpha_1 f_{c0}bh^2}}\right]$$

$$= 700\times\left[1-\sqrt{1-2\times\dfrac{444.7\times10^6+300\times2281\times60-300\times226\times(700-36)-1\times14.3\times(400-200)\times100\times(700-100/2)}{1\times14.3\times200\times700^2}}\right]$$

$$= 141.6\text{mm}$$

$x \leqslant 0.85\xi_b h_0 = 0.85\times0.550\times640 = 299.2\text{mm}$，满足要求。

代入公式（9-7'），得：

$$A_f = \dfrac{\alpha_1 f_{c0}(b'_f-b)h'_f+\alpha_1 f_{c0}bx-f_{y0}(A_{s0}-A'_{s0})}{f_f}$$

$$= \dfrac{1\times14.3\times(400-200)\times100+1\times14.3\times200\times141.6-300\times(2281-226)}{1600} = 46.6\text{mm}^2$$

使用 SCS-517 计算输入信息的简要输出如图 9-8 所示，可见其结果与手算结果相同。

图 9-8　T 形截面双筋受弯构件正截面承载力

可选用一条 100mm 宽、1.4mm 厚的碳纤维板，$A_f = 100\times1.4 = 140\text{mm}^2 > 46.6\text{mm}^2$，满足要求。

2. 预应力及其损失计算

1）截面几何特性（为简化，近似按毛截面计算）

截面面积：$A_n = A_0 = A = b\times h+(b'_f-b)\times h'_f = 200\times700+200\times100 = 160000\text{mm}^2$

重心轴至截面上边缘距离

$$y_s = \dfrac{bh^2/2+(b'_f-b)\times(h'_f)^2/2}{A_n} = \dfrac{200\times700^2/2+(400-200)\times(100)^2/2}{160000} = 312.5\text{mm}$$

重心轴至截面下边缘距离 $y_d = h-y_s = 700-312.5 = 387.5\text{mm}$

截面惯性矩：

$$I = bh^3/12 + bh(h/2-y_s)^2 + (b_f'-b) \times (h_f')^3/12 + (b_f'-b) \times h_f' \times (y_s - h_f'/2)^2$$

$$= 200 \times 700^3/12 + 200 \times 700 \times (700/2 - 312.5)^2 + 200 \times 100^3/12 + 200 \times 100 \times (312.5 - 100/2)^2$$

$$= 15.39 \times 10^9 \, \text{mm}^4$$

受拉边缘抵抗矩：$W = I/y_d = 15.39 \times 10^9/387.5 = 39.71 \times 10^6 \, \text{mm}^3$

2）预应力控制值：

$$\sigma_{con} = 0.65 \times 1600 = 1040 \text{N/mm}^2$$

3）锚具变形和碳纤维复合板内缩引起的预应力损失值 σ_{l1}：

锚具采用平板锚具 $a = 2\text{mm}$；张拉时一端锚固一端张拉，张拉端至锚固之间的净距离 $l = 8200\text{mm}$。

$$\sigma_{l1} = \frac{a}{l}E_f = \frac{2}{8200} \times 1.6 \times 10^5 = 39.0 \text{N/mm}^2$$

第一批预应力损失为 $\sigma_{lI} = \sigma_{l1} = 39.0 \text{N/mm}^2$。

4）预应力碳纤维复合板的松弛损失 σ_{l2}：

松弛损失率近似取 2.2%，则 $\sigma_{l2} = r \sigma_{con} = 0.022 \times 1040 = 22.88 \text{N/mm}^2$

5）混凝土收缩和徐变引起的预应力损失值 σ_{l3}：

预应力碳纤维复合板和钢筋的等效配筋率为

$$\bar{\rho} = (A_f E_f/E_s + A_s)/(bh_0) = [140 \times 1.6 \times 10^5/(2 \times 10^5) + 2281]/(200 \times 640) = 0.0187\%$$

加固前卸载到只剩下自重。钢筋混凝土的重度为 25kN/m³，沿梁长度和自重标准值为：

$$g_{1k} = 25 \times A_n = 25 \times 160000 = 40.5 \text{kN/m}$$

考虑第一批损失后，预应力碳纤维板中的拉力为：

$$N_{pI} = A_f(\sigma_{con} - \sigma_{lI}) = 140 \times (1040 - 39.0) = 140137 \text{N}$$

考虑梁自重影响，预应力碳纤维复合板处的混凝土法向压应力为：

$$\sigma_{pcI} = \frac{N_{pI}}{A_n} + \frac{N_{pI} y_d - M_{G1k}}{W} = \frac{140137}{160000} + \frac{140137 \times 387.5 - 40.5 \times 10^6}{39.71 \times 10^6} = 1.22 \text{N/mm}^2 < 0.5 f_{cu}' = 15 \text{N/mm}^2$$

混凝土收缩和徐变引起的预应力损失

$$\sigma_{l3} = \frac{55 + 300\sigma_{pc}/f_{cu}'}{1 + 15\bar{\rho}} = \frac{55 + 300 \times 1.22/30}{1 + 15 \times 0.0187} = 52.5 \text{N/mm}^2$$

本梁的加固条件为一类环境，不考虑由季节温差造成的温差损失。

6）跨中截面预应力总损失和混凝土有效预应力

$$\sigma_l = \sigma_{l1} + \sigma_{l2} + \sigma_{l3} = 39.0 + 22.88 + 52.5 = 114.4 \text{N/mm}^2 > 80 \text{N/mm}^2$$

混凝土有效预应力

$$N_p = (\sigma_{con} - \sigma_l)A_f - \sigma_{l3}A_{s0} = (1040 - 114.4) \times 140 - 52.5 \times 2281 = 9808 \text{N}$$

预应力对截面重心的偏心距

$$e_{pn} = \frac{(\sigma_{con} - \sigma_l)A_f y_{pn} - \sigma_{l3}A_{s0}y_{sn}}{N_p} = \frac{(1040 - 114.4) \times 140 \times 387.5 - 52.5 \times 2281 \times 327.5}{9808} = 1120.2 \text{mm}$$

截面受拉边缘处混凝土法向预压应力为

$$\sigma_{pc} = \frac{N_p}{A_n} + \frac{N_p e_{pn}}{W} = \frac{9808}{160000} + \frac{9808 \times 1102.2}{39.71 \times 10^6} = 0.34 \text{N/mm}^2$$

3. 裂缝验算

由本书例题【4-4】知跨中截面荷载标准组合作用的弯矩值 $M_k = 166.22 \text{kN} \cdot \text{m}$

荷载标准组合下混凝土受拉钢筋应力

$$\sigma_{ck} = \frac{M_k}{W} = \frac{166.22 \times 10^6}{39.71 \times 10^6} = 4.19 \text{N/mm}^2$$

则 $\sigma_{ck} - \sigma_{pc} = 4.19 - 0.34 = 3.85 \text{N/mm}^2 > f_{tk} = 2.01 \text{N/mm}^2$，梁会开裂。

$$e_p = e_{pn} - y_{sn} = 1102.2 - 327.5 = 792.7 \text{mm}$$

$$e = e_p + \frac{M_k \pm M_2}{N_p} = 792.7 + \frac{166.22 \times 10^6}{9808} = 17739.8 \text{mm}$$

$$\gamma'_f = \frac{h'_f(b'_f - b)}{bh_0} = \frac{100 \times (400 - 200)}{200 \times 640} = 0.156$$

$$z = \left[0.87 - 0.12(1 - \gamma'_f)\left(\frac{h_0}{e}\right)^2\right]h_0 = \left[0.87 - 0.12 \times (1 - 0.156) \times \left(\frac{640}{17739.8}\right)^2\right] \times 640 = 556.7 \text{mm}$$

$$\sigma_{sk} = \frac{M_k \pm M_2 - N_p(z - e_p)}{(A_f E_f/E_s + A_s)z} = \frac{166.22 \times 10^6 - 9808 \times (556.7 - 792.7)}{(140 \times 160000/200000 + 2281) \times 556.7} = 126.5 \text{N/mm}^2$$

$$\rho_{te} = \frac{A_s + A_f E_f/E_s}{A_{te}} = \frac{2281 + 140 \times 160000/200000}{0.5 \times 200 \times 700} = 0.0342$$

$$\psi = 1.1 - 0.65 \frac{f_{tk}}{\rho_{te}\sigma_{sk}} = 1.1 - 0.65 \times 2.0/(0.0342 \times 126.5) = 0.798$$

$$w_{max} = 1.9\psi\frac{\sigma_{sk}}{E_s}\left(1.9c + 0.08\frac{d_{eq}}{\rho_{te}}\right) = 1.9 \times 0.798 \times \frac{126.5}{200000} \times (1.9 \times 25 + 0.08 \times 22/0.0342) = 0.095 \text{mm}$$

4. 挠度验算

据《混凝土结构设计规范》GB 50010—2010 式（7.2.4）

$$\gamma = \left(0.7 + \frac{120}{h}\right)\gamma_m = (0.7 + 120/700) \times 1.50 = 1.31$$

$$M_{cr} = (\sigma_{pc} + \gamma f_{tk})W_0 = (0.34 + 1.31 \times 2.01) \times 39.71 \times 10^6 = 117.75 \times 10^6 \text{N} \cdot \text{mm}$$

$$\alpha_E = E_s/E_c = 200000/30000 = 6.67$$

$$w = \left(1.0 + \frac{0.21}{\alpha_E \bar{\rho}}\right)(1.0 + 0.45\gamma_f) - 0.7 = \left(1.0 + \frac{0.21}{6.67 \times 0.0187}\right) \times (1.0 + 0.45 \times 0) - 0.7 = 1.985$$

$$k_{cr} = \frac{M_{cr}}{M_k} = \frac{117.75 \times 10^6}{166.22 \times 10^6} = 0.708$$

$$B_s = \frac{0.85 E_c I_0}{k_{cr} + (1 - k_{cr})w} = \frac{0.85 \times 30000 \times 15.39 \times 10^9}{0.708 + (1 - 0.708) \times 1.985} = 304.82 \times 10^{12} \text{N} \cdot \text{mm}^2$$

加固后梁的挠度为：

$$f = \frac{M_k l^2}{48 B_s} = \frac{5 \times 166.22 \times 10^6 \times 9000^2}{48 \times 304.82 \times 10^{12}} = 4.60 \text{mm} \approx l/1950$$

满足要求。

使用 SCS-518 计算输入信息的简要输出如图 9-9 所示，可见其结果与手算结果相同。

图 9-9　预应力碳纤维板加固 T 形截面双筋受弯构件裂缝宽度与变形

本章参考文献

[1]　卜良桃，梁爽，黎红兵．混凝土结构加固设计规范算例［M］．2 版．北京：中国建筑工业出版社，2015.

[2]　王依群．混凝土结构设计计算算例［M］．3 版．北京：中国建筑工业出版社，2016.

第10章 预张紧钢丝绳网片-聚合物砂浆面层加固法

10.1 设计规定

预张紧钢丝绳网片-聚合物砂浆面层加固法适用于钢筋混凝土梁、柱、墙等构件的加固，但《混凝土结构加固设计规范》GB 50367—2013[1] 仅对受弯构件的加固作出规定。本方法不适用于素混凝土构件，包括纵向受拉钢筋一侧配筋率小于0.2%的构件加固。

采用本方法加固时，原结构、构件按现场检测结果推定的混凝土强度等级不应低于C15级，且混凝土表面的正拉结强度不应低于1.5MPa。

采用钢丝绳网片-聚合物砂浆面层加固混凝土结构构件时，应将网片设计成仅承受拉应力作用，并能与混凝土变形协调、共同受力。

钢丝绳网片-聚合物砂浆面层应采用下列构造方式对混凝土构件进行加固：

1. 梁和柱

应采用三面或四面围套的面层构造（图10-1a、b）。

2. 板和墙

宜采用对称的双面外加层构造（图10-1d）。当采用单面的面层构造（图10-1c）时，应加强面层与原构件的锚固与拉结。

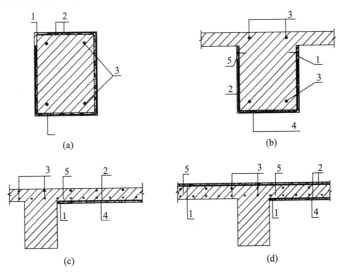

(a)   (b)

(c)   (d)

图 10-1 钢丝绳网片-聚合物砂浆面层构造示意图

（a）四面围套面层；（b）三面围套面层；（c）单面层；（d）双面层

1—固定板；2—钢丝绳网片；3—原钢筋；4—聚合物砂浆面层；5—胶粘型锚栓

钢丝绳网片安装时，应施加预张紧力；预张紧应力大小取 $0.3f_{rw}$，允许偏差为 $\pm 10\%$，f_{rw} 为钢丝绳抗拉强度设计值。施加预张紧力的工序及其施力值应标注在设计、施工图上，不得疏漏，以确保其安装后能立即与原结构共同工作。

采用本方法加固的混凝土结构，其长期使用的环境温度不得高于 60℃。处于特殊环境下（如介质腐蚀、高温、高湿、放射等）的混凝土结构，其加固除应采用耐环境因素作用的聚合物配制砂浆外，尚应符合现行《工业建筑防腐蚀设计规范》GB 50046 的规定，并采取相应的防护措施。

采用本方法加固时，应采取措施卸除或大部分卸除作用在结构上的活荷载。

当被加固结构、构件的表面有防火要求时，按现行《建筑设计防火规范》GB 50016 规定的耐火等级进行防护。

10.2 受弯构件正截面加固计算

采用钢丝绳网片-聚合物砂浆面层对受弯构件进行加固时，除应符合现行《混凝土结构设计规范》GB 50010[2] 正截面承载力计算的基本假定外，尚应符合下列规定：

1）构件达到受弯承载能力极限状态时，钢丝绳网片的拉应变 ε_{rw} 可按截面应变保持平面的假设确定；

2）钢丝绳网片应力 σ_{rw} 可近似取等于拉应变 ε_{rw} 与弹性模量的乘积 E_{rw}；

3）当考虑二次受力影响时，应按构件加固前的初始受力情况，确定钢丝绳网片的滞后应变；

4）在达到受弯承载能力极限状态前，钢丝绳网与混凝土之间不出现粘结剥离破坏；

5）对梁的不同面层构造，统一采用仅按梁的受拉区底面有面层的计算简图，但在验算梁的正截面承载力时，应引入修正系数 η_{r1} 考虑梁侧面围套内钢丝绳网片对承载力提高的作用。

受弯构件加固后的相对界限受压区高度 $\xi_{b,rw}$ 应按下式计算，即按加固前控制值的 0.85 倍采用：

$$\xi_{b,rw} = 0.85\xi_b \qquad (10\text{-}1)$$

式中 ξ_b——构件加固前的相对界限受压区高度，按现行《混凝土结构设计规范》GB 50010[2] 的规定计算。

由式（10-1）可见，如果加固前截面的 ξ 接近 ξ_b（即 $\xi \geqslant 0.85\xi_b$），则不能通过仅在截面受拉区采用钢丝绳网片-聚合物砂浆面层进行加固。

矩形截面受弯构件采用钢丝绳网片-聚合物砂浆面层进行加固时（图 10-2），其正截面承载力应按下列公式确定：

$$M \leqslant \alpha_1 f_{c0} bx\left(h - \frac{x}{2}\right) + f'_{y0}A'_{s0}(h-a') - f_{y0}A_{s0}(h-h_0) \qquad (10\text{-}2)$$

$$\alpha_1 f_{c0} bx = f_{y0}A_{s0} + \eta_{r1}\psi_{rw}f_{rw}A_{rw} - f'_{y0}A'_{s0} \qquad (10\text{-}3)$$

$$\psi_{rw} = \frac{(0.8\varepsilon_{cu}h/x) - \varepsilon_{cu} - \varepsilon_{rw,0}}{f_{rw}/E_{rw}} \qquad (10\text{-}4)$$

$$2a' \leqslant x \leqslant \xi_{b,rw}h_0 \qquad (10\text{-}5)$$

图 10-2　受弯构件正截面承载力计算

（a）围套式外加层原计算图；（b）本书采用的计算图

当计算中计入纵向普通受压钢筋时，应满足式（10-5）的条件；当不满足此条件时，正截面受弯承载力应符合下列规定：

$$M \leqslant f_{y0} A_{s0} (h_0 - a') + \eta_{r1} \psi_{rw} f_{rw} A_{rw} (h - a') \tag{10-6}$$

注：《混凝土结构加固设计规范》GB 50367—2013 中没有式（10-6），这是本书作者仿照《混凝土结构设计规范》GB 50010—2010 式（6.2.14）列出的。

虽然本章所述方法名称与《建筑抗震加固技术规程》JGJ 116—2009 方法"钢绞线网-聚合物砂浆面层加固法"有差别，出于安全还是在考虑地震组合计算梁的正截面承载力时，应在式（10-2）、式（10-6）右端除以承载力抗震调整系数 γ_{RE}（= 0.75），按照《建筑抗震加固技术规程》JGJ 116—2009 第 6.3.13-4 条"对构件承载力的新增部分，其加固抗震承载力调整系数宜采用 1.0。"式（10-2）、式（10-3）、式（10-6）用式（10-2'）、式（10-3'）、式（10-6'）代替。

$$\gamma_{RE} M \leqslant \alpha_1 f_{c0} bx \left(h - \frac{x}{2} \right) + f'_{y0} A'_{s0} (h - a') - f_{y0} A_{s0} (h - h_0) \tag{10-2'}$$

$$\alpha_1 f_{c0} bx = f_{y0} A_{s0} + \gamma_{RE} \eta_{r1} \psi_{rw} f_{rw} A_{rw} - f'_{y0} A'_{s0} \tag{10-3'}$$

$$\gamma_{RE} M \leqslant f_{y0} A_{s0} (h_0 - a') + \gamma_{RE} \eta_{r1} \psi_{rw} f_{rw} A_{rw} (h - a') \tag{10-6'}$$

上述式中　M——构件加固后的弯矩设计值；

　　　　　x——等效矩形应力图形的混凝土受压区高度；

　　b、h——矩形截面宽度和高度；

　　　　f_{rw}——钢丝绳网片抗拉强度设计值，按《混凝土结构加固设计规范》GB 50367—2013 表 4.5.4 采用；

　　　　A_{rw}——钢丝绳网片受拉截面面积；

f_{y0}、f'_{y0}——原截面受拉钢筋和受压钢筋的抗拉、抗压强度设计值；

A_{s0}、A'_{s0}——原截面受拉钢筋和受压钢筋的截面面积；

　　　　a'——纵向受压钢筋合力点至截面近边的距离；

　　　　h_0——构件加固前的截面有效高度；

　　　　η_{r1}——考虑梁侧面围套高度 h_{r1} 范围内配有与梁底部相同的受拉钢丝绳网片时，该部分网片对承载力提高的系数；对围套式面层按表 10-1 的规定值采用；对单层面层，取 $\eta_{r1} = 1.0$；

h_{r1}——自梁侧面受拉区边缘算起，配有与梁底部相同的受拉钢丝绳网片的高度，设计时应取 h_{r1} 小于等于 $0.25h$；

ψ_{rw}——考虑受拉钢丝绳网片的实际拉应变可能达不到设计值而引入的强度利用系数，当 $\psi_{rw}>1.0$ 时，取 $\psi_{rw}=1.0$；

ε_{cu}——混凝土极限压应变，取 $\varepsilon_{cu}=0.0033$；

$\varepsilon_{rw,0}$——考虑二次受力影响时，钢丝绳网片的滞后应变，应按式（10-7）计算；若不考虑二次受力影响，取 $\varepsilon_{rw,0}=0$。

梁侧面 h_{r1} 高度范围配置网片的承载力提高系数 η_{r1} 表 10-1

h_{r1}/h \ h/b	1.0	1.5	2.0	2.5	3.0	3.5	4.0	4.5
0.05	1.09	1.14	1.18	1.23	1.28	1.32	1.37	1.41
0.10	1.17	1.25	1.34	1.42	1.50	1.59	1.67	1.76
0.15	1.25	1.34	1.46	1.57	1.69	1.80	1.92	2.03
0.20	1.28	1.42	1.56	1.70	1.83	1.97	2.11	2.25
0.25	1.32	1.47	1.63	1.79	1.95	2.10	2.26	2.42

当考虑二次受力影响时，钢丝绳网片的滞后应变 $\varepsilon_{rw,0}$ 应按下式计算：

$$\varepsilon_{rw,0}=\frac{\alpha_{rw}M_{0k}}{E_{s0}A_{s0}h_0} \quad (10-7)$$

式中 M_{0k}——加固前受弯构件验算截面上原作用的弯矩标准值；

E_{s0}——原钢筋的弹性模量；

α_{rw}——综合考虑受弯构件裂缝截面内力臂变化、钢筋拉应变不均匀以及钢筋排列影响的计算系数，按表 10-2 的规定采用。

计算系数值 α_{rw} 表 10-2

ρ_{te}	≤0.007	0.010	0.020	0.030	0.040	≥0.060
单排钢筋	0.70	0.90	1.15	1.20	1.25	1.30
双排钢筋	0.75	1.00	1.25	1.30	1.35	1.40

注：1. ρ_{te} 为原混凝土有效受拉截面的纵向钢筋配筋率，即 $\rho_{te}=A_s/A_{te}$；A_{te} 为有效受拉截面面积，按现行《混凝土结构设计规范》GB 50010 的规定计算；

2. 当原构件钢筋应力 $\sigma_{s0}\leq150$MPa 且 $\rho_{te}\leq0.05$ 时，表中 α_{rw} 值可乘以调整系数 0.9。

对翼缘位于受压区的 T 形截面受弯构件的受拉面粘贴钢丝绳网片-聚合物砂浆面层进行受弯加固时，应按本章矩形截面的计算原则和现行《混凝土结构设计规范》GB 50010 中关于 T 形截面受弯承载力的计算方法进行计算。例如，对于截面复核题，先使用式（10-8）判断是第一类（还是第二类）T 形截面，然后再做相应的计算。

$$\alpha_1 f_{c0}b'_f h'_f \geq f_y A_s - f'_y A'_s + \eta_{r1}\psi_{rw}f_{rw}A_{rw} \quad (10-8)$$

钢筋混凝土结构构件加固后，其正截面受弯承载力的提高幅度，不宜超过 30%；当有可靠试验依据时，也不应超过 40%；并且应验算其受剪承载力，避免因受弯承载力提高后而导致构件受剪破坏先于受弯破坏。

加固混凝土结构用的钢丝绳计算用截面面积及参考质量见表 10-3。

钢丝绳计算用截面面积及参考质量[1]　　　　　　表 10-3

种类	钢丝绳公称直径（mm）	钢丝直径（mm）	计算用截面面积（mm²）	参考质量（kg/100m）	种类	钢丝绳公称直径（mm）	钢丝直径（mm）	计算用截面面积（mm²）	参考质量（kg/100m）
6×7 +IWS	2.4	(0.27)	2.81	2.40	6×7 +IWS	3.6	0.40	6.16	6.20
	2.5	0.28	3.02	2.73		4.0	(0.44)	7.45	6.70
	3.0	0.32	3.94	3.36		4.2	0.45	7.79	7.05
	3.05	(0.34)	4.45	3.83		4.5	0.50	9.62	8.70
	3.2	0.35	4.71	4.21	1×19	2.5	0.50	3.73	3.10

注：括号内的钢丝直径为建筑结构加固非常用直径。

【例 10-1】矩形截面梁底粘贴钢丝绳网片-聚合物砂浆面层加固算例

文献［3］第 100 页介绍的试验，梁的几何与力学参数为，混凝土强度等级为 C35，截面尺寸为 $b×h=200mm×300mm$，纵筋为 HRB335 钢筋，受拉筋 $4\phi12$（$A_{s0}=452mm^2$），$a=37mm$（图 10-3）。加固后，截面需承受弯矩设计值为原梁承载力的 1.3 倍，加固前弯矩标准值为 $20kN\cdot m$。求钢丝绳网片的加固量。

图 10-3　加固前后梁截面

【解】 1）原梁承载力验算。

使用文献［4］介绍的 RCM 软件输入信息与简要计算结果如图 10-4 所示。可见承载力不足，需要加固。

图 10-4　矩形截面梁受弯承载力验算

加固后截面需承受弯矩设计值为 $M = 1.3 \times 32.91 = 42.7 \text{kN} \cdot \text{m}$

2）加固计算

由式（10-2）、式（10-3）联立求解，得：

$$x = h \left[1 - \sqrt{1 - 2 \times \frac{M + f_{y0}A_{s0}a - f'_{y0}A'_{s0}(h - a')}{\alpha_1 f_{c0}bh^2}} \right]$$

$$= 300 \times \left[1 - \sqrt{1 - 2 \times \frac{42700000 + 300 \times 452 \times 37 - 300 \times 0 \times (300 - 35)}{1 \times 16.7 \times 200 \times 300^2}} \right] = 52.2 \text{mm}$$

图 10-5　矩形截面梁底面粘贴钢丝绳网片-聚合物砂浆加固计算

$x \leq 0.85 \xi_b h_0 = 0.85 \times 0.550 \times 263 = 123 \text{mm}$，满足要求。

$$\rho_{te} = \frac{A_s}{0.5bh} = \frac{452}{0.5 \times 200 \times 300} = 0.0151 \text{ 查表 8-2 得 } \alpha_{rw} = 1.027$$

纤维复合材的滞后应变 $\varepsilon_{rw,0} = \dfrac{\alpha_{rw}M_{0k}}{E_{s0}A_{s0}h_0} = \dfrac{1.027 \times 20 \times 10^6}{200000 \times 452 \times 263} = 0.00086$

$$\psi_{rw} = \frac{(0.8\varepsilon_{cu}h/x) - \varepsilon_{cu} - \varepsilon_{rw,0}}{f_{rw}/E_{rw}} = \frac{0.8 \times 0.0033 \times 300/52.2 - 0.0033 - 0.00086}{1200/120000} = 1.102，取 \psi_{rw} = 1$$

由于只在梁底面粘贴钢丝绳网片，取 $\eta_{r1} = 1.0$。再由公式（10-3）得钢丝绳总截面面积

$$A_{rw} = \frac{\alpha_1 f_{c0}bx - f_{y0}(A_{s0} - A'_{s0})}{\eta_{r1}\psi_{rw}f_{rw}} = \frac{1 \times 16.7 \times 200 \times 52.2 + 300 \times (452 - 0)}{1 \times 1 \times 1200} = 32.29 \text{mm}^2$$

使用 SCS 软件计算对话框输入信息和最终计算结果如图 10-5 所示，可见其与手算结果相近。

查《混凝土结构加固设计规范》GB 50367—2013 表 13.2.7，如选直径 3.2mm 钢丝绳，则放 7 根，实配 $A_{rw} = 7 \times 4.71 = 32.97 \text{mm}^2$，可满足要求。这与 4 根配 7 根直径 3.2mm 网筋加固梁的试验结果 $M_u = 1.23 M_{u0}$ 相比，计算结果略偏高些。

复核，如已知加固采用梁底布 7 根直径 3.2mm 设计强度为 1200MPa 的钢丝绳（图 10-3），考虑二次受力影响，求加固后梁的弯矩承载力。

【解】

只有梁底粘贴钢丝绳网片，$\eta_{r1} = 1.0$。$A_{rw} = 7 \times 4.71 = 32.97 \text{mm}^2$，考虑二次受力影响，

将数据代入式（10-3）、式（10-4）联立求解，得 $\psi_{rw}=1.07>1$，取 $\psi_{rw}=1$

$$x=\frac{f_y A_s-f'_y A'_s+\eta_{r1}\psi_{rw}f_{rw}A_{rw}}{\alpha_1 f_{c0}b}=\frac{300\times(452-0)+1\times1\times1200\times32.97}{1\times16.7\times200}=52.4\text{mm}$$

将 x 代入式（10-2）

$$M=\alpha_1 f_{c0}bx\left(h-\frac{x}{2}\right)+f'_{y0}A'_{s0}(h-a')-f_{y0}A_{s0}(h-h_0)$$

$=1\times16.7\times200\times52.4\times(300-52.4/2)+0-300\times452\times(300-263)=42.9\times10^6\text{N}\cdot\text{mm}$

SCS 软件输入信息与简要计算结果如图 10-6 所示。可见，其与手算几乎相同。

图 10-6　HPFL 法加固矩形截面梁受弯承载力复核

【例 10-2】　矩形截面梁底和梁侧粘贴钢丝绳网片-聚合物砂浆面层加固算例

文献［3］第 103 页介绍的试验，梁的几何与力学参数为，混凝土强度等级为 C45，截面尺寸为 $b\times h=200\text{mm}\times350\text{mm}$，纵筋为 HRB335 钢筋，但从材料实测屈服强度更接近于 HRB500 钢筋，故取受拉筋 3Φ16（$A_{s0}=603\text{mm}^2$），受压筋 3Φ12（$A'_{s0}=339\text{mm}^2$），$a=36\text{mm}$，$a'=34\text{mm}$（图 10-7）。加固后截面需承受弯矩设计值为原梁承载力的 1.3 倍，加固前弯矩标准值为 35kN·m。求钢丝绳网片截面面积。

图 10-7　加固截面示意

【解】 1）原梁承载力验算。

使用文献［4］介绍的 RCM 软件输入信息与简要计算结果如图 10-8 所示（$M_{u0}=73.4\text{kN}\cdot\text{m}$）。可见承载力不足，需要加固。

加固后截面需承受弯矩设计值设为 $M=1.3\times73.4\approx100.0\text{kN}\cdot\text{m}$。

2）加固计算

由式（10-2）、式（10-3）联立求解，得：

图 10-8　双筋梁受弯承载力

$$x = h \left[1 - \sqrt{1 - 2 \times \frac{M + f_{y0}A_{s0}a - f'_{y0}A'_{s0}(h-a')}{\alpha_1 f_{c0}bh^2}} \right]$$

$$= 350 \times \left[1 - \sqrt{1 - 2 \times \frac{100 \times 10^6 + 435 \times 603 \times 36 - 435 \times 339 \times (350-34)}{1 \times 21.1 \times 200 \times 350^2}} \right] = 45.5 \text{mm} < 2a'$$

$\rho_{te} = \dfrac{A_s}{0.5bh} = \dfrac{603}{0.5 \times 200 \times 350} = 0.0172$ 查表 10-2 得 $\alpha_{rw} = 1.081$

纤维复合材的滞后应变 $\varepsilon_{rw,0} = \dfrac{\alpha_{rw}M_{0k}}{E_{s0}A_{s0}h_0} = \dfrac{1.081 \times 35 \times 10^6}{200000 \times 603 \times 314} = 0.00100$

$$\psi_{rw} = \frac{(0.8\varepsilon_{cu}h/x) - \varepsilon_{cu} - \varepsilon_{rw,0}}{f_{rw}/E_{rw}} = \frac{0.8 \times 0.0033 \times 350/45.5 - 0.0033 - 0.0010}{1200/110000} = 1.459，\text{取}$$

$\psi_{rw} = 1$

　　$h_{r1} = 255\text{mm} > 0.25h$，按 $h_{r1} = 0.25h$、$h/b = 350/200 = 1.75$ 查表 10-1 得 $\eta_{r1} = 1.55$。再由公式（10-6）得钢丝绳总截面积。

$$A_{rw} = \frac{M - f_{y0}A_{s0}(h_0 - a')}{\eta_{r1}\psi_{rw}f_{rw}(h - a')} = \frac{100 \times 10^6 - 435 \times 603 \times (314 - 34)}{1.55 \times 1 \times 1200 \times (350 - 34)} = 45.18 \text{mm}^2$$

　　使用 SCS 软件计算对话框输入信息和最终计算结果如图 10-9 所示，可见其与手算结果相近。

图 10-9　矩形截面梁底面和梁侧粘贴钢丝绳网片-聚合物砂浆加固计算

查《混凝土结构加固设计规范》GB 50367—2013 表 13.2.7，如选直径 3.6mm 钢丝绳，梁底放 7 根，实配 $A_{rw}=7×6.16=43.12mm^2$（略小于设计结果）、梁下部（1/4 梁高范围内）两侧各放 4 根，共 15 根网筋，可满足要求（图 10-10 中填写的根数和间距是为了让软件确定 h_{r1}）。

图 10-10　矩形截面梁底面和梁侧粘贴钢丝绳网片-聚合物砂浆加固复核

使用 SCS-602 功能项计算对话框输入信息和最终计算结果如图 10-10 所示，可见其与设计结果相近。

如果此梁受到地震组合作用弯矩 $M=133.33(=100/0.75)kN \cdot m$，试计算加固需要的 A_{rw}。

具体求解截面受压区高度等过程和数值结果与静载 $M=100kN \cdot m$ 下的结果相同，只是改用式（10-6'）

$$A_{rw} = \frac{M-f_{y0}A_{s0}(h_0-a')}{\gamma_{RE}\eta_{r1}\psi_{rw}f_{rw}(h-a')} = 45.18/0.75 = 60.23mm^2$$

使用 SCS 软件计算对话框输入信息和最终计算结果如图 10-11 所示，可见其与手算结果相同。

图 10-11　矩形截面梁底面和梁侧粘贴钢丝绳网片-聚合物砂浆抗震加固设计

查《混凝土结构加固设计规范》GB 50367—2013 表 13.2.7，如选直径 4.5mm 钢丝绳，梁底放 7 根，实配 $A_{rw}=7×9.62=67.34mm^2$（略大于设计结果），SCS 复核计算简要结果如图 10-12 所示，可见复核与设计结果会有较大差别。

图 10-12 矩形截面梁底面和梁侧粘贴钢丝绳网片-聚合物砂浆抗震加固复核

【例 10-3】第一类 T 形截面梁钢丝绳网片-聚合物砂浆面层加固算例

本书【例 8-2】，某 T 形截面梁 $b \times h = 250\text{mm} \times 550\text{mm}$，$b'_f = 750\text{mm}$，$h'_f = 80\text{mm}$，混凝土强度等级为 C20，纵筋为 HRB335 钢筋，受拉筋 3ϕ22（$A_s = 1140\text{mm}^2$），$a = 35\text{mm}$。梁的抗剪能力满足要求，仅需进行抗弯加固，要求抗弯承载力提高 40%，不考虑二次受力。已知加固采用梁底布 8 根和梁侧下部布 14 根（间距 20mm）直径 3.0mm、设计强度为 1200MPa 的钢绞线，复核加固后梁的弯矩承载力是否足够。

解： 1）原梁承载力验算。

使用文献 [4] 介绍的 RCM 软件输入信息与简要计算结果如图 8-6 所示。

2）加固计算

梁底钢绞线总截面积 $A_{rw} = 8 \times 3.94 = 31.52\text{mm}^2$；梁侧钢绞线总截面积 $14 \times 3.94 = 55.16\text{mm}^2$

梁侧钢绞线分布高度为 $h_{r1} = 7 \times 20 = 140\text{mm} > 0.25h = 0.25 \times 550 = 137.5\text{mm}$，按 $h_{r1} = 0.25h$ 计算，按 $h_{r1} = 0.25h$、$h/b = 550/250 = 2.2$ 查表 10-1 得 $\eta_{r1} = 1.694$。

首先，通过式（10-8）判断属于第一类 T 形截面梁。将数据代入式（10-3）、式（10-4）联立求解，得 $\psi_{rw} = 1.43 > 1$，取 $\psi_{rw} = 1$。

$$x = \frac{f_y A_s - f'_y A'_s + \eta_{r1} \psi_{rw} f_{rw} A_{rw}}{\alpha_1 f_{c0} b'_f} = \frac{300 \times (1140 - 0) + 1.694 \times 1 \times 1200 \times 31.52}{1 \times 9.6 \times 750} = 56.4\text{mm}$$

将 x 代入式（10-2）

$M = 1 \times 9.6 \times 750 \times 56.4 \times (550 - 56.4/2) + 0 - 300 \times 1140 \times (550 - 515) = 199.9 \times 10^6\text{N} \cdot \text{mm}$

SCS 软件输入信息与简要计算结果如图 10-13 所示。可见其与手算相近。

图 10-13 第一类 T 形梁加固算例

【例10-4】 第二类 T 形截面梁钢丝绳网片-聚合物砂浆面层加固算例

本书【例8-3】，如图 8-11 所示，某 T 形截面梁 $b \times h = 250\text{mm} \times 600\text{mm}$，$b'_f = 600\text{mm}$，$h'_f = 100\text{mm}$，混凝土强度等级为 C20，纵筋为 HRB335 钢筋，受拉筋 2φ25+2φ22（$A_{s0} = 1742\text{mm}^2$），$a = 35\text{mm}$。要求承担弯矩设计值 330kN·m，梁的抗剪能力满足要求，仅需进行抗弯加固，不考虑二次受力。已知加固采用梁底布 7 根和梁侧下部布 12 根（间距 20mm）直径 3.0mm 设计强度为 1200MPa 的钢绞线，复核加固后梁的受弯承载力。

解： 1）原梁承载力验算。

使用文献［4］介绍的 RCM 软件输入信息与简要计算结果如图 8-12 所示。可见承载力不满足要求，需要加固。

2）加固计算

梁底钢绞线总截面积 $A_{rw} = 7 \times 3.94 = 27.58\text{mm}^2$，梁侧钢绞线分布高度为 $h_{rl} = 6 \times 20 = 120\text{mm} = 0.2h = 0.2 \times 600\text{mm}$，按 $h_{rl} = 0.2h$、$h/b = 600/250 = 2.4$ 查表 10-1 得 $\eta_{rl} = 1.67$。

首先，通过式（10-8）判断属于第二类 T 形截面梁。将数据代入式（10-3）、式（10-4）联立求解，得 $\psi_{rw} = 1$。

$$x = \frac{f_y A_s - f'_y A'_s + \eta_{rl} \psi_{rw} f_{rw} A_{rw} - \alpha_1 f_{c0} (b'_f - b) h'_f}{\alpha_1 f_{c0} b}$$

$$= \frac{300 \times (1742 - 0) + 1.67 \times 1 \times 1200 \times 27.58 - 1 \times 9.6 \times (600 - 250) \times 100}{1 \times 9.6 \times 250} = 101.0\text{mm}$$

将 x 代入与式（10-2）相应的第二类 T 形截面承载力公式

$$M_u = \alpha_1 f_{c0} (b'_f - b) h'_f \left(h - \frac{h'_f}{2}\right) + \alpha_1 f_{c0} bx \left(h - \frac{x}{2}\right) + f'_{y0} A'_{s0} (h - a') - f_{y0} A_{s0} (h - h_0)$$

$$= 1 \times 9.6 \times (600 - 250) \times 100 \times (600 - 100/2) + 1 \times 9.6 \times 250 \times 101 \times (600 - 101/2) + 0$$

$$- 300 \times 1742 \times (600 - 565) = 299.9 \times 10^6 \text{N·mm}$$

其不大于 1.3 倍加固前设计弯矩值 $1.3 \times 271.6 = 353.1\text{kN·m}$，满足要求。SCS 软件输入信息与简要计算结果如图 10-14 所示。可见，其与手算相同。

图 10-14 第二类 T 形梁加固算例

10.3 受弯构件斜截面加固计算

采用钢丝绳网片-聚合物砂浆面层对受弯构件的斜截面进行加固时，应在围套中配置以钢丝绳构成的"环形箍筋"或"U形箍筋"（参见《混凝土结构加固设计规范》GB 50367—2013 图 13.3.1）。

1）永久、短暂设计状况

受弯构件加固后的斜截面应符合下列规定：

当 $h_w/b \leqslant 4$ 时

$$V \leqslant 0.25\beta_c f_{c0} b h_{m0} \tag{10-9a}$$

当 $h_w/b \geqslant 6$ 时

$$V \leqslant 0.2\beta_c f_{c0} b h_{m0} \tag{10-9b}$$

当 $4 < h_w/b < 6$ 时，按线性内插法取用，即

$$V \leqslant 0.025(14-h_w/b)\beta_c f_{c0} b h_{m0} \tag{10-9c}$$

式中　V——构件斜截面加固后的剪力设计值；

　　β_c——混凝土强度影响系数：当混凝土强度等级不超过 C50 时，β_c 取为 1.0；当混凝土强度等级为 C80 时，β_c 取为 0.8；其间按线性内插法确定；

　　f_{c0}——原构件混凝土轴心抗压强度设计值；

　　b——矩形截面的宽度或 T 形截面的腹板宽度；

　　h_{m0}——截面有效高度，取 $h_{m0}=h$；

　　h_w——截面的腹板高度，矩形截面，取有效高度；T 形截面，取有效高度减去翼缘高度。

当钢丝绳网片-聚合物砂浆面层对钢筋混凝土梁进行抗剪加固时，其斜截面承载力应按下列公式规定：

$$V \leqslant V_{b0} + V_{br} \tag{10-10}$$

$$V_{br} = \psi_{vb} f_{rw} A_{rw} h_{rw}/s_{rw} \tag{10-11}$$

式中　V_{b0}——加固前梁的斜截面承载力，按现行《混凝土结构设计规范》GB 50010 计算；

　　V_{br}——配置钢丝绳网片加固后，对梁斜截面承载力的提高值；

　　ψ_{vb}——计算系数，与钢丝绳箍筋构造方式及受力条件有关的抗剪强度折减系数，按表 10-4 采用；

　　f_{rw}——受剪加固采用的钢丝绳网片强度设计值，应按《混凝土结构加固设计规范》GB 50367 第 13.1.5 条规定的抗拉强度设计值乘以调整系数 0.50 确定；当为框架梁或是悬挑构件时，调整系数改取 0.25；

　　A_{rw}——配置在同一截面处构成环形箍或 U 形箍的钢丝绳网的全部截面面积；

　　h_{rw}——梁侧面配置的钢丝绳箍筋的竖向高度，对矩形截面，$h_{rw}=h$；对 T 形截面，$h_{rw}=h_w$，h_w 为腹板高度；

　　s_{rw}——钢丝绳箍筋的间距。

抗剪强度折减系数 ψ_{vb} 值　　　　　　　　　　　　　表 10-4

钢丝绳箍筋构造		环形箍筋	U 形箍筋
受力条件	均布荷载或剪跨比 $\lambda \geqslant 3$	1.00	0.80
	$\lambda \leqslant 1.5$	0.65	0.50

注：当 λ 为中间值时，按线性内插法确定 ψ_{vb} 值。

2）地震设计状况

受弯构件加固后的斜截面应符合下列规定：

当跨高比大于 2.5 时，　　　　　　$V \leqslant 0.2\beta_c f_{c0}bh_0/\gamma_{RE}$　　　　　　（10-12a）

当跨高比不大于 2.5 时，　　　　　$V \leqslant 0.15\beta_c f_{c0}bh_0/\gamma_{RE}$　　　　　（10-12b）

按照《建筑抗震加固技术规程》JGJ 116—2009 第 6.3.13-4 条 "对构件承载力的新增部分，其加固抗震承载力调整系数宜采用 1.0"。斜截面受剪承载力应符合下列规定：

$$V \leqslant V_{b0E} + V_{brE} \qquad (10\text{-}13)$$

$$V_{brE} = \psi_{vb}f_{rw}A_{rw}h_{rw}/(s_{rw}\gamma_{RE}) \qquad (10\text{-}14)$$

式中　V_{b0E}——加固前梁的斜截面抗震承载力，按现行《混凝土结构设计规范》GB 50010
　　　　　　计算；

　　　γ_{RE}——承载力抗震调整系数，这里 $\gamma_{RE} = 0.85$。

【例 10-5】钢丝绳网片-聚合物砂浆面层加固均布荷载钢筋混凝土梁设计算例

原梁系【例 8-6】题中梁。钢筋混凝土现浇楼盖，楼板厚度 80mm，框架梁截面尺寸为 $b \times h = 250\text{mm} \times 600\text{mm}$，$a = 35\text{mm}$，混凝土强度等级为 C25，HPB235 箍筋φ8，箍筋间距 $s = 200\text{mm}$，承受均布荷载引起的剪力设计值 420kN，采用钢丝绳网片-聚合物砂浆加固，U 形箍高度为 520mm。试求所需的钢丝绳截面面积。

【解】1）验算截面尺寸限制条件

$$h_w/b = (565-80)/250 = 1.94 \leqslant 4$$

$420\text{kN} \leqslant 0.25\beta_c f_{c0}bh_0 = 0.25 \times 1 \times 11.9 \times 250 \times 565 = 420.22\text{kN}$，满足要求。

2）原梁受剪承载力

使用文献［4］介绍的 RCM 软件输入信息与简要计算结果如图 8-19 所示。可见承载力不满足要求，需要加固。

由图 8-19 得知 $V_{b0} = 185.25\text{kN}$。

3）配置钢丝绳网片加固后，截面限制条件

$$0.25\beta_c f_{c0}bh_{m0} = 0.25 \times 1 \times 11.9 \times 310 \times 600 \times 10^{-3} = 553.3\text{kN}$$

对梁斜截面承载力的提高值

$$V_{br} = V - V_{b0} = 420 - 185.25 = 234.75\text{kN}$$

4）钢丝绳网片用量

由于受均布荷载，又采用 U 形箍作法，查表 10-4 得抗剪强度折减系数 $\psi_{vb} = 0.80$，框架梁并采用 1050 钢丝绳，$f_{rw} = 0.25 \times 1050 = 262.5\text{N/mm}^2$。由式（10-11）得

$$\frac{A_{rw}}{s_{rw}} = \frac{V_{br}}{\psi_{vb}f_{rw}h_{rw}} = \frac{234750}{0.8 \times 262.5 \times 520} = 2.150\text{mm}$$

使用 SCS 软件计算对话框输入信息和最终计算结果如图 10-15 所示，可见其与手算结果相同。

用软件 SCS 复核功能计算。SCS 软件输入信息与简要计算结果如图 10-16 所示，手算过程略。

【例 10-6】梁斜截面受剪承载力钢绞线网-聚合物砂浆面层抗震加固算例

假设【例 8-6】的框架梁是属于 C 类建筑抗震设计的梁，其跨高比大于 2.5，受地震组合设计剪力值 $V = 390\text{kN}$，斜截面采用钢绞线网-聚合物砂浆面层加固，试其所需钢绞线

图 10-15　钢丝绳网片-聚合物砂浆加固一般荷载作用下的框架梁计算结果

图 10-16　钢丝绳网片-聚合物砂浆加固一般荷载作用下的框架梁复核计算结果

网材数量。

【解】 1）验算截面尺寸限制条件

跨高比大于 2.5，$390\text{kN} \leqslant 0.20\beta_c f_c bh_0/\gamma_{\text{Ra}} = 0.20 \times 1 \times 11.9 \times 250 \times 565/0.85 = 395.50\text{kN}$，满足要求。

2）原梁受剪承载力

使用文献［3］介绍的 RCM 软件输入信息与简要计算结果如图 8-21 所示，由此得知 $V_{\text{b0E}} = 158.85\text{kN}$。可见承载力不满足要求，需要加固。

3）钢绞线网-聚合物砂浆面层需承担剪力

$$V_{\text{bf}} = V - V_{\text{b0}} = 390 - 158.85 = 231.15\text{kN}$$

4）钢绞线网用量

由于采用环形箍作法，查《混凝土结构加固设计规范》GB 50367—2013 表 13.3.3 得抗剪强度折减系数 $\psi_{\text{vb}} = 1.00$，钢绞线设计强度乘以调整系数 0.25，$f_{\text{rw}} = 0.25 \times 1050 = 262.5\text{N/mm}^2$。由《混凝土结构加固设计规范》GB 50367—2013 式（13.3.3-2）

$$\frac{A_{\text{rw}}}{s_{\text{rw}}} = \frac{V_{\text{br}}}{\psi_{\text{vb}} f_{\text{rw}} h_{\text{rw}}} = \frac{231150}{1.00 \times 262.5 \times 600} = 1.468\text{mm}^2/\text{mm}$$

使用 SCS 软件计算，对话框输入信息和最终计算结果如图 10-17 所示，可见其与手算结果相同。

图 10-17　粘贴纤维复合材法抗震加固梁受剪承载力

10.4　预张紧钢丝绳网片-聚合物砂浆面层加固的受弯构件挠度计算

加固后构件的总挠度是加固前构件的挠度与加固后构件的挠度之和。其中，加固前构件的挠度是由卸载后剩余荷载（仅自重或主要是自重）标准值产生的弯矩 M_{0g} 在原构件上引起的挠度；加固后构件的挠度是由加固后使用中荷载准永久值产生的弯矩 $M_q - M_{0g}$ 在加固后构件上引起的挠度。这里减去 M_{0g} 是因为其产生的挠度已算在总挠度中。

《混凝土结构加固设计规范》GB 50367—2013 第 13.2.8 条规定：采用钢丝绳网片-聚合物砂浆面层加固的钢筋混凝土矩形截面受弯构件，其短期刚度 B_s 应按下列公式确定：

$$B_s = \frac{E_{s0}A_s h_0^2}{1.15\psi + 0.2 + 0.6\alpha_E\rho} \tag{10-15}$$

由于工程中 T 形截面受弯构件常见，所以参照《混凝土结构设计规范》GB 50010—2010 第 7.2.3 节，短期刚度 B_s 应按下列公式确定（对比两公式，《混凝土结构加固设计规范》GB 50367—2013 式中的 0.6 似应为 6）：

$$B_s = \frac{E_{s0}A_s h_0^2}{1.15\psi + 0.2 + \dfrac{6\alpha_E\rho}{1 + 3.5\gamma_f'}} \tag{10-16}$$

$$A_s = A_{s0} + \frac{E_{rw}}{E_{s0}}A_{rw} \tag{10-17}$$

$$\psi = 1.1 - 0.65\frac{f_{tk}}{\rho_{te}\sigma_{sq}} \tag{10-18}$$

$$\rho_{te} = \frac{A_s}{0.5bh} = \frac{A_s}{0.5b(h_1 + \delta)} \tag{10-19}$$

$$\sigma_{sq} = \frac{M_q}{0.87h_0 A_s} \tag{10-20}$$

式中　E_{s0}——原构件纵向受力钢筋的弹性模量；

　　　A_s——结构加固后的钢筋换算截面面积；

　　　h_0——加固后截面有效高度；

ψ——原构件裂缝间纵向受拉钢筋应变不均匀系数，用式（10-18）计算：当 $\psi <$ 2.0 时，取 $\psi = 2.0$；$\psi > 1.0$ 时，取 $\psi = 1.0$；对直接承受重复荷载的构件，取 $\psi = 1.0$；

α_E——钢筋弹性模量与混凝土弹性模量的比值，即 E_{s0}/E_c；

ρ——纵向受拉钢筋配筋率，对钢筋混凝土受弯构件，取为 $\rho = A_s/(bh_0)$；

γ_f'——受压翼缘截面面积与腹板有效截面面积的比值，$\gamma_f' = \dfrac{(b_f'-b)h_f'}{bh_0}$；

A_{s0}——原构件纵向受拉钢筋的截面面积；

A_{rw}——新增纵向受拉钢丝绳网片截面面积；

E_{rw}——钢丝绳的弹性模量；

h——加固后截面高度；

h_1——原截面高度；

δ——截面外加层厚度；

M_q——加固后截面按荷载效应准永久组合计算的弯矩值；

σ_{sq}——截面受拉区纵向配筋合力点处的应力。

采用荷载准永久组合时，钢筋混凝土矩形、T 形、倒 T 形和 I 形截面受弯构件考虑荷载长期作用的影响的刚度按下列公式确定：

$$B = \frac{B_s}{\theta} \tag{10-21}$$

式中　θ——考虑荷载长期作用对挠度增大的影响系数。

钢筋混凝土受弯构件的考虑荷载长期作用对挠度增大的影响系数 θ 按下面规定采用：当 $\rho' = 0$ 时，取 $\theta = 2.0$；当 $\rho' = \rho$ 时，取 $\theta = 1.6$；当 ρ' 为中间值时，θ 按线性内插法取用，即 $\theta = 1.6 + 0.4\left(1 - \dfrac{\rho'}{\rho}\right)$。此处，$\rho' = A_s'/(bh_0)$，$\rho = A_s/(bh_0)$。对翼缘位于受拉区的倒 T 形截面，$\theta$ 应增加 20%。

若是均布荷载作用下的简支梁，则构件跨中挠度为：

$$f_1 = \frac{5}{48}\frac{M_{0g}l_0^2}{B_0} + \frac{5}{48}\frac{(M_q - M_{0g})l_0^2}{B} \tag{10-22}$$

式中　B_0——加固前构件抗弯长期刚度。

【例 10-7】钢丝绳网片-聚合物砂浆面层加固的矩形截面梁挠度计算算例

本书【例 10-3】的梁截面原始数据与钢丝绳网片加固的结果，聚合物砂浆厚 20mm，假定钢丝绳强度设计值为 1100MPa。已知该梁为简支梁，梁计算长度 3m，加固前承受荷载效应标准组合弯矩 $M_{0g} = 20\text{kN·m}$，加固后承受荷载效应的准永久组合弯矩 $M_q = 40\text{kN·m}$，试计算此梁跨中挠度。

【解】1）加固前构件的挠度

因为混凝土结构设计规范和 RCM 软件[4] 对构件挠度计算是基于弹性假定计算的，所以其计算及其结果是适用于荷载效应标准组合和准永久组合的。也就是说，将这两种组合代入公式或软件，得到的结果就是该组合状态下的结果。输入标准组合（准永久组合）得到的就是标准组合（准永久组合）下的挠度。使用 RCM 软件输入信息与简要计算结果如

图 10-18 所示，即得加固前（荷载效应标准组合下）的挠度 $f_1 = 7.364\text{mm}$。

图 10-18　原梁在加固前荷载标准组合下的跨中挠度计算结果

2）加固后构件的挠度

$$A_s = A_{s0} + \frac{E_{rw}}{E_{s0}} A_{rw} = 452 + 7 \times 4.71 \times 120000 / 200000 = 471.8\text{mm}^2$$

钢筋重心至梁底距离

$$a = \frac{f_y A_{s0} a_0 + f_{rw} A_{rw} a_1}{f_y A_{s0} + f_{rw} A_{rw}} = \frac{300 \times 452 \times (37+20) + 1100 \times 7 \times 4.71 \times 20/2}{300 \times 452 + 1100 \times 7 \times 4.71} = 47.1\text{mm}$$

$$h = 300 + 20; \quad h_0 = 300 + 20 - 47.1 = 272.9\text{mm}$$

$$\rho_{te} = \frac{A_s}{0.5bh} = \frac{471.8}{0.5 \times 200 \times 320} = 0.0147$$

$$\sigma_{sq} = \frac{M_q}{0.87 h_0 A_s} = \frac{40 \times 10^6}{0.87 \times 272.9 \times 471.8} = 357.1\text{N/mm}^2$$

$$\psi = 1.1 - 0.65 \frac{f_{tk}}{\rho_{te} \sigma_{sq}} = 1.1 - 0.65 \times \frac{2.20}{0.0147 \times 357.1} = 0.828$$

$$\rho = \frac{A_s}{bh_0} = \frac{471.8}{200 \times 272.9} = 0.0086$$

$$B_s = \frac{E_{s0} A_s h_0^2}{1.15\psi + 0.2 + \dfrac{6\alpha_F \rho}{1 + 3.5\gamma_f'}} = \frac{200000 \times 471.8 \times 272.9^2}{1.15 \times 0.828 + 0.2 + 6 \times 6.35 \times 0.0086} = 4.743 \times 10^{12}\text{N} \cdot \text{mm}^2$$

$$B = B_s / \theta = B_s / 2 = 2.371 \times 10^{12}\text{N} \cdot \text{mm}^2$$

$$f_2 = \frac{5}{48} \frac{(M_q - M_{0g})/l_0^2}{B} = \frac{5}{48} \times \frac{(40-20) \times 10^6 \times 3000^2}{2.371 \times 10^6} = 7.907\text{mm}$$

加固后梁的挠度为：

$$f = f_1 + f_2 = 7.364 + 7.907 = 15.271\text{mm}$$

SCS 软件输入信息与简要计算结果如图 10-19 所示。

图 10-19　钢丝绳网片-聚合物砂浆加固梁跨中挠度计算结果

【例 10-8】钢丝绳网片-聚合物砂浆面层加固的 T 形截面梁挠度计算算例

本书【例 10-5】的梁截面原始数据与钢丝绳网片加固（采用 3.6mm 直径钢丝绳网筋），聚合物砂浆厚 20mm，假定钢丝绳强度设计值为 1100MPa。已知该梁为简支梁，梁计算长度 6m，加固前承受荷载效应标准组合弯矩 $M_{0g}=100$kN·m，加固后承受荷载效应的准永久组合弯矩 $M_q=200$kN·m，试计算此梁跨中挠度。

【解】1）加固前构件的挠度

使用 RCM 软件[4] 输入信息与简要计算结果如图 10-20 所示，即得加固前挠度 $f_1=$ 9.113mm。

图 10-20　原梁在加固前荷载标准组合下的跨中挠度计算结果

2）加固后构件的挠度

$$A_{rw}=7×6.16+12×6.16=43.1+73.9=117.0mm^2$$

$$A_s=A_{s0}+\frac{E_{rw}}{E_{s0}}A_{rw}=1742+117×120000/200000=1812.2mm^2$$

钢筋重心至梁底距离

$$a=\frac{f_yA_{s0}a_0+f_{rw}A_{rw}a_1}{f_yA_{s0}+f_{rw}A_{rw}}=\frac{300×1742×(35+20)+1100×(7×43.1×20/2+73.9×80)}{300×1742+1100×117}=54.8mm$$

$$h = 600 + 20 = 620\text{mm}；\quad h_0 = 620 - 54.8 = 565.2\text{mm}$$

$$\rho_{te} = \frac{A_s}{0.5bh} = \frac{1812}{0.5 \times 250 \times 620} = 0.0234；\quad \sigma_{sq} = \frac{M_q}{0.87h_0 A_s} = \frac{200 \times 10^6}{0.87 \times 565.2 \times 1812.2} = 224.5\text{N/mm}^2$$

$$\psi = 1.1 - 0.65\frac{f_{tk}}{\rho_{te}\sigma_{sq}} = 1.1 - 0.65 \times \frac{1.54}{0.0234 \times 224.5} = 0.9093$$

$$\rho = \frac{A_s}{bh_0} = \frac{1812.2}{250 \times 565} = 0.0128；\quad \gamma'_f = \frac{(b'_f - b)h'_f}{bh_0} = \frac{(600-250) \times 100}{250 \times 565} = 0.248；\quad \alpha_E = \frac{E_{s0}}{E_c} = \frac{200000}{25500} = 7.84$$

$$B_s = \frac{E_{s0}A_s h_0^2}{1.15\psi + 0.2 + \dfrac{6\alpha_E\rho}{1+3.5\gamma'_f}} = \frac{200000 \times 1812.2 \times 565.2^2}{1.15 \times 0.909 + 0.2 + \dfrac{6 \times 7.84 \times 0.0128}{1 + 3.5 \times 0.248}} = 73.78 \times 10^{12}\ \text{N} \cdot \text{mm}^2$$

$$B = B_s / \theta = B_s / 2 = 36.89 \times 10^{12}\ \text{N} \cdot \text{mm}^2$$

$$f_2 = \frac{5}{48}\frac{(M_q - M_{0g})\ l_0^2}{B} = \frac{5}{48} \times \frac{(200-100) \times 10^6 \times 6000^2}{36.89 \times 10^6} = 10.165\text{mm}$$

加固后梁的挠度为：$f = f_1 + f_2 = 9.113 + 10.165 = 19.278\text{mm}$

SCS 软件输入信息与简要计算结果如图 10-21 所示。

图 10-21　钢丝绳网片-聚合物砂浆加固的 T 形梁挠度计算

本章参考文献

［1］中华人民共和国国家标准. 混凝土结构加固设计规范 GB 50367—2013［S］. 北京：中国建筑工业出版社，2013.

［2］中华人民共和国国家标准. 混凝土结构设计规范 GB 50010—2010［S］. 北京：中国建筑工业出版社，2010.

［3］黄华，刘伯权. 高强钢绞线网-聚合物砂浆加固混凝土结构破坏机理与设计方法［M］. 北京：中国建筑工业出版社，2013.

［4］王依群. 混凝土结构设计计算算例［M］. 3 版. 北京：中国建筑工业出版社，2016.

第11章 绕丝加固法

11.1 设计规定

绕丝法适用于提高钢筋混凝土柱的位移延性的加固。

采用绕丝法时，原构件按现场检测结果推定的混凝土强度等级不应低于 C10 级，但也不得高于 C50 级。

采用绕丝法时，若柱的截面为矩形，其长边尺寸 h 与短边尺寸 b 之比，应不大于 1.5。

当绕丝的构造符合本章的构造规定时，采用绕丝法加固的构件可按整体截面进行计算。

11.2 柱的抗震加固计算

采用环向绕丝法提高柱的位移延性时，根据《建筑抗震设计规范》GB 50011—2010[1] 第6.3.9条：计算复合螺旋箍的体积配箍率时，其非螺旋箍的箍筋体积应乘以折减系数 0.8，柱端箍筋加密区的总折算体积配箍率 ρ_v 应按下列公式计算：

$$\rho_v = 0.8\rho_{v,e} + \rho_{v,s} \tag{11-1}$$

$$\rho_{v,s} = \psi_{v,s}\frac{A_{ss}l_{ss}f_{ys}}{s_sA_{cor}f_{yv}} \tag{11-2}$$

式中 $\rho_{v,e}$ ——被加固柱原有的体积配箍率，当需重新复核时，应按原箍筋范围内核心面积计算；

$\rho_{v,s}$ ——以绕丝构成的环向围束作为附加箍筋计算得到的箍筋体积配箍率的增量；

A_{ss} ——单根钢丝截面面积；

A_{cor} ——绕丝围束内原柱截面混凝土面积，按本书 8.4 的规定计算；

f_{yv} ——原箍筋抗拉强度设计值；

f_{ys} ——绕丝抗拉强度设计值，取 $f_{ys} = 300\text{N/mm}^2$；

l_{ss} ——绕丝的周长；

s_s ——绕丝间距；

$\psi_{v,s}$ ——环向围束的有效约束系数，对圆形截面，$\psi_{v,s} = 0.75$；对正方形截面，$\psi_{v,s} = 0.55$；对矩形截面，$\psi_{v,s} = 0.35$。

11.3 构造规定

绕丝加固法的基本构造方式是将钢丝绕在 4 根直径为 25mm 专设的钢筋上（图 11-1），

然后再浇筑细石混凝土或喷抹 M15 水泥砂浆。绕丝用的钢丝应为直径为 4mm 的冷拔钢丝，但应经退火处理后方可使用。

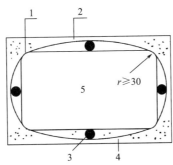

图 11-1 绕丝构造示意图
1—圆角；2—直径为 4mm、间距为 5~30mm 的钢丝；3—直径为 25mm 的钢筋；
4—细石混凝土或高强度等级水泥砂浆；5—原柱；r—圆角半径

原构件截面的四角保护层应凿除并打磨成圆角（图 11-1），圆角的半径不应小于 30mm。

绕丝加固用的细石混凝土应优先采用喷射混凝土，但也可采用现浇混凝土；混凝土的强度等级不应低于 C30。

绕丝的间距，对重要构件，不应大于 15mm；对一般构件，不应大于 30mm。绕丝的间距应分布均匀，绕丝的两端应与原构件主筋焊牢。

绕丝的局部绷不紧时，应加钢楔绷紧。

绕丝一周长度的计算如下：

根据图 11-1，沿圆角的 45°分界线和截面四边 25mm 直径钢筋突出的顶部将一周绕丝分割成 8 份（4 份较长、4 份较短）。其每一份长度可简化计算如下：

绕丝半径 2mm，圆角分割点至 0°（或 90°）方向的距离是 $0.3r$，则较短的 1 份绕丝的长度为

$$l = \sqrt{(25+2+0.3r)^2 + (0.5b-0.3r)^2} \qquad (11\text{-}3)$$

较长一份的长度只需将式中的 b 改为 h 即可。8 份长度总和，即为绕丝一周长度。

【例 11-1】 绕丝法提高柱体积配箍率算例

某方形截面框架柱为 400mm×400mm，原纵筋保护层厚 22mm，HPB235 箍筋 φ8@100，两水平方向箍筋均为 2 肢。现通过绕丝加固法，采用 4mm 直径绕丝，绕丝间距 30mm，圆角半径 30mm，试加固后柱的体积配箍率。

【解】

1）原柱体积配箍率

按文献［2］，如 c 是纵筋保护层厚度、φ 是箍筋直径，则各方向箍筋肢长度

$$l_1 = h_c - 2 \times (c - \phi/2) \; ; \quad l_2 = b_c - 2 \times (c - \phi/2)$$

$$l_1 = l_2 = 400 - 2 \times (22 - \phi/2) = 400 - 2 \times (22 - 8/2) = 364\text{mm}$$

混凝土核心面积为箍筋内表面包围的面积

$$A_{cor} = b_{cor} \times h_{cor} \; ; \quad b_{cor} = b_c - 2 \times c \; ; \quad h_{cor} = h_c - 2c$$

$$A_{cor} = (400-2\times22)\times(400-2\times22) = 126736mm^2$$

$$\rho_{v,e} = \frac{\sum A_{s1}l_i}{A_{cor}S} = \frac{4\times50.3\times364}{126736\times100} = 0.005778$$

2）以绕丝构成的环向围束作为附加箍筋计算得到的箍筋体积配箍率的增量

环向围束的有效约束系数 $\psi_{v,s} = 0.55$，单根钢丝截面面积 $A_{ss} = 12.6mm^2$

绕丝围束内原柱截面混凝土面积

$$A_{cor} = bh-(4-\pi)r^2 = 400\times400-(4-\pi)\times30^2 = 159227mm^2$$

按式（11-3），绕丝的周长 $l_{ss} = 1565.5mm$

$$\rho_{v,s} = \psi_{v,s}\frac{A_{ss}l_{ss}f_{ys}}{s_s A_{cor}f_{yv}} = 0.55\times12.6\times1565.5\times300/(30\times159227\times210) = 0.003236$$

总体积配箍率 $\rho_v = 0.8\rho_{v,e}+\rho_{v,s} = 0.786\%$

SCS 软件输入信息和简要输出结果如图 11-2 所示，可见其与手算结果一致。

图 11-2 绕丝加固法提高柱体积配箍率计算

【例 11-2】绕丝法提高圆形柱体积配箍率算例

已知圆形截面柱，截面直径 $D = 600mm$，均匀布置 HPB235 箍筋 $\phi6.5@200$，纵筋保护层厚度 $c = 32mm$。现通过绕丝加固法，采用 4mm 直径绕丝，绕丝间距 30mm，试计算加固后柱的体积配箍率。

【解】1）原构件体积配箍率复核

此题原柱与【例 8-14】的相同，【例 8-14】已算得原柱体积配箍率 $\rho_{v,e} = 0.2672\%$。

2）以绕丝构成的环向围束作为附加箍筋计算得到的箍筋体积配箍率的增量

环向围束的有效约束系数 $\psi_{v,s} = 0.75$，单根钢丝截面面积 $A_{ss} = 12.6mm^2$

绕丝围束内原柱截面混凝土面积

$$A_{cor} = \pi D^2/4 = 3.1416\times600^2/4 = 282744mm^2$$

绕丝的周长 $l_{ss} = \pi D = 3.1416\times600 = 1885mm$

$$\rho_{v,s} = \psi_{v,s}\frac{A_{ss}l_{ss}f_{ys}}{s_s A_{cor}f_{yv}} = 0.75\times12.6\times1885\times300/(30\times282744\times210) = 0.002992$$

总体积配箍率 $\rho_v = 0.8\rho_{v,e} + \rho_{v,s} = 0.513\%$

SCS 软件输入信息和简要输出结果如图 11-3 所示，可见其与手算结果一致。

图 11-3 绕丝加固法提高圆形柱体积配箍率计算

本章参考文献

[1] 中华人民共和国国家标准. 建筑抗震设计规范 GB 50011—2010 [S]. 北京：中国建筑工业出版社，2010.

[2] 王依群. 混凝土结构设计计算算例 [M]. 3 版. 北京：中国建筑工业出版社，2016.

第12章 水泥复合砂浆钢筋网加固法

高性能水泥复合砂浆薄层（HPFL，High Performance Ferrocement Laminate）是一种新型的无机材料，具有强度高、收缩小、环保性能好、耐久性好、可靠性高和与混凝土粘贴性能好等一系列优点；将其与钢筋网结合形成的加固薄层能与被加固的混凝土构件很好地共同工作，并且对原构件的尺寸加大很少。采用高性能水泥复合砂浆钢筋网薄层加固混凝土构件，能有效提高构件的强度、刚度、抗裂度和延性。特别是其具有造价低廉、施工简便、加固质量容易得到保证等优点。

高性能水泥复合砂浆，是在普通水泥砂浆中掺入聚丙烯纤维、钙矾石型膨胀剂、减水剂、硅灰、粉煤灰等超细掺合料制作而成。高性能复合砂浆不仅具有很高的抗拉强度（3~5MPa）、抗压强度（40MPa以上），而且具有良好的粘结强度、韧性、延展性和较大的极限拉应变。相对于普通水泥砂浆，高性能水泥复合砂浆固化前具有良好的保水性、流动性和工作度，硬化过程中收缩量小，硬化后抗压强度和新老界面粘结强度较高。

高性能复合砂浆与钢筋网这两种不同性质的材料在加固中起着不同的作用，钢筋网提高结构的承载力，复合砂浆层起保护和锚固作用。高性能水泥复合砂浆钢筋网采用钢筋网作为增强材料，分散性好，受力后产生的裂缝间距小、裂缝宽度小。

关于此加固方法的设计规定见中国工程建设标准化协会发布的《水泥复合砂浆钢筋网加固混凝土结构技术规程》CECS 242：2016[1]，并参见尚守平著《高性能水泥复合砂浆钢筋网加固混凝土结构设计与施工指南》[2]。

12.1 设计规定

采用水泥复合砂浆钢筋网加固混凝土结构时，原结构、构件按现场检测结果推定的混凝土强度等级不应低于C15级，且混凝土表面的正拉粘结强度不应低于1.5N/mm²。当计算考虑利用剪切销钉传递加固界面剪应力时，其原结构构件的混凝土强度等级不应低于C20级。

采用水泥复合砂浆钢筋网加固混凝土结构的设计，应保证新增加固层与原构件粘贴牢固，形成共同工作协同变形的整体，并应避免对原构件及其他构件性能造成不利影响。

采用水泥复合砂浆钢筋网加固受弯构件时，必须采用剪切销钉以增强新老混凝土界面的共同工作性能。

采用水泥复合砂浆钢筋网对钢筋混凝土构件进行加固时，加固后构件的承载力提高幅度应符合下列要求：

1）钢筋混凝土轴心受压或 $M/N<h/6$ 的小偏心受压构件，轴力提高幅度不宜超过30%；

2）轴压比大于0.5的钢筋混凝土大偏心受压构件，轴力提高幅度不宜超过20%；

3）轴压比小于 0.5 的钢筋混凝土大偏心受压构件，轴力提高幅度不宜超过 10%；

4）钢筋混凝土受弯构件正截面承载力提高幅度不宜超过 40%；

5）钢筋混凝土受弯构件斜截面承载力提高幅度不宜超过 60%；

6）钢筋混凝土剪力墙斜截面抗剪承载力提高幅度不宜超过 50%。

当不可卸除荷载设计值作用下的效应大于或等于原构件承载力设计值的 20% 时，应考虑二次受力影响的计算。

当不可卸除荷载设计值作用下的效应大于或等于原构件承载力设计值的 70% 时，应考虑卸载或部分卸载后，再采用本章方法进行设计。

12.2　HPFL 加固混凝土梁、板正截面承载力计算

当不可卸除荷载产生的弯矩小于原构件设计弯矩的 20% 时，可按一次受力计算构件的正截面受弯承载力（图 12-1）。其正截面受弯承载力应符合下列规定[1]：

$$M \leqslant f_y A_s \left(h_0 - \frac{x}{2} \right) + f_{my} A_{sm} \left(h_{m0} - \frac{x}{2} \right) + f_{my1} A_{sm1} \frac{0.8(h-x)}{h} (0.6h - 0.1x) + f'_y A'_s \left(\frac{x}{2} - a' \right)$$

(12-1)

图 12-1　受弯构件一次受力正截面承载力计算简图

混凝土受压区高度 x 应按下式确定：

$$\alpha_1 f_c b x + 2\alpha_1 f_{mc} t_1 x = f_y A_s + f_{my} A_{sm} + f_{my1} A_{sm1} \frac{0.8(h-x)}{h} - f'_y A'_s$$

(12-2)

混凝土受压区高度尚应符合下列条件：

$$2a' \leqslant x \leqslant \xi_b h$$

(12-3)

式中　M——加固后构件的弯矩设计值；

f_y、f'_y——原构件钢筋的抗拉、抗压强度设计值；

A_s、A'_s——原构件中纵向受拉、受压钢筋的截面面积；

f_{my}——梁底钢筋网钢筋的抗拉强度设计值；

f_{my1}——梁侧钢筋网钢筋的抗拉强度设计值；

f_c——原构件混凝土轴心抗压强度设计值；

f_{mc}——水泥复合砂浆轴心抗压强度设计值；

A_{sm}——钢筋网片中梁底纵向受拉钢筋截面面积；

A_{sm1}——钢筋网片中梁侧纵向钢筋截面面积；

b、h——原构件截面宽度、截面高度；

h_0——原构件截面有效高度；

h_{m0}——加固后构件的截面有效高度，取 $h_{m0}=h$[3]；

x——加固梁混凝土受压区高度；

a'——梁纵向受压钢筋合力点至截面近边的距离；

α_1——受压区混凝土矩形应力图的应力值与混凝土轴心抗压强度设计值的比值，当混凝土强度等级不超过 C50 时，取 $\alpha_1=1.0$；当混凝土强度等级为 C80 时，取 $\alpha_1=0.94$；其间按线性内插法确定；

ξ_b——一次受力构件加固后相对界限受压区高度，按式（12-10）计算。

当初始荷载产生的弯矩不小于原构件设计弯矩的20%时，应按二次受力计算构件的正截面受弯承载力（图12-2），其正截面受弯承载力应符合下列规定：

$$M < f_y A_s\left(h_0-\frac{x}{2}\right)+f_{my}A_{sm}\left(h_{m0}-\frac{x}{2}\right)+f_{my1}A_{sm1}\frac{0.4(h-x)}{h}\frac{(2.2h-0.7x)}{3}+f'_y A'_s\left(\frac{x}{2}-a'\right)$$

（12-4）

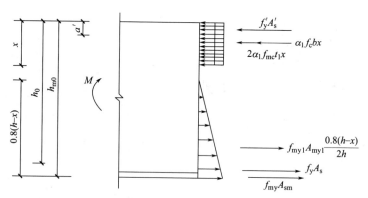

图12-2 受弯构件二次受力正截面承载力计算简图

混凝土受压区高度 x 应按下式确定：

$$\alpha_1 f_c bx+2\alpha_1 f_{mc}t_1 x=f_y A_s+f_{my}A_{sm}+f_{my1}A_{sm1}\frac{0.4(h-x)}{h}-f'_y A'_s$$

（12-5）

混凝土受压区高度尚应符合下列条件：

$$2a' \leq x \leq \xi'_b h$$

（12-6）

式中 ξ'_b——二次受力构件加固后相对界限受压区高度，按式（12-11）计算。

当按式（12-4）、式（12-5）算得加固后混凝土受压区高度 x 与加固前原截面有效高度 h_0 的比值 x/h_0 大于原截面相对界限受压区高度时，应考虑底部钢筋网未屈服，其二次受力构件的正截面受弯承载力符合下列规定（图12-3）[1]：

$$M \leq f_y A_s\left(h_0-\frac{x}{2}\right)+E_{sm}\varepsilon_{sm}A_{sm}\left(h_{m0}-\frac{x}{2}\right)+E_{sm1}\varepsilon_{sm1}A_{sm1}\frac{0.4(h-x)}{h}\frac{(2.2h-0.7x)}{3}+f'_y A'_s\left(\frac{x}{2}-a'\right)$$

（12-7）

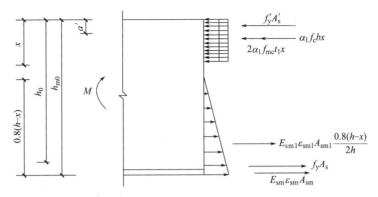

图 12-3 受弯构件二次受力底部加固钢筋网未屈服正截面承载力计算简图

混凝土受压区高度 x 应按下式确定：

$$\alpha_1 f_c bx + 2\alpha_1 f_{mc} t_1 x = f_y A_s + E_{sm}\varepsilon_{sm} A_{sm} + E_{sm1}\varepsilon_{sm1} A_{sm1}\frac{0.4(h-x)}{h} - f'_y A'_s \tag{12-8}$$

$$\varepsilon_{sm1} = \frac{0.8h - x}{x}\varepsilon_{cu} - \varepsilon_{sm} \tag{12-9}$$

式中　　E_{sm}、E_{sm1}——梁底钢筋网、梁侧钢筋网钢筋弹性模量；

　　　　ε_{sm}、ε_{sm1}——梁底钢筋网、梁侧钢筋网下边缘钢筋拉应变；

　　　　ε_{cu}——混凝土极限压应变，取 $\varepsilon_{cu} = 0.0033$。

注：式（12-9）和式（12-12）在《水泥复合砂浆钢筋网加固混凝土结构技术规程》CECS 242：2016[1] 中有误，这里是按《水泥复合砂浆钢筋网加固混凝土结构技术规程》CECS 242：2008[4] 列出的。

当 $x < 2a'$ 时，应用式（12-1′）、式（12-4′）、式（12-7′）分别代替式（12-1）、式（12-4）、式（12-7）

$$M \leqslant f_y A_s(h_0 - a') + f_{my} A_{sm}(h_{m0} - a') + f_{my1} A_{sm1}\frac{0.8(h-2a')}{h}(0.6h - 0.2a') \tag{12-1′}$$

$$M \leqslant f_y A_s(h_0 - a') + f_{my} A_{sm}(h_{m0} - a') + f_{my1} A_{sm1}\frac{0.4(h-2a')}{h}\frac{(2.2h - 1.4a')}{3} \tag{12-4′}$$

$$M \leqslant f_y A_s(h_0 - a') + E_{sm}\varepsilon_{sm1} A_{sm}(h_{m0} - a') + E_{sm1}\varepsilon_{sm1} A_{sm1}\frac{0.4(h-2a')}{h}\frac{(2.2h - 1.4a')}{3} \tag{12-7′}$$

《水泥复合砂浆钢筋网加固混凝土结构技术规程》CECS 242：2016[1] 没有提供 $x < 2a'$ 时如何计算，这是本书作者补充的。

受弯构件加固后相对界限受压区高度 ξ_b、ξ'_b 应按下列公式确定：

$$\xi_b = \frac{\beta_1}{1 + \dfrac{f_{my}}{\varepsilon_{cu} E_{sm}}} \tag{12-10}$$

$$\xi'_b = \frac{\beta_1}{1 + \dfrac{f_{my}}{\varepsilon_{cu} E_{sm}} + \dfrac{\varepsilon_{sm0}}{\varepsilon_{cu}}} \tag{12-11}$$

$$\varepsilon_{sm0} = \left(1.6\frac{h}{h_0} - 0.6\right)\varepsilon_{s0} \tag{12-12}$$

$$\varepsilon_{s0} = \frac{M_{0k}}{0.87E_sA_sh_0} \tag{12-13}$$

式中　β_1——系数，当混凝土强度等级不超过 C50 时，β_1 取为 0.80；当混凝土强度等级为 C80 时，β_1 取为 0.74；其间按线性内插法确定；

ε_{s0}——加固前，在初始弯矩 M_{0k} 作用下原受拉钢筋的应变值；

ε_{sm0}——梁底部钢筋网钢筋滞后应变；

E_s——原构件钢筋弹性模量；

M_{0k}——加固前受弯构件验算截面上由初始荷载标准值产生的弯矩。

当仅在板底或板顶面设置复合砂浆钢筋网以加固钢筋混凝土板时，仍可按以上条文计算，但 A_{sm1} 应取 0。

考虑地震组合计算梁的正截面承载力时，应在式（12-1）、式（12-4）、式（12-7）右端除以承载力抗震调整系数 γ_{RE}（$= 0.75$）。

为了防止梁底面加固钢筋网与原梁混凝土发生界面滑移破坏，依据《水泥复合砂浆钢筋网加固混凝土结构技术规程》CECS 242：2016，梁底面加固用的纵向钢筋面积应符合下列规定：

$$A_{sm} \leqslant A_{sm,max} = \frac{0.4M_u}{f_{my}h_0} \tag{12-14}$$

式中　$A_{sm,max}$——梁底面加固钢筋网最大截面面积；

M_u——原梁承载能力设计值。

讨论：图 12-1～图 12-3 均引自《水泥复合砂浆钢筋网加固混凝土结构技术规程》CECS 242：2016。图 12-1 右图下边尺寸、图 12-2 和图 12-3 的左下角尺寸"0.8（$h-x$）"似应为"$h-1.25x$"，公式中的"0.8（$h-x$）"和"0.4（$h-x$）"也应有所修改。现在公式结果会与实际有一些误差。

【例 12-1】 HPFL 法加固一次受力梁正截面受弯承载力算例

文献［2］第 65 页算例，某梁截面尺寸，$b \times h = 250\text{mm} \times 500\text{mm}$，混凝土强度等级 C30，受拉区配置了钢筋 3$\phi$25，受压区配置了钢筋 2$\phi$18，由于该梁上部需增加设备，截面的设计弯矩值增大为 $M = 240\text{kN} \cdot \text{m}$，加固前采取可靠措施对梁进行卸载，截面弯矩为 $M_0 = 30\text{kN} \cdot \text{m}$。对该梁进行加固处理，加固采用 ϕ6 钢筋，单侧砂浆层厚度为 25mm，砂浆强度等级为 M40 级。为了计算简便及施工方便，梁底部加固钢筋网与侧面钢筋网间距取一样，都取 50mm。试验算该梁加固后能否满足要求。

【解】

1）求原梁极限弯矩设计值

使用文献［5］介绍的 RCM 软件输入信息与简要计算结果如图 12-4 所示。可见承载力不足，需要加固。

2）加固设计验算

由于

$$\frac{M_0}{M} = \frac{30}{188.4} = 15.9\% < 20\%$$

图 12-4 原梁极限弯矩设计值

所以，该梁的加固设计按一次受力计算。

底部加固钢筋网为

$$A_{\mathrm{sm}} = \frac{250}{50} + 1 \times 28.3 = 170\mathrm{mm}^2$$

$$170\mathrm{mm}^2 < A_{\mathrm{sm,max}} = \frac{0.4M_{\mathrm{u}}}{f_{\mathrm{my}}h_0} = \frac{0.4 \times 188.4 \times 10^6}{300 \times 465} = 540\mathrm{mm}^2,\ \text{满足规定。}$$

侧面钢筋网面积为

$$A_{\mathrm{sm1}} = \frac{500}{50} \times 28.3 \times 2 = 566\mathrm{mm}^2$$

由式（12-2）

$$x = \frac{f_{\mathrm{y}}A_{\mathrm{s}} + f_{\mathrm{my}}A_{\mathrm{sm}} + 0.8f_{\mathrm{my1}}A_{\mathrm{sm1}} - f_{\mathrm{y}}'A_{\mathrm{s}}'}{\alpha_1 f_{\mathrm{c}}b + 2\alpha_1 f_{\mathrm{mc}}t_1 + \dfrac{0.8f_{\mathrm{my1}}A_{\mathrm{sm1}}}{h}}$$

$$= \frac{300 \times 1473 + 300 \times 170 + 0.8 \times 300 \times 566 - 300 \times 509}{1 \times 14.3 \times 250 + 2 \times 1 \times 19.1 \times 25 + \dfrac{0.8 \times 300 \times 566}{500}} = 99.1\mathrm{mm} < \xi_{\mathrm{b}}h = 0.550 \times 500 = 275\mathrm{mm}$$

$$M = f_{\mathrm{y}}A_{\mathrm{s}}\left(h_0 - \frac{x}{2}\right) + f_{\mathrm{my}}A_{\mathrm{sm}}\left(h_{\mathrm{m0}} - \frac{x}{2}\right) + f_{\mathrm{my1}}A_{\mathrm{sm1}}\frac{0.8(h-x)}{h}(0.6h - 0.1x) + f_{\mathrm{y}}'A_{\mathrm{s}}'\left(\frac{x}{2} - a'\right)$$

$$= [\ 300 \times 1473 \times (465 - 99.1/2) + 300 \times 170 \times (500 - 99.1/2)$$

$$+ 300 \times 566 \times \frac{0.8 \times (500 - 99.1)}{500}(0.6 \times 500 - 0.1 \times 99.1) + 300 \times 509 \times (99.1/2 - 35)\ ] \times 10^{-6}$$

$$= 240.55\mathrm{kN \cdot m} > 240\mathrm{kN \cdot m};\ \text{并且，}\ 240.55\mathrm{kN \cdot m} < 1.4 \times 188.4 = 263.8\mathrm{kN \cdot m}$$

满足设计要求。SCS 软件输入信息和简要输出结果如图 12-5 所示，可见其与手算结果一致。

【例 12-2】 HPFL 法加固二次受力梁正截面受弯承载力算例

文献 [2] 第 67 页算例，某梁截面尺寸，$b \times h = 250\mathrm{mm} \times 500\mathrm{mm}$，混凝土强度等级 C30，受拉区配置了钢筋 3$\phi$25，受压区配置了钢筋 2$\phi$18，由于该梁上部需增加设备，截面的设计弯矩值增大为 $M = 250\mathrm{kN \cdot m}$，加固前采取可靠措施对梁进行卸载，截面弯矩为

图 12-5 HPFL 法加固一次受力梁正截面受弯承载力计算

$M_0 = 50\text{kN} \cdot \text{m}$。对该梁进行加固处理，加固采用 $\phi 8$ 钢筋，单侧砂浆层厚度为 30mm，砂浆强度等级为 M40 级。为了计算简便及施工方便，梁底部加固网与侧面钢筋网间距取一样，都取 50mm。试验算该梁加固后能否满足要求。

【解】

1）求原梁极限弯矩设计值

使用文献［5］介绍的 RCM 软件输入信息与简要计算结果如图 12-4 所示。可见承载力不足，需要加固。

2）加固设计验算

由于

$$\frac{M_0}{M} = \frac{50}{188.4} = 26.5\% > 20\%$$

所以，该梁的加固设计按二次受力计算。

底部加固钢筋网为

$$A_{sm} = \left(\frac{250}{50} + 1\right) \times 50.3 = 302\text{mm}^2 < A_{sm,max} = \frac{0.4M_u}{f_{my}h_0} = \frac{0.4 \times 188.4 \times 10^6}{300 \times 465} = 540\text{mm}^2$$，满足规定。

侧面钢筋网面积为

$$A_{sm1} = \frac{500}{50} \times 50.3 \times 2 = 1006\text{mm}^2$$

由式（12-12）和式（12-13）计算底部加固钢筋网的滞后应变，得

$$\varepsilon_{s0} = \frac{M_{0k}}{0.87E_sA_sh_0} = \frac{50 \times 10^6}{0.87 \times 200000 \times 1473 \times 465} = 0.0004195$$

$$\varepsilon_{sm0} = \left(1.6\frac{h}{h_0} - 0.6\right)\varepsilon_{s0} = \left(1.6 \times \frac{500}{465} - 0.6\right) \times 0.0004195 = 0.0004701$$

据式（12-11），相对界限受压区高度

$$\xi_b' = \frac{\beta_1}{1 + \frac{f_{my}}{\varepsilon_{cu}E_{sm}} + \frac{\varepsilon_{sm0}}{\varepsilon_{cu}}} = \frac{0.8}{1 + \frac{300}{0.0033 \times 200000} + \frac{0.0004701}{0.0033}} = 0.501$$

由式（12-5）

$$x = \frac{f_y A_s + f_{my} A_{sm} + 0.4 f_{my1} A_{sm1} - f'_y A'_s}{\alpha_1 f_c b + 2\alpha_1 f_{mc} t_1 + \dfrac{0.4 f_{my1} A_{sm1}}{h}}$$

$$= \frac{300\times1473 + 300\times302 + 0.4\times300\times1006 - 300\times509}{1\times14.3\times250 + 2\times1\times19.1\times30 + \dfrac{0.4\times300\times1006}{500}} = 100.8\text{mm} < \xi'_b h = 0.501\times500 = 250.5\text{mm}$$

$$M = f_y A_s \left(h_0 - \frac{x}{2}\right) + f_{my} A_{sm}\left(h_{m0} - \frac{x}{2}\right) + f_{my1} A_{sm1} \frac{0.4\,(h-x)}{h}\frac{(2.2h - 0.7x)}{3} + f'_y A'_s\left(\frac{x}{2} - a'\right)$$

$$= \left[300\times1473\times\left(465 - \frac{100.8}{2}\right) + 300\times302\times\left(500 - \frac{100.8}{2}\right) + 300\times1006\right.$$

$$\left. \times\frac{0.4\times(500 - 100.8)}{500}\frac{(2.2\times500 - 0.7\times100.8)}{3} + 300\times509\times\left(\frac{100.8}{2} - 35\right)\right]\times10^{-6}$$

$$= 259.33\text{kN}\cdot\text{m}$$

且 259.33kN·m < 1.4×188.4 = 263.8kN·m，满足设计要求。SCS 软件输入信息和简要输出结果如图 12-6 所示，可见其与手算结果一致。

图 12-6　HPFL 法加固二次受力梁正截面受弯承载力计算

12.3　HPFL 加固混凝土梁斜截面承载力计算

受弯构件加固后的斜截面及加固钢筋网的间距与钢筋直径应符合下列规定[1]：

1）永久、短暂设计状况

当 $h_w/b_1 \leq 4$ 时

$$V \leq 0.25\beta_c f_c b_1 h_{m0} \tag{12-15a}$$

当 $h_w/b_1 \geq 6$ 时

$$V \leq 0.20\beta_c f_c b_1 h_{m0} \tag{12-15b}$$

当 $4 < h_w/b_1 < 6$ 时，按线性内插法取用，即：

$$V \leq 0.025(14 - h_w/b_1)\beta_c f_c b_1 h_{m0} \tag{12-15c}$$

$$s/d \geq 10 \tag{12-16}$$

式中　V——加固后构件的剪力设计值；

β_c——混凝土强度影响系数：当混凝土强度等级不超过 C50 时，β_c 取为 1.0；当混凝土强度等级为 C80 时，β_c 取为 0.8；其间按线性内插法确定；

f_c——原构件混凝土轴心抗压强度设计值；

h_w——截面的腹板高度，矩形截面，取有效高度；T 形截面，取有效高度减去翼缘高度；

b_1——加固后构件的截面宽度；

h_{m0}——加固后截面有效高度，取 $h_{m0}=h$[3]；

s——加固筋的间距；

d——加固筋的直径。

加固后受弯构件的斜截面受剪承载力可按下列公式计算[1]：

$$V \leqslant V_{u0}+V_{cm} \tag{12-17}$$

$$V_{cm} = 1.4\beta_2\gamma f_t t_0 h+\alpha_2\gamma f_{yv}\frac{A_{sv}}{s}h_{m0} \tag{12-18}$$

$$\gamma = 1-0.3\frac{V_{0k}}{V_{u0}} \tag{12-19}$$

式中　V_{u0}——原构件的抗剪承载力，按现行《混凝土结构设计规范》GB 50010 的方法计算；

V_{cm}——复合砂浆钢筋网的抗剪承载力；

f_{yv}——竖向加固筋的屈服强度；

A_{sv}——配置在同一截面内竖向加固钢筋的面积，按现行《混凝土结构设计规范》GB 50010 中箍筋面积的计算方法确定；

s——竖向钢筋网穿孔间距；

t_0——加固层单侧的厚度（抗剪加固都按双面加固考虑）；

α_2——加固钢筋抗剪承载力的影响系数，取 $\alpha_2=0.9$；

β_2——加固水泥复合砂浆抗剪承载力的影响系数，取 $\beta_2=0.5$；

γ——二次受力影响系数；

V_{0k}——加固前构件验算截面上由不可卸除的荷载产生的剪力[2]。

对集中荷载作用下（包括作用有多种荷载，其中集中荷载对支座或节点边缘产生的剪力设计值占总剪力设计值的75%以上的情况）的独立梁，当按式（12-17）计算时，V_{cm} 应按下式计算[1]：

$$V_{cm} = \beta_2\gamma\frac{3.5}{\lambda+1.0}f_t t_0 h+\alpha_2\gamma\xi f_{yv}\frac{A_{sv}}{s}h_{m0} \tag{12-20}$$

$$\xi = \frac{\lambda}{1.5} \quad (当 \lambda>1.5 时，\xi=1) \tag{12-21}$$

式中　ξ——剪跨比 λ 影响系数；

λ——计算截面的剪跨比，按现行《混凝土结构设计规范》GB 50010 规定的方法计算。

2）地震设计状况

受弯构件加固后的斜截面应符合下列规定：

当跨高比大于 2.5 时，$V \leqslant 0.2\beta_c f_{c0} bh_0 / \gamma_{RE}$ $\qquad$ (12-22a)

当跨高比不大于 2.5 时，$V \leqslant 0.15\beta_c f_{c0} bh_0 / \gamma_{RE}$ $\qquad$ (12-22b)

斜截面受剪承载力应符合下列规定：

$$V \leqslant V_{b0E} + V_{cmE} \qquad (12\text{-}23)$$

$$V_{cmE} = \left(0.84\beta_2 \gamma f_t t_0 h + \alpha_2 \gamma f_{yv} \frac{A_{sv}}{s} h_{m0} \right) / \gamma_{RE} \qquad (12\text{-}24)$$

式中　　V_{b0E}——加固前梁的斜截面抗震承载力，按现行《混凝土结构设计规范》GB 50010 计算；

　　　　γ_{RE}——承载力抗震调整系数，这里 $\gamma_{RE} = 0.85$。

【例 12-3】 HPFL 法加固均布荷载梁斜截面受剪承载力算例

某简支梁截面尺寸 $b \times h = 250\text{mm} \times 500\text{mm}$，混凝土强度等级 C30，原配置了 HPB235 箍筋 $2\phi 8@200$，该梁承受均布荷载，支座处最大剪力为 $V = 170\text{kN}$。由于该梁上部增加荷载，经计算此时支座处最大剪力为 $V = 260\text{kN}$，对梁进行加固。加固前采取可靠措施对梁进行卸载，支座处剪力为 $V_{0k} = 50\text{kN}$。对该梁进行加固处理，加固采用 $\phi 8$ 的 HPB300 钢筋，单侧砂浆层厚度为 25mm，砂浆强度等级为 M40 级，加固钢筋网间距取 80mm。试验算该梁加固后的受剪承载力是否满足要求。

【解】

1）求原梁受剪承载力

使用文献［5］介绍的 RCM 软件输入信息与简要计算结果如图 12-7 所示。可见承载力不足，需要加固。

图 12-7　按《混凝土结构设计规范》GB 50010—2010 计算得到的原梁受剪承载力

2）加固设计验算

加固后梁的截面尺寸 $h_w / b_1 = 465/300 = 1.55 \leqslant 4$，

$\qquad 0.25\beta_c f_c b_1 h_{m0} = 0.25 \times 1 \times 14.3 \times 300 \times 500 = 536250\text{N} > 260000\text{N}$

加固后梁截面尺寸满足要求。

$$s/d = 80/8 \geqslant 10$$

加固钢筋网的间距与直径符合规定。

$$\gamma = 1 - 0.3 \frac{V_{0k}}{V_{u0}} = 1 - 0.3 \times \frac{50}{165.5} = 0.909$$

$$V_{cm} = 1.4\beta_2\gamma f_t t_0 h + \alpha_2\gamma f_{yv}\frac{A_{sv}}{s}h_{m0}$$

$$= 1.4 \times 0.5 \times 0.909 \times 1.43 \times 25 \times 500 + 0.9 \times 0.909 \times 270 \times \frac{2 \times 50.3}{80} \times 500 = 150320N$$

$$V = V_{u0} + V_{cm} = 165.5 + 150.3 = 315.8kN > 1.6 \times 165.5 = 264.8kN, \text{ 按规定取 } V = 264.8kN$$

$$V = 264.8kN > 260kN$$

满足设计要求。SCS 软件输入信息和简要输出结果如图 12-8 所示，可见其与手算结果一致。

图 12-8　HPFL 加固均布荷载下梁的受剪承载力

【例 12-4】 HPFL 法加固集中荷载下独立梁斜截面受剪承载力算例

文献［2］第 86 页算例，某简支梁截面尺寸 $b \times h = 250mm \times 500mm$，混凝土强度等级 C30，原配置了 HPB235 箍筋 2ϕ8@150，该梁承受集中荷载，剪跨比 $\lambda = 2.5$，截面最大剪力为 $V = 140kN$，由于该梁上部增加荷载，经计算此时支座处最大剪力为 $V = 220kN$。加固前采取措施对梁进行卸载，最大剪力为 $V_{0k} = 100kN$。对该梁进行加固处理，加固采用 ϕ8 的 HPB300 钢筋，单侧砂浆层厚度为 30mm，砂浆强度等级为 M40 级，加固钢筋网间距取 100mm。试验算该梁加固后的受剪承载力是否满足要求。

【解】

1）求原梁受剪承载力

使用文献［5］介绍的 RCM 软件输入信息与简要计算结果如图 12-9 所示。可见承载力不足，需要加固。

2）加固设计验算

加固后梁的截面尺寸比 $h_w/b_1 = 465/300 = 1.55 \leqslant 4$，

$$0.25\beta_c f_c b_1 h_{m0} = 0.25 \times 1 \times 14.3 \times 310 \times 500 = 554125N > 220000N$$

加固后梁截面尺寸满足要求。

$$s/d = 100/8 = 12.5 \geqslant 10$$

加固钢筋网的间距与直径符合规定。

图 12-9　原梁受剪承载力

$$\gamma = 1 - 0.3\,\frac{V_{0k}}{V_{u0}} = 1 - 0.3\,\frac{100}{148.6} = 0.798$$

$$V_{cm} = \beta_2\gamma\,\frac{3.5}{\lambda + 1.0}\,f_t t_0 h + \alpha_2\gamma\xi f_{yv}\,\frac{A_{sv}}{s}\,h_{m0}$$

$$= 0.5 \times 0.798 \times \frac{3.5}{2.5 + 1.0} \times 1.71 \times 30 \times 500 + 0.9 \times 0.798 \times 1 \times 270 \times \frac{101}{100} \times 500 = 107780N$$

$V = V_{u0} + V_{cm} = 148.6 + 107.8 = 256.4kN > 1.6 \times 148.6 = 237.7kN$，按规定取 $V = 237.7kN >$
220kN

满足设计要求。SCS 软件输入信息和简要输出结果如图 12-10 所示，可见其与手算结果一致。

图 12-10　HPFL 加固集中荷载下独立梁的受剪承载力

12.4　HPFL 加固混凝土轴心受压柱正截面承载力计算

为确定加固层滞后应力，加固层钢筋网强度利用系数 μ 应按以下规定确定：

$$\beta = N_{0k}/N_{1k} \tag{12-25a}$$

当 $\beta \leqslant 0.2$ 时 $\qquad\qquad \mu = 1$ $\qquad\qquad$ （12-25b）

当 $0.2 < \beta < 0.7$ 时 $\qquad\qquad \mu = 2(0.7 - \beta)$ $\qquad\qquad$ （12-25c）

当 $\beta \geqslant 0.7$ 时 $\qquad\qquad \mu = 0$ $\qquad\qquad$ （12-25d）

式中 β——二次受力加固柱的第一次受力的应力水平指标；

$\quad N_{0k}$——加固前受压构件验算截面上由初始荷载标准值产生的轴向力；

$\quad N_{1k}$——加固前受压构件轴向承载力标准值；

$\quad \mu$——加固层材料强度利用系数。

式（12-25d）是按《水泥复合砂浆钢筋网加固混凝土结构技术规程》CECS 242：2008，因《水泥复合砂浆钢筋网加固混凝土结构技术规程》CECS 242：2016 的此式右端为 1 似有误。

轴心受压构件正截面承载力应按下列公式计算：

$$N \leqslant 0.9(N_1 + N_2 + N_3)$$ （12-26）

$$N_1 = \varphi(f_c A_c + f'_y A'_s)$$ （12-27）

$$N_2 = k\mu[f'_{ye}A'_{se} + f_{mc}(\pi D t_m - A'_{se})] \quad （圆形截面柱）$$ （12-28a）

$$N_2 = k\mu\{f'_{ye}A'_{se} + f_{mc}[2t_m(b+h) - A'_{se}]\} \quad （矩形截面柱或正方形截面柱）$$ （12-28b）

$$N_2 = k\mu[f'_{ye}A'_{se} + f_{mc}(3.14R^2 - bh - A'_{se})] \quad （正方形或矩形截面柱加固成圆形截面柱）$$

（12-28c）

$$N_3 = 4\mu\sigma_r A$$ （12-29）

$$A_c = \frac{\pi D^2}{4} - A'_s \quad （圆形截面）$$ （12-30）

$$A_c = bh - (4-\pi)r^2 - A'_s \quad （正方形或矩形倒角后截面积）$$ （12-31）

式中 N——加固后构件轴向压力设计值；

$\quad N_1$——原柱未受约束作用时能承担的轴向压力设计值；

$\quad N_2$——加固层承担的轴向压力设计值；

$\quad N_3$——原柱混凝土因受加固层约束作用承担的轴向压力设计值的提高值；

$\quad \varphi$——钢筋混凝土构件的稳定系数，按《混凝土结构设计规范》GB 50010—2010 中表 6.2.15 采用；

$\quad f_c、A_c$——原构件混凝土轴心抗压现有（残余）强度设计值、混凝土现有有效截面面积，当原柱纵筋配筋率不大于 0.03 时，可不扣除 A'_s；

$\quad f'_y、A'_s$——原构件钢筋抗压强度设计值、原构件受压钢筋截面面积；

$\quad k$——加固层的抗压强度有效利用系数，对于上下端横向钢筋网加密的柱取 0.3；

$\quad f'_{ye}、A'_{se}$——纵向钢筋网的抗压强度设计值和横截面总面积；

$\quad f_{mc}$——水泥复合砂浆轴心抗压强度设计值；

$\quad D$——原柱横截面直径；

$\quad t_m$——实际采用的加固层厚度，一般为 20~30mm；

$\quad b、h$——原构件截面宽度、截面高度；

$\quad R$——矩形截面柱或方柱加固成圆柱后的半径，原柱四角混凝土保护层凿除后，其外截圆半径 $R' = \frac{1}{2}\sqrt{(h-2c)^2 + b^2}$，其中 c 为保护层厚度，则 $R = R' + t_m$；

σ_r——横向钢筋网的径向有效约束应力，可按式（12-33）计算；

A——原柱横截面面积；

r——倒角圆弧半径。

对轴心受压柱的加固，按式（12-26）算得的构件受压承载力设计值不应大于现行《混凝土结构设计规范》GB 50010—2010 式（6.2.15）算得的构件受压承载力设计值的 1.3 倍。此外，当遇到下列一种情况时，不应计入横向钢筋网的影响，即取式（12-26）中的 $N_3 = 0$。

1）当柱加固后长细比 $\dfrac{l}{D+2t_m} > 12$ 或 $\dfrac{l}{b+2t_m} > 14$ 时；

2）当横向钢筋网的体积配箍率 ρ_w 小于 0.16% 时。

径向有效约束率 k_e 可按下列规定确定（图 12-11）：

圆形截面柱及由矩形截面柱加固成的圆形截面柱

$$k_e = \frac{A_e}{A_c} = 1 \qquad (12\text{-}32\text{a})$$

矩形截面柱

$$k_e = \frac{A_e}{A_c} \qquad (12\text{-}32\text{b})$$

$$A_e = A_c - \frac{(b-2r)^2 + (h-2r)^2}{3} \qquad (12\text{-}32\text{c})$$

式中　A_e——混凝土有效约束面积；

A_c——加固前原柱混凝土净截面面积；

k_e——径向有效约束率。

图 12-11　有效约束率计算简图

1—无效约束面积；2—环向围束；3—有效约束面积

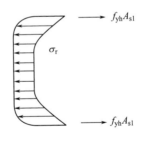

图 12-12　有效约束应力计算简图

径向有效约束应力 σ_r 可按以下规定确定（图 12-12）：

$$\sigma_r = \frac{1}{4} k_e \psi_0 f_{yh} \rho_t \quad（圆形截面柱） \qquad (12\text{-}33\text{a})$$

$$\sigma_r = \frac{1}{2(b+h)} k_e \psi_0 f_{yh} b \rho_t \quad（正方形或矩形截面柱以及由此加固成的圆形截面柱）$$

$$(12\text{-}33\text{b})$$

式中　f_{yh}——横向钢筋网抗拉强度设计值；

ψ_0——原柱混凝土强度影响系数，当 $f_{cu,k} \leqslant 50\text{MPa}$ 时，取 $\psi_0 = 2.0$；$f_{cu,k} = 80\text{MPa}$ 时，取 $\psi_0 = 1.7$；其间的 ψ_0 按线性内插确定[3]；

ρ_t——横向钢筋网体积配箍率，圆形截面柱 $\rho_t = \dfrac{4A_{s1}}{s_h D}$；正方形或矩形截面柱 $\rho_t = \dfrac{2A_{s1}}{s_h bh}$

$(b+h)$；由正方形或矩形截面柱加固成的圆形截面柱 $\rho_t = \dfrac{2A_{s1}}{s_h R}$；

A_{s1}——横向钢筋网的单肢截面面积；

s_h——横向钢筋网间距。

【例 12-5】 HPFL 法加固矩形截面轴心受压柱算例

某办公楼底层，层高 4.8m，轴心受压的中柱截面尺寸 $b \times h = 400\text{mm} \times 500\text{mm}$，混凝土强度等级 C25，原配置了钢筋 $8\,\phi\,18$（$A'_s = 2036\text{mm}^2$），加固前卸载至承担 $N_{0k} = 1760.7\text{kN}$，由于荷载增加，加固后轴向压力设计值要求达到 2900kN。加固层材料：纵向、横向钢筋网采用 HRB400 热轧带肋钢筋，纵向钢筋网按 $\phi\,6@\,50$，横向钢筋采用 $\phi\,8@\,50$ 配置，高性能水泥复合砂浆强度等级为 M45，单侧砂浆层厚度为 25mm，倒角半径取 $r = 30\text{mm}$。试验算该柱加固后的正截面承载力是否满足要求。

【解】

1）求原柱正截面承载力

使用文献 [5] 介绍的 RCM 软件输入信息与简要计算结果 $N_{1k} = 3438.86\text{kN}$，如图 12-13 所示。可见承载力不足，需要加固。

图 12-13　原矩形柱轴心受压承载力

2）加固层材料强度利用系数 μ

$$\beta = N_{0k}/N_{1k} = 1760.7/3438.86 = 0.512$$
$$\mu = 2(0.7 - \beta) = 0.376$$

3）计算 N_1

原柱混凝土净截面面积

$$A_c = bh - (4-\pi)r^2 - A'_s = 400 \times 500 - (4-3.14) \times 900 - 2036 = 197191\text{mm}^2$$

由 $l_0/b = 4800/400 = 12$，查《混凝土结构设计规范》GB 50010—2010 中表 6.2.15，得 $\varphi = 0.95$

$$N_1 = \varphi(f_c A_c + f'_y A'_s) = 0.95 \times (11.9 \times 197191 + 300 \times 2036) = 2809.51 \text{kN}$$

4）计算 N_2

按 $\phi 6@50$ 配置的纵向网筋，可知 $A'_{se} = 1020 \text{mm}^2$，从而

$$N_2 = \mu k \{ f'_{ye} A'_{se} + f_{mc} [2t_m (b+h) - A'_{se}] \}$$
$$= 0.3 \times 0.376 \times \{360 \times 1020 + 21.1 \times [2 \times 25 \times (400+500) - 1020]\} \times 10^{-3} = 146.10 \text{kN}$$

5）计算 N_3

因有 $\dfrac{l}{b+2t_m} = \dfrac{4800}{400+50} = 10.7 < 14$，可以考虑横向网筋的约束作用。

有效约束面积：

$$A_e = A_c - \frac{(b-2r)^2 + (h-2r)^2}{3} = 197191 - \frac{(400-2\times30)^2 + (500-2\times30)^2}{3} = 94125 \text{mm}^2$$

有效约束率：$k_e = \dfrac{A_e}{A_c} = \dfrac{94125}{197191} = 0.48$

横向钢筋网体积配箍率：$\rho_t = \dfrac{2A_{s1}}{s_h bh}(b+h) = \dfrac{2\times50.3}{50\times400\times500}\times(400+500) = 0.0091$

$\rho_t > 0.16\%$ 满足考虑横向钢筋约束的要求。

$$\sigma_r = \frac{1}{2(b+h)} k_e \psi_0 f_{yh} b\rho_t = \frac{0.48\times2\times360\times400\times0.0091}{2\times(400+500)} = 0.691 \text{N/mm}^2$$

$$N_3 = 4\mu\sigma_r A = 4\times0.376\times0.691\times400\times500 = 207.99 \text{kN}$$

6）加固后柱的承载力：

$$N = 0.9(N_1 + N_2 + N_3) = 0.9\times(2809.51 + 146.10 + 207.99) = 2847.24 \text{kN}$$

2847.24kN < 1.3×2557.13 = 3324.3kN，符合要求。

SCS 软件输入信息和简要输出结果如图 12-14 所示，可见其与手算结果一致。

图 12-14　HPFL 加固矩形轴心受压柱计算

【例 12-6】HPFL 法加固圆形截面轴心受压柱算例

某办公楼底层，层高 4.0m，轴心受压的圆柱截面直径 $D = 400$mm，混凝土强度等级 C25，原配置了 HRB335 钢筋 $8\phi20$（$A'_s = 2513 \text{mm}^2$），加固前卸载至承担 $N_{0k} = 1046.51$kN，由于荷载增加，加固后轴向压力设计值要求达到 2400kN。加固层材料：纵向、横向钢筋

网采用 HRB400 热轧带肋钢筋，纵向钢筋网按$\oplus$6@50 配置（柱全周共 26 根钢筋，A'_{se} = 735.8mm^2），高性能水泥复合砂浆强度等级为 M50，砂浆层厚度为 30mm。试验算该柱加固后的正截面承载力是否满足要求。

【解】

1）求原柱正截面承载力

使用文献［5］介绍的 RCM 软件输入信息与简要计算结果 N_{1k} = 1938.3kN，如图 12-15 所示。可见承载力不足，需要加固。

图 12-15　原柱轴心受压承载力

2）加固层材料强度利用系数 μ

$$\beta = N_{0k}/N_{1k} = 1046.51/2533.92 = 0.413$$

$$\mu = 2(0.7-\beta) = 0.574$$

3）计算 N_1

原柱混凝土净截面面积

$$A_c = \frac{\pi D^2}{4} - A'_s = 3.14 \times 400^2/4 - 2513 = 123087 \text{mm}^2$$

由 $l_0/d = 4000/400 = 10$，查《混凝土结构设计规范》GB 50010—2010 中表 6.2.15，得 $\varphi = 0.958$

$$N_1 = \varphi(f_c A_c + f'_y A'_s) = 0.958 \times (11.9 \times 123087 + 300 \times 2513) \times 10^{-3} = 2124.34 \text{kN}$$

4）计算 N_2

按$\oplus$6@50 配置的纵向网筋，可知 A'_{se} = 735.8mm^2，从而

$$N_2 = \mu k [f'_{ye} A'_{se} + f_{mc}(\pi D t_m - A'_{se})]$$
$$= 0.3 \times 0.574 \times [360 \times 735.8 + 23.1 \times (3.14 \times 400 \times 30 - 735.8)] \times 10^{-3} = 192.66 \text{kN}$$

5）计算 N_3

因加固后柱长细比 $\dfrac{l}{D+2t_m} = \dfrac{4000}{400+60} = 8.70 < 12$，可以考虑横向网筋的约束作用。

有效约束率：$k_e = 1$

横向钢筋网体积配箍率：$\rho_t = \dfrac{4A_{s1}}{s_h D} = \dfrac{4 \times 28.3}{50 \times 400} = 0.0057$

$\rho_\mathrm{t}>0.16\%$ 满足考虑横向钢筋约束的要求。

$$\sigma_\mathrm{r}=\frac{1}{4}k_\mathrm{e}\psi_0 f_\mathrm{yh}\rho_\mathrm{t}=\frac{1}{4}\times1\times2\times360\times0.0057=1.026\mathrm{N/mm^2}$$

$$N_3=4\mu\sigma_\mathrm{r}A=4\times0.574\times1.026\times123087\times10^{-3}=289.96\mathrm{kN}$$

6）加固后柱的承载力：

$$N=0.9(N_1+N_2+N_3)=0.9\times(2124.34+192.66+289.96)=0.9\times2606.96=2346.3\mathrm{kN}$$

$2346.3\mathrm{kN}<1.3\times1938.3=2819.8\mathrm{kN}$，符合要求。

SCS 软件输入信息和简要输出结果如图 12-16 所示，可见其与手算结果一致（注：倒角半径对既有圆形柱没有作用，软件输入时此项可填写 0）。

图 12-16　HPFL 加固圆形轴心受压柱计算

【例 12-7】 HPFL 法将矩形截面加固成圆形截面轴心受压柱算例

柱原始数据同【例 12-5】，现欲加固成圆柱，看其承载力能达到多少？

【解】

1）求原柱正截面承载力

使用文献［5］介绍的 RCM 软件输入信息与简要计算结果 $N_{1k}=3438.86\mathrm{kN}$，如图 12-13 所示。

2）加固层材料强度利用系数 μ

$$\beta=N_{0k}/N_{1k}=1760.7/3438.86=0.512$$

$$\mu=2(0.7-\beta)=0.376$$

3）计算 N_1

原柱混凝土净截面面积

$$A_\mathrm{c}=bh-(4-\pi)r^2-A'_\mathrm{s}=400\times500-(4-3.14)\times900-2036=197190\mathrm{mm^2}$$

由 $l_0/b=4800/400=12$，查《混凝土结构设计规范》GB 50010—2010 中表 6.2.15，得 $\varphi=0.95$

$$N_1=\varphi(f_\mathrm{c}A_\mathrm{c}+f'_\mathrm{y}A'_\mathrm{s})=0.95\times(11.9\times197190+300\times2036)\times10^{-3}=2809.51\mathrm{kN}$$

4）计算 N_2

矩形截面外截圆半径 $R'=\dfrac{1}{2}\sqrt{(h-2c)^2+b^2}=\dfrac{1}{2}\sqrt{(500-2\times20)^2+400^2}=305\mathrm{mm}$，$R=R'+$

$t_m = 305 + 25 = 330$mm。

矩形截面外截圆直径 $D = 610$mm，外截圆周长 = 1914mm，按$\Phi 6@50$ 配置的纵向网筋，可知需布置 39 根钢筋，$A'_{se} = 39 \times 28.3 = 1103.7$mm²，从而

$$N_2 = \mu k [f'_{ye} A'_{se} + f_{mc}(3.14R^2 - bh - A'_{se})]$$

$$= 0.3 \times 0.376 \times [360 \times 1103.7 + 21.1 \times (3.14 \times 330^2 - 400 \times 500 - 1103.7)] = 379.02\text{kN}$$

5）计算 N_3

因有 $\dfrac{l}{2R} = \dfrac{4800}{2 \times 330} = 7.27 < 12$，可以考虑横向网筋的约束作用。

有效约束率：$k_e = 1$

横向钢筋网体积配箍率：$\rho_t = \dfrac{2A_{s1}}{s_h R} = \dfrac{2 \times 28.3}{50 \times 330} = 0.0034$

$\rho_t > 0.16\%$满足考虑横向钢筋约束的要求。

$$\sigma_r = \frac{1}{2(b+h)} k_e \psi_0 f_{yh} b \rho_t = \frac{1 \times 2 \times 360 \times 400 \times 0.0034}{2 \times (400 + 500)} = 0.55\text{N/mm}^2$$

$$N_3 = 4\mu\sigma_r A = 4 \times 0.376 \times 0.55 \times 400 \times 500 \times 10^{-3} = 165.20\text{kN}$$

6）加固后柱的承载力：

$$N = 0.9(N_1 + N_2 + N_3) = 0.9 \times (2809.51 + 379.02 + 165.20) = 3018.35\text{kN}$$

3018.35kN < $1.3 \times 2557.13 = 3324.3$kN，符合要求。

SCS 软件输入信息和简要输出结果如图 12-17 所示，可见其与手算结果一致。为用电算外截圆周长，以便计算 A'_{se}，可以先按"计算""打开计算书"，如图 12-17 得知外截圆周长后，用其除以纵向钢筋网间距得纵筋根数，再乘以每根筋面积，即得 A'_{se}。填入对应位置，再按"计算"得到结果。

图 12-17　HPFL 矩形柱加固成圆形轴心受压柱计算并查看详细结果

12.5　HPFL 加固混凝土偏心受压柱正截面承载力计算

结合《混凝土结构设计规范》GB 50010—2010 和《水泥复合砂浆钢筋网加固混凝土结构技术规程》CECS 242：2016，被加固的矩形截面偏心受压框架柱的承载力可按下列公式计算（图 12-18）：

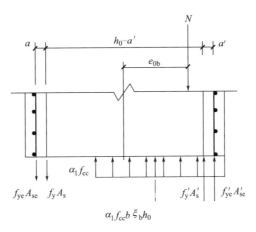

图 12-18　HPFL 加固偏心受压柱计算简图

$$N = \alpha_1 f_{cc} bx + f'_y A'_s + \mu f'_{ye} A'_{se} - f_y A_s - \mu f_{ye} A_{se} \tag{12-34}$$

$$Ne = \alpha_1 f_{cc} bx \left(h_0 - \frac{x}{2} \right) + f'_y A'_s (h_0 - a') + \mu f'_{ye} A'_{se} h_0 \tag{12-35}$$

$$f_{cc} = f_c + 4\mu\sigma_r \tag{12-36}$$

$$e = e_i + \frac{h}{2} - a \tag{12-37}$$

$$\eta_{ns} = 1 + \frac{1}{1300 (e_0 + e_2) / h_0} \left(\frac{l_c}{h + 2t_m} \right)^2 \zeta_c \tag{12-38}$$

$$\zeta_c = 0.2 + 2.7 \frac{e_0 + e_a}{h_0} \tag{12-39}$$

$$e_i = \eta_{ns} e_0 + e_a \tag{12-40}$$

这里为偏安全考虑，取 $C_m = 1$，$C_m \eta_{ns} = \eta_{ns}$，$\eta_{ns} e_0 = C_m \eta_{ns} e_0 = C_m \eta_{ns} M_2 / N = M / N$，这样就解释了采用 $\eta_{ns} e_0$ 就是执行《混凝土结构设计规范》GB 50010—2010 第 6.2.4 条的规定。《水泥复合砂浆钢筋网加固混凝土结构技术规程》CECS 242：2016 第 5.5.5 条没考虑柱自身挠曲二阶效应，如果要执行《水泥复合砂浆钢筋网加固混凝土结构技术规程》CECS 242：2016 第 5.5.5 条规定，手算时可令 $\eta_{ns} = 1$，使用 SCS 软件时输入"不考虑柱挠曲效应"选项即可，如图 12-20 所示。

当 $x > x_b$ 或 $\xi > \xi_b$ 时，应以 σ_s 和 σ_{sm} 替换式（12-34）、式（12-35）中 f_y 和 f_{ye}，且 σ_s 与 σ_{sm} 可分别按下列公式计算：

$$\sigma_s = \frac{\xi - \beta_1}{\xi_b - \beta_1} f_y \tag{12-41}$$

$$\sigma_{sm} = \frac{\xi - \beta_1}{\xi_b - \beta_1} f_{ye} \tag{12-42}$$

式中　f_{cc}——考虑约束效应的混凝土强度设计值，$f_{cc} = f_c + 4\mu\sigma_r$，式中 σ_r 按式（12-33b）确定；

　f_{ye}、A_{se}——分别为纵向钢筋网的抗拉强度设计值及其总面积；

　f'_{ye}、A'_{se}——分别为纵向钢筋网的抗压强度设计值及其总面积；

　σ_s——原构件纵向受拉钢筋或受压较小边钢筋的应力；

　σ_{sm}——加固后钢筋网中纵向受拉钢筋或受压较小边纵向钢筋的应力；

　l_c——构件的计算长度，框架柱可近似取偏心受压构件相应主轴方向两支撑点之间的距离；

　h_0——截面有效高度，因纵向网筋未知，偏安全取原截面有效高度；

　x——等效受压区高度；

　e——外加轴向压力作用点至纵向受拉钢筋合力作用点间的距离；

　e_i——初始偏心距；

　e_0——外加轴力对截面重心的偏心距，$e_0 = M/N$；

　η_{ns}——弯矩放大系数；

　ζ_c——截面曲率修正系数，当计算值大于 1.0 时，取为 1.0；

　e_a——附加偏心距；

　x_b——原构件截面等效受压区界限高度；

　ξ、ξ_b——原构件截面的相对受压区高度（$\xi = x/h_0$）与界限相对受压区高度；

　β_1——系数，当混凝土强度等级不超过 C50 时，β_1 取为 0.80；当混凝土强度等级为 C80 时，β_1 取为 0.74；其间按线性内插法确定。

1. 偏压柱加固设计计算

当原柱截面尺寸、材料强度、配筋面积和原柱已承受的外荷载产生的设计轴力 N 和设计弯矩 M 均为已知条件，对加固层的设计实际上是对所需横向网筋和纵向网筋进行设计计算。其计算思路如下：

首先按经验规则判别大小偏心，即：

当 $\eta_{ns}e_i \leqslant 0.3h_0$，按小偏心受压计算；

当 $\eta_{ns}e_i > 0.3h_0$，按大偏心受压计算。

当按大偏心受压计算时，由于较大的侧向挠曲使受压区横向网筋所发挥的横向约束作用很小，但又为了不削弱其对纵向网筋的锚固作用，所以可按构造要求配置横向网筋。即先选定横向网筋的单肢截面积 A_{s1} 和间距 s_h，从而确定 f_{cc}。另外，为便于施工，受拉侧和受压侧纵向网筋采用对称配筋，即 $A_{se} = A'_{se}$，$f_{ye} = f'_{ye}$ 再联立式（12-34）和式（12-35），可求得受压区高度 x 及纵向网筋 $A_{se} = A'_{se}$。

$$x = \frac{A}{B} \tag{12-43}$$

$$A = N - f'_y A'_s + f_y A_s; \quad B = \alpha_1 f_{cc} b$$

如果 $x \leqslant \xi_b h_0$，则属于大偏压柱，可按下式计算

$$A_{se} = A'_{se} = \frac{1}{\mu f'_{ye} h_0} \left(Ne - Ah_0 + \frac{A^2}{2B} - C \right) \tag{12-44}$$

其中
$$C = f'_y A'_s (h_0 - a')$$

如果 $x > \xi_b h_0$，则应按小偏压柱计算。由于小偏压柱主要是利用横向网筋的约束作用，所以纵向网筋应按构造要求预先假定，且使 $A_{se} = A'_{se}$，$f_{ye} = f'_{ye}$。当根据初选纵向网筋和按以下各式算出的横向网筋过多或过少时，则将其调整后再算。式（12-34）、式（12-35）变为：

$$N = \alpha_1 f_{cc} bx + f'_y A'_s + \mu f'_{ye} A'_{se} - \sigma_s A_s - \mu \sigma_{sm} A_{se} \tag{12-45}$$

$$Ne = \alpha_1 f_{cc} bx \left(h_0 - \frac{x}{2} \right) + f'_y A'_s (h_0 - a') + \mu f'_{ye} A'_{se} h_0 \tag{12-46}$$

忽略原柱箍筋的约束作用

$$f_{cc} = f_c + 4\mu \sigma_r$$

按式（12-45）、式（12-46）联立求解，可得到破坏时受压区高度 x，约束混凝土的峰值压应力 f_{cc} 及所需横向网筋的面积 A_{s1}：

$$x = \frac{A}{Bf_{cc}} \tag{12-47}$$

$$A = N - f'_y A'_s - \mu f'_{ye} A'_{se} + \sigma_s A_s + \mu \sigma_{sm} A_{se};$$
$$B = \alpha_1 b; \quad C = f'_y A'_s (h_0 - a') + \mu f'_{ye} A'_{se} h_0 - Ne$$

$$f_{cc} = \frac{A^2}{2B(Ah_0 + C)} \tag{12-48}$$

$$\frac{A_{s1}}{s_h} = \frac{h(f_{cc} - f_c)}{4k_e f_{yh}} \tag{12-49}$$

2. 偏压柱加固承载力复核

（1）对于已知 e_0，求截面所能承担的偏心压力 N_u

按照文献［2］作法，由于原柱截面参数及加固层网筋的 f_{ye}、A'_{se}、A_{s1} 和 s_h（或 f_{cc}）均为已知条件，故先求得偏心距 e_{0b}，假设图 12-19 表示刚好处于大小偏心受压界限状态下的矩形应力分布情况，此时 $x = \xi_b h_0$，则由平衡条件得：

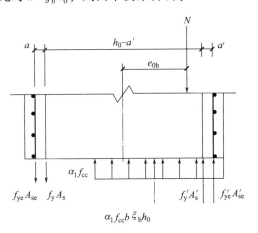

图 12-19　界限状态计算简图

$$N_b = \alpha_1 f_{cc} b \xi_b h_0 + f'_y A'_s + \mu f'_{ye} A'_{se} - f_y A_s - \mu f_{ye} A_{se} \quad (12\text{-}50)$$

$$N_b e_{0b} = \alpha_1 f_{cc} b \xi_b h_0 \left(\frac{h}{2} - \frac{\xi_b h_0}{2} \right) + f'_y A'_s \left(\frac{h}{2} - a' \right) + \mu f'_{ye} A'_{se} \frac{h}{2} + f_y A_s \left(\frac{h}{2} - a \right) + \mu f_{ye} A_{se} \frac{h}{2} \quad (12\text{-}51)$$

由式（12-50）及式（12-51）求得

$$e_{0b} = \cfrac{\alpha_1 f_{cc} b \xi_b h_0 \left(\dfrac{h}{2} - \dfrac{\xi_b h_0}{2} \right) + f'_y A'_s \left(\dfrac{h}{2} - a' \right) + \mu f'_{ye} A'_{se} \dfrac{h}{2} + f_y A_s \left(\dfrac{h}{2} - a \right) + \mu f_{ye} A_{se} \dfrac{h}{2}}{\alpha_1 f_{cc} b \xi_b h_0 + f'_y A'_s + \mu f'_{ye} A'_{se} - f_y A_s - \mu f_{ye} A_{se}} \quad (12\text{-}52)$$

当 $e_0 \geqslant e_{0b}$，说明为大偏心受压，由式（12-34）及式（12-35），并取 $x = \xi h_0$，联立解得：

$$\xi = \frac{-B + \sqrt{B^2 - 4AC}}{2A} \quad (12\text{-}53)$$

$$A = 0.5 \alpha_1 f_{cc} b h_0^2, \quad B = \alpha_1 f_{cc} b h_0 (e - h_0)$$

$$C = e(f'_y A'_s + \mu f'_{ye} A'_{se} - f_y A_s - \mu f_{ye} A_{se}) - f'_y A'_s (h_0 - a') - \mu A'_{se} h_0$$

按照《混凝土结构设计规范》GB 50010—2010，对框架柱取

$$e = \eta_{ns} e_0 + e_a + \frac{h}{2} - a$$

将所求得的 ξ 和 $x = \xi h_0$ 代入式（12-34）即可求出 N_u，即：

$$N_u = \alpha_1 f_{cc} b \xi h_0 + f'_y A'_s + \mu f'_{ye} A'_{se} - f_y A_s - \mu f_{ye} A_{se} \quad (12\text{-}54)$$

当 $e_0 < e_{0b}$，说明为小偏心受压，由式（12-34）、式（12-35）及式（12-40）、式（12-41）消除 N 后，可整理出求解 ξ 的方程式，即：

$$e \left(\alpha_1 f_{cc} b \xi h_0 + f'_y A'_s + \mu f'_{ye} A'_{se} - \frac{\xi - 0.8}{\xi_b - 0.8} f_y A_s - \mu \frac{\xi - 0.8}{\xi_b - 0.8} f_{ye} A_{se} \right)$$

$$= \alpha_1 f_{cc} b \xi h_0 (h_0 - 0.5 \xi h_0) + f'_y A'_s (h_0 - a') + \mu f'_{ye} A'_{se} h_0$$

解得：

$$\xi = \frac{-B + \sqrt{B^2 - 4AC}}{2A}$$

$$A = 0.5 \alpha_1 f_{cc} b h_0^2, \quad B = e \alpha_1 f_{cc} b h_0 - \frac{e(f_y A_s + \mu f_{ye} A_{se})}{\xi_b - 0.8} - \alpha_1 f_{cc} b h_0^2$$

$$C = e(f'_y A'_s + \mu f'_{ye} A'_{se}) + \frac{0.8e}{\xi_b - 0.8}(f_y A_s + \mu f_{ye} A_{se}) - f'_y A'_s (h_0 - a') - \mu f'_{ye} A'_{se} h_0$$

按照《混凝土结构设计规范》GB 50010—2010，对框架柱取

$$e = \eta_{ns} e_0 + e_a + \frac{h}{2} - a$$

将所求得的 ξ 和 $x = \xi h_0$ 代入式（12-34）对应的小偏心受压公式，即可求出 N_u，即：

$$N_u = \alpha_1 f_{cc} b \xi h_0 + f'_y A'_s + \mu f'_{ye} A'_{se} - \frac{\xi - 0.8}{\xi_b - 0.8} f_y A_s - \mu \frac{\xi - 0.8}{\xi_b - 0.8} f_{ye} A_{se}$$

（2）对于已知设计轴力 N，求截面所能承担的弯矩 M_u

验算步骤为：先将原柱及加固层的已知参数及 $x = \xi_b h_0$ 及代入式（12-34），计算界限情况下的轴力 N_b。若 $N \leqslant N_b$，说明为大偏心受压柱，则先按式（12-34）求出 x，再将 x

及 $e=\eta_{ns}e_0+e_a+\dfrac{h}{2}-a$ 代入式（12-35）求出 e_0，进而可求得 $M_u=Ne_0$；若 $N>N_b$，说明为小偏心受压柱，则先按式（12-34）对应的小偏心受压公式求出 x，再将 x 及 $e=\eta_{ns}e_0+e_a+\dfrac{h}{2}-a$ 代入式（12-35）求出 e_0，进而可求得 $M_u=Ne_0$。注意对于非短柱，计算 η_{ns} 时用到 e_0，因此需要使用文献［3］中的解二次方程方法确定柱端所能承担的弯矩。

考虑地震组合计算大偏压柱的正截面承载力时，应在式（12-35）、式（12-46）、式（12-51）右端除以承载力抗震调整系数 γ_{RE}（轴压比小于 0.15 时，$\gamma_{RE}=0.75$；否则，$\gamma_{RE}=0.80$）。

【例 12-8】HPFL 法加固的大偏心受压柱设计算例

文献［3］第 97 页例题。五层现浇框架结构厂房，根据设计要求，第二层边柱每侧应配 $4\phi20$，但施工过程中，误将边柱配成 $4\phi18$。经复核，需对该柱进行加固。

（1）原柱资料：截面尺寸 $400mm\times600mm$，C25 混凝土，该层层高 $H=5.0m$，原设计外力 $N=600kN$，$M_2=M_1=360kN\cdot m$。加固前（卸载后）作用在该柱上的轴力标准值为 $N_{0k}=1510kN$。

（2）加固要求：加固后不明显增大柱截面尺寸，也不改变柱截面形状，加固后承载力设计值要求达到设计外力 $N=600kN$，$M_2=M_1=360kN\cdot m$。

（3）加固方法：采用高性能水泥复合砂浆钢筋网薄层（HPFL）加固法能满足以上加固要求。

（4）加固层材料：纵、横钢筋网采用 HRB335 热轧带肋钢筋；高性能复合水泥砂浆强度等级为 M40，厚 25mm；采用 P 类水泥基界面处理剂。倒角半径按文献［3］取为 100mm。

【解】

因对称配纵向网筋，而且原柱纵筋也对称配，先假定为大偏压住，故加固柱的承载力计算公式变为：

$$N=\alpha_1 f_{cc}bx$$

$$M=Ne=\alpha_1 f_{cc}bx\left(h_0-\frac{x}{2}\right)+f_y'A_s'(h_0-a')+\mu f_{ye}'A_{se}'h_0$$

联立求解中间变量 A 和 B 得：

$$A=N=600000N$$

对于加固大偏压柱，近似取 $f_{cc}=f_c=11.9N/mm^2$

$$B=\alpha_1 f_{cc}b=1\times11.9\times400=4760N/mm$$

则 $x=\dfrac{A}{B}=\dfrac{600000}{4760}=126.05mm<\xi_b h_0=0.550\times565mm=310.75mm$，说明是大偏压柱。

中间变量 C：

$$C=f_y'A_s'(h_0-a')=300\times1017\times(565-35)=161703008N\cdot mm$$

假设柱的计算长度为 $l_0=H$，$l_0/b=5000/400=12.5$，则根据《混凝土结构设计规范》GB 50010，柱的稳定系数 $\varphi=0.942$，原柱轴心受压承载力标准值为：

$$N_{1k}=0.9\varphi(f_{ck}bh+f_{yk}'A_s')=0.9\times0.942\times(16.7\times400\times600+335\times2034)=3977.77kN$$

柱第一次受力的应力水平指标 $\beta = N_{0k}/N_{1k} = 1510/3977.77 = 0.380$。

加固层材料强度利用系数为：$\mu = 2(0.7-\beta) = 2\times(0.7-0.38) = 0.64$

$$\zeta_c = \frac{0.5f_cA_c}{N} = \frac{0.5\times11.9\times240000}{600000} = 2.380 > 1，取 \zeta_c = 1$$

$$\eta_{ns} = 1+\frac{1}{1300(e_0+e_2)/h_0}\left(\frac{l_c}{h+2t_m}\right)^2\zeta_c = 1+\frac{1}{1300\times(600+20)/565}\left(\frac{5000}{650}\right)^2\times1 = 1.041$$

采用对称加固，偏安全取 $C_m = 1$，

$$e_i = \eta_{ns}e_0+e_a = 1.041\times600+20 = 644.6\text{mm}$$

$$e = e_i+\frac{h}{2}-a' = 644.6+0.5\times600-35 = 909.9\text{mm}$$

柱一侧所需加固层纵向网筋面积：

$$A'_{se} = \frac{1}{\mu f'_{ye}h_0}\left(Ne-Ah_0+\frac{A^2}{2B}-C\right) = \frac{600000\times909.9-600000\times565+\dfrac{600000^2}{2\times4760}-161703008}{0.64\times300\times565} = 764.6\text{mm}^2$$

每侧可配纵向网筋 16Φ8@30（$A_{se} = A'_{se} = 804.8\text{mm}^2$）。

根据构造要求，非弯矩作用的两侧面宜选用与弯矩作用受拉、受压侧面同种类、同强度等级的纵向网筋，可按 10Φ8@60 配置。柱高中段横向网筋按Φ6@50 配置，但柱上下端 $H/6$ 的高度范围内应按Φ6@25 加密[3]。

SCS 软件输入信息和简要输出结果如图 12-20 所示，可见其与手算结果一致。

图 12-20　大偏心受压柱承载力加固设计（考虑柱挠曲效应）

如果按照《水泥复合砂浆钢筋网加固混凝土结构技术规程》CECS 242：2016 方法，即不考虑柱自身挠曲效应影响，即取上面计算中的 $\eta_{ns} = 1$，则后续的计算如下：

$$e_i = e_0+e_a = 600+20 = 620\text{mm}$$

$$e = e_i+\frac{h}{2}-a' = 620+0.5\times600-35 = 885\text{mm}$$

柱一侧所需加固层纵向网筋面积：

$$A'_{se} = \frac{1}{\mu f'_{ye} h_0}\left(Ne - A h_0 + \frac{A^2}{2B} - C\right) = \frac{600000 \times 885 - 600000 \times 565 + \dfrac{600000^2}{2 \times 4760} - 161703008}{0.64 \times 300 \times 565} = 627.1 \, \text{mm}^2$$

SCS 软件输入信息和简要输出结果如图 12-21 所示，可见其与文献［3］（改正其最后一步的笔误）和本书的手算结果一致。

图 12-21　大偏心受压柱承载力加固设计（按照《水泥复合砂浆钢筋网
加固混凝土结构技术规程》CECS 242：2016 方法）

抗震设计：假定原结构按《混凝土结构设计规范》GB 50010—2010 设计建造，即属于 C 类建筑，该柱上的地震作用为：$N_E = 600\text{kN}$，$M_E = 450\text{kN·m}$，试计算复合砂浆钢筋网加固所需的网筋数量。

【解】C 类建筑情况，偏心受压构件当轴压比不小于 0.15 时，抗震调整系数 $\gamma_{Ra} = \gamma_{RE} = 0.80$。材料强度指标与本题题干相同。依据式（12-46），将式子左端的弯矩作用效应乘以抗震承载力调整系数 γ_{Ra}，就可使用本节的公式计算。即将 $\gamma_{Ra} = 0.80$ 乘 M_E 代替式（12-46）左端的 Ne，本题 $Ne = 0.8 \times 450 = 360\text{kN·m}$，正好与静载作用相同，以下就可与本题静载作用下一样进行求解（手算过程完全相同）。

SCS 软件计算对话框输入信息和最终计算结果如图 12-22 所示，可见其与相应（折算成）静荷载的题计算结果相同。

图 12-22　复合砂浆钢筋网加固的大偏压框架柱正截面压弯抗震承载力设计

【例 12-9】 HPFL 法加固的小偏心受压柱设计算例

某柱截面尺寸为 400mm×450mm，混凝土设计强度等级 C30，该层层高 $H = 4.0$m，原设计外力 $N = 2000$kN，$M_2 = M_1 = 390$kN·m。设计要求柱每侧配纵筋 3 Φ 28 + 2 Φ 25（$A_s = A'_s = 2829$mm^2），由图 12-23 可见其配筋设计的情况，施工误配成 5 Φ 25（$A_s = A'_s = 2454$mm^2）造成承载力不足。试用 HPFL 法加固，网筋拟采用 HRB400 钢筋。经最大限度卸载后，该柱加固前卸载至承担轴向力标准值为 $N_{0k} = 1425$kN。

图 12-23   原柱偏心受压承载力设计

【解】

1）判别大小偏压

因对称配纵向网筋，而且原柱纵筋也对称配，先假定为大偏压住，故加固柱的承载力计算公式变为：

$$N = \alpha_1 f_{cc} b x$$

$$M = Ne = \alpha_1 f_{cc} b x \left(h_0 - \frac{x}{2} \right) + f'_y A'_s \, (h_0 - a') \, + \mu f'_{ye} A'_{se} h_0$$

联立求解中间变量 A 和 B 得：

$$A = N = 2000000\text{N}$$

对于加固大偏压柱，近似取 $f_{cc} = f_c = 14.3$N/mm^2

$$B = \alpha_1 f_{cc} b = 1 \times 14.3 \times 400 = 5720\text{N/mm}$$

则 $x = \dfrac{A}{B} = \dfrac{2000000}{5720} = 349.65$mm

$x > \xi_b h_0 = 0.518 \times 415$mm $= 215.0$mm，说明是小偏压柱。

柱周边按 Φ 4@100 配纵向网筋，承载力计算中忽略纵向网筋的作用，故加固小偏压柱承载力计算公式变为：

$$N = \alpha_1 f_{cc} b x + f'_y A'_s - \sigma_s A_s$$

$$Ne = \alpha_1 f_{cc} b x \left(h_0 - \frac{x}{2} \right) + f'_y A'_s (h_0 - a')$$

2）确定受压区受约束混凝土轴心抗压强度与横向网筋的关系式

假设柱的计算长度为 $l_0 = H$，$l_0/b = 4000/400 = 10$，则根据《混凝土结构设计规范》GB 50010，柱的稳定系数 $\varphi = 0.98$，原柱轴心受压承载力标准值为：

$$N_{1k} = 0.9\varphi(f_{ck}bh + f'_{yk}A'_s) = 0.9 \times 0.98 \times (20.1 \times 400 \times 450 + 400 \times 4908) = 4922.62\text{kN}$$

柱第一次受力的应力水平指标 $\beta = N_{0k}/N_{1k} = 1425/4922.62 = 0.290$

加固层材料强度利用系数为：$\mu = 2(0.7 - \beta) = 2 \times (0.7 - 0.29) = 0.82$

原柱混凝土倒角后的净截面面积（取 $r = 50\text{mm}$）：

$$A_c = bh - (4 - \pi)r^2 - A'_s = 400 \times 450 - (4 - 3.14) \times 2500 - 4908 = 172942\text{mm}^2$$

混凝土有效约束面积：

$$A_e = A_c - \frac{(b - 2r)^2 + (h - 2r)^2}{3} = 172942 - \frac{(400 - 2 \times 50)^2 + (450 - 2 \times 50)^2}{3} = 102109\text{mm}^2$$

有效约束率：$k_e = \dfrac{A_e}{A_c} = \dfrac{102109}{172942} = 0.590$

横向钢筋网体积配箍率：$\rho_t = \dfrac{2A_{s1}}{s_h bh}(b + h)$

有效约束应力：

$$\sigma_r = \frac{1}{2(b+h)}k_e\psi_0 f_{yh}b\rho_t = \frac{K_e\psi_0}{h}f_{yk}\frac{A_{s1}}{s_h} = \frac{0.590 \times 2}{450} \times 360\frac{A_{s1}}{s_h} = 0.945\frac{A_{s1}}{s_h}\quad(\text{N/mm}^2)$$

$$f_{cc} = f_c + 4\mu\sigma_r = 14.3 + 4 \times 0.82 \times 0.945\frac{A_{s1}}{s_h} = 14.3 + 3.10\frac{A_{s1}}{s_h}\quad(\text{N/mm}^2)$$

3）计算破坏时受压区高度 x

过渡变量 A：

$$\begin{aligned} A &= N - f'_y A'_s + \frac{\xi - \beta_1}{\xi_b - \beta_1}f_y A_s \\ &= 2000000 - 360 \times 2454 + \frac{x/415 - 0.8}{0.518 - 0.8} \times 360 \times 2454 = (3622879 - 7548.8x)\text{N} \end{aligned}$$

过渡变量 B：

$$B = \alpha_1 b = 400\text{mm}$$

过渡变量 C：

$$\zeta_c = \frac{0.5f_c A_c}{N} = \frac{0.5 \times 14.3 \times 180000}{2000000} = 0.644$$

$$e_0 = M/N = 390000/2000 = 195\text{mm}$$

$$\eta_{ns} = 1 + \frac{1}{1300(e_0 + e_2)/h_0}\left(\frac{l_c}{h + 2t_m}\right)^2\zeta_c = 1 + \frac{1}{1300 \times (195 + 20)/415} \times \left(\frac{4000}{500}\right)^2 \times 0.644 = 1.061$$

偏安全，取 $C_m = 1.0$

$$e_i = C_m\eta_{ns}e_0 + e_a = 1 \times 1.061 \times 195 + 20 = 226.9\text{mm}$$

$$e = e_i + \frac{h}{2} - a' = 226.9 + 0.5 \times 450 - 35 = 416.9\text{mm}$$

$$C = f'_y A'_s(h_0 - a') - Ne = 360 \times 2454 \times (415 - 35) - 2000000 \times 416.9 = -498082800\text{N} \cdot \text{mm}$$

又因
$$f_{cc} = \frac{A^2}{2B(Ah_0 + C)}$$

故 $x = \dfrac{A}{Bf_{cc}} = 2 \times \left(h_0 + \dfrac{C}{A}\right) = 2 \times \left(415 - \dfrac{498082800}{3622879 - 7548.8x}\right)$，解得：$x = 251.7$mm

4）计算 f_{cc} 与所需横向网筋数量 $\dfrac{A_{s1}}{s_h}$

过渡变量：$A = 3622879 - 7548.8x = 1722846$N

$$f_{cc} = \frac{A^2}{2B(Ah_0 + C)} = \frac{1722846^2}{2 \times 400 \times (1722846 \times 415 - 498082800)} = 17.11 \text{N/mm}^2$$

代入式 $f_{cc} = 14.3 + 3.10 \dfrac{A_{s1}}{s_h}$ 得 $\dfrac{A_{s1}}{s_h} = 0.91$mm，可配 $\phi 6@30$ 横向网筋，实配 $\dfrac{A_{s1}}{s_h} = \dfrac{28.3}{30} = 0.94$mm

SCS 软件输入信息和简要输出结果如图 12-24 所示，可见其与手算结果一致。

图 12-24　小偏心受压柱承载力加固设计（考虑柱挠曲效应）

如果按照《水泥复合砂浆钢筋网加固混凝土结构技术规程》CECS 242：2016 方法，即不考虑柱自身挠曲效应影响，即取上面计算中的 $\eta_{ns} = 1$，则后续的计算如下：

$$e_i = e_0 + e_a = 195 + 20 = 215 \text{mm}$$

$$e = e_i + \frac{h}{2} - a' = 215 + 0.5 \times 450 - 35 = 405 \text{mm}$$

$$C = f_y'A_s'(h_0 - a') - Ne = 360 \times 2454 \times (415 - 35) - 2000000 \times 405 = -474292800 \text{N} \cdot \text{mm}$$

$$x = \frac{A}{Bf_{cc}} = 2 \times \left(h_0 + \frac{C}{A}\right) = 2 \times \left(415 - \frac{474292800}{3622879 - 7548.8x}\right)，\text{解得：} x = 259.6 \text{mm}$$

计算 f_{cc} 与所需横向网筋数量 $\dfrac{A_{s1}}{s_h}$

过渡变量：$A = 3622879 - 7548.8x = 1663211$N

$$f_{cc} = \frac{A^2}{2B(Ah_0 + C)} = \frac{1663211^2}{2 \times 400 \times (1663211 \times 415 - 474292800)} = 16.01 \text{N/mm}^2$$

代入式 $f_{cc} = 14.3 + 3.10 \dfrac{A_{s1}}{s_h}$ 得 $\dfrac{A_{s1}}{s_h} = 0.55$mm

SCS 软件输入信息和简要输出结果如图 12-25 所示，可见其与手算结果一致。

图 12-25　小偏心受压柱承载力加固设计（按照《水泥复合砂浆钢筋网加固
混凝土结构技术规程》CECS 242：2016 方法）

抗震设计：假定本题原结构按《混凝土结构设计规范》GB 50010—2010 设计建造，即属于 C 类建筑，该柱上的地震作用为：$N_E = 2000\text{kN}$，$M_E = 487.5\text{kN} \cdot \text{m}$，试计算复合砂浆钢筋网加固所需的网筋数量。

【解】C 类建筑情况，偏心受压构件当轴压比不小于 0.15 时，抗震调整系数 $\gamma_{Ra} = \gamma_{RE} = 0.80$。材料强度指标本题题干相同。依据式（12-46），将式子左端的弯矩作用效应乘以抗震承载力调整系数 γ_{Ra}，就可使用本节的公式计算。即用 $\gamma_{Ra} = 0.80$ 乘 M_E 代替式（12-46）左端的 Ne，本题 $Ne = 0.8 \times 487.5 = 390\text{kN} \cdot \text{m}$，正好与本题静载作用相同。以下，就可与静载作用下一样进行求解（手算过程完全相同）。

SCS 软件计算对话框输入信息和最终计算结果如图 12-26 所示，可见其与相应（折算成）静荷载的计算结果相同。

图 12-26　复合砂浆钢筋网加固的小偏压框架柱正截面压弯抗震承载力设计

【例 12-10】HPFL 法加固的小偏心受压柱复核算例

一写字楼，非破损检测发现，因施工失误，第 3 层某柱混凝土实际强度等级远低于设计要求的强度等级，需复核加固后柱的轴向承载力是否满足要求。

原柱资料：柱截面尺寸为 400mm×450mm，混凝土设计强度等级 C40，实际强度等级 C25，该层层高 $H=4.0\text{m}$，原设计外力 $N=2700\text{kN}$，$e_0=60\text{mm}$。配有 HRB335 纵筋 $A_s=A'_s=2513\text{mm}^2$，经最大限度卸载后，该柱加固前卸载至承担轴向力标准值为 $N_{0k}=887.2\text{kN}$。

加固要求：加固后使柱满足受压承载力要求。

加固方法：高性能水泥复合砂浆钢筋网薄层（HPFL）加固法。

加固层材料：纵、横向钢筋网采用 HRB335 热轧带肋钢筋。纵向网筋受拉、受压侧：$9\phi6@50$，$A_{se}=A'_{se}=255\text{mm}^2$；横向网筋：$\phi8@30$，$A_{s1}=50.3\text{mm}^2$。M50 高性能水泥复合砂浆，厚 $t_m=25\text{mm}$，采用 P 类水泥基界面处理剂。

【解】

1）求原柱正截面承载力

使用文献［5］介绍的 RCM 软件输入信息与简要计算结果 $N_u=2444.96\text{kN}$，如图 12-27 所示。可见承载力不足，需要加固。

图 12-27　原柱偏心受压承载力设计值

2）加固层材料强度利用系数 μ

使用文献［5］介绍的 RCM 软件输入信息与简要计算结果，得知柱轴心受压时承载力标准值 $N_{1k}=4136.32\text{kN}$，如图 12-28 所示，该值是根据《混凝土结构设计规范》GB 5000—2010 式（6.2.15）计算的，但要将其中的材料强度设计值改为强度标准值。加固前卸载至承担轴向力标准值为 $N_{0k}=887.2\text{kN}$。

图 12-28　原柱轴心受压承载力设计值

$$\beta = N_{0k}/N_{1k} = 887.2/4136.32 = 0.2145$$

加固层材料强度利用系数为：

$$\mu = 2(0.7-\beta) = 2\times(0.7-0.2145) = 0.971$$

3）计算受压区约束混凝土轴心抗压强度 f_{cc}

原柱混凝土净截面面积（倒角半径取为 30mm）：

$$A_c = bh-(4-\pi)r^2-A_s-A'_s = 400\times450-(4-3.14)\times900-5026 = 174198mm^2$$

混凝土有效约束面积：

$$A_e = A_c - \frac{(b-2r)^2+(h-2r)^2}{3} = 174198-\frac{(400-2\times30)^2+(450-2\times30)^2}{3} = 84965mm^2$$

有效约束率：$k_e = \dfrac{A_e}{A_c} = \dfrac{84965}{174198} = 0.488$

横向钢筋网体积配箍率：$\rho_t = \dfrac{2A_{s1}}{s_h bh}(b+h) = \dfrac{2\times50.3}{30\times400\times450}\times(400+450) = 0.0158$

$\rho_t > 0.16\%$，满足考虑横向钢筋约束的要求。

$$\sigma_r = \frac{1}{2(b+h)}k_e\psi_0 f_{yh} b\rho_t = \frac{0.488\times2\times300\times400\times0.0158}{2\times(400+450)} = 1.091N/mm^2$$

$$f_{cc} = f_c+4\mu\sigma_r = 11.9+4\times0.971\times1.091 = 16.13N/mm^2$$

4）判别大小偏压

将各已知参数代入 e_{0b} 计算式得

$$e_{0b} = \frac{\alpha_1 f_{cc}b\xi_b h_0\left(\dfrac{h}{2}-\dfrac{\xi_b h_0}{2}\right)+f'_y A'_s\left(\dfrac{h}{2}-a'\right)+\mu f'_{ye}A'_{se}\dfrac{h}{2}+f_y A_s\left(\dfrac{h}{2}-a\right)+\mu f_{ye}A_{se}\dfrac{h}{2}}{\alpha_1 f_{cc}b\xi_b h_0+f'_y A'_s+\mu f'_{ye}A'_{se}-f_y A_s-\mu f_{ye}A_{se}} = 328.0mm$$

由于 $e_0 = 60mm < e_{0b} = 328mm$，说明该柱是小偏心受压柱。

5）计算加固柱的相对受压区高度

中间变量

$$A = 0.5\alpha_1 f_{cc}bh_0^2 = 0.5\times1\times16.13\times400\times415^2 = 533897500N\cdot mm$$

$$\zeta_c = 0.2+2.7\frac{e_0+e_a}{h_0} = 0.2+2.7\times\frac{60+20}{415} = 0.720$$

$$\eta_{ns} = 1+\frac{1}{1300(e_0+e_a)/h_0}\left(\frac{l_c}{h}\right)^2\zeta_c = 1+\frac{1}{1300\times(60+20)/415}\left(\frac{4000}{450+2\times25}\right)^2\times0.72 = 1.184，注$$
意 h 取加固后的。

$$e = \eta_{ns}e_0+e_a+\frac{h+2t_m}{2}-a = 1.184\times60+20+250-35 = 306.0mm$$

$$B = e\alpha_1 f_{cc}bh_0-\frac{e(f_y A_s+\mu f_{ye}A_{se})}{\xi_b-0.8}-\alpha_1 f_{cc}bh_0^2 = 306\times1\times16.13\times400\times415$$

$$-\frac{306\times300\times(2513+0.971\times255)}{0.550-0.8}-1\times16.13\times400\times415^2 = 721985152N\cdot mm$$

$$C=e(f'_y A'_s+\mu f'_{ye} A'_{se})+\frac{0.8e}{\xi_b-0.8}(f_y A_s+\mu f_{ye} A_{se})-f'_y A'_s(h_0-a')-\mu f'_{ye} A'_{se} h_0$$

$$=306\times300\times(2513+0.971\times255)+\frac{0.8\times306}{0.55-0.8}\times300\times(2513+0.971\times255)-300\times2513\times$$

$$380-0.971\times300\times255\times415$$

$$=-874913664N\cdot mm$$

$$\xi=\frac{-B+\sqrt{B^2-4AC}}{2A}=0.763$$

将所求得的 ξ 代入公式（12-45）对应的小偏心受压公式即可求出 N_u，即：

$$N_u=\alpha_1 f_{cc} b\xi h_0+f'_y A'_s+\mu f'_{ye} A'_{se}-\frac{\xi-0.8}{\xi_b-0.8}f_y A_s-\mu\frac{\xi-0.8}{\xi_b-0.8}f_{ye} A_{se}$$

$$=\left[1\times16.13\times400\times0.763\times415+300\times(2513+0.971\times255)-\frac{0.763-0.8}{0.55-0.8}\times300\times(2513+0.971\times255)\right]\times10^{-3}$$

$$=2751.1kN>2700kN，且 2751.1kN<1.3\times2444.96=3178.45kN，满足要求。$$

SCS 软件输入信息和简要输出结果如图 12-29 所示，可见其与手算结果一致。

图 12-29　HPFL 小偏心受压柱加固复核（已知 e_0 求 N_u）

【例 12-11】HPFL 法加固的大偏心受压柱复核算例

原柱资料：柱截面尺寸为 400mm×600mm，混凝土实际强度等级 C25，层高 $H=4.0m$，$e_0=500mm$。配有 HRB335 纵筋 $A_s=A'_s=2454mm^2$，经最大限度卸载后，该柱承担的轴向压力标准值为 $N_{0k}=1306.17kN$。

加固方法：高性能水泥复合砂浆钢筋网薄层（HPFL）加固法。

加固层材料：纵、横向钢筋网采用 HRB400 热轧带肋钢筋。纵向网筋受拉、受压侧：9ϕ6@50，$A_{se}=A'_{se}=255mm^2$；横向网筋：ϕ8@30，$A_{s1}=50.3mm^2$。M50 高性能水泥复合砂浆，厚 $t_m=25mm$，采用 P 类水泥基界面处理剂。

求该柱加固后的承载力。

【解】

1）求原柱正截面承载力

使用文献［5］介绍的 RCM 软件输入信息与简要计算结果，得知轴心受压时该柱标准

承载力 $N_{1k} = 4985.22kN$，如图 12-30 所示。加固前卸载至承担轴向力为 $N_{0k} = 1306.17kN$。

$$\beta = N_{0k}/N_{1k} = 1306.17/4985.22 = 0.262$$

图 12-30　原柱轴心受压承载力设计值

2）计算受压区约束混凝土轴心抗压强度 f_{cc}

加固层材料强度利用系数为：

$$\mu = 2(0.7 - \beta) = 2 \times (0.7 - 0.262) = 0.876$$

原柱混凝土净截面面积（倒角半径取为 30mm）：

$$A_c = bh - (4 - \pi)r^2 - A_s - A'_s = 400 \times 600 - (4 - 3.14) \times 900 - 4908 = 234318mm^2$$

混凝土有效约束面积：

$$A_e = A_c - \frac{(b-2r)^2 + (h-2r)^2}{3} = 234318 - \frac{(400-2\times30)^2 + (600-2\times30)^2}{3} = 98585mm^2$$

有效约束率：$k_e = \dfrac{A_e}{A_c} = \dfrac{98585}{234318} = 0.421$

横向钢筋网体积配箍率：$\rho_t = \dfrac{2A_{s1}}{s_h bh}(b+h) = \dfrac{2 \times 50.3}{30 \times 400 \times 600} \times (400+600) = 0.0140$

$\rho_t > 0.16\%$，满足考虑横向钢筋约束的要求。

$$\sigma_r = \frac{1}{2(b+h)} k_e \psi_0 f_{yh} b \rho_t = \frac{0.421 \times 2 \times 360 \times 400 \times 0.0140}{2 \times (400+600)} = 0.847N/mm^2$$

$$f_{cc} = f_c + 4\mu\sigma_r = 11.9 + 4 \times 0.876 \times 0.847 = 14.87N/mm^2$$

3）判别大小偏压

将各已知参数代入 e_{0b} 计算式得

$$e_{0b} = \frac{\alpha_1 f_{cc} b \xi_b h_0 \left(\dfrac{h}{2} - \dfrac{\xi_b h_0}{2}\right) + f'_y A'_s \left(\dfrac{h}{2} - a'\right) + \mu f'_{ye} A'_{se} \dfrac{h}{2} + f_y A_s \left(\dfrac{h}{2} - a\right) + \mu f_{ye} A_{se} \dfrac{h}{2}}{\alpha_1 f_{cc} b \xi_b h_0 + f'_y A'_s + \mu f'_{ye} A'_{se} - f_y A_s - \mu f_{ye} A_{se}} = 381.4mm$$

由于 $e_0 = 500mm > e_{0b} = 381.4mm$，说明该柱是大偏心受压柱。

4）计算加固柱的相对受压区高度

中间变量

$$A = 0.5\alpha_1 f_{cc} bh_0^2 = 0.5 \times 1 \times 14.87 \times 400 \times 560^2 = 932430912\text{N} \cdot \text{mm}$$

$$\zeta_c = 0.2 + 2.7\frac{e_0 + e_a}{h_0} = 0.2 + 2.7 \times \frac{500 + 20}{560} = 2.707 > 1, \ \text{取} \ \zeta_c = 1$$

$$\eta_{ns} = 1 + \frac{1}{1300(e_0 + e_a)/h_0}\left(\frac{l_c}{h}\right)^2 \zeta_c = 1 + \frac{1}{1300 \times (500 + 20)/560} \times \left(\frac{4000}{650}\right)^2 \times 1 = 1.031, \ \text{注意} \ h$$

取加固后的。

$$e = \eta_{ns} e_0 + e_a + \frac{h + 2t_m}{2} - a = 1.031 \times 500 + 20 + 325 - 40 = 820.5\text{mm}$$

$$B = \alpha_1 f_{cc} bh_0(e - h_0) = 1 \times 14.87 \times 400 \times 560 \times (820.5 - 560) = 868083456\text{N} \cdot \text{mm}$$

$$C = -f_y' A_s'(h_0 - a') - \mu f_{ye}' A_{se}' h_0$$
$$= -300 \times 2454 \times (560 - 40) - 0.876 \times 360 \times 255 \times 560 = -427859520\text{N} \cdot \text{mm}$$

$$\xi = \frac{-B + \sqrt{B^2 - 4AC}}{2A} = 0.356, \ \text{将所求得的} \ \xi \ \text{代入公式（12-45）即可求出} \ N_u, \ \text{即}$$

$$N_u = \alpha_1 f_{cc} b\xi h_0 = 1 \times 14.87 \times 400 \times 0.356 \times 560 \times 10^{-3} = 1186.89\text{kN}$$

　　SCS 软件输入信息和简要输出结果如图 12-31 所示，可见其与手算结果一致。加固前该柱的承载力值如图 12-32 所示，可见使用该法加固可使柱的承载力提高近 9.3%。又此柱加固前轴压比<0.4，加固后轴向压力最大提高幅度限制是 10%，本题结果符合该要求。

图 12-31　HPFL 大偏心受压柱加固复核（已知 e_0 求 N_u）

图 12-32　原柱的承载力

12.6　HPFL 加固混凝土偏心受压柱斜截面承载力计算

1）永久、短暂设计状况

加固后柱的受剪截面应符合下列要求：

$$V \leqslant 0.25\beta_c f_c b h_{m0} \qquad (12\text{-}55)$$

加固后偏心受压构件的斜截面受剪承载力应按下列公式计算[1]：

$$V \leqslant V_{u0} + V_{cm} \qquad (12\text{-}56)$$

$$V_{cm} = \beta_2 \gamma \frac{3.5}{\lambda + 1.0} f_t t_0 h + \alpha_2 \gamma \xi f_{yv} \frac{A_{sv}}{s} h_{m0} + 0.07\Delta N \qquad (12\text{-}57)$$

2）地震设计状况

加固后柱的受剪截面应符合下列要求：

当剪跨比大于 2 时，$\qquad V \leqslant 0.20\beta_c f_c b h_{m0}/\gamma_{RE} \qquad (12\text{-}58a)$

当剪跨比不大于 2 时，$\qquad V \leqslant 0.15\beta_c f_c b h_{m0}/\gamma_{RE} \qquad (12\text{-}58b)$

加固后偏心受压构件的斜截面受剪承载力应按下列公式计算：

$$V \leqslant V_{u0E} + V_{cmE} \qquad (12\text{-}59)$$

$$V_{cmE} = \left(\beta_2 \gamma \frac{2.1}{\lambda + 1.0} f_t t_0 h + \alpha_2 \gamma \xi f_{yv} \frac{A_{sv}}{s} h_{m0} + 0.056\Delta N \right) /\gamma_{RE} \qquad (12\text{-}60)$$

式中　V_{u0}——原柱受剪承载力；

V_{cm}、V_{cmE}——复合砂浆钢筋网的静载、抗震抗剪承载力；

ξ——剪跨比 λ 影响系数，由式（12-21）确定；

λ——偏心受压构件计算截面的剪跨比，按现行《混凝土结构设计规范》GB 50010 规定的方法计算。

ΔN——偏心受压构件增加的受压承载力，由《水泥复合砂浆钢筋网加固混凝土结构技术规程》CECS 242：2016 第 5.5 节正截面受压承载力的计算值减去原构件实际压力得到。

【例 12-12】HPFL 法加固的偏心受压柱斜截面承载力复核算例

某框架结构柱，截面尺寸 400mm×400mm，柱净高 4.0m，混凝土强度等级为 C30，均匀布置 HPB235 箍筋φ10@200，柱轴压比为 0.5。现设计剪力 350kN。加固前原构件验算截面上由不可卸除的荷载产生的剪力为 $V_{0k} = 50$kN，偏心受压构件增加的受压承载力 $\Delta N = 100$kN。如果采用高性能水泥复合砂浆钢筋网薄层（HPFL）加固法，试进行加固计算。

加固层材料：横向钢筋网采用 HRB400 热轧带肋钢筋φ8@80，$A_{s1} = 50.3$mm²。M40 高性能水泥复合砂浆，厚 $t_m = 25$mm，采用 P 类水泥基界面处理剂。

【解】1）验算截面尺寸

$V = 350$kN $\leqslant 0.25\beta_c f_c b h_0 = 0.25×1×14.3×400×360×10^{-3} = 514.8$kN，满足要求。

2）确定原柱受剪承载力

使用文献 [5] 介绍的 RCM 软件输入信息与简要计算结果如图 8-32 所示。可见 $V_{u0} = 197.48$kN，承载力不满足要求，需要加固。

3）验算加固后的截面尺寸

$V = 350\text{kN} \le 0.25\beta_c f_c b h_{m0} = 0.25 \times 1 \times 14.3 \times 400 \times 400 \times 10^{-3} = 572.0\text{kN}$，满足要求。

4）复合砂浆钢筋网的抗剪承载力

$$\lambda = \frac{H_n}{2h_0} = \frac{4000}{2 \times 360} = 5.56 > 3，取 \lambda = 3，\xi = 1；$$

$$\gamma = 1 - 0.3\frac{V_{0k}}{V_{u0}} = 1 - 0.3 \times \frac{50}{197.48} = 0.924$$

$$V_{cm} = \beta_2 \gamma \frac{3.5}{\lambda + 1.0} f_t t_0 h + \alpha_2 \gamma \xi f_{yv} \frac{A_{sv}}{s} h_{m0} + 0.07\Delta N$$

$$= 0.5 \times 0.924 \times \frac{3.5}{\lambda + 1.0} \times 1.71 \times 25 \times 400 + 0.9 \times 0.924 \times 1 \times 360 \times \frac{100.6}{80} \times 400 + 0.07 \times 100000 = 164510\text{N}$$

$$V = V_{u0} + V_{cm} = 197.48 + 164.51 = 361.99\text{kN} > 350\text{kN}$$

$V = 350\text{kN} \le 0.25\beta_c f_c b h_{m0} = 0.25 \times 1 \times 14.3 \times 400 \times 400 \times 10^{-3} = 572.0\text{kN}$，满足要求。

满足设计要求。SCS软件输入信息和简要输出结果如图12-33所示，可见其与手算结果一致。

图12-33　HPFL加固柱斜截面受剪承载力复核

12.7　HPFL加固混凝土构件裂缝宽度计算

关于普通钢筋混凝土构件裂缝宽度计算，《混凝土结构设计规范》GB 50010—2010要求计算在荷载效应的准永久组合并考虑长期作用影响下的最大裂缝宽度，而《水泥复合砂浆钢筋网加固混凝土结构技术规程》CECS 242：2016要求计算在荷载效应的标准组合并考虑长期作用影响下的最大裂缝宽度，并且两者的最大裂缝限值标准相同。对于两者的不协调，到底如何操作呢？本人认为加固后的构件也应计算荷载效应的准永久组合并考虑长期作用影响下的最大裂缝宽度。如按照《水泥复合砂浆钢筋网加固混凝土结构技术规程》CECS 242：2016执行，因为荷载标准组合值比荷载准永久组合值大，会使很多原本按《混凝土结构设计规范》GB 50010—2010设计合格的构件变成了不合格构件。所以，本节以下只讲述荷载准永久组合作用的情况。如果读者一定要按照《水泥复合砂浆钢筋网加固混凝土结构技术规程》CECS 242：2016 执行，由于裂缝宽度计算建立在线弹性假定之上，读者只须将本节以下讲述的"荷载准永久组合"替换成"荷载标准组合"即可。这点对于下一节受弯构件挠度计算也适用。

结合《混凝土结构设计规范》GB 50010—2010 和《水泥复合砂浆钢筋网加固混凝土结构技术规程》CECS 242：2016，在三面或四面采用水泥复合砂浆钢筋网加固的矩形和 T 形截面的钢筋混凝土轴心受拉和受弯构件中，按荷载效应准永久组合并考虑长期作用影响的最大裂缝宽度（mm），可按下列公式计算：

$$w_{max} = \alpha_{cr}\psi\frac{\sigma_{sq}}{E_s}\left(1.9c + 0.05\frac{d_{eq}}{\rho_{te}}\right) \tag{12-61}$$

$$\psi = 1.1 - 0.65\frac{f_{mtk}}{\rho_{te}\sigma_{sq}} \tag{12-62}$$

$$d_{eq} = \frac{\sum n_i d_i^2}{\sum n_i v_i d_i} \tag{12-63}$$

$$\rho_{te} = \frac{A_{s0}}{A_{te}} \tag{12-64}$$

$$A_{s0} = A_s + \frac{E_{sm}}{E_s}\left[\frac{(h+0.5d)}{h_0}A_{sm} + 0.68A_{sm1}\right] \tag{12-65}$$

$$\sigma_{sq} = \frac{M_q}{0.87h_0A_{s0}} \tag{12-66}$$

式中　α_{cr}——构件的受力特征系数，按《混凝土结构设计规范》GB 50010—2010 表 7.1.2-1 采用，即对受弯构件取 1.9；

ψ——裂缝间纵向受拉钢筋应变不均匀系数：当 $\psi<0.2$ 时，取 $\psi=0.2$；$\psi>1.0$ 时，取 $\psi=1.0$；对直接承受重复荷载的构件，取 $\psi=1.0$；

f_{mtk}——高性能水泥复合砂浆轴心抗拉强度标准值；

σ_{sq}——按荷载准永久组合计算的被加固钢筋混凝土构件中，加固用纵向受拉钢筋的应力；

E_s——原梁纵向钢筋的弹性模量；

c——加固用最外层纵向受拉钢筋外边缘至受拉区底边的距离（mm）：当 $c<20$ 时，取 $c=20$；$c>65$ 时，取 $c=65$；

ρ_{te}——按加固后有效受拉混凝土截面面积计算的纵向受拉钢筋配筋率；在最大裂缝宽度计算中，当 $\rho_{te}<0.01$ 时，取 $\rho_{te}=0.01$；

h、h_0——原梁梁高、加固后梁有效高度；

A_{te}——有效受拉混凝土截面面积：对轴心受拉构件，取加固后构件截面面积；

A_{s0}——加固后截面的换算钢筋面积；

d_{eq}——受拉区纵向钢筋的等效直径（mm）；

A_{sm}——钢筋网片中梁底纵向受拉钢筋的截面面积；

A_{sm1}——钢筋网片中梁侧纵向受拉钢筋的截面面积；

d——梁底纵向加固钢筋直径；

d_i——受拉区第 i 种纵向钢筋的公称直径（mm）；

n_i——受拉区第 i 种纵向钢筋的根数；

v_i——受拉区第 i 种纵向钢筋的相对粘结性系数，对光圆钢筋取 0.7，对带肋钢筋取 1.0。目前，SCS 软件对受拉纵筋均按带肋钢筋处理。

在荷载效应准永久组合并考虑长期作用影响下，加固后钢筋混凝土构件受拉区加固用纵向钢筋的应力可按下列公式计算：

1）轴心受拉构件

$$\sigma_{sq} = \frac{N_q - N_{0q}}{A_{s0}} \qquad (12\text{-}67)$$

2）受弯构件

$$\sigma_{sq} = \frac{M_q - M_{0q}}{0.87 h_{m0} A_{s0}} \qquad (12\text{-}68)$$

式中 N_q——按荷载准永久组合计算的加固后构件的轴向力；

N_{0q}——加固前构件验算截面上由不可卸除荷载准永久组合产生的轴向力；

M_q——按荷载准永久组合计算的加固后构件的弯矩值；

M_{0q}——加固前构件验算截面上由不可卸除荷载准永久组合产生的弯矩；

h_{m0}——加固后构件的截面有效高度。

【例 12-13】HPFL 法加固的受弯构件裂缝宽度算例

文献［2］第 97 页例题，某加固工程中一简支矩形截面梁的截面尺寸为 $b \times h = 250\text{mm} \times 550\text{mm}$，环境类别为一类，混凝土强度等级为 C30，梁底配 4 根直径 22mm 的 HRB335 纵向受力钢筋，$A_s = 1520.4\text{mm}^2$，纵向钢筋的保护层厚度 $c = 25\text{mm}$。不卸载情况下采用高性能复合砂浆 U 形法进行加固，采用 M40 复合砂浆，加固层厚度 25mm，钢筋采用Φ6，梁底 11 根，$A_{sm} = 311.3\text{mm}^2$、梁两侧各 8 根，$A_{sm1} = 452.8\text{mm}^2$，加固后承受荷载准永久组合的跨中弯矩 $M_q = 200\text{kN·m}$。试验算最大裂缝宽度是否满足要求。

【解】

$$h_0 = 550 - 25 - 22/2 = 514\text{mm}$$

$$A_{s0} = A_s + \frac{E_{sm}}{E_s}\left[\frac{(h+0.5d)}{h_0}A_{sm} + 0.68A_{sm1}\right] = 1520.4 + \frac{2\times10^5}{2\times10^5}\times\left[\frac{(550+0.5\times6)}{514}\times311.3 + 0.68\times452.8\right]$$

$$= 2163\text{mm}^2$$

$$\rho_{te} = \frac{A_{s0}}{A_{te}} = \frac{A_{s0}}{0.5(b+2t_0)(h+t_0)} = \frac{2163}{0.5\times(250+50)\times(550+25)} = 0.0251$$

$$\sigma_{sq} = \frac{M_q}{0.87h_0A_{s0}} = \frac{200\times10^6}{0.87\times514\times2163} = 206.8\text{N/mm}^2$$

$$\psi = 1.1 - 0.65\frac{f_{mtk}}{\rho_{te}\sigma_{sk}} = 1.1 - \frac{0.65\times2.39}{0.0251\times206.8} = 0.800$$

$$d_{eq} = \frac{\sum n_i d_i^2}{\sum n_i v_i d_i} = \frac{4\times22^2 + 11\times6^2}{4\times1\times22 + 11\times1\times6} = 15.14\text{mm}$$

$$w_{\max} = \alpha_{cr} \psi \frac{\sigma_{sq}}{E_s} \left(1.9c + 0.05 \frac{d_{eq}}{\rho_{te}} \right) = 1.9 \times 0.800 \times \frac{206.8}{2 \times 10^5} \left(1.9 \times 20 + 0.05 \times \frac{15.14}{0.0251} \right) = 0.107 \text{mm}$$

上式中因加固层厚度 25mm，加固用最外层纵向受拉钢筋（ф6）外边缘至受拉区底边的距离不足 20mm，按规定取 $c = 20$mm。

满足设计要求。SCS 软件输入信息和简要输出结果如图 12-34 所示，可见其与手算结果一致。

图 12-34　HPFL 加固梁的裂缝宽度计算

12.8　HPFL 加固的受弯构件挠度计算

结合《混凝土结构设计规范》GB 50010—2010 和《水泥复合砂浆钢筋网加固混凝土结构技术规程》CECS 242：2016，在三面或四面采用水泥复合砂浆钢筋网加固的钢筋混凝土受弯构件在正常使用极限状态下的挠度为原构件在实际静荷载作用下产生的挠度与构件加固后在新增荷载作用下产生的挠度之和。原构件在实际静荷载下产生的挠度，可按《混凝土结构设计规范》GB 50010—2010 的有关规定计算；构件加固后在新增荷载作用下产生的挠度可根据《水泥复合砂浆钢筋网加固混凝土结构技术规程》CECS 242：2016 给出的加固后构件的刚度，用结构力学方法计算。

在等截面构件中，可假定各同号弯矩区段内的刚度相等，并取用该区段内最大弯矩处的刚度。当计算跨度内的支座截面刚度不大于跨中截面刚度的二分之一时，该跨也可按等刚度进行计算，其构件刚度可取跨中最大弯矩截面的刚度。

加固后受弯构件的挠度应按荷载效应准永久组合并考虑长期作用影响的刚度 B 进行计算，所求得的挠度计算值不应超过《混凝土结构设计规范》GB 50010—2010 规定的限值。

依据《混凝土结构设计规范》GB 50010—2010 第 7.2.2 条，荷载准永久组合作用下，加固后矩形和 T 形截面受弯构件的刚度，可按下列公式计算：

$$B = \frac{B_s'}{\theta} \tag{12-69}$$

式中　B——加固后矩形或 T 形截面构件的受弯刚度；

B_s'——荷载效应准永久组合作用下加固后构件的短期刚度；

θ——考虑荷载长期作用对挠度增大的影响系数，当 $\rho'=0$ 时，取 $\theta=2.0$；当 $\rho'=\rho$ 时，取 $\theta=1.6$；当 ρ' 为中间值时，θ 按线性内插法取用，即 $\theta=1.6+0.4$（$1-\rho'/\rho$）。此处 $\rho'=A_s'/(bh_0)$，$\rho=A_s/(bh_0)$。

复合砂浆钢筋网加固混凝土受弯构件的短期刚度可按下列公式计算[4]：

$$B_s'=\frac{\lambda'E_sA_{s0}h_0^2}{1.15\psi+0.2+\dfrac{6\alpha_E\rho}{1+3.5\gamma_f'}} \qquad (12\text{-}70)$$

$$\rho=\frac{A_{s0}}{b_1h_0} \qquad (12\text{-}71)$$

$$\alpha_E=E_s/E_c \qquad (12\text{-}72)$$

式中　E_s、E_c——原梁钢筋、原梁混凝土弹性模量；

　　　　b_1——加固后梁的截面宽度；

　　　　λ'——加固梁截面刚度折减系数，按表 12-1 采用。

加固梁截面刚度折减系数 λ'　　　　　　　　　　表 12-1

M_0/M_u	20%	30%	50%	70%
λ'	0.55	0.50	0.40	0.30

注：M_0 为加固时梁承受的初始弯矩，M_u 为原梁极限弯矩，M_0/M_u 为其他值时的取值按线性插值法计算。

【例 12-14】 HPFL 法加固的梁挠度算例

某加固工程[6]中一简支矩形截面梁的截面尺寸为 $b\times h=250\text{mm}\times600\text{mm}$，环境类别为一类，混凝土强度等级为 C30，梁底配 4 根直径 25mm 的 HRB335 纵向受力钢筋，$A_s=1964\text{mm}^2$，纵向钢筋的保护层厚度 $c=25\text{mm}$。梁的计算跨度 $l_0=6.0\text{m}$，承受均布荷载，加固前荷载作用下的跨中弯矩 $M_{0q}=172.2\text{kN}\cdot\text{m}$，加固后梁需承受荷载准永久组合的跨中弯矩 $M_q=250\text{kN}\cdot\text{m}$。采用 M40 复合砂浆，加固层厚度 25mm，钢筋采用Φ6，梁底为 13Φ6@20，梁两侧高 300mm 内为 6Φ6@50，梁两侧上部 300mm 内为 3Φ6@100，U 形箍筋为Φ6@100。试验算跨中挠度是否满足要求。

【解】

原梁受弯承载力计算，$h_0=600-25-25/2=563\text{mm}$，使用文献［5］介绍的 RCM 软件输入信息与简要计算结果，如图 12-35 所示，得知原梁受弯承载力 $M_u=283.17\text{kN}\cdot\text{m}$。

图 12-35　原梁的挠度计算

$M_{0q}/M_u = 172.2/283.17 = 0.608 < 0.7$，可在不卸载情况下进行加固。

加固前梁的挠度

$$\rho_{te} = \frac{A_s}{0.5bh} = \frac{1964}{0.5 \times 250 \times 600} = 0.026$$

$$\sigma_{sq} = \frac{M_{0q}}{0.87h_0A_s} = \frac{172.2 \times 10^6}{0.87 \times 563 \times 1964} = 179.0 \text{N/mm}^2$$

$$\psi = 1.1 - 0.65 \frac{f_{tk}}{\rho_{te}\sigma_{sq}} = 1.1 - 0.65 \times \frac{2.01}{0.026 \times 179.0} = 0.819$$

$$\rho = \frac{A_s}{bh_0} = \frac{1964}{250 \times 563} = 0.014$$

$$B_s = \frac{E_sA_sh_0^2}{1.15\psi + 0.2 + \dfrac{6\alpha_E\rho}{1+3.5\gamma_f'}} = \frac{200000 \times 1964 \times 563^2}{1.15 \times 0.819 + 0.2 + 6 \times 6.667 \times 0.014} = 73.157 \times 10^{12} \text{N} \cdot \text{mm}^2$$

再由 $\theta = 2$，得 $B = 36.58 \times 10^{12} \text{N} \cdot \text{mm}^2$。则原梁跨中挠度为：

$$f_1 = \frac{5}{48} \times \frac{M_{0q}l_0^2}{B} = \frac{5}{48} \times \frac{172.2 \times 10^6 \times 6000^2}{36.58 \times 10^{12}} = 17.80 \text{mm}$$

加固后产生的挠度

由 $M_{0q}/M_u = 0.608$ 查表 12-1 得 $\lambda' = 0.346$

$$A_{sm} = 13 \times 28.3 = 367.9 \text{mm}^2 、 A_{sm1} = 2 \times 9 \times 28.3 = 509.4 \text{mm}^2$$

$$A_{s0} = A_s + \frac{E_{sm}}{E_s}\left(\frac{h+0.5d}{h_0}A_{sm} + 0.68A_{sm1}\right) = 1964 + \frac{2 \times 10^5}{2 \times 10^5} \times \left(\frac{600+0.5 \times 6}{563} \times 367.9 + 0.68 \times 509.4\right)$$

$$= 2704.4 \text{mm}^2$$

$$\rho = \frac{A_{s0}}{b_1h_0} = \frac{2704.4}{(250+50) \times 563} = 0.016$$

$$\rho_{te} = \frac{A_{s0}}{A_{te}} = \frac{A_{s0}}{0.5(b+2t)(h+t)} = \frac{2704.4}{0.5 \times (250+50) \times (600+25)} = 0.0288$$

$$h_{m0} = h = 600 \text{mm}$$

$$\sigma_{sq} = \frac{M_q - M_{0q}}{0.87h_{m0}A_{s0}} = \frac{(250-172.2) \times 10^6}{0.87 \times 600 \times 2704.4} = 55.1 \text{N/mm}^2$$

$$\psi = 1.1 - 0.65\frac{f_{tk}}{\rho_{te}\sigma_{sq}} = 1.1 - 0.65 \times \frac{2.01}{0.0288 \times 55.1} = 0.278$$

$$B_s' = \frac{\lambda'E_sA_{s0}h_0^2}{1.15\psi + 0.2 + \dfrac{6\alpha_E\rho}{1+3.5\gamma_f'}} = \frac{0.346 \times 200000 \times 2704.4 \times 563^2}{1.15 \times 0.278 + 0.2 + 6 \times 6.67 \times 0.016} = 51.2 \times 10^{12} \text{N} \cdot \text{mm}^2$$

再由 $\theta = 2$，得 $B' = 25.6 \times 10^{12} \text{N} \cdot \text{mm}^2$。则原梁跨中挠度为：

$$f_2 = \frac{5}{48}\frac{(M_q - M_{0q})l_0^2}{B'} = \frac{5}{48} \times \frac{(250-172.2) \times 10^6 \times 6000^2}{25.6 \times 10^{12}} = 11.42 \text{mm}$$

总挠度

$f = f_1 + f_2 = 17.80 + 11.42 = 29.2 \text{mm}$，满足《混凝土结构设计规范》GB 50010—2010 的要求。

SCS 软件输入信息和简要输出结果如图 12-36 所示，可见其与手算结果一致。

图 12-36　HPFL 加固简支梁的挠度计算

本章参考文献

［1］中国工程建设标准化协会. 水泥复合砂浆钢筋网加固混凝土结构技术规程：CECS 242：2016 ［S］. 北京：中国计划出版社，2016.

［2］尚守平. 高性能水泥复合砂浆钢筋网加固混凝土结构设计与施工指南 ［M］. 北京：中国建筑工业出版社，2008.

［3］尚守平. 结构加固现代实用技术 ［M］. 北京：高等教育出版社，2016.

［4］中国工程建设标准化协会. 水泥复合砂浆钢筋网加固混凝土结构技术规程：CECS 242：2008 ［S］. 北京：中国计划出版社，2008.

［5］王依群. 混凝土结构设计计算算例 ［M］. 3 版. 北京：中国建筑工业出版社，2016.

［6］尚守平，杜运兴. 绿色结构工程 ［M］. 北京：中国建筑工业出版社，2009.

第13章 植筋技术

13.1 设计规定

本章适用于钢筋混凝土结构构件以结构胶种植带肋钢筋和全螺纹螺杆的后锚固设计。

《既有建筑鉴定与加固通用规范》GB 55021—2021 第 6.9.1 条规定，当结构加固采用植筋技术进行锚固时，应符合下列规定：

（1）当采用种植全螺栓螺杆技术等植筋技术，新增构件为悬挑结构构件时，其原构件混凝土强度等级不得低于 C25；当新增构件为其他结构构件时，其原构件混凝土强度等级不得低于 C20。

（2）采用植筋或全螺栓螺杆锚固时，其锚固部位的原构件混凝土不应有局部缺陷。

（3）植筋不得用于素混凝土构件，包括纵向受力钢筋一侧配筋率小于 0.2% 的构件的后锚固设计。素混凝土构件及低配筋率构件应采用锚栓，并应采用开裂混凝土的模式进行设计。

《混凝土结构加固设计规范》GB 50367—2013[1] 规定：种植用的钢筋或螺杆，应采用质量和规格符合《混凝土结构加固设计规范》GB 50367—2013 第 4 章规定的钢材制作。当采用进口带肋钢筋时，除应按现行专门标准检验其性能外，尚应要求其相对肋面积 A_r 符合大于等于 0.055 且小于等于 0.08 的规定。

植筋用的胶粘剂应采用改性环氧类结构胶粘剂或改性乙烯基酯类结构胶粘剂。当植筋的直径大于 22mm 时，应采用 A 级胶。锚固用胶粘剂的质量和性能应符合《混凝土结构加固技术规范》GB 50367—2013 第 4 章的规定。

采用植筋锚固的混凝土结构，其长期使用的环境温度不应高于 60℃；处于特殊环境（如高温、高湿、介质腐蚀等）的混凝土结构采用植筋技术时，除应按国家现行有关标准的规定采取相应的防护措施外，尚应采用耐环境因素作用的胶粘剂。

13.2 锚固计算

承重构件的植筋锚固计算应符合下列规定：
（1）植筋设计应在计算和构造上防止混凝土发生劈裂破坏；
（2）植筋仅承受轴向力，且仅允许按充分利用钢材强度的计算模式进行设计；
（3）植筋胶粘剂的粘结强度设计值应按本节的规定值采用；
（4）抗震设防区的承重结构，其植筋承载力仍按本节的规定计算，但其锚固深度设计值应乘以考虑位移延性要求的修正系数。

单根植筋锚固的承载力设计值应符合下列公式规定：

$$N_t^b = f_y A_s$$

（13-1）

$$l_d \geqslant \psi_N \psi_{ae} l_s \tag{13-2}$$

式中　N_t^b——植筋钢材轴向受拉承载力设计值；

　　　f_y——植筋用钢筋的抗拉强度设计值；

　　　A_s——钢筋截面面积；

　　　l_d——植筋锚固深度设计值；

　　　l_s——植筋的基本锚固深度；

　　　ψ_N——考虑各种因素对植筋受拉承载力影响而需加大锚固深度的修正系数，按下面的规定确定；

　　　ψ_{ae}——考虑植筋位移延性要求的修正系数；当混凝土强度等级不高于 C30 时，对 6 度区和 7 度区一、二类场地，取 $\psi_{ae} = 1.10$；对 7 度区三、四类场地和 8 度区，取 $\psi_{ae} = 1.25$；当混凝土强度等级高于 C30 时，取 $\psi_{ae} = 1.00$。

　　植筋的基本锚固长度 l_s 应按下式确定：

$$l_s = 0.2\alpha_{spt} d f_y / f_{bd} \tag{13-3}$$

式中　α_{spt}——防止混凝土劈裂影响的计算系数，按表 13-1 确定；

　　　d——植筋公称直径；

　　　f_{bd}——植筋用胶粘剂的粘结抗剪强度设计值，按表 13-2 确定。

考虑混凝土劈裂影响的计算系数 α_{spt} 　　　　　　表 13-1

混凝土保护层厚度 c(mm)		25		30		35	≥40
箍筋设置情况	直径 ϕ(mm)	6	8 或 10	6	8 或 10	≥6	≥6
	间距 s(mm)	在植筋锚固深度范围内，s 不应大于 100mm					
植筋直径 d（mm）	≤20	1.00		1.00		1.00	1.00
	22	1.04	1.02	1.02	1.00	1.00	1.00
	25	1.10	1.05	1.05	1.00	1.00	1.00
	28	1.17	1.10	1.10	1.05	1.05	1.02
	32	1.25	1.15	1.15	1.10	1.10	1.05

植筋用结构胶粘剂的粘结抗剪强度设计值 f_{bd} 应按表 13-2 确定。当基材混凝土强度等级大于 C30，且采用快固型胶粘剂时，其粘结抗剪强度设计值 f_{bd} 应乘以调整系数 0.8。

粘结抗剪强度设计值 f_{bd} 　　　　　　表 13-2

粘结剂等级	构造条件	基材混凝土的强度等级								
		C20	C25	C30	C35	C40	C45	C50	C55	≥C60
A 级胶或 B 级胶	$s_1 \geqslant 5d; s_2 \geqslant 2.5d$	2.3	2.7	3.7	3.85	4.0	4.125	4.25	4.375	4.5
A 级胶	$s_1 \geqslant 6d; s_2 \geqslant 3.0d$	2.3	2.7	4.0	4.25	4.5	4.625	4.75	4.875	5.0
	$s_1 \geqslant 7d; s_2 \geqslant 3.5d$	2.3	2.7	4.5	4.75	5.0	5.125	5.25	5.375	5.5

　　注：1. 当使用表中的 f_{bd} 值时，其构件的混凝土保护层厚度，不应低于现行《混凝土结构设计规范》GB 50010 的规定值；

　　　　2. s_1 为植筋间距，s_2 为植筋边距；

　　　　3. f_{bd} 值仅适用于带肋钢筋或全螺纹螺杆的粘结锚固。

考虑各种因素对植筋受拉承载力影响而需加大锚固深度的修正系数 ψ_N 应按下式计算：

$$\psi_N = \psi_{br} \psi_w \psi_T \tag{13-4}$$

式中　ψ_{br}——考虑结构构件受力状态对承载力影响的系数：当为悬挑结构构件时，$\psi_{br} = 1.50$；当为非悬挑的重要构件接长时，$\psi_{br} = 1.15$；当为其他构件时，$\psi_{br} = 1.00$；

　　　ψ_w——混凝土孔壁潮湿影响系数，对耐潮湿型胶粘剂，按产品说明书的规定值采用，但不得低于 1.1；

　　　ψ_T——使用环境的温度 T 影响系数，当 $T \leqslant 60℃$ 时，取 $\psi_T = 1.0$；当 $60℃ < T \leqslant 80℃$ 时，应采用耐中温胶粘剂，并按产品说明书规定的 ψ_T 采用；当 $T > 80℃$ 时，应采用耐高温胶粘剂，并应采取有效的隔热措施。

承重结构植筋的锚固深度应经设计计算确定；不得按短期拉拔试验值或厂商技术手册的推荐值采用。

13.3 构造规定

当按构造要求植筋时，其最小锚固长度 l_{min} 应符合下列构造规定：

（1）受拉钢筋锚固：max（$0.3l_s$，$10d$，100mm）；

（2）受压钢筋锚固：max（$0.6l_s$，$10d$，100mm）；

（3）对悬挑结构、构件，尚应乘以 1.5 的修正系数。

当植筋与纵向受拉钢筋搭接（图 13-1）时，其搭接接头应相互错开。其纵向受拉搭接长度 l_l，应根据位于同一连接区段内的钢筋搭接接头百分率，按下式确定：

$$l_l = \zeta_l l_d \tag{13-5}$$

式中　ζ_l——纵向受拉钢筋搭接长度修正系数，按表 13-3 取值。

图 13-1　纵向受拉钢筋搭接
1—纵向受拉钢筋；2—植筋

纵向受拉钢筋搭接长度修正系数　　　　　　　　　　　　　　表 13-3

纵向受拉钢筋搭接接头面积百分率（%）	≤25	50	100
ζ_l 值	1.2	1.4	1.6

注：1. 钢筋搭接接头面积百分率定义按现行《混凝土结构设计规范》GB 50010 的规定采用；

　　2. 当实际搭接接头面积百分率介于表列数值之间时，按线性内插法确定 ζ_l 值；

　　3. 对梁类构件，纵向受拉钢筋搭接接头百分率不应超过 50%。

当植筋搭接部位的箍筋间距 s 不符合表 13-1 的规定时，应进行防劈裂加固。此时，可采用纤维织物复合材的围束作为原构件的附加箍筋进行加固。围束可采用宽度为 150mm、厚度不小于 0.165mm 的条带缠绕而成，缠绕时，围束间应无间隔，且每一围束所粘结的条带不应少于 3 层。对方形截面尚应打磨棱角，打磨的质量应符合《混凝土结构加固设计规范》GB 50367—2013 第 10.9.9 条的规定。若采用纤维织物复合材的围束有困难，也可剔去原构件混凝土保护层，增设新箍筋（或钢箍板）进行加密（或增强）后再植筋。

植筋与纵向受拉钢筋在搭接部位的净间距，应按图 13-1 的标示值确定。当净间距超过 $4d$ 时，则搭接长度 l_l 应增加 $2d$，但净间距不得大于 $6d$。

用于植筋的钢筋混凝土构件，其最小厚度 h_{min} 应符合下式规定：

$$h_{min} \geq l_d + 2D \tag{13-6}$$

式中　D——钻孔直径，应按表 13-4 确定。

植筋直径与对应的钻孔直径设计值（mm）　　　　　　　　　表 13-4

钢筋直径 d	12	14	16	18	22	25	28	32
钻孔直径设计值 D	15	18	20	22	28	32	35	40

植筋时，其钢筋宜先焊后种植；当有困难而必须后焊时，其焊点距基材混凝土表面应大于 $15d$，且应采用冰水浸渍的湿手巾多层包裹植筋外露部分的根部。

【例 13-1】 新增一般梁与原柱连接

文献［2］第 186 页例题，因改造需要在原柱身上连接梁，大样如图 13-2 所示。原结构混凝土强度等级 C35（混凝土保护层厚度为 25mm），已知新增梁处柱箍筋 φ8@100，胶粘剂为 A 级植筋胶（快固型胶粘剂）。试设计植筋。

图 13-2　新增梁与柱连接大样

【解】 1) 植筋基本锚固长度

按图 13-2，植筋间距 $s_1 = 250 - 2 \times (25 + 8 + 22/2) = 162mm > 7d$。

植筋边距 $c \geq (600 - 250)/2 - 25 = 150mm$，查表 13-1，考虑混凝土劈裂影响的计算系数 $\alpha_{spt} = 1.0$。

查表 13-2，A 级胶，植筋间距 $7d$，边距大于 $3.5d$（不起控制作用），可认为超过 $3.5d$，C35 混凝土，植筋用胶粘剂的粘结抗剪强度设计值 $f_{bd}=0.8\times4.75=3.8\text{MPa}$。

由公式（13-3）可知，Φ22 钢筋：$l_s=0.2\alpha_{spt}df_y/f_{bd}=0.2\times1.0\times22\times360/3.8=417\text{mm}$

2）植筋锚固深度设计值

梁顶钢筋处于负弯矩区，承受拉力，故需按计算确定其锚固深度；而梁底钢筋只需按构造要求确定其深度即可。

由于此梁是一般梁，$\psi_{br}=1.0$，$\psi_N=\psi_{br}\psi_w\psi_T=1.0\times1.1\times1.0=1.1$

原结构柱混凝土强度等级为 C35，故 $\psi_{ae}=1.0$。

梁顶Φ22 钢筋：$l_d\geqslant\psi_N\psi_{ae}l_s=1.1\times1.0\times417=459\text{mm}$

梁底Φ22 受压钢筋锚固：$\max(0.6l_s,\ 10d,\ 100\text{mm})=\max(255,\ 220,\ 100)=255\text{mm}$。

单根植筋锚固的承载力设计值：$N_t^b=f_yA_s=360\times380.1=136800\text{N}$

SCS 软件输入信息和简要输出结果如图 13-3 所示，可见其与手算结果一致。

图 13-3　新增梁植筋与柱连接

【例 13-2】基础顶部植筋

文献［3］第 849 页算例，某钢筋混凝土筏形基础顶部需增加一柱，该柱受轴心压力，柱截面 400mm×400mm，基础混凝土强度等级 C25，抗震设防烈度 7 度，Ⅱ类场地。植筋（图 13-4）采用 HRB400 钢筋，直径Φ20，箍筋Φ8@100/200，保护层厚度 25mm，正常使用环境。试设计此柱植筋的锚固长度。

【解】1）植筋基本锚固长度

按图 13-4，植筋间距 $s_1=[400-2\times(25+8+20/2)]/2=157\text{mm}>7d$。

植筋边距 $c\geqslant5d=100\text{mm}$，查表 13-1，考虑混凝土劈裂影响的计算系数 $\alpha_{spt}=1.00$。

查表 13-2，A 级胶，植筋间距 $\geqslant7d$，边距大于 $3.5d$（不起控制作用），可认为超过

图 13-4　新增梁植筋与柱连接

3.5d，C25 混凝土，植筋用胶粘剂的粘结抗剪强度设计值 $f_{bd} = 2.7\text{MPa}$。

由公式（13-3）可知，$\underline{\Phi}20$ 钢筋：$l_s = 0.2\alpha_{spt}df_y/f_{bd} = 0.2 \times 1.0 \times 20 \times 360/2.7 = 533\text{mm}$

2）植筋锚固深度设计值

取 $\psi_{br} = 1.15$，

$$\psi_N = \psi_{br}\psi_w\psi_T = 1.15 \times 1.1 \times 1.0 = 1.26$$

混凝土强度等级不高于 C30，7 度抗震设防，Ⅱ类场地，故 $\psi_{ae} = 1.1$。

$l_d \geqslant \psi_N \psi_{ae} l_s = 1.26 \times 1.1 \times 533 = 742\text{mm}$

单根植筋锚固的承载力设计值：$N_t^b = f_y A_s = 360 \times 314.2 = 113100\text{N}$

SCS 软件输入信息和简要输出结果如图 13-5 所示，可见其与手算结果一致。

图 13-5　新增梁植筋与柱连接

本章参考文献

［1］ 中华人民共和国国家标准 . 混凝土结构加固设计规范：GB 50367—2013 ［S］. 北京：中国建筑工业
出版社，2013.
［2］ 卜良桃，梁爽，黎红兵 . 混凝土结构加固设计规范算例 ［M］. 2 版 . 北京：中国建筑工业出版
社，2015.
［3］ 中国有色工程有限公司 . 混凝土结构构造手册 ［M］. 4 版 . 北京：中国建筑工业出版社，2012.

第14章 锚栓技术

14.1 设计规定

本章讲述的锚栓技术适用于普通混凝土承重结构；不适用于轻质混凝土结构及严重风化的结构。

《既有建筑鉴定与加固通用规范》GB 55021—2021 第 6.9.2 条规定，当混凝土构件加固采用锚栓技术进行锚固时，应符合下列规定：

（1）混凝土强度等级不应低于 C25。

（2）承重结构用的机械锚栓，应采用有锁键效应的后扩底锚栓；承重结构用的胶粘型锚栓，应采用倒锥形锚栓或全螺纹锚栓；不得使用膨胀锚栓作为承重结构的连接件。

（3）承重结构用的锚栓，其公称直径不应小于 12mm；按构造要求确定的锚固深度 h_{ef} 不得小于 60mm，且不应小于混凝土保护层厚度。

（4）锚栓的最小埋深应符合现行标准的规定。

（5）锚栓的防腐蚀标准应高于被固定物的防腐蚀要求。

《混凝土结构加固设计规范》GB 50367—2013[1] 规定：

在抗震设防区的结构中，以及直接承受动力荷载的构件中，不得使用膨胀锚栓作为承重结构的连接件。

当在抗震设防区承重结构中使用锚栓时，应采用后扩底锚栓或特殊倒锥形胶粘型锚栓，且用于设防烈度不高于 8 度并对于 8 度区仅允许用于 I、II 类场地的建筑物。

用于抗震设防区承重结构或承受动力作用的锚栓，其性能应通过现行行业标准《混凝土用膨胀型、扩孔型建筑锚栓》JG/T 160—2017 的低周反复荷载作用或疲劳荷载作用的检验。

承重结构锚栓连接的设计计算，应采用开裂混凝土的假定；不得考虑非开裂混凝土对其承载力的提高作用。

锚栓受力分析应符合《混凝土结构加固设计规范》GB 50367—2013[1] 附录 F 的规定。

14.2 锚栓钢材承载力验算

锚栓钢材的承载力验算，应按锚栓受拉、受剪及同时受拉剪作用三种受力情况分别进行。

锚栓钢材受拉承载力设计值，应符合下式规定：

$$N_t^a = \psi_{E,t} f_{ud,t} A_s \qquad (14\text{-}1)$$

式中　N_t^a——锚栓钢材受拉承载力设计值；

　　　$\psi_{E,t}$——锚栓受拉承载力抗震折减系数：对 6 度和以下地区，取 $\psi_{E,t}=1.00$；对 7 度区，取 $\psi_{E,t}=0.85$；对 8 度区 I、II 类场地，取 $\psi_{E,t}=0.75$；

　　　$f_{ud,t}$——锚栓钢材用于抗拉计算的强度设计值，按表 14-1、表 14-2 采用；

　　　A_s——锚栓有效截面面积，可根据锚栓型号查文献 [3]。

碳钢、合金钢及不锈钢锚栓的钢材强度设计指标必须符合表 14-1 和表 14-2 的规定[1]。

碳钢及合金钢锚栓钢材强度设计指标　　　　　　　　　　表 14-1

性能等级		4.8	5.8	6.8	8.8
锚栓强度设计值(MPa)	用于抗拉计算 $f_{ud,t}$	250	310	370	490
	用于抗剪计算 $f_{ud,v}$	150	180	220	290

注：锚栓受拉弹性模量 E_s 取 $2.0×10^5$ MPa。

不锈钢锚栓钢材强度设计指标　　　　　　　　　　表 14-2

性能等级		50	70	80
螺纹直径(mm)		≤32	≤24	≤24
锚栓强度设计值(MPa)	用于抗拉计算 $f_{ud,t}$	175	370	500
	用于抗剪计算 $f_{ud,v}$	105	225	300

锚栓钢材受剪承载力设计值，应区分无杠杆臂和有杠杆臂两种情况（图 14-1）按下列公式计算：

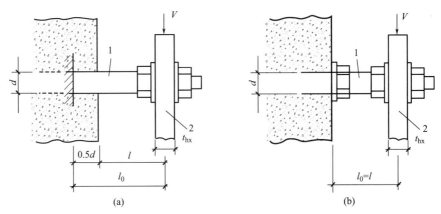

图 14-1　锚栓杠杆臂计算长度的确定

1—锚栓；2—固定件；l_0—杠杆臂计算长度

（1）无杠杆臂锚栓受剪

$$V^a = \psi_{E,v} f_{ud,v} A_s \qquad (14\text{-}2a)$$

（2）有杠杆臂锚栓受剪

$$V^a = 1.2 \psi_{E,v} W_{e1} f_{ud,t} \left(1 - \frac{\sigma}{f_{ud,t}}\right) \frac{\alpha_m}{l_0} \qquad (14\text{-}2b)$$

式中　V^a——锚栓钢材受剪承载力设计值；

　　　$\psi_{E,v}$——锚栓受剪承载力抗震折减系数：对 6 度和以下地区，取 $\psi_{E,v}=1.00$；对 7 度区，取 $\psi_{E,v}=0.80$；对 8 度区 I、II 类场地，取 $\psi_{E,v}=0.70$；

　　　$f_{ud,v}$——锚栓钢材用于抗剪的强度设计值，按表 14-1、表 14-2 采用。

　　　W_{el}——锚栓截面抵抗矩；

　　　σ——被验算锚栓承受的轴向拉应力，其值按 N/A_s 确定；N 是锚栓受到的拉力，限制 $\sigma \leqslant f_{ud,t}$；

　　　α_m——约束系数，对图 14-1（a）的情况，取 $\alpha_m=1$；对图 14-1（b）的情况，取 $\alpha_m=2$；

　　　l_0——杠杆臂计算长度；当基材表面有压紧的螺帽时，取 $l_0=l$；当无压紧螺帽时，取 $l_0=l+0.5d$。

14.3　基材混凝土承载力验算

　　基材混凝土的承载力验算，应考虑三种破坏模式：混凝土呈锥形受拉破坏、混凝土边缘呈楔形受剪破坏以及同时受拉、剪作用破坏。对混凝土剪撬破坏、混凝土劈裂破坏，以及特殊倒锥形胶粘锚栓的组合破坏，应通过采取构造措施予以防止，不参与验算。

　　基材混凝土的受拉承载力设计值，应按下列公式验算：

　　（1）对后扩底锚栓

$$N_t^c = 2.8\psi_a\psi_N\sqrt{f_{cu,k}}\,h_{ef}^{1.5} \tag{14-3}$$

　　（2）对特殊倒锥形胶粘型锚栓

$$N_t^c = 2.4\psi_b\psi_N\sqrt{f_{cu,k}}\,h_{ef}^{1.5} \tag{14-4}$$

式中　N_t^c——锚栓连接的基材混凝土受拉承载力设计值（N）；

　　　$f_{cu,k}$——混凝土立方体抗压强度标准值（MPa），按现行《混凝土结构设计规范》GB 50010 规定采用；

　　　h_{ef}——锚栓的有效锚固深度（mm），应按锚栓产品说明书标明的有效锚固深度采用；

　　　ψ_a——基材混凝土强度等级对锚固承载力的影响系数：当混凝土强度等级不大于 C30 时，取 $\psi_a=0.90$；当混凝土强度等级大于 C30 时，对机械锚栓，取 $\psi_a=1.00$；对胶粘型锚栓，取 $\psi_a=0.90$；

　　　ψ_b——胶粘型锚栓对粘结强度的影响系数：当 $d_0 \leqslant 16\mathrm{mm}$ 时，取 $\psi_b=0.90$；当 $d_0 \geqslant 24\mathrm{mm}$ 时，取 $\psi_b=0.80$；介于两者之间的 ψ_b 值，按线性内插法确定；

　　　ψ_N——考虑各种因素对基材混凝土受拉承载力影响的修正系数，按下面的规定计算。

　　基材混凝土受拉承载力修正系数 ψ_N 值应按下列公式计算：

$$\psi_N = \psi_{s,h}\psi_{e,N}A_{cN}/A_{c,N}^0 \tag{14-5}$$

$$\psi_{e,N} = 1/(1+2e_N/s_{cr,N}) \leqslant 1 \tag{14-6}$$

式中　$\psi_{s,h}$——构件边距及锚固深度等因素对基材的影响系数，取 $\psi_{s,h}=0.95$；

$\psi_{e,N}$——荷载偏心对群锚受拉承载力的影响系数；

$A_{c,N}/A_{c,N}^0$——锚栓边距和间距对锚栓受拉承载力的影响系数；

$s_{cr,N}$——混凝土呈锥形受拉时，确保每一锚栓承载力不受间距效应影响的最小间距；

e_N——拉力（或其合力）对受拉锚栓形心的偏心距（图 14-2）。

图 14-2　群锚 e_N 的定义

（a）当一组内的锚栓全部受拉时；（b）当一组内只有某些锚栓受拉时

当锚栓承载力不受其间距和边距效应影响时，由单个锚栓引起的基材混凝土呈锥形受拉破坏的锥体投影面积基准值 $A_{c,N}^0$（图 14-3）可按下式确定：

$$A_{c,N}^0 = s_{cr,N}^2 \tag{14-7}$$

混凝土呈锥形受拉破坏的实际锥体投影面积 A_{cN}，可按下列公式计算：

（1）当边距 $c>c_{cr,N}$，且间距 $s>s_{cr,N}$ 时

$$A_{cN} = nA_{c,N}^0 \tag{14-8}$$

式中　n——参与受拉工作的锚栓个数；

c——锚栓的边距；

s——锚栓的间距；

$c_{cr,N}$——混凝土呈锥形受拉时，确保每一锚栓承载力不受边距效应影响的最小边距。

图 14-3　单锚混凝土锥形破坏理想锥体投影面积

1—混凝土锥体

（2）当边距 $c \leqslant c_{cr,N}$（图 14-4）时

1）对 $c_1 \leqslant c_{cr,N}$（图 14-4a）的单锚情形

$$A_{cN} = (c_1 + 0.5s_{cr,N})s_{cr,N} \tag{14-9}$$

2）对 $c_1 \leqslant c_{cr,N}$ 且 $s_1 \leqslant s_{cr,N}$（图 13-4b）的双锚情形

$$A_{cN} = (c_1 + s_1 + 0.5s_{cr,N})s_{cr,N} \tag{14-10}$$

3）对 c_1、$c_2 \leqslant c_{cr,N}$ 且 s_1、$s_2 \leqslant s_{cr,N}$（图 14-4c）的角部四锚情形

$$A_{cN} = (c_1 + s_1 + 0.5s_{cr,N})(c_2 + s_2 + 0.5s_{cr,N}) \tag{14-11}$$

基材混凝土的受剪承载力设计值，应按下式计算：

$$V^c = 0.18\psi_v \sqrt{f_{cu,k}} c_1^{1.5} d_0^{0.3} h_{ef}^{0.2} \tag{14-12}$$

式中　V^c——锚栓连接的基材混凝土受剪承载力设计值（N）；

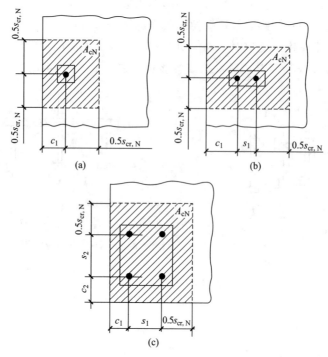

图 14-4　近构件边缘混凝土锥形受拉破坏实际锥体投影面积

（a）单锚情形；（b）双锚情形；（c）角部四锚情形

ψ_v——考虑各种因素基材混凝土受剪承载力影响的修正系数；

c_1——平行于剪力方向的边距（mm）；

d_0——锚栓外径（mm），目前 SCS 软件采取用户输入的公称直径。

基材混凝土受剪承载力修正系数 ψ_v 值，应按下列公式计算：

$$\psi_v = \psi_{s,v}\psi_{h,v}\psi_{\alpha,v}\psi_{e,v}\psi_{u,v}A_{c,v}/A_{c,v}^0 \qquad (14\text{-}13)$$

$$\psi_{s,v} = 0.7 + 0.2\frac{c_2}{c_1} \leqslant 1 \qquad (14\text{-}14)$$

$$\psi_{h,v} = (1.5c_1/h)^{1/3} \geqslant 1 \qquad (14\text{-}15)$$

$$\psi_{\alpha,v} = \begin{cases} 1.0 & (0° < \alpha_v \leqslant 55°) \\ 1/(\cos\alpha_v + 0.5\sin\alpha_v) & (55° < \alpha_v \leqslant 90°) \\ 2.0 & (90° < \alpha_v \leqslant 180°) \end{cases} \qquad (14\text{-}16)$$

$$\psi_{e,v} = 1/[1 + 2e_v/(3c_1)] \leqslant 1 \qquad (14\text{-}17)$$

$$\psi_{u,v} = \begin{cases} 1.0 & （边缘没有配筋） \\ 1.2 & （边缘配有直径 d \geqslant 12mm 钢筋） \\ 1.4 & （边缘配有直径 d \geqslant 12mm 钢筋及 s \leqslant 10mm 箍筋） \end{cases} \qquad (14\text{-}18)$$

式中　$\psi_{s,v}$——边距比 c_2/c_1 对受剪承载力的影响系数；

$\psi_{h,v}$——边距厚度比 c_1/h 对受剪承载力的影响系数；

$\psi_{\alpha,v}$——剪力与垂直于构件自由边的轴线之间的夹角 α_v（图 14-5）对受剪承载力的影响系数；

$\psi_{e,v}$——荷载偏心对群锚受剪承载力的影响系数；

$\psi_{u,v}$——构件锚固区配筋对受剪承载力的影响系数；

$A_{c,v}/A_{c,v}^0$——锚栓边距、间距等几何效应对受剪承载力的影响系数；

c_2——垂直于 c_1 方向的边距；

h——构件厚度（mm，基材混凝土厚度）；

e_v——剪力对受剪锚栓形心的偏心距（图 14-6）。

当锚栓受剪承载力不受其边距、间距及构件厚度的影响时，其基材混凝土呈半锥体破坏的侧向投影面积基准值 $A_{c,v}^0$，可按下式计算（图 14-7）：

$$A_{c,v}^0 = 4.5c_1^2 \tag{14-19}$$

图 14-5　剪切角 α_v　　　　图 14-6　偏心距 e_v 的定义　　　图 14-7　近构件边缘的单锚受
　　　　　　　　　　　　　　　　　　　　　　　　　　　　　剪混凝土楔形投影面积

当单锚或群锚受剪时，若锚栓间距 $s_2 \geq 3c_1$、边距 $c_2 \geq 1.5c_1$ 且构件厚度 $h \geq 1.5c_1$ 时，混凝土破坏锥体的侧向实际投影面积 $A_{c,v}$，可按下式计算：

$$A_{c,v} = nA_{c,v}^0 \tag{14-20}$$

式中　n——参与受剪工作的锚栓个数。

当锚栓间距、边距或构件厚度不满足上述要求时，侧向实际投影面积 $A_{c,v}$ 应按下列公式的计算方法确定（图 14-8）。

图 14-8　近构件边缘的单锚受剪混凝土楔形投影面积
（a）角部单锚；（b）薄构件边缘双锚；（c）薄构件角部双锚

（1）当 $h > 1.5c_1$，$c_2 \leq 1.5c_1$ 时：

$$A_{c,v} = 1.5c_1(1.5c_1 + c_2) \tag{14-21}$$

（2）当 $h \leqslant 1.5c_1$，$s_2 \leqslant 3c_1$ 时：
$$A_{c,v} = (3c_1 + s_2)h \qquad (14\text{-}22)$$

（3）当 $h \leqslant 1.5c_1$，$s_2 \leqslant 3c_1$，$c_2 \leqslant 1.5c_1$ 时：
$$A_{c,v} = (1.5c_1 + s_2 + c_2)h \qquad (14\text{-}23)$$

（4）当 $h \leqslant 1.5c_1$，$c_2 \leqslant 1.5c_1$ 时：
$$A_{c,v} = h(1.5c_1 + c_2) \qquad (14\text{-}24)$$

（5）当 $h > 1.5c_1$，$s_2 \leqslant 3c_1$ 时：
$$A_{c,v} = (3c_1 + s_2)1.5c_1 \qquad (14\text{-}25)$$

（6）当 $h > 1.5c_1$，$s_2 \leqslant 3c_1$，$c_2 < 1.5c_1$ 时：
$$A_{c,v} = (1.5c_1 + s_2 + c_2)1.5c_1 \qquad (14\text{-}26)$$

对基材混凝土角部的锚固，应取两个方向计算承载力的较小值（图 14-9）。

图 14-9　剪力作用下的角部群锚

当锚栓连接承受拉力和剪力复合作用时，混凝土承载力应符合下式的规定：
$$\beta_N^\alpha + \beta_V^\alpha \leqslant 1 \qquad (14\text{-}27)$$

式中　β_N——拉力作用设计值与混凝土抗拉承载力设计值之比；

β_V——剪力作用设计值与混凝土抗剪承载力设计值之比；

α——指数，当两者均受锚栓钢材破坏模式破坏控制时，取 $\alpha = 2.0$；当受其他破坏模式控制时，取 $\alpha = 1.5$。

对于同时受拉、受剪的锚栓，先分别算出单独受拉，单独受剪的情况（可用 SCS 计算），再按规范公式计算复合受力的承载力。

14.4　构造规定

混凝土构件的最小厚度不应小于 $1.5h_{ef}$，且不应小于 100mm。

承重结构用的锚栓，其公称直径不得小于 12mm；按构造要求确定的锚固深度 h_{ef} 不应小于 60mm，且不小于混凝土保护层厚度。

在抗震设防区的承重结构中采用锚栓时，其埋深应分别符合表 14-3 和表 14-4 的规定。

考虑地震作用后扩底锚栓的埋深规定（mm） 　　　　　表 14-3

锚栓直径	12	16	20	24
有效锚固深度 h_{ef}	≥80	≥100	≥150	≥180

考虑地震作用胶粘型锚栓的埋深规定（mm） 　　　　　表 14-4

锚栓直径	12	16	20	24
有效锚固深度 h_{ef}	≥100	≥125	≥170	≥200

锚栓的最小边距 c_{min}、临界边距 $c_{cr,N}$ 和群锚最小间距 s_{min}、临界间距 $s_{cr,N}$ 应符合表 14-5 的规定。

锚栓的边距和间距 　　　　　表 14-5

c_{min}	$c_{cr,N}$	s_{min}	$s_{cr,N}$
$0.8h_{ef}$	$1.5h_{ef}$	$1.0h_{ef}$	$3.0h_{ef}$

锚栓防腐蚀标准应高于被加固物的防腐蚀要求。

【例 14-1】倒锥形单锚栓抗拉承载力算例

文献 [2] 第 201 页例题，某倒锥形锚栓安装在裂缝混凝土中，如图 14-10 所示，螺杆直径 M12，螺栓钢材性能等级 4.8，有效锚固深度 $h_{ef}=110mm$，混凝土强度等级 C30，基材温度 25℃，厚度 300mm。锚栓安装于中心，无间边距影响。试计算其抗拉承载力设计值。

图 14-10　单锚栓受拉算例

【解】 由式（14-4）可知，混凝土锥体破坏抗拉承载力设计值：

$$N_t^c = 2.4\psi_b\psi_N\sqrt{f_{cu,k}}h_{ef}^{1.5}$$

由式（14-5）可知，

$$\psi_N = \psi_{s,h}\psi_{e,N}A_{c,N}/A_{c,N}^0$$

因单锚栓、无间边距影响 $A_{c,N}^0 = s_{cr,N}^2$，拉力无偏心 $\psi_{e,N}=1$，$A_{cN}=1\times A_{c,N}^0$

$$\psi_N = \psi_{s,h}\psi_{e,N}A_{cN}/A_{c,N}^0 = 0.95\times1\times1 = 0.95$$

$$N_t^c = 2.4\psi_b\psi_N\sqrt{f_{cu,k}}h_{ef}^{1.5} = 2.4\times0.9\times0.95\times\sqrt{30}\times110^{1.5} = 12967N$$

锚栓钢材受拉承载力计算，根据公式（14-1）

$$N_t^a = \psi_{E,t}f_{ud,t}A_s = 1\times250\times76.2 = 19050N$$

锚栓受拉承载力取两者的较小值，即 12.967kN。

SCS 软件输入信息和简要输出结果如图 14-11 所示，可见其与手算结果一致。

【例 14-2】倒锥形双锚栓抗拉承载力算例 1

某倒锥形锚栓安装在裂缝混凝土中，如图 14-12 所示，螺杆直径 M12，螺栓钢材性能等级 4.8，有效锚固深度 $h_{ef}=110mm$，混凝土强度等级 C30，基材温度 25℃，厚度

图 14-11　单锚栓受拉承载力

图 14-12　双锚栓受拉算例

300mm。两个锚栓间的距离 200mm，离混凝土构件边缘 100mm。试计算其抗拉承载力设计值。

【解】由式（14-4）可知，混凝土锥体破坏抗拉承载力设计值：

$$N_t^c = 2.4\psi_b\psi_N\sqrt{f_{cu,k}}\,h_{ef}^{1.5}$$

考虑间边距影响，其中 $c_2 = 100\text{mm}$，$s_1 = 200\text{mm}$，$h_{ef} = 110\text{mm}$

$$s_{cr,N} = 3\times110 = 330\text{mm}; \quad c_{cr,N} = 1.5\times110 = 165\text{mm}, \quad A_{c,N}^0 = s_{cr,N}^2 = 108900\text{mm}^2$$

$$A_{cN} = (c_2+c_{cr,N})(s_1+s_{cr,N}) = (100+165)\times(200+330) = 265\times530 = 140450\text{mm}^2$$

由式（14-5）可知，

$$\psi_N = \psi_{s,h}\psi_{e,N}A_{cN}/A_{c,N}^0 = 0.95\times1\times140450/108900 = 1.225$$

$$N_t^c = 2.4\psi_b\psi_N\sqrt{f_{cu,k}}\,h_{ef}^{1.5} = 2.4\times0.9\times1.225\times\sqrt{30}\times110^{1.5} = 16723\text{N}$$

锚栓钢材受拉承载力计算，根据式（14-1）

$$N_t^a = \psi_{E,t}f_{ud,t}A_s = 1\times250\times2\times76.2 = 38100\text{N}$$

锚栓受拉承载力取两者的较小值，即 16.723kN。

SCS 软件输入信息和简要输出结果如图 14-13 所示，可见其与手算结果一致。

图 14-13　倒锥形双锚栓受拉承载力算例 1

【例14-3】 倒锥形双锚栓抗拉承载力算例2

文献 [2] 第 202 页例题，某倒锥形锚栓安装在裂缝混凝土中，如图 14-14 所示，螺杆直径 M12，螺栓钢材性能等级 4.8，有效锚固深度 $h_{ef} = 110$mm，混凝土强度等级 C30，基材温度 25℃，厚度 300mm。两个锚栓间的距离 200mm，离混凝土构件边缘 100mm。试计算其抗拉承载力设计值。

图 14-14　双锚栓受拉算例

【解】 由式（14-4）可知，混凝土锥体破坏抗拉承载力设计值：

$$N_t^c = 2.4\psi_b\psi_N\sqrt{f_{cu,k}}\, h_{ef}^{1.5}$$

考虑间边距影响，其中 $c_1 = 100$mm，$s_1 = 200$mm，$h_{ef} = 110$mm

$$s_{cr,N} = 3\times110 = 330\text{mm}; c_{cr,N} = 1.5\times110 = 165\text{mm}, A_{c,N}^0 = s_{cr,N}^2 = 108900\text{mm}^2$$

$$A_{cN} = (c_1+s_1+c_{cr,N})s_{cr,N} = (100+200+165)330 = 465\times330 = 153450\text{mm}^2$$

由公式（14-5）可知，

$$\psi_N = \psi_{s,h}\psi_{e,N}A_{cN}/A_{c,N}^0 = 0.95\times1\times153450/108900 = 1.34$$

$$N_t^c = 2.4\psi_b\psi_N\sqrt{f_{cu,k}}\, h_{ef}^{1.5} = 2.4\times0.9\times1.34\times\sqrt{30}\times110^{1.5} = 18271\text{N}$$

锚栓钢材受拉承载力计算，根据式（14-1）

$$N_t^a = \psi_{E,t}f_{ud,t}A_s = 1\times250\times2\times76.2 = 38100\text{N}$$

锚栓受拉承载力取两者的较小值，即 18.271kN。

SCS 软件输入信息和简要输出结果如图 14-15 所示，可见其与手算结果一致。

图 14-15　倒锥形双锚栓受拉承载力算例2

【例14-4】 无杠杆臂群锚承受剪力

某非生命线工程中的肋形梁跨中，其侧面有一后锚固连接锚栓布置如图 14-16，承受剪切荷载设计值 $V = 40$kN，基材为 C25 开裂混凝土，构件边缘配有直径 $\phi > 12$mm 的纵筋。被连接构件为非结构构件。钢锚栓钢材性能等级为 6.8 级。试选择机械锚栓，并进行承载力验算。

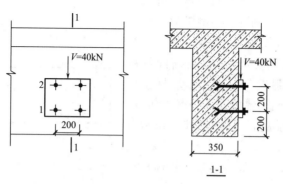

图 14-16　群锚承受剪力

【解】 如果对下排锚栓进行计算

1）锚栓钢材破坏受剪承载力计算，由式（14-2a）

$$V^a = \psi_{E,v} f_{ud,v} A_s = 1.00 \times 220 \times 4 \times 157.0 = 138160N$$

2）群锚构件边缘受剪破坏承载力计算，根据式（14-12）

$$V^c = 0.18 \psi_v \sqrt{f_{cu,k}} c_1^{1.5} d_0^{0.3} h_{ef}^{0.2}$$

基材混凝土受剪承载力修正系数 ψ_v 值，应按下列公式计算：

$$\psi_v = \psi_{s,v} \psi_{h,v} \psi_{\alpha,v} \psi_{e,v} \psi_{u,v} A_{c,v} / A_{c,v}^0$$

$$\psi_{s,v} = 0.7 + 0.2 c_2/c_1 \leqslant 1，得 \psi_{s,v} = 1$$

$$\psi_{h,v} = (1.5 c_1/h)^{1/3} = (1.5 \times 200/350)^{1/3} \geqslant 1，得 \psi_{h,v} = 1$$

$\psi_{\alpha,v} = 1$；$\psi_{e,v} = 1$（剪力无偏心）；$\psi_{u,v} = 1.2$

$$A_{c,v}^0 = 4.5 c_1^2 = 4.5 \times 200^2 = 180000 mm^2$$

$$A_{c,v} = (3 c_1 + s_2) 1.5 c_1 = (3 \times 200 + 200) \times 1.5 \times 200 = 240000 mm^2$$

$$\psi_v = 1.00 \times 1.00 \times 1.00 \times 1.00 \times 1.20 \times 240000/180000 = 1.60$$

$$V^c = 0.18 \times 1.60 \times \sqrt{25} \times 200^{1.5} \times 16^{0.3} \times 200^{0.2} = 27000N$$

SCS 软件输入信息和简要输出结果如图 14-17 所示，可见其与手算结果一致。

图 14-17　四锚栓受剪承载力计算

锚栓受剪承载力取 V^a、V^c 两者中的较小值，即 27.0kN<40kN，达不到要求。

采取控制剪力分配的方法（图 14-18）将边缘第一排锚栓在被连接件上的圆形钻孔沿剪切方向的长槽孔，这时边缘第一排锚不考虑承受剪力，全部剪力将由第二排锚栓承受，边距 c_1 将由 200mm 加大为 400mm。

重新进行边缘受剪混凝土破坏承载力计算：

图 14-18　控制剪力分配方法

此时 $h = 350$ mm$<1.5c_1 = 1.5 \times 400 = 600$mm

$$A_{c,v}^0 = 4.5c_1^2 = 4.5 \times 400^2 = 720000 \text{mm}^2$$

$$A_{c,v} = (3c_1 + s_2)h = (3 \times 400 + 200) \times 350 = 490000 \text{mm}^2$$

$$\psi_{s,v} = 1$$

$$\psi_{h,v} = (1.5c_1/h)^{1/3} = (1.5 \times 400/350)^{1/3} = 1.2$$

$\psi_{\alpha,v} = 1$；$\psi_{e,v} = 1$（剪力无偏心）；$\psi_{u,v} = 1.2$

$$\psi_v = 1.00 \times 1.2 \times 1.00 \times 1.00 \times 1.20 \times 490000/720000 = 0.98$$

$$V^c = 0.18 \times 0.98 \times \sqrt{25} \times 400^{1.5} \times 16^{0.3} \times 200^{0.2} = 46640 \text{N}$$

此情况的锚栓钢材破坏受剪承载力计算，由式（14-2a）

$$V^a = \psi_{E,v} f_{ud,v} A_s = 1.00 \times 220 \times 2 \times 157.0 = 69080 \text{N}$$

锚栓受剪承载力取 V^a、V^c 两者中的较小值，即 46.64kN>40kN，满足要求。

SCS 软件输入信息和简要输出结果如图 14-19 所示，可见其与手算结果一致。

图 14-19　按控制剪力分配方法计算的受剪承载力

【例 14-5】有杠杆臂群锚承受剪力

假定将上一例题即【例 14-4】的锚栓换成有杠杆臂锚栓，基材表面至被固定件厚度一半的距离（图 14-1）为 40mm，且锚栓群（两根锚栓）受到的总拉力为 11.62kN，其他参数与【例 14-4】的相同。试计算在基材表面有或无压紧螺帽情况下，该锚栓群的受剪承载力设计值。

【解】与【例 14-4】相同的计算过程不再重复。

锚栓截面抵抗矩 $W_{e1} = \dfrac{\pi d^3}{32} = 3.1416 \times 16^3/32 = 402.125 \mathrm{mm}^3$

锚栓承受的拉应力 $\sigma = N/A_s = 11620/(2 \times 157) = 37 \mathrm{N/mm}^2$

1）锚栓在基材表面无压紧螺帽情况，锚栓钢材破坏受剪承载力计算，由式（14-2b）

$$V^a = 1.2 \psi_{E,v} W_{e1} f_{ud,t} \left(1 - \frac{\sigma}{f_{ud,t}}\right) \frac{\alpha_m}{l_0} = 1.2 \times 1 \times 402.125 \times 370 \times (1 - 37/370) \times 1/(40 + 16/2) = 3347.7 \mathrm{N}$$

两个锚栓的总受剪承载力为 $V^a = 2 \times 3347.7 = 6695.4 \mathrm{N}$

锚栓受剪承载力取 V^a、V^c 两者中的较小值。SCS 软件输入信息和简要输出结果如图 14-20 所示，可见其与手算结果一致。

图 14-20　有杠杆臂锚栓在基材表面无压紧螺帽的受剪承载力

2）锚栓在基材表面有压紧螺帽情况，锚栓钢材破坏受剪承载力计算，由公式（14-2b）

$$V^a = 1.2 \psi_{E,v} W_{e1} f_{ud,t} \left(1 - \frac{\sigma}{f_{ud,t}}\right) \frac{\alpha_m}{l_0} = 1.2 \times 1 \times 402.125 \times 370 \times (1 - 37/370) \times 2/40 = 8034.5 \mathrm{N}$$

两个锚栓的总受剪承载力为 $V^a = 2 \times 8034.5 = 16069.0 \mathrm{N}$

锚栓受剪承载力取 V^a、V^c 两者中的较小值。SCS 软件输入信息和简要输出结果如图 14-21 所示，可见其与手算结果一致。

图 14-21　有杠杆臂锚栓在基材表面有压紧螺帽的受剪承载力

【例 14-6】受拉、剪复合作用的锚栓混凝土承载力验算

假设【例 14-4】的 4 根锚栓还同时受到相同大小的拉力作用，即 4 根锚栓群受到拉力设计值 $N = 30$kN 和剪力设计值 $V = 25$kN 的作用。试验算锚栓的承载力是否满足要求。

【解】 为了计算锚栓在拉力作用下的承载力和由哪种破坏模式控制，使用锚栓受拉承载力计算功能 SCS-1001 输入数据及计算如图 14-22 所示。得到混凝土破坏的抗拉承载力 $N_t^c = 60.19$kN。它低于锚栓钢材破坏的承载力（手算过程略），由此得知该锚栓不是钢材受拉破坏模式控制。

图 14-22　受拉力作用锚栓群承载力计算

再由【例 14-4】中的计算过程用图 14-19 得到混凝土破坏的抗剪承载力 $V^c = 46.64$kN，它低于锚栓钢材破坏的承载力，由此得知该锚栓不是钢材受剪破坏模式控制。

根据式（14-27），$\beta_N = 30.0/60.19 = 0.498$；$\beta_V = 25.0/46.64 = 0.536$；指数 $\alpha = 1.5$。

$$\beta_N^\alpha + \beta_V^\alpha = 0.498^{1.5} + 0.536^{1.5} = 0.744$$

由于 $0.744 \leqslant 1$，锚栓拉剪复合受力的承载力符合规范的要求。SCS 软件输入信息和简要输出结果如图 14-23 所示，可见其与手算结果一致。

图 14-23　受拉剪共同作用锚栓承载力验算

14.5 锚栓连接受力分析

本节列出《混凝土结构加固设计规范》GB 50367—2013 附录 F 给出的锚栓连接受力分析方法及软件 SCS 相应功能使用方法。

1. 锚栓拉力作用值计算

锚栓受拉力作用（图 14-24、图 14-25）时，其受力分析应符合下列基本假定：

（1）锚板具有足够的刚度，其弯曲变形可忽略不计；

（2）同一锚板的各锚栓，具有相同的刚度和弹性模量；其所承受的拉力，可按弹性分析方法确定；

（3）处于锚板受压区的锚栓不承受压力，该压力直接由锚板下的混凝土承担。

图 14-24 轴向拉力作用

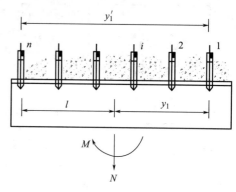

图 14-25 拉力和弯矩共同作用

在轴向拉力和外力矩共同作用下，应按下列公式计算确定锚板中受力最大锚栓的拉力设计值 N_h：

（1）当 $N/n - My_1 / \sum y_i^2 \geq 0$ 时

$$N_h = N/n + (My_1 / \sum y_i^2) \tag{14-28}$$

（2）当 $N/n - My_1 / \sum y_i^2 < 0$ 时

$$N_h = (M + Nl) y_1' / \sum (y_i')^2 \tag{14-29}$$

式中　N、M——分别为轴向拉力和弯矩的设计值；

y_1、y_i——锚栓 1 及 i 至群锚形心的距离；

y_1'、y_i'——锚栓 1 及 i 至最外排受压锚栓的距离；

　　　l——轴力 N 至最外排受压锚栓的距离；

　　　n——锚栓个数。

注：当外弯矩 $M = 0$ 时，式（14-28）计算结果即为轴向拉力作用下每一锚栓所承受的拉力设计值 N_i。

2. 锚栓剪力作用值计算

作用于锚板上的剪力和扭矩在群锚中的内力分配，按下列三种情况计算：

（1）当锚板孔径与锚栓直径符合表 14-6 的规定，且边距大于 $10h_{\text{ef}}$ 时，则所有锚栓均匀承受剪力（图 14-26）；

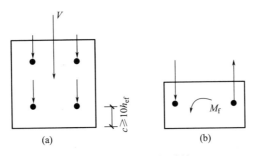

图 14-26　锚栓均匀受剪

（2）当边距小于 $10h_{\text{ef}}$ 时（图 14-27a）或锚板孔径大于表 14-6 的规定值（图 14-27b），则只有部分锚栓承受剪力；

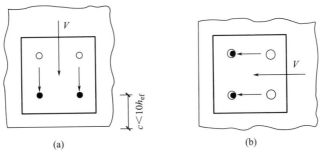

图 14-27　锚栓处于不利情况下受剪

（a）边距过小；（b）锚板孔径过大

锚板孔径（mm）　　　　　　　　　　　　　　　表 14-6

锚栓公称直径 d_0	6	8	10	12	14	16	18	20	22	24	27	30
锚板孔径 d_f	7	9	12	14	16	18	20	22	24	26	30	33

（3）为使靠近混凝土构件边缘锚栓不承受剪力，可在锚板相应位置沿剪力方向开椭圆形孔（图 14-28）。

剪切荷载通过受剪锚栓形心（图 14-29）时，群锚中各受剪锚栓的受力应按下列公式确定：

$$V_i^{\text{V}} = \sqrt{(V_{ix}^{\text{V}})^2 + (V_{iy}^{\text{V}})^2} \tag{14-30}$$

$$V_{ix}^{\text{V}} = V_{\text{x}}/n_{\text{x}} \tag{14-31}$$

$$V_{iy}^{\text{V}} = V_{\text{y}}/n_{\text{y}} \tag{14-32}$$

式中　　V_{ix}^{V}、V_{iy}^{V}——分别为锚栓 i 在 x 方向和 y 方向的剪力分量；

　　　　　　V_i^{V}——剪力设计值 V 作用下锚栓 i 的组合剪力设计值；

　　　　　　V_{x}、n_{x}——剪力设计值 V 的 x 分量及 x 方向参与受剪力的锚栓数目；

　　　　　　V_{y}、n_{y}——剪力设计值 V 的 y 分量及 y 方向参与受剪力的锚栓数目。

图 14-28　控制剪力分配方法

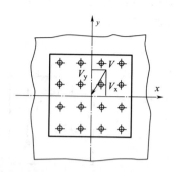

图 14-29　受剪力作用

群锚在扭矩 T（图 14-30）作用下，各受剪锚栓的受力应按下列公式确定：

$$V_i^T = \sqrt{(V_{ix}^T)^2 + (V_{iy}^T)^2} \tag{14-33}$$

$$V_{ix}^T = \frac{Ty_i}{\sum x_i^2 + \sum y_i^2} \tag{14-34}$$

$$V_{iy}^T = \frac{Tx_i}{\sum x_i^2 + \sum y_i^2} \tag{14-35}$$

式中　T——外扭矩设计值；

V_{ix}^T、V_{iy}^T——T 作用下锚栓 i 所受剪力的 x 分量和 y 分量；

V_i^T——T 作用下锚栓 i 的剪力设计值；

x_i、y_i——锚栓 i 至以群锚形心为原点的坐标距离。

群锚在剪力和扭矩（图 14-31）共同作用下，各受剪锚栓的受力应按下式确定：

$$V_i^g = \sqrt{(V_{ix}^V + V_{ix}^T)^2 + (V_{iy}^V + V_{iy}^T)^2} \tag{14-36}$$

式中　V_i^g——群锚中锚栓所受组合剪力设计值。

图 14-30　受扭矩作用

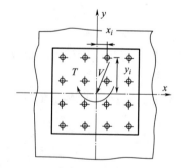

图 14-31　剪力与扭矩共同作用

软件 SCS 计算中对剪切内力正负约定为，竖向向下为正，水平向以向右为正。

【例 14-7】群锚拉、弯复合受力分析

文献［3］第 840 页例题部分内容，某后锚固连接的无地震时基本组合荷载效应设计值 $N = 22\text{kN}$，$M = 5.0\text{kN} \cdot \text{m}$。基材为 C35 开裂混凝土，构件表层混凝土无密集配筋。锚栓布置如图 14-32 所示。试分析锚栓的最大受力。

图 14-32　拉力和弯矩共同作用例题

【解】无地震组合，由判别式

$$N/n - My_1 / \sum y_i^2 = \frac{22}{4} - \frac{5.0 \times 1000 \times 125}{4 \times 125^2} = -4.5 < 0$$

1、2 号锚栓位于受拉区，由式（14-29）得其拉力设计值：

$$N_h = (M + Nl)y_1' / \sum (y_i')^2 = (5000 + 22 \times 125) \times \frac{250}{2 \times 250^2} = 15.5\text{kN}$$

SCS 软件输入信息和最终计算结果如图 14-33 所示，可见其与手算结果相同。

图 14-33　拉力和弯矩共同作用

【例 14-8】群锚承受剪力和扭矩分析

文献［3］第 846 页例题部分内容，某梁后锚固连接，群锚受剪力和扭矩共同作用，扭矩设计值 $T = 15\text{kN} \cdot \text{m}$，剪力设计值 $V_y = 18\text{kN}$。基材为 C40 开裂混凝土，构件边缘配有直径大于 $\varphi 12$ 的直筋，箍筋间距为 100mm。被连接构件为非结构构件。锚栓布置如图 14-34 所示。试分析锚栓的最大受力。

图 14-34　梁跨中群锚受剪扭

【解】

1）外剪力引起的锚栓剪力

群锚在剪力 V 作用下，考虑构件边缘受剪（$c < h_{ef}$），由靠近构件边缘的一排锚栓承受全部剪力，每个锚栓承受的剪力为：

$$V_{iy}^V = 18/2 = 9\text{kN}; \qquad V_{ix}^V = 0$$

2）群锚在扭矩 T 作用下，锚栓剪力按式（14-33）~式（14-35）计算。

$$\sum x_i^2 + \sum y_i^2 = 4 \times 200^2 + 4 \times 200^2 = 320000\text{mm}^2$$

$$V_{ix}^T = 15000 \times 200/320000 = 9.38\text{kN}; V_{iy}^T = 9.38\text{kN}$$

3）群锚在剪力和扭矩共同作用下剪力分量方向如图 14-35 所示，由式（14-36），边排锚栓 2 的剪力设计值为：

$$V_2^g = \sqrt{(0-9.38)^2 + (9+9.38)^2} = 20.64\text{kN}$$

图 14-35　下边缘锚栓承受剪力的方向

SCS 软件输入信息和最终计算结果如图 14-36 所示，可见其与手算结果相同。

图 14-36　竖向剪力和扭矩共同作用

如果本题边距 $c > h_{ef}$，且同时还受到水平剪力 $V_x = 10kN$（向左）作用，则计算如下：

1）外剪力引起的锚栓剪力

群锚在剪力 V 作用下，每个锚栓承受的剪力为：

$$V_{iy}^V = 18/4 = 4.5kN; \qquad V_{ix}^V = 10/4 = 2.5kN$$

2）群锚在扭矩 T 作用下，计算同上。

3）群锚在剪力和扭矩共同作用下，由式（14-36），边排锚栓 2 的剪力设计值为：

$$V_2^g = \sqrt{(-2.5-9.38)^2 + (4.5+9.38)^2} = 18.27kN$$

SCS 软件输入信息和最终计算结果如图 14-37 所示，可见其与手算结果相同。

图 14-37　竖向、水平剪力和扭矩共同作用

本章参考文献

［1］中华人民共和国国家标准 . 混凝土结构加固设计规范：GB 50367—2013 ［S］. 北京：中国建筑工业
出版社，2013.

［2］卜良桃，梁爽，黎红兵 . 混凝土结构加固设计规范算例 ［M］. 2 版 . 北京：中国建筑工业出版
社，2015.

［3］中国有色工程有限公司 . 混凝土结构构造手册 ［M］. 4 版 . 北京：中国建筑工业出版社，2013.

第15章 预应力高强钢丝绳加固混凝土结构构件

采用预应力高强钢丝绳（PSWR 法）加固混凝土结构构件的设计、施工及验收，应符合《预应力高强钢丝绳加固混凝土结构技术规程》JGJ/T 325—2014[1] 的规定，尚应符合国家现行有关标准的规定。

15.1 一般规定

预应力高强钢丝绳加固混凝土结构构件时，宜采取下列方式：

（1）在梁、板构件的受拉区施加预应力受弯加固，且将锚具固定在弯矩较小的区域；

（2）采用封闭式缠绕、U 形、L 形和 I 形对梁进行受剪加固；

（3）采用封闭式缠绕对柱进行受压或抗震加固，高强钢丝绳缠绕方向宜与柱轴向垂直。

受弯加固和受剪加固时，被加固混凝土结构构件的实际混凝土强度等级不应低于 C15。

采用高强钢丝绳加固混凝土结构构件时，应按现行《混凝土结构设计规范》GB 50010 进行承载力极限状态计算和正常使用极限状态验算。钢筋和混凝土材料强度设计值应根据检测得到的实际强度推算。

预应力高强钢丝绳的自由长度超过 10m 时，应设置定（限）位装置。

预应力高强钢丝绳张拉时，应采用应力、伸长量双重控制。拉力偏差应在±100N 的范围内，伸长量偏差应在±0.5mm 的范围内。

预应力高强钢丝绳曲线布置时，曲率半径不应小于 4m。

当被加固构件有防火要求时应采取防护措施，并应符合现行《建筑设计防火规范》GB 50016 的规定。

预应力高强钢丝绳的保护层厚度应从钢丝绳外表面算起，并应根据现行《混凝土结构设计规范》GB 50010 规定的环境类别，分别符合下列规定：

（1）一类环境，不应小于 20mm；

（2）二 a 类以上环境，不应小于 30mm。

高强钢丝绳抗拉强度设计值应按《预应力高强钢丝绳加固混凝土结构技术规程》JGJ/T 325—2014 表 3.2.1 所列的强度标准值除以材料分项系数 γ_r（=1.47）得到，见表 15-1。

高强钢丝绳抗拉强度（MPa）   表 15-1

种类	符号	公称直径(mm)	不锈钢钢丝绳		镀锌钢丝绳	
			标准值	设计值	标准值	设计值
1×19	ϕ^s	3.0~7.0	1650	1122	1560	1061
			1770	1204	1650	1122

高强钢丝绳计算截面面积可按表 15-2 取值[1]。

高强钢丝绳计算截面面积 表 15-2

种类	1×19					
钢丝绳公称直径(mm)	3.0	4.5	5.0	5.5	6.0	7.0
钢丝直径(mm)	0.6	0.9	1.0	1.1	1.2	1.4
计算截面面积(mm²)	5.370	12.08	14.92	18.06	21.49	29.25

15.2 受弯加固设计

预应力高强钢丝绳受弯加固梁、板构件，承载力计算除应符合现行《混凝土结构设计规范》GB 50010 对受弯构件正截面承载力计算的基本假定外，尚应符合下列规定（图 15-1）：

（1）预应力高强钢丝绳应与钢筋、混凝土变形协调；

（2）应验算构件的受剪承载力，且受剪破坏不得先于受弯破坏发生；

（3）加固后受弯承载力的提高幅度不宜超过 60%。

梁侧面布置预应力高强钢丝绳受弯加固时，钢丝绳布置高度不应超过梁截面高度的 1/4（图 15-1c）。

预应力高强钢丝绳对梁、板负弯矩区受弯加固时，锚具位置应设在正弯矩区，加固范围应自支座边缘起计算，且对于板，加固范围不应小于 1/4 跨度；对于梁，加固范围不应小于 1/3 跨度。钢丝绳需绕过柱时，宜在梁两侧的 4 倍板厚（h_f'）范围内布置（图 15-1d）。

(a)

1—锚板；2—锚头；3—预应力高强钢丝绳；4—锚具；5—植筋；6—圆钢棒；7—待加固梁、板

(b)

1—锚板；2—预应力高强钢丝绳；3—锚头；4—锚具；5—植筋；6—圆钢棒；7—待加固梁

图 15-1 梁、板构件受弯加固（一）

（a）梁、板受弯加固示意图；（b）梁受弯加固示意图（预应力高强钢丝绳布置形式一）

（c）

1—钢丝绳；2—限位装置；3—锚具；4—锚板；5—混凝土结构柱；6—待加固梁；7—锚栓

（d）

1—混凝土梁；2—混凝土柱；3—预应力高强钢丝绳

图 15-1　梁、板构件受弯加固（二）

（c）梁受弯加固示意图（预应力高强钢丝绳布置形式二）；（d）梁负弯矩加固示意图

受弯构件加固后相对界限受压区高度（$\xi_{b,r}$）应符合下列规定：

（1）对于重要构件，$\xi_{b,r}$ 应采用加固前控制值（ξ_b）的 0.90 倍；

（2）对于一般构件，$\xi_{b,r}$ 应采用加固前控制值（ξ_b）的 0.95 倍。

对矩形、T 形或 I 形截面构件受弯加固时，其正截面受弯承载力计算应符合下列规定（图 15-2）：

图 15-2　矩形、T 形截面受弯构件正截面受弯承载力计算图

（1）矩形截面或中性轴位于 T 形或 I 形截面翼缘内（$x \leq h'_f$）时，正截面承载力应按下列公式确定：

$$\alpha_1 f_{c0} b'_f x + f'_{y0} A'_{s0} = f_{y0} A_{s0} + f_{py0} A_{p0} + f_r A_r \tag{15-1}$$

当 $x \geq 2a'$

$$M \leq \alpha_1 f_{c0} b'_f x \left(h_0 - \frac{x}{2} \right) + f'_{y0} A'_{s0} (h_0 - a'_s) \tag{15-2}$$

当 $x < 2a'$ 的非预应力梁

$$M \leq f_{y0} A_{s0} (h_0 - a') + f_r A_r (h - a') \tag{15-2'}$$

（2）T 形或 I 形截面且中性轴位于腹板内（$x>h_f'$）时，正截面承载力应按下列公式确定：

$$\alpha_1 f_{c0}(b_f'-b)h_f'+\alpha_1 f_{c0}bx+f_{y0}'A_{s0}'=f_{y0}A_{s0}+f_{py0}A_{p0}+f_rA_r \tag{15-3}$$

$$M \leqslant \alpha_1 f_{c0}bx\left(h_0-\frac{x}{2}\right)+\alpha_1 f_{c0}(b_f'-b)h_f'\left(h_0-\frac{h_f'}{2}\right)+f_{y0}'A_{s0}'(h_0-a_s') \tag{15-4}$$

$$h_0=h-a \tag{15-5}$$

$$a=\frac{f_{y0}A_{s0}a_s+f_{py0}A_{p0}a_p+f_rA_ra_r}{f_{y0}A_{s0}+f_{py0}A_{p0}+f_rA_r} \tag{15-6}$$

式中　M——加固后弯矩组合设计值；

　　　h_0——截面有效高度；

　　a_p、a_r——受拉区原预应力筋合力点、预应力高强钢丝绳合力点至截面受拉边缘的距离，对于钢丝绳布置于梁底时，$a_r=0$；对于钢丝绳布置于梁侧时，按实际取值；

　　a_s、a_s'——受拉区、受压区原混凝土普通钢筋的合力作用点至受拉区、受压区边缘的距离；

　　　a——受拉区原普通钢筋、原预应力筋及预应力高强钢丝绳合力作用点至受拉区边缘的距离；

　　　f_{y0}——受拉区原有普通钢筋抗拉强度设计值；

A_{s0}、A_{p0}——受拉区原有普通钢筋、预应力钢筋截面面积；

　　f_r、A_r——高强钢丝绳抗拉强度设计值、截面面积，上述各式中 A_r 仅适用于梁底加固的情况。

　　注：《预应力高强钢丝绳加固混凝土结构技术规程》JGJ/T 325-2014[1] 中没有式（15-2'），这是本书作者仿照《混凝土结构设计规范》GB 50010—2010 式（6.2.14）列出的。

　　式（15-4）是《预应力高强钢丝绳加固混凝土结构技术规程》JGJ/T 325-2014[1] 式（4.2.5-4）的改正，因其漏写了 x 和 h_f'。文［1］未写明 f_{py0} 如何取值，本书暂不考虑预应力梁的情况。

　　以上公式未知数过多，适用于截面复核。对于钢丝绳布置于梁底的情况，可参照梁底粘钢板法进行截面设计。模仿《混凝土结构加固设计规范》GB 50367—2013 式（9.2.3）列出方程如下：

　　（1）矩形截面或中性轴位于 T 形或 I 形截面翼缘内（$x\leqslant h_f'$）时，正截面承载力应按下列公式确定：

$$M \leqslant \alpha_1 f_{c0}b_f'x\left(h-\frac{x}{2}\right)+f_{y0}'A_{s0}'(h-a_s')+f_{py0}A_{p0}(h-a_p)-f_{y0}A_{s0}a_s \tag{15-7}$$

　　（2）T 形或 I 形截面且中性轴位于腹板内（$x>h_f'$）时，正截面承载力应按下列公式确定：

$$M \leqslant \alpha_1 f_{c0}bx\left(h-\frac{x}{2}\right)+\alpha_1 f_{c0}(b_f'-b)h_f'\left(h-\frac{h_f'}{2}\right)+f_{y0}'A_{s0}'(h-a_s')+f_{py0}A_{p0}(h-a_p)-f_{y0}'A_{s0}'a_s \tag{15-8}$$

对于普通（非预应力）钢筋混凝土构件，为了便于计算，将式（15-6）改写为：

$$a = \frac{f_{y0}A_{s0}a_0 + f_r(A_{rc}a_c + A_{rd}a_d)}{f_{y0}A_{s0} + f_r(A_{rc} + A_{rd})} \tag{15-9}$$

图 15-3　梁侧钢丝绳
根数与它们合力高度

式中　A_{rc}——配置在梁两侧下部的高强钢丝绳截面积总和；

A_{rd}——配置在梁底的高强钢丝绳截面积总和；

a_c、a_d——配置在梁两侧下部的高强钢丝绳合力点、配置在梁底的高强钢丝绳合力点至截面受拉边缘的距离，如前所述 $a_d = 0$。

对于 a_c 的计算见图 15-3，显然其与梁侧钢丝绳根数相关，关系如表 15-3 所示。

梁侧钢丝绳根数与它们的合力高度 a_c 的关系　　　　　　　　表 15-3

梁侧钢丝绳根数	1	2	3	4	5
a_c	s	$1.5s$	$2s$	$2.5s$	$3s$

【例 15-1】 梁底 PSWR 法加固钢筋混凝土第一类 T 形梁设计算例

原 T 形截面梁见本书例题【6-3】，截面尺寸为 $b \times h = 250\text{mm} \times 500\text{mm}$，$b_f' = 800\text{mm}$，$h_f' = 80\text{mm}$，受拉钢筋 $3 \phi 22$（$A_s = 1140\text{mm}^2$，配筋率 0.98%），混凝土强度等级为 C20，环境类别一类，$a_s = 35\text{mm}$。梁的抗剪能力满足要求，仅需进行抗弯加固。要求梁抗弯承载力提高 40%，采用抗拉强度标准值为 1650MPa 的钢丝绳。

【解】

原梁承载力计算见本书例题【6-3】，$M_{u0} = 151.4\text{kN} \cdot \text{m}$

加固设计，钢丝绳抗拉强度设计值为 $1650/\gamma_r = 1650/1.47 = 1122\text{MPa}$，

$$M = 1.4 \times 151.4 = 211.99\text{kN} \cdot \text{m}$$

由式（15-7）得

$$x = h\left(1 - \sqrt{1 - 2 \times \frac{M + f_{y0}A_{s0}a_s - f_{y0}'A_{s0}'(h - a_s')}{\alpha_1 f_{c0}b_f'h^2}}\right)$$

$$= 500 \times \left(1 - \sqrt{1 - 2 \times \frac{211.99 \times 10^6 + 300 \times 1140 \times 35 - 300 \times 0 \times (500 - 35)}{1 \times 9.6 \times 800 \times 500^2}}\right) = 62.2\text{mm}$$

属于第一类 T 形截面，由式（15-1）

$$A_r = \frac{\alpha_1 f_{c0}b_f'x - f_{y0}A_{s0} + f_{y0}'A_{s0}'}{f_r} = \frac{1 \times 9.6 \times 800 \times 62.2 - 300 \times 1140 + 0}{1122} = 120.8\text{mm}^2$$

SCS 软件计算对话框输入信息和最终计算结果如图 15-4 所示，可见其与手算结果相同。

若此题考虑梁截面有 $2 \phi 12$（$A_s = 226\text{mm}^2$）的受压纵筋，则求解过程为：

图 15-4　梁底 PSWR 法加固钢筋混凝土第一类 T 形梁设计

$$x = h\left(1 - \sqrt{1 - 2 \times \frac{M + f_{y0}A_{s0}a_s - f_{y0}'A_{s0}'(h - a_s')}{\alpha_1 f_{c0} b_f' h^2}}\right)$$

$$= 500 \times \left[1 - \sqrt{1 - 2 \times \frac{211.99 \times 10^6 + 300 \times 1140 \times 35 - 300 \times 226 \times (500 - 35)}{1 \times 9.6 \times 800 \times 500^2}}\right] = 52.9\text{mm} < 2a' = 2 \times 35 = 70\text{mm}$$

$$A_r = \frac{M - f_{y0}A_{s0}(h_0 - a')}{f_r(h - a')} = \frac{211.99 \times 10^6 - 300 \times 1140 \times (465 - 35)}{1122 \times (500 - 35)} = 124.4\text{mm}^2$$

SCS 软件计算对话框输入信息和最终计算结果如图 15-5 所示，可见其与手算结果相同。

图 15-5　梁底 PSWR 法加固钢筋混凝土第一类 T 形梁设计 $x < 2a'$

【例 15-2】梁底 PSWR 法加固钢筋混凝土第二类 T 形梁设计算例

原 T 形截面见梁本书例题【8-3】，截面尺寸为 $b \times h = 250\text{mm} \times 600\text{mm}$，$b_f' = 600\text{mm}$，$h_f' = 100\text{mm}$，受拉钢筋 $2\phi25 + 2\phi22$（$A_s = 1742\text{mm}^2$），混凝土强度等级为 C20，环境类别一类，$a_s = 35\text{mm}$。梁的抗剪能力满足要求，仅需进行抗弯加固。要求承担弯矩设计值 330kN·m，采用抗拉强度标准值为 1770MPa 的钢丝绳。

【解】

原梁承载力计算见本书例题【8-3】，$M_{u0} = 271.6\text{kN·m}$

加固设计，钢丝绳抗拉强度设计值为 $1770/\gamma_r = 1770/1.47 = 1204\text{MPa}$，由式（15-7）得

$$x = h\left(1 - \sqrt{1 - 2 \times \frac{M + f_{y0}A_{s0}a_s - f'_{y0}A'_{s0}(h - a'_s)}{\alpha_1 f_{c0}b'_f h^2}}\right) = 600 \times \left(1 - \sqrt{1 - 2 \times \frac{330 \times 10^6 + 300 \times 1742 - 0}{1 \times 9.6 \times 600 \times 600^2}}\right) = 111.1\text{mm}$$

$x > h'_f$，须重新计算 x，由式（15-4）得

$$x = h\left(1 - \sqrt{1 - \frac{2\left[M + f_{y0}A_{s0}a_s - \alpha_1 f_{c0}(b'_f - b)h'_f(h - h'_f/2) - f'_{y0}A'_{s0}(h - a'_s)\right]}{\alpha_1 f_{c0}b h^2}}\right)$$

$$= 600 \times \left(1 - \sqrt{1 - \frac{2\left[330 \times 10^6 + 300 \times 1742 \times 35 - 1 \times 9.6 \times (600 - 250) \times 100 \times (600 - 100/2) - 0\right]}{1 \times 9.6 \times 250 \times 600^2}}\right)$$

$$= 127.0\text{mm}$$

属于第二类 T 形截面，由式（15-3）$A_r = \dfrac{\alpha_1 f_{c0}(b'_f - b)h'_f + \alpha_1 f_{c0}bx - f_{y0}A_{s0} + f'_{y0}A'_{s0}}{f_r}$

$$= \frac{1 \times 9.6 \times (600 - 250) \times 100 + 1 \times 9.6 \times 250 \times 127 - 300 \times 1742 + 0}{1204} = 98.17\text{mm}^2$$

SCS 软件计算对话框输入信息和最终计算结果如图 15-6 所示，可见其与手算结果相同。

图 15-6　梁底 PSWR 法加固钢筋混凝土第二类 T 形梁设计

【例 15-3】梁底 PSWR 法加固钢筋混凝土第一类 T 形梁复核算例

原 T 形截面梁见本书例题【15-1】，假定采用抗拉强度标准值为 1650MPa 的钢丝绳在梁底加固，配置 10 根直径 4.5mm 钢丝绳，高强钢丝绳截面总面积为 $10 \times 12.08 = 120.8\text{mm}^2$，与例题【15-1】计算出的加固量相近。

【解】

钢丝绳抗拉强度设计值为 $1650/\gamma_r = 1650/1.47 = 1122\text{MPa}$，由式（15-6）得

$$a = \frac{f_{y0}A_{s0}a_s + f_{py0}A_{p0}a_p + f_r A_r a_r}{f_{y0}A_{s0} + f_{py0}A_{p0} + f_r A_r} = \frac{300 \times 1140 \times 35 + 0 + 0}{300 \times 1140 + 1122 \times 120.8} = 25.1\text{mm}$$

$$h_0 = h - a = 500 - 25.1 = 474.9 \text{mm}$$

由式（15-1）得

$$x = \frac{f_{y0}A_{s0} + f_rA_r - f'_{y0}A'_{s0}}{\alpha_1 f_{c0}b'_f} = \frac{300 \times 1140 + 1122 \times 120.8 - 0}{1 \times 9.6 \times 800} = 62.2 \text{mm}$$

属于第一类 T 形截面，由式（15-2）

$$M \leqslant \alpha_1 f_{c0}b'_f x\left(h_0 - \frac{x}{2}\right) + f'_{y0}A'_{s0}(h_0 - a'_s) = 1 \times 9.6 \times 800 \times 62.2 \times (474.9 - 62.2/2) \times 10^{-6} + 0 = 212.0 \text{kN} \cdot \text{m}$$

SCS 软件计算对话框输入信息和最终计算结果如图 15-7 所示，可见其与手算结果相同。

图 15-7　梁底 PSWR 法加固钢筋混凝土第一类 T 形梁复核

【例 15-4】梁底 PSWR 法加固钢筋混凝土第二类 T 形梁复核算例

原 T 形截面见梁本书例题【15-2】，假定采用抗拉强度标准值为 1770MPa 的钢丝绳在梁底加固，配置 7 根直径 5.0mm 的钢丝绳，高强钢丝绳截面总面积为 $7 \times 14.92 = 104.44 \text{mm}^2$，与例题【15-2】计算出的加固量相近。

【解】

钢丝绳抗拉强度设计值为 $1770/\gamma_r = 1770/1.47 = 1204 \text{MPa}$，由式（15-6）得

$$a = \frac{f_{y0}A_{s0}a_s + f_{py0}A_{p0}a_p + f_rA_ra_r}{f_{y0}A_{s0} + f_{py0}A_{p0} + f_rA_r} = \frac{300 \times 1742 \times 35 + 0 + 1204 \times 104.44 \times 0}{300 \times 1742 + 1204 \times 104.44} = 28.2 \text{mm}$$

$$h_0 = h - a = 600 - 28.2 = 571.8 \text{mm}$$

由式（15-1）得

$$x = \frac{f_{y0}A_{s0} + f_rA_r - f'_{y0}A'_{s0}}{\alpha_1 f_{c0}b'_f} = \frac{300 \times 1742 + 1204 \times 104.44 - 0}{1 \times 9.6 \times 600} = 112.6 \text{mm}$$

$x > h'_f$，属于第二类 T 形截面，由式（15-3）须重新计算 x，

$$x = \frac{f_{y0}A_{s0} + f_rA_r - f'_{y0}A'_{s0} - \alpha_1 f_{c0}(b'_f - b)h'_f}{\alpha_1 f_{c0}b}$$

$$= \frac{300 \times 1742 + 1204 \times 104.44 - 0 - 1 \times 9.6 \times (600 - 250) \times 100}{1 \times 9.6 \times 250} = 130.1 \text{mm}$$

此构件属于一般构件，$x \leqslant \xi_{b,r}h_0 = 0.95\xi_b h_0 = 0.95 \times 0.55 \times 565 = 295.2 \text{mm}$，满足要求。

属于第二类 T 形截面，由式（14-4）

$$M \leqslant \alpha_1 f_{c0}bx\left(h_0-\frac{x}{2}\right)+\alpha_1 f_{c0}(b_f'-b)h_f'\left(h_0-\frac{h_f'}{2}\right)+f_{y0}'A_{s0}'(h_0-a_s')$$

$$=\left[1\times9.6\times250\times130.1\times(571.8-130.1/2)+1\times9.6\times(600-250)\times100\times(571.8-100/2)+0\right]\times10^{-6}$$

$$=333.6\mathrm{kN\cdot m}$$

SCS 软件计算对话框输入信息和最终计算结果如图 15-8 所示，可见其与手算结果相同。

图 15-8　梁底 PSWR 法加固钢筋混凝土第二类 T 形梁复核

【例 15-5】 梁下部 PSWR 法加固钢筋混凝土第二类 T 形梁复核算例

梁下部是指梁底和梁两侧下部，原 T 形截面见梁本书例题【15-4】，假定采用抗拉强度标准值为 1770MPa 的钢丝绳在梁下部加固，梁底配置 7 根直径 5.0mm 的钢丝绳，梁两侧下部各配置 5 根直径 5.0mm 的钢丝绳（竖向间距 30mm），试计算加固后梁的受弯承载力。

【解】

钢丝绳抗拉强度设计值为 $1770/\gamma_r=1770/1.47=1204\mathrm{MPa}$，梁底高强钢丝绳截面总面积为 $7\times14.92=104.44\mathrm{mm}^2$，梁侧高强钢丝绳截面总面积为 $2\times5\times14.92=149.20\mathrm{mm}^2$，由式（15-9）得

$$a=\frac{f_{y0}A_{s0}a_0+f_r(A_{rc}a_c+A_{rd}a_d)}{f_{y0}A_{s0}+f_r(A_{rc}+A_{rd})}=\frac{300\times1742\times35+1204\times(149.2\times90+104.44\times0)}{300\times1742+1204\times(149.2+104.44)}=41.6\mathrm{mm}$$

$$h_0=h-a=600-41.6=558.4\mathrm{mm}$$

由式（15-1）得

$$x=\frac{f_{y0}A_{s0}+f_rA_r-f_{y0}'A_{s0}'}{\alpha_1 f_{c0}b_f'}=\frac{300\times1742+1204\times(149.2+104.44)}{1\times9.6\times600}=143.8\mathrm{mm}$$

$x>h_f'$，属于第二类 T 形截面，由式（15-3）须重新计算 x

$$x=\frac{f_{y0}A_{s0}+f_rA_r-f_{y0}'A_{s0}'-\alpha_1 f_{c0}(b_f'-b)h_f'}{\alpha_1 f_{c0}b}$$

$$=\frac{300\times1742+1204\times(149.2+104.44)-0-1\times9.6\times(600-250)\times100}{1\times9.6\times250}=205.0\mathrm{mm}$$

属于第二类 T 形截面，且此构件属于一般构件，$x \leqslant \xi_{b,r} h_0 = 0.95 \xi_b h_0 = 0.95 \times 0.55 \times 565$ $= 295.2 \text{mm}$，满足要求。

由式（15-4）

$$M \leqslant \alpha_1 f_{c0} bx \left(h_0 - \frac{x}{2} \right) + \alpha_1 f_{c0} (b'_f - b) h'_f \left(h_0 - \frac{h'_f}{2} \right) + f'_{y0} A'_{s0} (h_0 - a'_s)$$

$$= [1 \times 9.6 \times 250 \times 205 \times (558.4 - 205/2) + 1 \times 9.6 \times (600 - 250) \times 100 \times (558.4 - 100/2) + 0] \times 10^{-6}$$

$$= 395.1 \text{kN} \cdot \text{m}$$

SCS 软件计算对话框输入信息和最终计算结果如图 15-9 所示，可见其与手算结果相同。

图 15-9　梁底 PSWR 法加固钢筋混凝土第二类 T 形梁复核

15.3　受剪加固设计

预应力高强钢丝绳对受弯构件的斜截面受剪加固时，应符合下列规定：

（1）当高强钢丝绳采用封闭形、U 形、L 形或 I 形时，其张拉方向应与构件纵轴垂直（图 15-10）；

图 15-10　高强钢丝绳受剪布置及缠绕方式（一）

（a）高强钢丝绳受剪加固布置方式；（b）高强钢丝绳 U 形布置

1—锚栓；2—钢丝绳；3—锚板；4—待加固混凝土构件

(c)

图 15-10 高强钢丝绳受剪布置及缠绕方式（二）

（c）高强钢丝绳 L 形布置

1—锚具；2—锚板；3—锚栓；4—钢丝绳；5—待加固混凝土构件

（2）高强钢丝绳的有效高度（h_r）应为梁底至锚具顶面竖向长度。

预应力高强钢丝绳对受弯构件斜截面受剪加固时，其受剪截面应符合下列规定：

当 $h_w/b \leq 4$ 时

$$V \leq 0.25\beta_c f_{c0} bh_0 \tag{15-10}$$

当 $h_w/b \geq 6$ 时

$$V \leq 0.2\beta_c f_{c0} bh_0 \tag{15-11}$$

当 $4 < h_w/b < 6$ 时，按线性内插法取用，即

$$V \leq 0.025(14 - h_w/b)\beta_c f_{c0} bh_0 \tag{15-12}$$

式中　V——加固后构件的剪力设计值；

β_c——混凝土强度影响系数：当混凝土强度等级不超过 C50 时，β_c 取为 1.0；当混凝土强度等级为 C80 时，β_c 取为 0.8；其间按线性内插法确定；

h_w——截面的腹板高度，矩形截面，取有效高度；T 形截面，取有效高度减去翼缘高度。

b——加固后构件的截面宽度；

h_0——截面的有效高度，按原构件取值。

预应力高强钢丝绳对矩形、T 形、I 形钢筋混凝土梁斜截面受剪加固时，其受剪承载力应按下列公式确定：

$$V \leq V_{b0} + V_{br} \tag{15-13}$$

$$V_{br} = \psi_{v1}\psi_{v2} f_r A_r h_r / s_r \tag{15-14}$$

式中　V——加固后构件的剪力设计值；

V_{b0}——未加固梁的斜截面受剪承载力，按现行《混凝土结构设计规范》GB 50010 的方法计算；

V_{br}——高强钢丝绳受剪加固对斜截面受剪承载力的提高设计值；

ψ_{v1}——高强钢丝绳布置方式影响系数，按表 15-4 的规定取值；

ψ_{v2}——高强钢丝绳受剪强度折减系数，对于普通构件，$\psi_{v2} = 0.4$；对于框架或悬挑构件，$\psi_{v2} = 0.25$；

f_r——高强钢丝绳抗拉强度设计值；

A_r——配置在同一截面处构成环形箍或 U 形箍的高强钢丝绳的全部计算截面面积；

h_r——梁侧面配置的高强钢丝绳箍筋的竖向高度，按混凝土构件受拉边缘至锚具上

表面的距离取值；

s_r——高强钢丝绳箍筋的间距。

高强钢丝绳布置方式影响系数（ψ_{v1}）　　　　　　　表 15-4

钢丝绳箍筋的构造		封闭形	其他形式
受力条件	均布荷载或剪跨比 $\lambda \geqslant 3$	0.95	0.80
	剪跨比 $\lambda \leqslant 1.5$	0.60	0.50

注：1. 当 $1.5 < \lambda < 3$ 时，按线性内插法确定值。

　　2. 其他形式是指 U 形、L 形、I 形箍。

【例 15-6】 PSWR 法加固梁受剪承载力设计算例

原梁截面和荷载情况见梁本书例题【8-7】，假定采用直径 5.0mm 抗拉强度标准值为 1770MPa 的钢丝绳 U 形加固，试计算 U 形箍的间距。

【解】

如本书例题【8-7】所示，梁满足截面尺寸限制条件要求。原梁受剪承载力 $V_{b0} = 122.01$kN。

1）高强钢丝绳受剪加固对斜截面受剪承载力的提高设计值

$$V_{br} = V - V_{b0} = 168.75 - 122.01 = 46.74\text{kN}$$

2）高强钢丝绳箍筋的间距

由于条件所限，梁侧面配置的高强钢丝绳箍筋的竖向高度按 550mm 计算，采用加织物压条的一般 U 形箍作法，查表 15-3 得高强钢丝绳布置方式影响系数 $\psi_{v1} = 0.80$；对于普通构件，高强钢丝绳受剪强度折减系数 $\psi_{v2} = 0.4$。查《预应力高强钢丝绳加固混凝土结构技术规程》JGJ/T 325—2014 表 A.3.5 知，两根直径 5.0mm 高强钢丝绳计算截面面积 $A_r = 2 \times 14.92 = 29.84\text{mm}^2$。由式（15-14）得需配置的高强钢丝绳箍筋的间距为：

$$S_r = \psi_{v1}\psi_{v2}f_r A_r h_r / V_{br} = 0.8 \times 0.4 \times 1204 \times 29.84 \times 550 / 46740 = 135.3\text{mm}$$

使用 SCS 软件计算对话框输入信息和最终计算结果如图 15-11 所示，可见其与手算结果相同。

图 15-11　预应力高强钢丝绳加固集中荷载作用为主的梁设计计算结果

如果使用复核功能，则 SCS 软件计算对话框输入信息和最终计算结果如图 15-12 所示，可见其与设计结果一致。

图 15-12   预应力高强钢丝绳加固集中荷载作用为主的梁复核计算结果

15.4　柱受压及抗震加固设计

混凝土柱受压及抗震加固时，预应力高强钢丝绳应沿环向连续缠绕，并应优先采用双向缠绕方式。对于抗震加固框架柱时，预应力高强钢丝绳的加密区范围应取柱截面长边尺寸（或圆形截面直径）、柱净高的 1/6 和 500mm 中的最大值；一、二级抗震等级的角柱应沿柱全高加密。底层柱的抗震加固加密长度不应小于该层柱净高的 1/3。

预应力高强钢丝绳端部应可靠锚固，宜采用快速固化环氧树脂将钢丝绳锚头斜向植入构件的原混凝土内，或采用植筋锚固。

预应力高强钢丝绳受压及抗震加固矩形柱时，矩形柱截面的长边尺寸与短边尺寸之比不宜大于 1.5。

预应力高强钢丝绳受压加固钢筋混凝土时，其轴心抗压强度设计值应按下列公式计算：

$$f_{cc} = f_{c0} + 4.0 k_s k_r f_l / f_{c0,k} \tag{15-15}$$

$$f_l = \frac{2 f_r A_r}{D s_r} \tag{15-16}$$

式中　f_{cc}——高强钢丝绳加固后，柱的轴心抗压强度设计值（MPa）；

　　　　f_r——高强钢丝绳抗拉强度设计值（MPa）；

　　　　A_r——高强钢丝绳计算截面面积（mm^2）；

　　　　f_l——高强钢丝绳对混凝土柱（等效）侧向约束力（MPa）；

　　　　$f_{c0,k}$——原构件混凝土轴心抗压强度标准值（MPa）；

　　　　f_{c0}——原构件混凝土轴心抗压强度设计值（MPa）；

　　　　k_r——矩形截面长宽比影响系数，取 $(b/h)^{1.4}$，b 为短边尺寸，h 为长边尺寸（mm）；

　　　　D——圆形截面直径或矩形截面等效截面直径（取矩形截面长边边长，mm）；

　　　　s_r——高强钢丝绳缠绕间距（mm）；

　　　　k_s——截面形状系数，圆形截面 $k_s = 1.0$，矩形截面 $k_s = 0.5$。

注：式（15-15）不符合量纲分析，可认为其是经验公式，并认为式右端第二项和其他项的单位是 MPa。由此，在变量解释中补充了计算中各变量使用的单位。

预应力高强钢丝绳受压加固钢筋混凝土柱时，其正截面受压承载力应按下列公式确定，且按该方法算得的构件加固后受压承载力设计值的提高幅度不宜超过 50%：

（1）纵向钢筋配筋率小于或等于 3% 时：

$$N_{u} \leqslant 0.9(f_{cc}A+f'_{y0}A'_{s0}) \tag{15-17}$$

（2）纵向钢筋配筋率大于 3% 时：

$$N_{u} \leqslant 0.9[f_{cc}(A-A'_{s0})+f'_{y0}A'_{s0}] \tag{15-18}$$

式中　N_{u}——正截面受压承载力设计值；

　　　　A——构件截面面积；

　　　　A'_{s0}——原构件纵向钢筋面积；

　　　　f'_{y0}——原构件纵向抗压钢筋强度设计值。

预应力高强钢丝绳受压加固钢筋混凝土柱时，柱的长细比应符合下列规定：

（1）圆形截面柱

$$l_{0}/d \leqslant 7 \tag{15-19}$$

（2）矩形截面柱

$$l_{0}/b \leqslant 8 \tag{15-20}$$

式中　l_{0}——加固柱计算长度；

　　　　d——圆柱截面直径；

　　　　b——矩形截面短边尺寸。

预应力高强钢丝绳抗震加固钢筋混凝土柱时，柱端加密区的总折算体积配筋率（ρ_{v}）应符合现行《混凝土结构设计规范》GB 50010 对柱端箍筋加密区体积配箍率的规定，并应按下列公式计算：

$$\rho_{v} \geqslant \lambda_{v}\frac{f_{c0}}{f_{yv,0}} \tag{15-21}$$

$$\rho_{v}=\rho_{v,sv}+\rho_{v,r} \tag{15-22}$$

$$\rho_{v,r}=k_{s}k_{r}\frac{A_{r}u_{r}}{s_{r}A}\cdot\frac{\psi_{e}f_{r}}{f_{yv,0}} \tag{15-23}$$

式中　ρ_{v}——柱端加密区的总折算体积配箍率；

　　　　$\rho_{v,sv}$——被加固柱原有的体积配箍率，按原有箍筋范围以内的核心面积计算；

　　　　λ_{v}——最小配箍特征值，按现行《混凝土结构设计规范》GB 50010 取值；

　　　　$f_{yv,0}$——原箍筋抗拉强度设计值；

　　　　$\rho_{v,r}$——由钢丝绳构成的环向围束作为附加箍筋计算得到的箍筋体积配箍率的增量；

　　　　ψ_{e}——高强钢丝绳抗震加固强度折减系数，取 $\psi_{e}=0.4$；

　　　　u_{r}——柱截面周长。

【例 15-7】PSWR 法加固矩形柱轴心受压承载力和提高配箍特征值算例

已知矩形截面柱，截面尺寸为：$b \times h = 600mm \times 600mm$，计算长度 $l_{c}=4200mm$，C20 混凝土，纵筋为 12 φ18，均匀布置双向 4 φ6@ 100（HPB235）箍筋，纵筋保护层厚度 28mm。拟采用直径 3.0mm 抗拉强度标准值为 1650MPa 的预应力高强钢丝绳双向缠绕加固，缠绕间距 30mm，试计算所能达到的配箍率和配箍特征值。

【解】1）检查柱的长细比

$l_{0}/b=4200/600=7.0 \leqslant 8$，满足加固的条件。

2）预应力高强钢丝绳缠绕的混凝土抗压强度

$$f_r = f_{rk}/1.47 = 1650/1.47 = 1122.4 \text{N/mm}^2$$

高强钢丝绳对混凝土柱（等效）侧向约束力 $f_l = \dfrac{2f_r A_r}{D s_r} = 2 \times 1122.4 \times 5.37/(600 \times 30) =$

0.670N/mm^2

$$k_r = \left(\frac{b}{h}\right)^{1.4} = 1$$

$$f_{cc} = f_{c0} + 4.0 k_s k_r f_l / f_{c,k} = 9.6 + 4 \times 0.5 \times 1 \times 0.670/13.4 = 9.70 \text{N/mm}^2$$

3）加固前原柱的轴心受压承载力

$$A_c = b \times h = 600 \times 600 = 360000 \text{mm}^2$$

$$\rho = A'_{s0}/A_c = 3054/360000 = 0.0085$$

$$N_{u0} \leqslant 0.9(f_{c0} A_c + f'_{y0} A'_{s0}) = 0.9 \times (9.6 \times 360000 + 300 \times 3054) = 3934980 \text{N}$$

4）加固后柱的轴心受压承载力

$$N_u \leqslant 0.9(f_{cc} A_c + f'_{y0} A'_{s0}) = 0.9 \times (9.70 \times 360000 + 300 \times 3054) = 3967380 \text{N} (\leqslant 1.5 N_{u0}，可以)$$

5）原柱体积配箍率

箍筋肢长 $l = 600 - 2 \times (28 + 6/2) = 550 \text{mm}$，$A_{cor} = (600 - 2 \times 28)^2 = 295936 \text{mm}^2$

$$\rho_{v,sv} = \frac{n A_s l}{A_{cor} s} = \frac{8 \times 28.3 \times 550}{295936 \times 100} = 0.4208\%，配箍特征值 \ \lambda_v = \rho_{v,sv} \frac{f_{yv}}{f_c} = 0.004208 \times 210/$$

$16.7 = 0.0529$

6）由钢丝绳构成的环向围束作为附加箍筋计算得到的箍筋体积配箍率的增量

$$\rho_{v,r} = k_s k_r \frac{A_r u_r}{s_r A} \cdot \frac{\psi_e f_r}{f_{yv,0}} = 0.5 \times 1 \times \frac{5.37 \times 2400 \times 0.4 \times 1122.4}{30 \times 360000 \times 210} = 0.1276\%$$

7）加固后柱的配箍率

$$\rho_v = \rho_{v,sv} + \rho_{v,r} = 0.4208\% + 0.1276\% = 0.548\%，配箍特征值 \ \lambda_v = \rho_{v,sv} \frac{f_{yv}}{f_c} = 0.00548 \times 210/$$

$16.7 = 0.069$。

使用 SCS 软件计算对话框输入信息和最终计算结果如图 15-13 所示，可见其与手算结果相同。

图 15-13 预应力高强钢丝绳提高方柱配箍率

【例 15-8】 PSWR 法加固圆柱轴心受压承载力和提高配箍特征值算例

已知圆形截面柱，截面直径为：$D = 600\text{mm}$，计算长度 $l_c = 4200\text{mm}$，C20 混凝土，纵筋为 $12\,\phi18$，布置 $\phi6@100$（HPB235）环向箍和双向交叉 $2\,\phi6@100$（HPB235）箍筋，纵筋保护层厚度 28mm。拟采用直径 3.0mm 抗拉强度标准值为 1650MPa 的预应力高强钢丝绳双向缠绕加固，缠绕间距 30mm，试计算所能达到的配箍率和配箍特征值。

【解】 1）检查柱的长细比

$l_0/d = 4200/600 = 7.0 \leqslant 7$，满足加固的条件。

2）预应力高强钢丝绳缠绕的混凝土抗压强度

$f_r = f_{rk}/1.47 = 1650/1.47 = 1122.4\text{N/mm}^2$

高强钢丝绳对混凝土柱（等效）侧向约束力 $f_l = \dfrac{2f_r A_r}{D s_r} = 2 \times 1122.4 \times 5.37/(600 \times 30) = 0.670\text{N/mm}^2$

$$k_r = 1$$

$$f_{cc} = f_{c0} + 4.0 k_s k_r f_l/f_{c0,k} = 9.6 + 4 \times 1 \times 1 \times 0.670/13.4 = 9.80\text{N/mm}^2$$

3）加固前原柱的轴心受压承载力

$$A_c = \pi D^2/4 = 3.1416 \times 600 \times 600/4 = 282744\text{mm}^2$$

$$\rho = A'_{s0}/A_c = 3054/282744 = 0.0108$$

$$N_{u0} \leqslant 0.9(f_{c0}A_c + f'_{y0}A'_{s0}) = 0.9 \times (9.6 \times 282744 + 300 \times 3054) = 3267488\text{N}$$

4）加固后柱的轴心受压承载力

$N_u \leqslant 0.9\,(f_{cc}A_c + f'_{y0}A'_{s0}) = 0.9 \times (9.80 \times 282744 + 300 \times 3054) = 3318362\text{N}(\leqslant 1.5N_{u0}$，可以）

5）原柱体积配箍率

外圈箍筋产生的配箍率 $\rho_{v0} = \dfrac{4A_{ss1}}{d_{cor}s} = \dfrac{4 \times 28.3}{(600 - 2 \times 28)\times 100} = 0.00208$

圆内双向交叉 2 肢箍筋提供的配箍率，近似取每肢长度 $l = 0.8d_{cor} = 435.2\text{mm}$，

$$A_{cor} = \pi(600 - 2 \times 28)^2/4 = 232428\text{mm}^2$$

$$\rho_{v,sv} = \rho_{v0} + \frac{nA_s l}{A_{cor}s} = 000208 + \frac{4 \times 28.3 \times 435.2}{232428 \times 100} = 0.420\%$$

6）由钢丝绳构成的环向围束作为附加箍筋计算得到的箍筋体积配箍率的增量

柱截面周长 $u_r = 3.1416 \times 600 = 1885\text{ mm}$

$$\rho_{v,r} = k_s k_r \frac{A_r u_r}{s_r A} \cdot \frac{\psi_e f_r}{f_{yv,0}} = 1 \times 1 \times \frac{5.37 \times 1885 \times 0.4 \times 1122.4}{30 \times 282744 \times 210} = 0.255\%$$

7）加固后柱的配箍率

$\rho_v = \rho_{v,sv} + \rho_{v,r} = 0.420\% + 0.255\% = 0.675\%$，配箍特征值 $\lambda_v = \rho_{v,sv}\dfrac{f_{yv}}{f_c} = 0.00675 \times 210/16.7 = 0.085$。

使用 SCS 软件计算对话框输入信息和最终计算结果如图 15-14 所示，可见其与手算结果相同。

图 15-14 预应力高强钢丝绳提高圆柱配箍率

本章参考文献

[1] 中华人民共和国行业标准. 预应力高强钢丝绳加固混凝土结构技术规程：JGJ/T 325—2014 [S]. 北京：中国建筑工业出版社，2014.

第16章 按《建筑抗震鉴定标准》和《建筑抗震加固技术规程》设计

16.1 一般规定

现有建筑抗震加固前，应根据其设防烈度、抗震设防类别、后续使用年限和结构类型，按现行《建筑抗震鉴定标准》GB 50023 的相应规定进行抗震鉴定。

现有建筑抗震加固时，建筑的抗震设防类别及相应的抗震措施和抗震验算要求，应按下面（即《建筑抗震鉴定标准》GB 50023—2009[1] 第 1．0．3 条）的规定执行。

现有建筑应按现行《建筑工程抗震设防分类标准》GB 50223 分为四类，其抗震措施核查和抗震验算的综合鉴定应符合下列要求：

（1）丙类，应按本地区设防烈度的要求核查其抗震措施并进行抗震验算。

（2）乙类，6~8 度应按比本地区设防烈度提高一度的要求核查其抗震措施，9 度时应适当提高要求；抗震验算应按不低于本地区设防烈度的要求采用。

（3）甲类，应经专门研究按不低于乙类的要求核查其抗震措施，抗震验算应按高于本地区设防烈度的要求采用。

（4）丁类，7~9 度时，应允许比按本地区设防烈度降低一度的要求核查其抗震措施，抗震验算应允许比本地区设防烈度适当降低要求；6 度时，应允许不作抗震鉴定。

注：甲类、乙类、丙类、丁类，分别为现行《建筑工程抗震设防分类标准》GB 50223 特殊设防类、重点设防类、标准设防类、适度设防类的简称。

现有建筑应根据实际需要和可能，按下列规定选择其后续使用年限：

（1）在 20 世纪 70 年代及以前建造经耐久性鉴定可继续使用的现有建筑，其后续使用年限不应少于 30 年；在 20 世纪 80 年代建造的现有建筑，宜采用 40 年或更长时间，且不得少于 30 年。

（2）在 20 世纪 90 年代（按当时施行的抗震设计规范系列设计）建造的现有建筑，后续使用年限不宜少于 40 年，条件许可时应采用 50 年。

（3）在 2001 年以后（按当时施行的抗震设计规范系列设计）建造的现有建筑，后续使用年限宜采用 50 年。

按后续使用年限所对应的建筑类别（后续使用年限为 30、40 和 50 年的建筑，分别简称为 A、B 和 C 类建筑），采用相应的方法进行抗震鉴定；对不满足要求的，采用相应的材料强度取值和加固计算方法。

当《建筑抗震鉴定标准》GB 50023—2009 未给出具体方法时，可采用现行《建筑抗震设计规范》GB 50011 规定的方法，按下式进行结构构件抗震验算：

$$S \leqslant R/\gamma_{Ra} \tag{16-1}$$

式中　　*S*——结构构件内力（剪力、弯矩等）组合的设计值（轴向力不调整）；计算时，
　　　　　　有关的荷载、地震作用、作用分项系数、组合值系数，应按现行《建筑抗
　　　　　　震设计规范》GB 50011 的规定采用；其中，场地的设计特征周期可按表 16-1 确
　　　　　　定，地震作用效应（内力）调整系数应按《建筑抗震鉴定标准》GB 50023—
　　　　　　2009 各章的规定采用，8、9 度大跨度和长悬臂结构应计算竖向地震作用；
　　　　R——结构构件承载力设计值，C 类建筑按现行《建筑抗震设计规范》GB 50011 的
　　　　　　规定采用；A、B 类结构材料强度的设计指标应按《建筑抗震鉴定标准》GB
　　　　　　50023—2009 附录 A 采用（为编程简化，软件 SCS 对使用 HRB335 级钢筋的
　　　　　　20 世纪 90 年代后建造的房屋不分 1996 年以前还是以后建造的，对这种钢筋
　　　　　　的设计强度均取 300N/mm^2），材料强度等级按现场实际情况确定；
　　　γ_{Ra}——抗震鉴定的承载力调整系数，除《建筑抗震鉴定标准》GB 50023—2009 各章
　　　　　　节另有规定外，一般情况下，可按现行《建筑抗震设计规范》GB 50011 的承
　　　　　　载力抗震调整系数值采用，A 类建筑抗震鉴定时，钢筋混凝土构件应按现行
　　　　　　《建筑抗震设计规范》GB 50011 承载力抗震调整系数值的 0.85 倍采用。

特征周期值（s）　　　　　　　　　　　　　　　　表 16-1

设计地震分组	场地类别			
	Ⅰ	Ⅱ	Ⅲ	Ⅳ
第一、二组	0.20	0.30	0.40	0.65
第三组	0.25	0.40	0.55	0.85

　　钢筋混凝土结构房屋的抗震等级，B 类房屋应符合现行《建筑抗震鉴定标准》GB
50023 的有关规定，C 类房屋应符合现行《建筑抗震设计规范》GB 50011 的有关规定。
　　钢筋混凝土房屋的抗震加固应符合下列要求：
　　（1）抗震加固时应根据房屋的实际情况选择加固方案，分别采用主要提高结构构件抗
震承载力、主要增强结构变形能力或改变框架结构体系的方案。
　　（2）加固后的框架应避免形成短柱、短梁或强梁弱柱。
　　（3）采用综合抗震能力指数验算时，加固后楼层屈服强度系数、体系影响系数和局部
影响系数应根据房屋加固后的状态计算和取值。
　　抗震受剪构件截面限制条件与受静力构件的不同（除了除以承载力调整系数），现将
其从混凝土结构设计规范引来列于此（并考虑了 A 类、B 类建筑的情况）。
　　考虑地震作用组合的矩形、T 形和 I 形截面框架梁，当跨高比大于 2.5 时，其受剪截
面应符合下列条件：

$$V_b \leqslant \frac{1}{\gamma_{Ra}}(0.2\beta_c f_c b h_0) \tag{16-2}$$

当跨高比不大于 2.5 时，其受剪截面应符合下列条件：

$$V_b \leqslant \frac{1}{\gamma_{Ra}}(0.15\beta_c f_c b h_0) \tag{16-3}$$

考虑地震作用组合的矩形截面框架柱和框支柱，其受剪截面应符合下列条件：
剪跨比 λ 大于 2 的框架柱

$$V_c \leqslant \frac{1}{\gamma_{Ra}}(0.2\beta_c f_c b h_0) \tag{16-4}$$

剪跨比 λ 不大于 2 时，其受剪截面应符合下列条件：

$$V_c \leqslant \frac{1}{\gamma_{Ra}}(0.15\beta_c f_c b h_0) \tag{16-5}$$

式中，符号意义见《建筑抗震鉴定标准》GB 50023 和《混凝土结构设计规范》GB 50010 的解释。

16.2　钢构套加固

《建筑抗震加固技术规程》JGJ 116—2009[2] 所称的"钢构套加固法"，就是《混凝土结构加固设计规范》GB 50367—2013 所称的"外包型钢加固法"。

《建筑抗震加固技术规程》JGJ 116—2009 提出采用钢构套加固框架时，应符合下列要求：

（1）钢构套加固梁时，纵向角钢、扁钢两端应与柱有可靠连接。

（2）钢构套加固柱时，应采取措施使楼板上下的角钢、扁钢可靠连接；顶层的角钢、扁钢应与屋面板可靠连接；底层的角钢、扁钢应与基础锚固。

（3）加固后梁、柱截面抗震验算时，角钢、扁钢应作为纵向钢筋、钢缀板应作为箍筋进行计算，其材料强度应乘以规定的折减系数。

《混凝土结构加固设计规范》GB 50367—2013 第 8.2.2 条规定新增型钢强度利用系数，除抗震设计取 1.0 外，其他情况取 0.9。本书抗震加固时新增型钢强度利用系数采取 1.0，即不折减。即按后出版的国家标准规定执行。

采用钢构套加固框架的设计，尚应符合下列要求：

（1）钢构套加固梁时，应在梁的阳角外贴角钢，角钢应与钢缀板焊接，钢缀板应穿过楼板形成封闭环形。

（2）钢构套加固柱时，应在柱四角外贴角钢，角钢应与外围的钢缀板焊接。

（3）钢构套的构造应符合下列要求：

1）角钢不宜小于 L 50×6；钢缀板截面不宜小于 40mm×4mm，其间距不应大于单肢角钢的截面最小回转半径的 40 倍，且不应大于 400mm，构件两端应适当加密；

2）钢构套与梁柱混凝土之间应采用胶粘剂粘结。

（4）加固后按楼层综合抗震能力指数验算时，梁柱箍筋构造的体系影响系数可取 1.0。构件按组合截面进行抗震验算，加固梁的钢材强度宜乘以折减系数 0.8；加固柱应符合下列规定：

1）柱加固后的初始刚度可按下式计算：

$$K = K_0 + 0.5 E_a I_a \tag{16-6}$$

式中　K——加固后的初始刚度；

　　　K_0——原柱截面的弯曲刚度；

　　　E_a——角钢的弹性模量；

　　　I_a——外包角钢对柱截面形心的惯性矩。

2）柱加固后的现有正截面受弯承载力可按下式计算：

$$M_y = M_{y0} + 0.7 A_a f_{ay} h \tag{16-7}$$

式中　M_{y0}——原柱现有正截面受弯承载力；对 A、B 类钢筋混凝土结构，可按现行《建筑抗震鉴定标准》GB 50023 的有关规定确定；

　　　　A_a——柱一侧外包角钢、扁钢的截面面积；

　　　　f_{ay}——角钢、扁钢的抗拉屈服强度；

　　　　h——验算方向柱截面高度。

3）柱加固后的现有斜截面受剪承载力可按下式计算：

$$V_y = V_{y0} + 0.7 f_{ay} (A_a / s) h \tag{16-8}$$

式中　V_y——柱加固后的现有斜截面受剪承载力；

　　　　V_{y0}——原柱现有斜截面受剪承载力；对 A、B 类钢筋混凝土结构，可按现行《建筑抗震鉴定标准》GB 50023 的有关规定确定；

　　　　A_a——同一柱截面内扁钢缀板的截面面积；

　　　　f_{ay}——扁钢抗拉屈服强度；

　　　　s——扁钢缀板的间距。

【例 16-1】外粘型钢抗震加固大偏心受压柱设计算例

已知 20 世纪 90 年代建造的结构中的矩形截面框架柱，截面尺寸为 400mm×500mm，柱的计算长度 5m，混凝土强度等级为 C25，原柱对称配筋，截面每边配 4 ⌀ 16（$A_s = A'_s = 804\text{mm}^2$）。改变结构使用功能后，地震作用组合产生的轴向力设计值 $N = 600\text{kN}$，$M_2 = 375\text{kN} \cdot \text{m}$，要求对该柱进行承载力复核。如不满足要求，试进行采用外包角钢的加固计算。

【解】

依据式（16-1），将地震作用效应乘以抗震鉴定的承载力调整系数 γ_{Ra}，就可使用本书 5.3 节的公式计算。如果是按照 2002 规范或 2010 规范设计建造的结构（属于 C 类建筑），将 $\gamma_{Ra} = \gamma_{RE} = 0.80$ 乘 M_2 代替式（5-5）左端的 Ne，以下就可与本书【例 5-3】一样进行求解（手算过程完全相同）。SCS 软件计算对话框输入信息和最终计算结果如图 16-1 所示，可见其与相应（折算成）静荷载的【例 5-3】计算结果相同。

图 16-1　C 类建筑外粘型钢抗震加固大偏心受压柱设计

　　根据《建筑抗震鉴定标准》GB 50023 所知，20 世纪 90 年代建造的建筑属于 B 类建筑。又该柱轴压比不小于 0.15，故 $\gamma_{Ra}=\gamma_{RE}=0.80$。地震作用弯矩效应乘以抗震鉴定的承载力调整系数 γ_{Ra}，得到 $N=600\text{kN}$，$M_2=300\text{kN·m}$，将其代入 5.3 节公式；再根据《建筑抗震鉴定标准》GB 50023 中 B 类建筑的 C25 混凝土压弯强度应取为 $f_{cm}=13.5\text{MPa}$ 代替【例 5-3】计算中的 $f_c=11.9\text{MPa}$，就可求得最终结果。SCS 软件计算对话框输入信息和最终计算结果如图 16-2 所示，可见其由于混凝土强度值提高，加固所需角钢面积比相应的 C 类建筑有所减少。

图 16-2　B 类建筑外粘型钢抗震加固大偏心受压柱设计

　　如果此建筑是 20 世纪 70 年代建造，即应属于 A 类建筑，与 B 类建筑的差别在于，此时 $\gamma_{Ra}=0.85\times0.8=0.68$，用 SCS 软件计算对话框输入信息和最终计算结果如图 16-3 所示（手算过程略），可见由于其安全系数降低，比 B 类建筑的加固少用些钢材，符合后续使用年限短些的预期。

图 16-3　A 类建筑外粘型钢加固钢筋混凝土大偏心受压柱设计算例

【例 16-2】外粘型钢抗震加固的偏心受压柱复核算例

　　已知 21 世纪 10 年代建造的结构中的矩形截面柱，截面尺寸为 400mm×600mm，柱的计算长度 5.0m，混凝土强度等级为 C25，原柱对称配筋，截面每边配 2φ25+2φ20（$A_s=A_s'=1610\text{mm}^2$）。结构加层后，地震作用组合产生的轴向力设计值 $N=3125\text{kN}$，柱端弯矩较大值 $M_2=350\text{kN·m}$，现确定加固措施是在该柱四角粘贴 L75×5，Q235 钢角钢，$A_a=A_a'=$

1482mm^2。试进行加固后的承载力复核。

【解】

依据式（16-1），将地震作用效应乘以抗震鉴定的承载力调整系数 γ_{Ra}，就可使用本书 5.3 节的公式计算。根据《建筑抗震鉴定标准》GB 50023 所知，此属于 C 类建筑。又该柱轴压比不小于 0.15，故 $\gamma_{Ra} = \gamma_{RE} = 0.80$。地震作用弯矩效应乘以抗震鉴定的承载力调整系数 γ_{Ra}，得到 $N = 2500\text{kN}$，$M_2 = 280\text{kN}\cdot\text{m}$，偏安全取 $M_1/M_2 = 1$，沿柱截面高度方向的轴向力对截面重心的偏心距 $e_0 = \dfrac{M_2}{N} = \dfrac{280\times10^6}{2500000} = 112\text{mm}$。将其代入 5.3 节公式就可求得结果。此题截面特性和调整后的效应与【例 5-6】相同，故读者可看【例 5-6】的计算过程。

SCS 软件计算对话框输入信息和最终计算结果如图 16-4 所示，可见其与手算结果相同。

图 16-4　小偏心受压柱抗震加固承载力设计

【例 16-3】受压构件斜截面外粘扁钢抗震加固设计

已知 20 世纪 90 年代建造的框架结构中的矩形截面柱，截面尺寸 400mm×400mm，柱净高 4.0m，混凝土强度等级为 C30，均匀布置 HPB235 箍筋 $\phi 10@200$，柱轴压比为 0.5。现地震作用组合设计剪力 350kN。如果采用外粘扁钢加固方案，试进行加固计算。

【解】

根据 20 世纪 90 年代建造的建筑和《建筑抗震鉴定标准》GB 50023 所知，此属于 B 类建筑。柱受剪力，故 $\gamma_{Ra} = \gamma_{RE} = 0.85$。

1）验算截面尺寸，材料强度按《建筑抗震鉴定标准》GB 50023—2009 附录 A 取值，并按照《建筑抗震鉴定标准》GB 50023—2009[1] 附录 E 公式（E.0.1）

$V = 350\text{kN} \leqslant \dfrac{1}{\gamma_{Ra}} 0.2 f_c b h_0 = 0.20\times15.0\times400\times360\times10^{-3}/0.85 = 508.2\text{kN}$，满足要求。

2）确定原柱受剪承载力

轴压比 $n = 0.5 > 0.3$，取 $N = 0.3 f_{c0} bh = 0.3\times15\times400\times400\times10^{-3} = 720\text{kN}$

剪跨比 $\lambda = \dfrac{H_n}{2h_0} = \dfrac{4000}{2\times360} = 5.56$，取 $\lambda = 3$，按文献［1］附录 E 公式（E.0.6-1）；

$$V_{y0} = \dfrac{1}{\gamma_{Ra}}\left(\dfrac{0.16}{\lambda+1.5} f_c b h_0 + f_{yv}\dfrac{A_{sv}}{s}h_0 + 0.056N\right)$$

$$=\frac{1}{0.85}\times\left(\frac{0.16}{3+1.5}15\times400\times360+210\times\frac{157}{200}\times360+0.056\times720000\right)\times10^{-3}=207.61\text{kN}$$

3）扁钢缀板需承担的剪力

$$V_a=V-V_{y0}=350-207.61=142.39\text{kN}$$

按式（16-8），即《建筑抗震加固技术规程》JGJ 116—2009 式（6.3.5-3），扁钢缀板用量为：

$$\frac{A_a}{s_a}=\frac{V_a}{0.7f_{ay}h}=\frac{142390}{0.7\times215\times400}=2.365\text{mm}^2/\text{mm}$$

如选用 6mm 厚、60mm 宽扁钢作缀板，则缀板间距为：

$$s_a=\frac{2\times6\times60}{2.365}=304.4\text{mm}$$

使用 SCS 软件输入信息与简要计算结果如图 16-5 所示。可见，其与手算结果一致。

图 16-5　B 类建筑框架柱受剪加固设计

如果此结构为 20 世纪 70 年代建造，根据《建筑抗震鉴定标准》GB 50023 所知，此属于 A 类建筑。柱受剪力，故 $\gamma_{Ra}=0.85\gamma_{RE}=0.85\times0.85=0.7225$。

1）验算截面尺寸，按照《建筑抗震鉴定标准》GB 50023—2009 材料强度取值和附录 E 公式（E.0.1）

$$V=350\text{kN}\leqslant\frac{1}{\gamma_{Ra}}0.2f_cbh_0=0.20\times15.0\times400\times360/0.7225=514.8\text{kN}，满足要求。$$

2）确定原柱受剪承载力

$$V_{y0}=\frac{1}{\gamma_{Ra}}\left(\frac{0.16}{\lambda+1.5}f_cbh_0+f_{yv}\frac{A_{sv}}{s}h_0+0.056N\right)$$

$$=\frac{1}{0.7225}\times\left(\frac{0.16}{3+1.5}15\times400\times360+210\times\frac{157}{200}\times360+0.056\times720000\right)\times10^{-3}=244.24\text{kN}$$

3）扁钢缀板需承担的剪力

$$V_a=V-V_{y0}=350-244.24=105.76\text{kN}$$

按《建筑抗震加固技术规程》JGJ 116—2009 式（6.3.5-3），扁钢缀板用量为：

$$\frac{A_a}{s_a}=\frac{V_a}{0.7f_{ay}h}=\frac{105760}{0.7\times215\times400}=1.757\text{mm}^2/\text{mm}$$

如选用6mm厚、60mm宽扁钢作缀板，则缀板间距为：

$$s_a = \frac{2 \times 6 \times 60}{1.757} = 409.8\text{mm}$$

使用SCS软件输入信息与简要计算结果如图16-6所示。可见，其与手算结果一致。按构造要求，缀板间距取≤400mm或较小规格的扁钢，以使缀板间距较小些。

图16-6   A类建筑框架柱受剪加固设计

如果此结构为2001年后建造，根据《建筑抗震鉴定标准》GB 50023所知，此属于C类建筑。加固计算时材料强度取值和承载力计算均采用现行国家标准规定。图16-7给出了SCS软件计算结果，手算过程略。

图16-7   C类建筑框架柱受剪加固设计

【例16-4】受压构件斜截面外粘扁钢抗震加固复核

已知20世纪90年代建造的框架结构中的矩形截面柱，截面尺寸400mm×400mm，柱净高4.0m，混凝土强度等级为C30，均匀布置HPB235箍筋ϕ10@200，柱轴压比为0.5。沿全柱高用6mm厚、60mm宽扁钢作水平缀板，缀板间距为304.4mm，试计算其在地震作用组合下能承受的剪力。

【解】使用SCS软件输入信息与简要计算结果如图16-8所示。与图16-5对照，可见结果正确。手算过程略。

图 16-8　B 类建筑框架柱受剪加固复核

【例 16-5】钢筋混凝土框架梁受剪粘扁钢抗震加固设计算例

C 类建筑的钢筋混凝土矩形截面框架梁承受地震作用组合设计值 $V=350\mathrm{kN}$，梁截面尺寸为 $b\times h=250\mathrm{mm}\times600\mathrm{mm}$，配有纵筋 $4\phi25$，$a=40\mathrm{mm}$，混凝土强度等级为 C25，HPB235 箍筋为 $\phi8$，箍筋间距 $s=180\mathrm{mm}$，此梁跨高比大于 2.5，箍板型材为 Q235，4mm×50mm 扁钢作箍板，采用加锚封闭箍。试求所需的箍板间距。

【解】原梁的受剪承载力，使用 RCM 软件输入信息与简要计算结果如图 16-9 所示，可知原梁在地震作用下的受剪承载力为 165.2kN。

需要用箍板承担的剪力值 $V_\mathrm{a}=\gamma_\mathrm{Ra}(V-V_\mathrm{b0})=0.85\times(350000-165200)=157099\mathrm{N}$

计算同一截面加固用箍板各肢截面面积之和（其中，按《建筑抗震加固技术规程》JGJ 116—2009 第 6.3.5-4 条，钢材强度乘折减系数 0.8）

$$\frac{A_\mathrm{b,sp}}{s_\mathrm{sp}}=\frac{V_\mathrm{b,sp}}{0.8f_\mathrm{sp}\psi_\mathrm{vb}h_\mathrm{sp}}=\frac{157099}{0.8\times215\times1\times600}=1.522\mathrm{mm}^2/\mathrm{mm}$$

如选用 4mm 厚、50mm 宽扁钢作缀板，则缀板间距为：$s_\mathrm{sp}=\dfrac{2\times4\times50}{1.522}=262.8\mathrm{mm}$

图 16-9　原梁在地震作用下的受剪承载力

使用 SCS 软件输入信息与简要计算结果如图 16-10 所示。可见，与手算结果相同。

如果此题是 B 类建筑，则用 SCS 软件输入信息与简要计算结果如图 16-11 所示。手算

图 16-10　C 类建筑框架梁受剪粘钢板加固设计

过程略。

图 16-11　B 类建筑框架梁受剪粘钢板加固设计

如果此题是 A 类建筑，则用 SCS 软件输入信息与简要计算结果如图 16-12 所示。手算过程略。三图比较可见，B、A 类建筑的计算结果符合后续使用年限短、安全性有所降低的趋势。

图 16-12　A 类建筑框架梁受剪粘钢板加固设计

【例 16-6】钢筋混凝土框架梁受剪粘扁钢抗震加固复核算例

B 类建筑框架梁的信息同【例 16-5】，并已知加固用扁钢间距为 342.2mm，试计算该梁的抗震受剪承载力。

【解】使用 SCS 软件输入信息与简要计算结果如图 16-13 所示。可见与上例设计结果相同。手算过程略。

图 16-13　B 类建筑框架梁受剪粘钢板加固复核

【例 16-7】梁下粘角钢加固抗震受弯承载力复核算例

假设【例 6-6】中框架梁是属于 C 类建筑抗震设计的梁，在梁下粘角钢加固抗震受弯承载力的复核，计算过程同静载作用下的计算，见【例 6-6】。最后，将静载下的正截面承载力除以承载力抗震调整系数并按《建筑抗震加固技术规程》JGJ 116—2009 第 6.3.5-4 条，钢材强度乘折减系数 0.8，即得到地震作用下的正截面承载力。使用 SCS 软件计算结果如图 16-14 所示。

图 16-14　梁下粘角钢正截面加固复核

其与静载下的承载力除以承载力抗震调整系数得到的结果，即 $434.81/0.75 = 579.75$ kN·m 相近。

16.3　钢筋混凝土套加固

钢筋混凝土套加固梁柱就是本书 2.5 的增大截面法加固梁柱。

采用钢筋混凝土套加固梁柱时，应符合下列要求：

（1）混凝土的强度等级不应低于 C20，且不应低于原构件实际的混凝土强度等级。

（2）柱套的纵向钢筋遇到楼板时，应凿洞穿过并上下连接，其根部应伸入基础并满足锚固要求，其顶部应在屋面板处封顶锚固；梁套的纵向钢筋应与柱可靠连接。

（3）加固后梁、柱按整体截面进行抗震验算，新增的混凝土和钢筋的材料强度应乘以规定的折减系数。

采用钢筋混凝土套加固梁柱的设计，尚应符合下列要求：

（1）采用钢筋混凝土套加固梁时，应将新增纵向钢筋设在梁的底面和梁上部，并应在纵向钢筋外围设置箍筋；采用钢筋混凝土套加固柱时，应在柱周围设置封闭箍筋，纵筋应采用锚筋与原框架柱有可靠拉结。

（2）钢筋混凝土套的材料和构造尚应符合下列要求：

1）宜采用细石混凝土，其强度宜高于原构件一个等级；

2）纵向钢筋宜采用 HRB400、HRB335 热轧钢筋，箍筋可采用 HPB300 热轧钢筋；

3）A 类钢筋混凝土结构，箍筋直径不宜小于 8mm，间距不宜大于 200mm，B、C 类钢筋混凝土结构，应符合其抗震等级的相关要求；靠近梁柱节点处应加密；柱套的箍筋应封闭，梁套的箍筋应有一半穿过楼板后弯折封闭。

（3）加固后的梁柱可作为整体构件进行抗震验算，其现有承载力，A、B 类钢筋混凝土结构可按现行《建筑抗震鉴定标准》GB 50023 规定的方法确定，C 类钢筋混凝土结构可按现行《混凝土结构设计规范》GB 50010 规定的方法确定。其中，新增钢筋、混凝土的强度折减系数不宜大于 0.85；当新增的混凝土强度等级比原框架柱高一个等级时，可直接按原强度等级计算而不再计入混凝土强度的折减系数。对 A、B 类钢筋混凝土结构，按楼层综合抗震能力指数验算时，梁柱箍筋、轴压比等的体系影响系数可取 1.0。

对比《建筑抗震鉴定标准》GB 50023—2009 附录 E 与《混凝土结构设计规范》GB 50010—2010 的偏心受压柱计算方法，公式相同。只是，前者混凝土强度用的是混凝土弯曲抗压强度 f_{cm}；后者是混凝土轴心抗压强度 f_c。数值上，f_{cm} 略大于 f_c；另前者主张按现行国家标准计算二阶效应。为回避新旧混凝土混合物 f_{cm} 取值困难，本书手算和软件 SCS 中均按 f_c 计算（比用 f_{cm} 计算偏于安全），A、B 类建筑的抗震鉴定承载力调整系数 γ_{Ra} 按《建筑抗震鉴定标准》GB 50023 规定取值。

钢筋混凝土套加固偏心受压柱，将地震作用效应 N、M 乘以抗震鉴定的承载力调整系数 γ_{Ra}，再将本书 2.5 节的式（2-14）、式（2-15），以及确定 f_{cc} 式中的 0.9 改为 0.85，就可使用这些公式计算。

【例 16-8】钢筋混凝土套抗震加固偏心受压柱设计算例

假设【例 2-13】中框架柱是属于 C 类建筑抗震设计的柱，其在地震组合作用下的内力为 $N = 2160\text{kN}$、$M_2 = M_1 = 675\text{kN} \cdot \text{m}$，试计算钢筋混凝土套法加固所需纵向钢筋。

【解】

由于轴压比大于 0.15，$\gamma_{Ra} = \gamma_{RE} = 0.80$，静载下的作用效应为 $N = 2160\text{kN}$，$M_2 = M_1 = 0.8 \times 675 = 540\text{kN} \cdot \text{m}$。

$$f_{cc} = \frac{1}{2}(f_{c0} + 0.85 f_c) = \frac{1}{2}(9.6 + 0.85 \times 11.9) = 9.86\text{N/mm}^2$$

偏安全取 $M_1/M_2 = 1$，$e_0 = \dfrac{M}{N} = \dfrac{540 \times 10^6}{2160000} = 250\text{mm}$

考虑二阶效应得 $\eta_{ns} = 1.050$（详细计算见【例 2-13】）。

采用围套对称形式加固，取修正系数 $\psi = 1.2$

$$e_i = \psi C_m \eta_{ns} e_0 + e_a = 1.2 \times 1 \times 1.050 \times 250 + 20 = 335\text{mm}$$

由式（2-27），$e = e_i + \dfrac{h}{2} - a = 335 + 0.5 \times 550 - 35 = 575\text{mm}$

由式（2-25）、式（2-26）得钢筋应力

$$\sigma_s = \left(\frac{0.8h_0}{x} - 1\right) E_s \varepsilon_{cu} = \left(\frac{0.8 \times 515}{x} - 1\right) \times 2 \times 10^5 \times 0.0033 = 660 \times \left(\frac{412}{x} - 1\right)$$

$$\sigma_{s0} = \left(\frac{0.8h_{01}}{x} - 1\right) E_{s0} \varepsilon_{cu} = \left(\frac{0.8 \times 465}{x} - 1\right) \times 2 \times 10^5 \times 0.0033 = 660 \times \left(\frac{372}{x} - 1\right)$$

代入方程式（2-23）、式（2-24）（其中，0.9 改为 0.85）得

$$2160000 = 10.155 \times 500x + 0.85 \times 300A_s' + 360 \times 2513 - 0.85 \times 660 \times \left(\frac{412}{x} - 1\right) \times A_s' - 660 \times \left(\frac{372}{x} - 1\right) \times 2513$$

$$2160000 \times 575 = 10.155 \times 500x\left(515 - \frac{x}{2}\right) + 0.85 \times 360 \times A_s'(515 - 35)$$

$$+ 300 \times 2513 \times (515 - 85) - 660 \times \left(\frac{372}{x} - 1\right) \times 2513 \times (85 - 35)$$

解联立方程组，得 $x = 303.5\text{mm}$。代入式（2-25）、式（2-26），得真实的钢筋应力

$$\sigma_s = \left(\frac{0.8h_0}{x} - 1\right) E_s \varepsilon_{cu} = \left(\frac{412}{303.5} - 1\right) \times 660 = 235.9\text{MPa}$$

$$\sigma_{s0} = \left(\frac{0.8h_{01}}{x} - 1\right) E_{s0} \varepsilon_{cu} = \left(\frac{372}{303.5} - 1\right) \times 660 = 149.0\text{MPa}$$

再代入方程式（2-23）、式（2-24），可解出 $A_s = A_s' = 2671.0\text{mm}^2$。SCS 软件计算对话框输入信息和最终计算结果如图 16-15 所示，可见其与手算结果相同。为验证计算结果可靠性，将其与静力荷载下加固的柱，即【例 2-13】结果比较，这里配筋量略大些，是因为加固用材料强度折减得多些所致，故认为抗震加固计算结果是合理的。

图 16-15　钢筋混凝土套加固对称配筋柱抗震承载力设计

【例 16-9】钢筋混凝土套抗震加固偏心受压柱复核算例

假设【例 2-15】中框架柱是属于 C 类建筑抗震设计的柱，已知偏心距 e_0，试计算其在地震组合作用下能承受的轴向力 N。

【解】

假设轴压比大于 0.15，$\gamma_{Ra}=\gamma_{RE}=0.8$（对轴压比不大于 0.15 的计算结果偏安全）。参照【例 2-15】计算过程，注意将公式中系数 0.9 改为 0.85，将求得的轴向承载力除以 γ_{Ra}，即得最终结果。手算过程略。

为了与【例 2-14】相比较，地震作用弯矩值取其折算成静力后的值不变，即地震作用的 M 等于静力 M 除以 γ_{RE}（=0.8），也就是地震作用的偏心距等于静力作用的偏心距除以 0.8，即取 $e_0=180/0.8=225mm$。

使用 SCS 软件计算结果如图 16-16 所示。结果略小于【例 2-15】求得静载承载力值 2869.36kN，符合预期。

图 16-16　钢筋混凝土套加固柱抗震承载力复核

16.4　粘贴钢板加固

采用粘贴钢板加固梁柱时，应符合下列要求：

（1）原构件的混凝土实际强度等级不应低于 C15；混凝土表面的受拉粘结强度不应低于 1.5MPa。粘贴钢板应采用粘贴强度高且耐久的胶粘剂；钢板可采用 Q235 或 Q345 钢，厚度宜为 2~5mm。

（2）钢板的受力方式应设计成仅受轴向应力作用。钢板在需要加固的范围以外的锚固长度，受拉时不应小于钢板厚度的 200 倍，且不应小于 600mm；受压时不应小于钢板厚度的 150 倍，且不应小于 500mm。

（3）粘贴钢板与原构件尚宜采用专用金属胀栓连接。

（4）粘贴钢板加固钢筋混凝土结构的胶粘剂的性能、加固的构造和承载力验算，可按现行《混凝土结构加固设计规范》GB 50367 的有关规定执行。其中，对构件承载力的新增部分，其加固承载力抗震调整系数宜采用 1.0，且对 A、B 类钢筋混凝土结构，原构件的材料强度设计值和抗震承载力，应按现行《建筑抗震鉴定标准》GB 50023 的有关规定采用。

（5）被加固构件长期使用的环境和防火要求，应符合国家现行有关标准的规定。

（6）粘贴钢板加固时，应卸除或大部分卸除作用在梁上的活荷载，其施工应符合专门的规定。

C 类建筑构件算例见本书第 6 章【例 6-9】。

16.5　粘贴纤维布加固

采用粘贴纤维布加固梁柱时，应符合下列要求：

（1）原结构构件实际的混凝土强度等级不应低于 C15，且混凝土表面的正拉粘结强度不应低于 1.5MPa。

（2）碳纤维的受力方式应设计成仅承受拉应力作用。当提高梁的受弯承载力时，碳纤维布应设在梁顶面或底面受拉区；当提高梁的受剪承载力时，碳纤维布应采用 U 形箍加纵向压条或封闭箍的方式；当提高柱受剪承载力时，碳纤维布宜沿环向螺旋粘贴并封闭；当矩形截面采用封闭环箍时，至少缠绕 3 圈且搭接长度应超过 200mm。粘贴纤维布在需要加固的范围以外的锚固长度，受拉时不应小于 600mm。

（3）纤维布和胶粘剂的材料性能、加固的构造和承载力验算，可按现行《混凝土结构加固设计规范》GB 50367 的有关规定执行。其中，对构件承载力的新增部分，其加固承载力抗震调整系数宜采用 1.0，且对 A、B 类钢筋混凝土结构，原构件的材料强度设计值和抗震承载力，应按现行《建筑抗震鉴定标准》GB 50023 的有关规定采用。

（4）被加固构件长期使用的环境和防火要求，应符合国家现行有关标准的规定。

（5）粘贴纤维布加固时，应卸除或大部分卸除作用在梁上的活荷载，其施工应符合专门的规定。

【例 16-10】受压构件斜截面粘贴纤维复合材抗震加固设计算例

已知 20 世纪 90 年代建造的框架结构中的矩形截面柱，截面尺寸 400mm×400mm，柱净高 4.0m，混凝土强度等级为 C30，均匀布置 HPB235 箍筋 φ10@200，柱轴压比为 0.5。现地震作用组合设计剪力 350kN。如果采用粘贴纤维复合材加固方案，试进行加固计算。

【解】

根据 20 世纪 90 年代建造的建筑和《建筑抗震鉴定标准》GB 50023 所知，此属于 B 类建筑。柱受剪力，故 $\gamma_{Ra} = \gamma_{RE} = 0.85$。

1）验算截面尺寸，材料强度按《建筑抗震鉴定标准》GB 50023—2009 附录 A 取值，并按照《建筑抗震鉴定标准》GB 50023—2009 附录 E 公式（E.0.1）

$V = 350\text{kN} \leqslant \dfrac{1}{\gamma_{Ra}} 0.2 f_c b h_0 = 0.20 \times 15.0 \times 400 \times 360 \times 10^{-3} / 0.85 = 508.2\text{kN}$，满足要求。

2）确定原柱受剪承载力

轴压比 $n = 0.5 > 0.3$，取 $N = 0.3 f_{c0} b h = 0.3 \times 15 \times 400 \times 400 \times 10^{-3} = 720\text{kN}$

剪跨比 $\lambda = \dfrac{H_n}{2h_0} = \dfrac{4000}{2 \times 360} = 5.56$，取 $\lambda = 3$；

$$V_{y0} = \frac{1}{\gamma_{Ra}} \left(\frac{0.16}{\lambda + 1.5} f_c b h_0 + f_{yv} \frac{A_{sv}}{s} h_0 + 0.056N \right)$$

$$= \frac{1}{0.85} \times \left(\frac{0.16}{3 + 1.5} 15 \times 400 \times 360 + 210 \times \frac{157}{200} \times 360 + 0.056 \times 720000 \right) \times 10^{-3} = 207.61\text{kN}$$

3）纤维复合材需承担的剪力

$$V_{cf} = V - V_{y0} = 350 - 207.61 = 142.39 \text{kN}$$

查《混凝土结构加固设计规范》GB 50367—2013 表 10.5.2 得 $\psi_{vc} = 0.72$，采用高强度 I 级碳纤维布，则 $f_f = 0.5 \times 1600 = 800 \text{N/mm}^2$

按式（8-28），纤维复合材用量为：

$$\frac{A_f}{s_f} = \frac{V_{cf}}{\psi_{vc} f_f h} = \frac{142390}{0.72 \times 800 \times 400} = 0.618 \text{mm}^2/\text{mm}$$

使用 SCS 软件输入信息与简要计算结果如图 16-17 所示。可见其与手算结果一致。

图 16-17　B 类建筑框架柱受剪加固设计

16.6　钢绞线网-聚合物砂浆面层加固

钢绞线网-聚合物砂浆面层加固梁柱的钢绞线网片、聚合物砂浆的材料性能，应符合《建筑抗震加固技术规程》JGJ 116—2009 第 5.3.4 条的规定。界面剂的性能应符合现行《混凝土界面处理剂》JC/T 907—2018 关于 I 型的规定。

钢绞线网-聚合物砂浆面层加固梁柱的设计，应符合下列要求：

（1）原有构件混凝土的实际强度等级不应低于 C15，且混凝土表面的正拉粘结强度不应低于 1.5MPa。

（2）钢绞线网的受力方式应设计成仅承受拉应力作用。当提高梁的受弯承载力时，钢绞线网应设在梁顶面或底面受拉区；当提高柱受剪承载力时，钢绞线网应采用四面围套的方式。

（3）钢绞线网-聚合物砂浆面层加固梁柱的构造，应符合下列要求：

1）面层的厚度应大于 25mm，钢绞线保护层厚度不应小于 15mm；

2）钢绞线网应设计成仅承受单向拉力作用，其受力钢绞线的间距不应小于 20mm，也不应大于 40mm；分布钢绞线不应考虑其受力作用，间距在 200~500mm；

3）钢绞线网应采用专用金属胀栓固定在构件上，端部胀栓应错开布置，中部胀栓应交错布置，且间距不宜大于 300mm。

（4）钢绞线网-聚合物砂浆面层加固梁的承载力验算，可按照现行《混凝土结构加固设计规范》GB 50367 的有关规定进行。其中，对构件承载力的新增部分，其加固承载力抗震调整系数宜采用 1.0；且对 A、B 类钢筋混凝土结构，原构件的材料强度设计值和抗震承载力，应按现行《建筑抗震鉴定标准》GB 50023 的有关规定采用。

（5）钢绞线网-聚合物砂浆面层加固柱简化的承载力验算，环向钢绞线可按箍筋计算，但钢绞线的强度应依据柱剪跨比的大小乘以折减系数，剪跨比不小于 3 时取 0.50，剪跨比不大于 1.5 时取 0.32。对 A、B 类钢筋混凝土结构，原构件的材料强度设计值和抗震承载力，应按现行《建筑抗震鉴定标准》GB 50023 的有关规定采用。

（6）被加固构件长期使用的环境要求，应符合国家现行有关标准的规定。

【例 16-11】 梁正截面受弯承载力钢绞线网-聚合物砂浆面层抗震加固算例

建于 20 世纪 70 年代的 A 类建筑中某梁截面尺寸，$b \times h = 250\text{mm} \times 500\text{mm}$，混凝土强度等级 C25，受拉区配置了 HRB335 钢筋 3ϕ25，受压区配置了 HRB335 钢筋 2ϕ18，由于该梁上部需增加设备，截面的设计弯矩值增大为 $M = 320\text{kN} \cdot \text{m}$，加固前采取可靠措施对梁进行卸载，截面弯矩标准值为 $M_{0k} = 135\text{kN} \cdot \text{m}$。对该梁进行加固处理，加固采用 ϕ6 的 HRB335 钢筋，单侧砂浆层厚度为 25mm，砂浆强度等级为 M40 级。梁底部加固钢筋网间距取为 50mm。试验算该梁加固后能否满足要求。

【解】

1）求原梁极限弯矩设计值

按照《建筑抗震鉴定标准》GB 50023—2009 式（E.0.2-2）

$$x = \frac{f_y A_s - f'_y A'_s}{\alpha_1 f_{cm} b} = \frac{300 \times (1473 - 603)}{1 \times 13.5 \times 250} = 77.3 \text{mm} < \xi_b h_0 = 0.550 \times 465 = 255.8\text{mm}$$

按照《建筑抗震鉴定标准》GB 50023—2009 式（E.0.2-1）

$$M_u = \alpha_1 f_{cm} bx(h_0 - x/2) + f'_y A'_s(h_0 - a')$$

$$= [1 \times 13.5 \times 250 \times 77.3 \times (465 - 0.5 \times 77.3) + 300 \times 603 \times (465 - 35)] \times 10^{-6} = 189.06\text{kN} \cdot \text{m}$$

考虑抗震承载力调整系数为

$$M_{u0} = \frac{M_u}{\gamma_{Ra}} = \frac{M_u}{0.85\gamma_{RE}} = \frac{189.06}{0.85 \times 0.75} = 296.56\text{kN} \cdot \text{m}$$

2）计算加固梁的受弯承载力

$$x = \sqrt{1 - 2\frac{\gamma_{Ra}M + f_y A_s a - f'_y A'_s(h - a')}{\alpha_1 f_{cm} bh^2}}$$

$$= 500 \times \left[1 - \sqrt{1 - 2\frac{0.85 \times 0.75 \times 320 \times 10^6 + 300 \times 1473 \times 35 - 300 \times 603 \times (500 - 35)}{1 \times 13.5 \times 250 \times 500^2}} \right]$$

$$= 87.9\text{mm} \leqslant 0.85\xi_b h，满足要求。$$

$$\rho_{te} = \frac{A_s}{0.5bh} = \frac{1473}{0.5 \times 250 \times 500} = 0.0236,$$

查《混凝土结构加固设计规范》GB 50367—2013 表 13.2.4，得 $\alpha_{rw} = 1.168$

纤维复合材的滞后应变 $\varepsilon_{rw,0} = \frac{\alpha_{rw} M_{0k}}{E_{s0} A_{s0} h_0} = \frac{1.168 \times 135 \times 10^6}{200000 \times 1473 \times 465} = 0.00115$

$$\psi_{rw} = \frac{(0.8\varepsilon_{cu}h/x) - \varepsilon_{cu} - \varepsilon_{rw,0}}{f_{rw}/E_{rw}} = \frac{0.8 \times 0.0033 \times 500/87.9 - 0.0033 - 0.00115}{1200/120000} = 1.056 > 1，取$$

$\psi_{rw} = 1.0$

由于只在梁底面粘贴钢丝绳网片，取 $\eta_{r1} = 1.0$。再由式（10-3'）得钢丝绳总截面积

$$A_{rw} = \frac{\alpha_1 f_{c0}bx - f_{y0}(A_{s0} - A'_{s0})}{\gamma_{Ra}\eta_{r1}\psi_{rw}f_{rw}} = \frac{1 \times 13.5 \times 250 \times 87.9 - 300 \times (1473 - 603)}{0.85 \times 0.75 \times 1 \times 1.0 \times 1200} = 46.79\text{mm}^2$$

使用 SCS 软件计算对话框输入信息和最终计算结果如图 16-18 所示，可见其与手算结果相同。

图 16-18　受弯构件预张紧钢丝绳网片砂浆面层加固设计

16.7　水泥复合砂浆钢筋网加固

《水泥复合砂浆钢筋网加固混凝土结构技术规程》CECS 242：2016[4] 第 5.1.3 条规定：当混凝土构件考虑抗震加固时，按该规程相关规定计算，计算时相应的承载力应除以抗震调整系数 γ_{RE}，γ_{RE} 的取值按照现行的《建筑抗震设计规范》GB 50011 的规定。此话讲得不全面！对于斜截面抗震受剪承载力，还应考虑反复荷载作用下混凝土强度降低、轴压力有益作用降低和截面尺寸限制条件有所变化等因素。

除此之外，应遵从《建筑抗震加固技术规程》JGJ 116—2009 规定。对 A、B 类建筑材料强度的设计指标应按《建筑抗震鉴定标准》GB 50023—2009 附录 A 采用，抗震调整系数采用 γ_{Ra}；对 C 类建筑，$\gamma_{Ra} = \gamma_{RE}$。以下统一称："计算时相应的承载力应除以抗震调整系数 γ_{Ra}"，材料强度符号采用 C 类建筑表示，A、B 类建筑应替换成相应的符号和强度指标。

【例 16-12】复合砂浆钢筋网加固梁正截面受弯抗震承载力复核算例

假定原结构建造年代不同，即属于 A、B、C 类建筑情况下，试计算【例 12-2】复合砂浆钢筋网加固的框架梁正截面受弯抗震承载力。

【解】 1）C 类建筑情况，直接将【例 12-2】计算结果除以 $\gamma_{Ra} = 0.75$，可得到抗震承载力 $M_u = 259.29/0.75 = 345.72\text{kN} \cdot \text{m}$，SCS 软件输入和简要结果显示对话框如图 16-19 所示，可见其结果与手算的相同。

2）B 类建筑情况，查《建筑抗震鉴定标准》GB 50023—2009 附表 A。此种情况下，C30 混凝土强度指标使用弯曲抗压强度 $f_{cm} = 16.5\text{N/mm}^2$，其值高于 C 类建筑所用的强度

图 16-19　复合砂浆钢筋网加固的框架梁正截面受弯抗震承载力（C 类建筑）

$f_c = 14.3 \text{N/mm}^2$，且计算公式相同，$\gamma_{Ra} = 0.75$ 也相同，所以算出的受弯承载力应比 C 类建筑的偏大些。细心的读者可将其值代入【例 12-2】计算。SCS 软件输入和简要结果显示对话框如图 16-20 所示，可见其结果与预期的相同。

图 16-20　复合砂浆钢筋网加固的框架梁正截面受弯抗震承载力（B 类建筑）

3）A 类建筑情况，查《建筑抗震鉴定标准》GB 50023—2009 附表 A。此种情况下，与 B 类建筑所用的强度指标相同，且计算公式相同，$\gamma_{Ra} = 0.85 \times 0.75 = 0.6375$，所以算出的抗震受弯承载力应是 B 类建筑的 1/0.85 倍。SCS 软件输入和简要结果显示对话框如图 16-21 所示，可见其结果与预期的相同。

图 16-21　复合砂浆钢筋网加固的框架梁正截面受弯抗震承载力（A 类建筑）

【例 16-13】复合砂浆钢筋网加固梁斜截面受剪抗震承载力复核算例

假定【例 12-4】原结构建造于 20 世纪 90 年代，即属于 B 类建筑情况下，试计算按

【例 12-4】 复合砂浆钢筋网加固后的框架梁斜截面受剪抗震承载力。

【解】 B 类建筑情况，构件截面受剪 $\gamma_{Ra} = 0.85$。查《建筑抗震鉴定标准》GB 50023—2009 附表 A，此情况下，C30 混凝土抗压强度 $f_c = 15.0\text{N/mm}^2$，HPB235 钢筋设计强度 $f_{yv} = 210\text{N/mm}^2$。

1）原梁受剪承载力计算

据《建筑抗震鉴定标准》GB 50023—2009 式（E.0.3-1）

$$V_{u0} = \frac{1}{\gamma_{Ra}}\left(0.056 f_c b h_0 + 1.2 f_{yv}\frac{A_{sv}}{s}h_0\right) = (0.056 \times 15 \times 250 \times 465 + 1.2 \times 210 \times 465 \times 100.6/150)/0.85$$

$$= 207340\text{N}$$

跨高比大于 2.5 时，其受剪截面应符合下列条件：

$$V_{u0} \leq \frac{1}{\gamma_{Ra}}(0.2\beta_c f_c b h_0) = 0.2 \times 1 \times 15 \times 250 \times 465/0.85 = 410290\text{N}$$

取两者较小值，可得抗震受剪承载力 $V_{u0} = 207.34\text{kN}$。

2）验算加固后截面尺寸

按照《混凝土结构设计规范》GB 50010—2010 式（11.3.3）得

$$V_u \leq \frac{1}{\gamma_{Ra}}(0.2\beta_c f_c b h_{m0}) = 0.2 \times 1 \times 15 \times 300 \times 500/0.85 = 529410\text{N}$$

3）钢筋网承载剪力

按照《水泥复合砂浆钢筋加固混凝土结构技术规程》CECS 242：2016 式（5.4.2-3）得

$$\gamma = 1 - 0.3\frac{V_{0k}}{V_{u0}} = 1 - 0.3 \times \frac{50}{207.34} = 0.928$$

按照式（12-24）得，

$$V_{cm} = \frac{1}{\gamma_{Ra}}\left(0.84\beta_2\gamma f_t t_0 h + \alpha_2\gamma f_{yv}\frac{A_{sv}}{s}h_{m0}\right)$$

$$= (0.84 \times 0.5 \times 0.928 \times 1.43 \times 25 \times 500 + 0.9 \times 0.928 \times 270 \times 100.6 \times 500/80)/0.85 = 174940\text{N}$$

4）加固后截面总的抗震受剪承载力

$$V_u = V_{u0} + V_{cm} = 207.34 + 174.94 = 382.28\text{kN}$$

其大于 1.6 倍原梁承载力，取 $V_u = 1.6$ 倍原梁承载力。SCS 软件输入和简要结果显示对话框如图 16-22 所示，可见其结果与手算的相同。

图 16-22　复合砂浆钢筋网加固的框架梁斜截面受剪抗震承载力（B 类建筑）

【例 16-14】复合砂浆钢筋网加固柱斜截面受剪抗震承载力复核算例

假定【例 12-12】原结构建造于 20 世纪 90 年代，即属于 B 类建筑情况下，试计算按【例 12-12】复合砂浆钢筋网加固后的框架柱斜截面受剪抗震承载力。

【解】 B 类建筑情况，构件截面受剪 $\gamma_{Ra} = 0.85$。查《建筑抗震鉴定标准》GB 50023—2009 附表 A，此情况下，C30 混凝土抗压强度 $f_c = 15.0 \text{N/mm}^2$，HPB235 钢筋设计强度 $f_{yv} = 210 \text{N/mm}^2$。

1）原柱受剪承载力计算

据《建筑抗震鉴定标准》GB 50023—2009 式（E.0.6-1）

$$\lambda = \frac{H_n}{2h_0} = 4000/360 = 5.56 > 3，取 \lambda = 3；N = 1144000\text{N} > 0.3f_cA = 0.3 \times 15 \times 400 \times 400 = 720000\text{N}$$

$$V_{c0} = \frac{1}{\gamma_{Ra}}\left(\frac{0.16}{\lambda + 1.5}f_cbh_0 + f_{yv}\frac{A_{sv}}{s}h_0 + 0.056N\right)$$

$$= \left(\frac{0.16}{3 + 1.5} \times 15 \times 400 \times 360 + 210 \times 360 \times 2 \times 78.5/200 + 0.056 \times 720000\right)/0.85 = 207610\text{N}$$

跨高比大于 2.5 时，其受剪截面应符合下列条件：

$$V_{c0} \leq \frac{1}{\gamma_{Ra}}(0.2\beta_cf_cbh_0) = 0.2 \times 1 \times 15 \times 400 \times 360/0.85 = 508200\text{N}$$

取两者较小值，$V_{u0} = 207610\text{N}$

2）验算加固后截面尺寸

按照《混凝土结构设计规范》GB 50010—2010 式（11.4.6）得

$$V_u \leq \frac{1}{\gamma_{Ra}}(0.2\beta_cf_cbh_{m0}) = 0.2 \times 1 \times 15 \times 400 \times 400/0.85 = 564710\text{N}$$

3）钢筋网承载剪力

按照《水泥复合砂浆钢筋加固混凝土结构技术规程》CECS 242：2016 式（5.4.2-3）得

$$\gamma = 1 - 0.3\frac{V_{0k}}{V_{u0}} = 1 - 0.3 \times \frac{50}{207.61} = 0.928$$

按照公式（12-60）得，

$$V_{cm} = \frac{1}{\gamma_{Ra}}\left(\beta_2\gamma\frac{2.1}{\lambda + 1.0}f_tt_0h + \alpha_2\gamma\xi f_{yv}\frac{A_{sv}}{s}h_{m0} + 0.056\Delta N\right)$$

$$= (0.5 \times 0.928 \times \frac{2.1}{3 + 1.0} \times 1.71 \times 25 \times 400 + 0.9 \times 0.928 \times 1 \times 360 \times 100.6 \times 400/80 + 0.056 \times$$

$$100000)/0.85 = 189370\text{N}$$

4）加固后截面总的抗震受剪承载力

$$V_u = V_{u0} + V_{cm} = 207.61 + 189.37 = 396.97\text{kN}$$

SCS 软件输入和简要结果显示对话框如图 16-23 所示，可见其结果与手算的相同。

图 16-23   复合砂浆钢筋网加固的框架柱斜截面受剪抗震承载力（B类建筑）

本章参考文献

［1］中华人民共和国国家标准．建筑抗震鉴定标准：GB 50023—2009［S］．北京：中国建筑工业出版
社，2009.

［2］中华人民共和国行业标准．建筑抗震加固技术规程：JGJ 116—2009［S］．北京：中国建筑工业出版
社，2009.

［3］王依群．混凝土结构设计计算算例［M］．3 版．北京：中国建筑工业出版社，2016.

［4］中国工程建设标准化协会．水泥复合砂浆钢筋网加固混凝土结构技术规程：CECS 242：2016［S］.
北京：中国计划出版社，2016.

第17章 框架节点抗震加固

框架节点抗震加固内容较多，因此单独设立一章。

2004 年，笔者开发了读取 PKPM 软件内力结果计算框架节点抗震承载力、配置框架节点箍筋的免费小程序 RCjoint[1]，使人们认识到不经计算二级及以上抗震等级的框架节点承载力很难达到规范的要求。笔者使用 RCjoint 还发现，三级抗震等级的框架节点只按构造要求配箍筋有时也达不到承载力要求。2006 年，PKPM 软件也对框架节点进行了承载力计算。

2006 年前，由于缺乏框架节点承载力设计软件，再加上设计人员忽视框架节点抗震能力，致使全国的三级及以上抗震等级的混凝土结构框架节点可能承载力不足，或连抗震构造措施要求（节点核心区箍筋最小用量）也不达标，这可在 2008 年 5 月 12 日大地震震害图片与分析中看到。所以，钢筋混凝土框架节点抗震检测与加固是框架加固的重点。

由《混凝土结构设计规范》GB 50010—2010[2] 可见，其对框架节点受剪承载力有两方面要求：

节点核心区的受剪水平截面应符合下列条件：

$$V_j \leqslant \frac{1}{\gamma_{RE}}(0.3\eta_j\beta_c f_c b_j h_j) \tag{17-1}$$

节点的抗震受剪承载力应符合下列条件：

$$V_j \leqslant \frac{1}{\gamma_{RE}}\left[1.1\eta_j f_t b_j h_j + 0.05\eta_j N \frac{b_j}{b_c} + \frac{f_{yv}A_{svj}}{s}(h_{b0}-a')\right] \tag{17-2}$$

式中 η_j——正交梁对节点的约束影响系数，当楼板为现浇、梁柱中线重合、四侧各梁截面宽度不小于该侧柱截面宽度 1/2，且正交方向梁高度不小于较高框架梁高度的 3/4 时，可取 η_j 为 1.5，但对 9 度设防烈度宜取 η_j 为 1.25；当不满足上述条件时，应取 η_j 为 1.0；

     h_j——框架节点核心区的截面高度，可取验算方向的柱截面高度 h_c；

     b_j——框架节点核心区的截面有效验算宽度，当梁宽 $b_b \geqslant b_c/2$ 时，取 $b_j=b_c$；当 $b_b < b_c/2$ 时，取（$b_b+0.5h_c$）和 b_c（柱截面宽）中的较小值；当梁与柱的中线不重合且偏心距 $e_0 \leqslant b_c/4$ 时，取（$0.5b_b+0.5b_c+0.25h_c-e_0$）、（$b_b+0.5h_c$）和 b_c 三者中的最小值；

     h_{b0}——梁的截面有效高度，节点两侧梁高不相同时，取两侧梁高的平均值；

     a'——梁纵向受压钢筋合力点至截面近边的距离；

     A_{svj}——核心区有效验算宽度范围内同一截面验算方向箍筋各肢的全部截面面积。

     N——地震作用组合的节点上柱底的轴向压力设计值，当 $N>0.5f_c b_c h_c$ 时，取 $N=0.5f_c b_c h_c$；当 $N<0$ 时，取 $N=0$。

以上公式是未加固前框架节点承载力计算公式，加固是在这个承载力基础上的提高。

17.1　高强钢绞线网–聚合物砂浆加固梁柱节点

（1）高强钢绞线网–聚合物砂浆加固带有楼板的平面框架梁柱节点

根据曹忠民的研究[3]，对于无正交梁时的带有楼板的梁柱节点可采用图 17-1（b）的方式加固。

图 17-1 的两种加固方式的区别是：加固方式 2 还把核心区的钢绞线分别向左右梁端、下柱各延伸 1/2 的梁截面高度，以期改善节点的抗震性能。由于梁与柱的截面宽度不同，在施工时加固方式 2 需要把梁柱相接处的凹角先用环氧砂浆填实。结果是，采用两种方式加固后的节点受剪承载力提高幅度几乎相同。但是，方式 2 加固的节点构件延性要提高很多，而方式 1 的延性几乎没有提高[3]。所以，一定要采用方式 2 加固节点。

图 17-1　无正交梁时的带有楼板的梁柱节点高强钢绞线网——聚合物砂浆加固方式

（a）加固方式 1；（b）加固方式 2

（2）高强钢绞线网–聚合物砂浆加固带有楼板和正交梁的梁柱节点

根据曹忠民等的研究[3]，对于有正交梁时的带有楼板的梁柱节点可采用图 17-2 的方式加固，试件编号 JS2。节点核心区钻斜洞布置 X 形钢绞线束（实测截面积 $4.68mm^2$，极限强度 1641MPa）。

图 17-2　有正交梁时的带有楼板的梁柱节点高强钢绞线网–聚合物砂浆加固方式（加固方式 4）

为了研究图 17-2 方式加固的效果如何，曹忠民等还做了图 17-3 所示的加固方式 3 加固梁柱节点，用于对比，试件编号 JS1。JS1 比 JS2 试件只少 X 形钢绞线束，两试件其余加固措施完全相同。

图 17-3　有正交梁时的带有楼板的梁柱节点高强钢绞线网-聚合物砂浆加固方式（加固方式 3）

无正交梁的梁柱节点试件和有正交梁的梁柱节点试件分为两批浇筑，如表 17-1 所示。第一批试件按 C25 设计，试件实测混凝土立方体抗压强度平均值分别为 32.3N/mm²，第二批试件按 C15 设计，试件实测混凝土立方体抗压强度平均值分别为 22.1N/mm²，两批试件梁和柱纵筋采用 HRB335，箍筋和板的钢筋采用 HPB235。其实测的强度值如表 17-2 所示。

试件加固方案和试验与计算结果（N/mm²）　　　　　　表 17-1

批次	编号	加固前状况	加固方式	文献[3]计算值 V_c(kN)	试验值 V_t(kN)
一	J1	—	—	213.3	213.6
一	J2	完好	方式1	244.0	245.6
一	J3	完好	方式2	244.0	245.6
一	J4	震损	方式1	234.7	234.9
一	J5	震损	方式2	234.7	245.6
二	JS1	完好	方式3	229.8	234.9
二	JS2	完好	方式4	247.7	234.9*

注：试件 JS2 由于斜向钢绞线配置较多而发生梁端弯曲破坏。
说明：因试件 JS2 不是因节点核心受剪破坏，所以 234.9kN 不是节点的最终的受剪承载力，具体数值未侧到，从文献［3］试验测得的梁端荷载比试件 JS1 高可知最终的节点受剪承载力一定高于 234.9kN。还有待更多的试验验证。

试件钢筋力学性能的实测值（N/mm²）　　　　　　表 17-2

试件批次	钢筋	屈服强度	极限强度	弹性模量
一	φ6	305	520	1.93×10⁵

试件批次	钢筋	屈服强度	极限强度	弹性模量
一	Φ 14	355	590	$1.87×10^5$
一	Φ 16	365	600	$1.92×10^5$
二	Φ 6	326	528	$1.92×10^5$
二	Φ 10	412	613	$1.91×10^5$
二	Φ 16	364	559	$1.93×10^5$

文献［3］对图 17-1（b）的加固方式进行了试验，试件尺寸和原始配筋如图 17-4 所示。

图 17-4　无正交梁时的带有楼板的梁柱节点试件的几何尺寸和配筋

文献［3］给出的加固后节点的抗震受剪承载力计算公式为：

$$V_j \leqslant \frac{1}{\gamma_{Ra}}(V_{cs}+V_w) \qquad (17-3)$$

式中　γ_{Ra}——节点受剪加固的抗震承载力调整系数，根据《建筑抗震鉴定标准》GB 50023—2009，对于 A 类建筑，按《建筑抗震设计规范》GB 50011 承载力调整系数 γ_{RE} 的 0.85 倍采用；对于 B、C 类建筑，取与 γ_{RE} 相同；

V_{cs}——加固前节点的抗震受剪承载力；

V_w——钢绞线网或节点区钢绞线束提供的节点受剪承载力，即当用钢绞线网加固节点时，$V_w=V_{vw}$；当在节点区配置钢绞线束加固节点时，$V_w=V_{sw}$；

V_{vw}——钢绞线网提供的节点受剪承载力；

V_{sw}——节点区钢绞线束提供的节点受剪承载力。

$$V_{vw} = \beta_w \beta_d f_{yw} A_w \frac{h_{b0} - a'}{s_w} \tag{17-4}$$

式中　β_w——钢绞线应力发挥系数，建议取 $\beta_w = 0.3$；

β_d——钢绞线网与原节点的共同工作系数，对加固前节点状态完好和震损分别取 $\beta_d = 1.0$ 和 0.7；

f_{yw}——钢绞线的设计强度，取其极限强度的 85%；

A_w——节点核心区同一截面验算方向钢绞线的全部截面面积；

h_{b0}——梁的截面有效高度，当节点两侧梁高不相同时，取两侧梁高的平均值；

a'——梁纵向受压钢筋合力点至截面近边的距离；

s_w——节点区钢绞线的网格水平间距。

$$V_{sw} = 0.8 f_{yw} A_{sw} \sin\theta \tag{17-5}$$

式中　f_{yw}——斜向钢绞线的抗拉设计强度；

A_{sw}——配置在节点一个方向的斜向钢绞线的截面面积；

θ——斜向钢绞线与柱轴线的夹角，如图 17-5 所示；

0.8——对斜向钢绞线受剪承载力的折减系数。

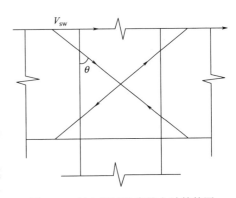

图 17-5　斜向钢绞线束剪力计算简图

文献［3］按以上公式计算各试件受剪承载力如表 17-1 第 5 列所示。可见，这些公式较为准确。

【例 17-1】　钢绞线网加固平面框架节点算例

以上述 J2、J3、J5 试件为素材手算和用 SCS 软件计算其承载力。SCS 软件是设计软件，受其输入材料强度等级的限制，对以上试件材料强度的输入只能作近似处理。具体为：混凝土强度等级输入 C30，以接近试件混凝土立方体强度 C32 强度的事实；对直径 6mm 钢筋，输入为 HRB335 钢筋，以接近试件超过 300MPa 的实际强度；对其他直径钢筋，输入 HRB400 钢筋，以接近其强度。与文献［3］相近，选取 A 类建筑的节点（即取 $\gamma_{Ra} = 0.85\gamma_{RE} = 0.85 \times 0.85 = 0.7225$）和取钢绞线的抗拉设计强度 $f_{vw} = 1670$MPa。

用 SCS 软件计算钢绞线网加固节点试件受剪承载力的对话框和简要计算结果如图 17-6、图 17-7 所示。

图 17-6 是用 SCS 软件计算加固前完好状态的 J2、J3 节点试件。

手算过程如下：

（1）按文献［3］的算法，即混凝土强度和计算公式按现行规范。原节点受剪承载力节点核心区的受剪水平截面应符合下列条件：

$$\gamma_{Ra} V_j \leqslant 0.3\eta_j \beta_c f_c b_j h_j = 0.3 \times 1 \times 1 \times 14.3 \times 200 \times 300 = 257400\text{N}$$

节点的抗震受剪承载力应符合下列公式：

图 17-6　用 SCS 软件对 J2、J3 节点试件的输入数据和计算结果

$$V_{cs} = 1.1\eta_j f_t b_j h_j + 0.05\eta_j N \frac{b_j}{b_c} + \frac{f_{yv}A_{svj}}{s}(h_{b0}-a')$$

$$= 1.1\times1\times1.43\times200\times300 + 0.05\times1\times357000\times\frac{200}{200} + 300\times\frac{56.6}{150}\times(267-32)$$

$$= 94380 + 17850 + 26602 = 138832\mathrm{N}$$

原节点受剪承载力取上两者的较小值，即 $V_{cs} = 138832\mathrm{N}$。

如果是 A 类建筑，则 $\gamma_{Ra} = 0.85\gamma_{RE} = 0.85\times0.85 = 0.7225$。由式（17-3）知，钢绞线网应承担的剪力为：

$$V_{vw} = \gamma_{Ra}V_j - V_{cs} = 0.7225\times245600 - 138832 = 177446 - 138832 = 38614\mathrm{N}$$

由式（17-4）知，钢绞线网同一水平位置节点截面两侧钢绞线总截面积为：

$$A_w = \frac{V_{vw}s_w}{\beta_w\beta_d f_{yw}(h_{b0}-a')} = \frac{38614\times30}{0.3\times1\times0.85\times1670\times(267-32)} = 11.58\mathrm{mm}^2$$

这与文献［3］结果相同。

（2）按《建筑抗震鉴定标准》GB 50023—2009 附录 E 的算法。原节点受剪承载力节点核心区的受剪水平截面应符合下列条件：

$$\gamma_{Ra}V_j \leqslant 0.3\eta_j\beta_c f_c b_j h_j = 0.3\times1\times1\times15.0\times200\times300 = 270000\mathrm{N}$$

节点的抗震受剪承载力应符合下列：

$$V_{cs} = 0.1\eta f_c b_j h_j + 0.1\eta N \frac{b_j}{b_c} + \frac{f_{yv}A_{svj}}{s}(h_{b0}-a')$$

$$= 0.1\times1\times15.0\times200\times300 + 0.1\times1\times357000\times\frac{200}{200} + 300\times\frac{56.6}{150}\times(267-32) = 152300\mathrm{N}$$

原节点受剪承载力取上两者的较小值，即 $V_{cs} = 152300\mathrm{N}$。

如果是 A 类建筑，则 $\gamma_{Ra} = 0.85\gamma_{RE} = 0.85 \times 0.85 = 0.7225$。由式（17-3）知，钢绞线网应承担的剪力为：

$$V_{vw} = \gamma_{Ra} V_j - V_{cs} = 0.7225 \times 245600 - 152300 = 177446 - 152300 = 25146N$$

由式（17-4）知，钢绞线网同一水平位置节点截面两侧钢绞线总截面积为：

$$A_w = \frac{V_{vw} s_w}{\beta_w \beta_d f_{yw}(h_{b0} - a')} = \frac{25146 \times 30}{0.3 \times 1 \times 0.85 \times 1670 \times (267 - 32)} = 7.54mm^2$$

因过去规范对混凝土强度取值偏高和计算公式安全度偏低，所以方法（2）较方法（1）计算结果偏小。SCS 软件计算结果（图 17-6）与方法（2）手算结果相同。

如果是针对试验，则应取材料实测强度，不计 γ_{Ra} 和其他安全系数（如钢绞线应力发挥系数 β_w）。这里，材料强度取值不变（按现行规范），只略去安全系数，则结果如下：

$$V_{vw} = V_j - V_{cs} = 245600 - 138832 = 106768N$$

由式（17-4）知，钢绞线网同一水平位置节点截面两侧钢绞线总截面积为：

$$A_w = \frac{V_{vw} s_w}{f_{yw}(h_{b0} - a')} = \frac{106768 \times 30}{1670 \times (267 - 32)} = 8.16mm^2$$

再考虑钢绞线应力发挥得不充分，此与试件所配钢绞线网钢丝绳面积 $2 \times 4.68 = 9.36mm^2$ 接近。

图 17-7 是用 SCS 软件计算加固前已震损状态的 J5 节点试件。与前两个试件相比，只是对加固前已震损的节点取 $\beta_d = 0.7$，可见加固需要的钢绞线面积更多。手算过程略。

图 17-7　用 SCS 软件对 J5 节点试件的输入数据和计算结果

SCS 软件计算结果与文献［3］试验和计算结果相比，均需要配置更多的加固钢绞线（截面积）。这里，有 SCS 输入的混凝土材料强度偏低的原因，也表明 SCS 软件计算结果偏于安全。

【例 17-2】交叉钢绞线加固空间框架节点算例

以上述 JS2 试件为素材手算和用 SCS 软件计算其承载力。手算过程如下：

原节点受剪承载力

混凝土强度等级取与试件接近的 C22，按现行《混凝土结构设计规范》GB 50010 插值得 $f_c = 10.52\text{MPa}$，$f_t = 1.17\text{MPa}$。

节点核心区的受剪水平截面应符合下列条件：

$$V_j \le 0.3\eta_j\beta_c f_c b_j h_j / \gamma_{\text{Ra}} = 0.3 \times 1.5 \times 1 \times 10.5 \times 200 \times 300/0.85 = 334160\text{N}$$

节点的抗震受剪承载力应符合下式：

$$0.5f_c A = 0.5 \times 10.52 \times 200 \times 300 = 315600\text{N} < N = 357000\text{N}$$

$$\frac{1}{\gamma_{\text{Ra}}}\left[1.1\eta_j f_t b_j h_j + 0.05\eta_j N \frac{b_j}{b_c} + \frac{f_{yv}A_{svj}}{s}(h_{b0} - a')\right]$$

$$= \left[1.1 \times 1.5 \times 1.17 \times 200 \times 300 + 0.05 \times 1.5 \times 315600 \times \frac{200}{200} + 300 \times \frac{56.6}{150} \times (267 - 32)\right]/0.85$$

$$= (115830 + 23670 + 26602)/0.85 = 195414\text{N}$$

原节点受剪承载力取上两者的较小值，即 $V_{ju0} = 195414\text{N}$。

原节点受剪承载力与前面计算相同，加固需要承担剪力为：

$$V_{sw} = V_j - V_{ju0} = 234900 - 195414 = 39486\text{N}$$

由式（17-5）知，配置在节点两侧一个方向的斜向钢绞线的总截面积为：

$$\sin\theta = \frac{h_c + 200}{\sqrt{(h_c + 200)^2 + h_b^2}} = \frac{300 + 200}{\sqrt{(300 + 200)^2 + 300^2}} = 0.857$$

$$A_{sw} = \frac{\gamma_{\text{Ra}} V_{sw}}{0.8f_{yw}\sin\theta} = \frac{0.85 \times 39486}{0.8 \times 1670 \times 0.857} = 29.31\text{mm}^2$$

SCS 软件计算结果（图 17-8）与手算结果相近。为与文献［3］计算结果比较，以上仿照文献［3］，计算中考虑了抗震承载力调整系数。

图 17-8　用 SCS 软件对 JS2 节点试件的输入数据和计算结果

如果是 A 类建筑，则 $\gamma_{Ra} = 0.85\gamma_{RE} = 0.85 \times 0.85 = 0.7225$，原节点受剪承载力

混凝土强度等级取 C22，按《建筑抗震鉴定标准》GB 50023—2009 表 A.0.2-2 插值得 $f_c = 10.67$MPa

节点核心区的受剪水平截面应符合下列条件：

$$V_j \leqslant 0.3\eta_j\beta_c f_c b_j h_j / \gamma_{Ra} = 0.3 \times 1.5 \times 1 \times 10.67 \times 200 \times 300 / 0.7225 = 398610\text{N}$$

节点的抗震受剪承载力应符合下式，即《建筑抗震鉴定标准》GB 50023—2009 式（E.0.8-2）：

$$0.5f_c A = 0.5 \times 10.67 \times 200 \times 300 = 320000 \text{ N} < N = 357000\text{N}$$

$$\frac{1}{\gamma_{Ra}}\left[0.1\eta_j f_c b_j h_j + 0.1\eta_j N \frac{b_j}{b_c} + \frac{f_{yv}A_{svj}}{s}(h_{b0}-a')\right]$$

$$= [0.1 \times 1.5 \times 10.67 \times 200 \times 300 + 0.1 \times 1.5 \times 320000 \times \frac{200}{200} + 300 \times \frac{56.6}{150} \times (267-32)]/0.7225$$

$$= (96030 + 48000 + 26602)/0.7225 = 236168\text{N}$$

原节点受剪承载力取上两者的较小值，即 $V_{ju0} = 236168$N。

V_{ju0} 大于作用的剪力，故此情况下节点不必加固。

以上是按【例 17-1】中的方法（1）手算的，SCS 软件是按《建筑抗震鉴定标准》GB 50023—2009 附录 E 的混凝土强度取值和 1989 年建筑抗震设计规范算法，即按【例 17-1】中的方法（2）计算，于是 SCS 软件计算结果如图 17-9 所示，因为 1989 年建筑抗震设计规范算法安全度较现行规范要低，表明此节点符合当时的规范和较短的后续使用年限（30 年）。

图 17-9　用 SCS 软件对 JS2 节点试件的输入数据和计算结果

17.2　外粘型钢箍筋穿梁法加固梁柱节点

按照国家建筑标准设计图集《混凝土结构加固构造》11G311—1[4] 第 161 页做法

（图 17-10）加固的节点的设计计算，首先复核原节点满足截面尺寸限制条件。如满足，即只是节点核心区箍筋不足，可以采用此法进行加固；如不满足，则可采用下节介绍的增大混凝土截面法加固节点。

因为尚未见到关于此法的试验报告或计算公式，基于安全的考虑，本书及软件 SCS 限制此法仅用于框架梁宽 b_b 不小于 $b_c/2$（框架柱宽的一半）的情况。

外粘型钢箍筋穿梁法加固后框架节点的受剪水平截面应符合的条件相同，即应满足式（17-1）。

加固后框架节点受剪承载力可由下式确定：

$$V_j \leqslant \frac{1}{\gamma_{RE}}\left[1.1\eta_j f_{t0} b_j h_j + 0.05\eta_j N \frac{b_j}{b_c} + \frac{f_{yv0}A_{svj0}}{s_0}(h_{b0}-a') + 0.7\frac{f_{yv}A_{svj}}{s}(h_{b0}-a')\right] \quad (17\text{-}6)$$

或可写成加固后的节点承载力等于加固前的承载力加上后加箍筋承担的剪力

$$V_j \leqslant V_{j0} + \frac{1}{\gamma_{RE}}\left[0.7\frac{f_{yv}A_{svj}}{s}(h_{b0}-a')\right] \quad (17\text{-}7)$$

图 17-10 外粘型钢箍筋穿梁法加固示意

【例 17-3】外粘型钢箍筋穿梁法加固梁柱节点算例

某 C 类建筑的框架节点，原柱和节点截面尺寸 300mm×300mm，与节点四个方向相连的梁截面尺寸为 200mm×300mm，$a=a'=40$mm，混凝土强度等级为 C30，梁与节点间无偏心。节点核心区箍筋为 HPB235，$2\phi6@100$，节点受到上柱底传来的压力为 386kN，因结构改造，节点现受地震作用组合的设计剪力为 450kN。试进行增大截面法加固计算，拟外粘型钢箍筋穿梁法加固，使用 HRB400 钢筋作为加固箍筋。

【解】1）原节点受剪承载力计算

使用文献［5］介绍的 RCM 软件输入信息与简要计算结果如图 17-11 所示。可见 V_{j0} = 314.87kN，承载力不满足要求，需要加固。

2）验算加固后截面尺寸

框架节点的受剪水平截面应符合的条件与加固前相同，即截面尺寸限制的剪力为 681.35kN。

3）受剪承载力计算

$$\frac{A_{svj}}{s} = \frac{\gamma_{RE}V_j - \gamma_{RE}V_{j0}}{0.7f_{yv}(h_{b0}-a')} = \frac{0.85\times450000 - 0.85\times314870}{0.7\times360\times220} = \frac{114860.5}{55440} = 2.072\text{mm}$$

加固用两肢箍，间距 120mm，单肢箍截面积 $A_{sv1} = 2.072\times120/2 = 124.3$mm^2，可选用

图 17-11　原节点受剪承载力

直径 14mm 的钢筋，实配 153.9mm^2。

使用 SCS 软件输入数据和计算结果如图 17-12 所示，可见其结果与手算结果相同。

图 17-12　加固后节点的受剪承载力

17.3　增大截面法加固梁柱节点

约定加固用的混凝土强度等级不低于原混凝土结构强度等级（图 17-13），不计后加混凝土对节点核心区混凝土抗压强度的提高作用，增大截面加固后框架节点核心区的受剪水平截面应符合下列条件：

$$V_j \leqslant \frac{1}{\gamma_{Ra}} (0.3\beta_{c0} f_{c0} b_{1j} h_{1j})$$

(17-8)

式中　γ_{Ra}——节点受剪加固的抗震承载力调整系数，根据《建筑抗震鉴定标准》GB 50023—2009，对于 A 类建筑，按《建筑抗震设计规范》GB 50011 承载力调整系数 γ_{RE} 的 0.85 倍采用；对于 B、C 类建筑，取与 γ_{RE} 相同；

　　　　b_{1j}——加固后节点核心区截面有效验算宽度，当 b_{b} 不小于 $b_1/2$ 时，取 b_1；当 b_{b} 小于 $b_1/2$ 时，取 $(b_{\mathrm{b}}+0.5h_1)$ 和 b_1 中的较小值。当梁与柱的中线不重合且偏心距 $e_0 \leqslant b_{\mathrm{c}}/4$ 时，取 $(0.5b_{\mathrm{b}}+0.5b_1+0.25h_1-e_0)$、$(b_{\mathrm{b}}+0.5h_1)$ 和 b_1 三者中的最小值。此处，b_{b} 为验算方向梁截面宽度，b_1、h_1 分别为加固后节点截面的宽度、高度；

　　　　h_{1j}——加固后节点核心区截面高度。

图 17-13　增大截面法
（a）俯视图；（b）立面图

参照文献［6］，增大截面加固后框架节点受剪承载力可由下式确定：

$$V_j \leqslant \frac{1}{\gamma_{\mathrm{Ra}}}\left\{\psi_{\mathrm{c}}\left(1.1\eta_j f_{\mathrm{t0}}b_j h_j + 0.05\eta_j N \frac{b_j}{b_{\mathrm{c}}}\right) + \frac{f_{\mathrm{yv0}}A_{\mathrm{svj0}}}{s_0}(h_{\mathrm{b0}}-a') + \psi_1\left[1.1f_{\mathrm{t1}}(b_1 h_1 - b_j h_j) + \frac{f_{\mathrm{yv}}A_{\mathrm{svj}}}{s}(h_{\mathrm{b0}}-a')\right]\right\}$$

$$(17-9)$$

式中　ψ_1——考虑新加混凝土与原节点混凝土横截面积比、强度比、加固配箍率、结合面粗糙程度等因素的影响系数，取 $\psi_1 = 0.5$；

　　　　ψ_{c}——新增混凝土的约束作用对原节点核心区混凝土抗剪强度的提高系数 $\psi_{\mathrm{c}} = 1 + 0.1\dfrac{(b_1 h_1 - b_j h_j)}{b_j h_j}$；

　　　　b_1、h_1——加固后节点水平截面宽度、高度。

　　　　其他符号意义同《混凝土结构设计规范》GB 50010。

【例 17-4】增大截面法加固框架节点受剪承载力设计算例

某 C 类建筑的框架节点，原柱和节点截面尺寸 300mm×300mm，与节点四个方向相连的梁截面尺寸为 200mm×300mm，$a = a' = 40$mm，混凝土强度等级为 C30，梁与节点间无偏心。节点核心区 HPB235 箍筋 2φ6@100，节点受到上柱底传来的压力为 386kN。因结构改造，节点现受地震作用组合的设计剪力为 450kN。试进行增大截面法加固计算，拟使用混凝土强度等级 C40 在节点四周均增大 50mm，使用 HRB400 钢筋作为加固箍筋。

【解】 1）原节点受剪承载力计算

使用文献［5］介绍的 RCM 软件输入信息与简要计算结果如图 17-11 所示。可见 V_{0E} = 314.87kN，承载力不满足要求，需要加固。

2）验算加固后截面尺寸

$$b_{1j} = (b_b + 0.5h_1) = 200 + 0.5 \times 400 = 400mm$$

$V = 450kN \leq \dfrac{1}{\gamma_{Ra}}(0.3\beta_{c0}f_{c0}b_{1j}h_{1j}) = 0.3 \times 14.3 \times 400 \times 400 \times 10^{-3}/0.85 = 807.53kN$，满足要求。

3）受剪承载力计算

$$\psi_c = 1 + 0.1\frac{(b_1h_1 - b_jh_j)}{b_jh_j} = 1 + 0.1 \times \frac{(400 \times 400 - 300 \times 300)}{300 \times 300} = 1.078$$

$$N = 386kN < 0.5f_{c0}b_ch_c = 0.5 \times 14.3 \times 300 \times 300 = 643500N$$

$$1.1\eta_jf_{t0}b_jh_j + 0.05\eta_jN\frac{b_j}{b_c} = 1.1 \times 1.5 \times 1.43 \times 300 \times 300 + 0.05 \times 1.5 \times 386000 \times 300/300 = 241305N$$

$$\frac{f_{yv0}A_{svj0}}{s_0}(h_{b0} - a') = \frac{210 \times 57}{100} \times (260 - 40) = 26334N$$

$$1.1f_{t1}(b_1h_1 - b_jh_j) = 1.1 \times 1.71 \times (400 \times 400 - 300 \times 300) = 131670N$$

$$\frac{A_{svj}}{s} = \frac{\gamma_{RE}V_j - \psi_c\left(1.1\eta_jf_{t0}b_jh_j + 0.05\eta_jN\frac{b_j}{b_c}\right) - \frac{f_{yv0}A_{svj0}}{s_0}(h_{b0} - a') - 1.1\psi_1f_{t1}(b_1h_1 - b_jh_j)}{\psi_1f_{yv}(h_{b0} - a')}$$

$$= \frac{0.85 \times 450000 - 1.078 \times 241305 - 26334 - 0.5 \times 131670}{0.5 \times 360 \times 220} = 0.768mm$$

加固用两肢箍，间距 120mm，单肢箍截面积 $A_{sv1} = 0.768 \times 120/2 = 46.1mm^2$，可选用直径 8mm 的钢筋。

使用 SCS 软件输入数据和计算结果如图 17-14 所示，可见其结果与手算结果相同。

图 17-14　增大截面加固节点的受剪承载力计算

如果已知加固的结果，即加固混凝土强度等级、钢筋等级、增大的尺寸，并已知加固箍筋为 2ϕ8@120。为检验上述计算正确与否，用 SCS 软件复核的功能计算如图 17-15 所示。这表明，手算和 SCS 电算的结果都是正确的。

图 17-15　增大截面加固节点的受剪承载力复核

【例 17-5】增大截面法加固框架节点受剪承载力复核算例

文献［7］算例，某办公楼因施工中在节点区漏放箍筋，需要加固。由于使用功能要求，不允许增大柱截面，仅同意节点部分（该部分在顶棚内）加固。其中，一个节点如图 17-16 所示。原混凝土强度等级为 C20，节点 HPB235 箍筋 2ϕ8@100，梁的 $a = a' = 40mm$。上柱传给节点的压力 1200kN。加固采用在截面每边增加 75mm，采用 C30 微膨胀混凝土，箍筋为 2ϕ14@150。试计算平面图竖直方向加固前和加固后节点的受剪承载力。

图 17-16　中间节点加固

（a）平面图；（b）剖面图

【解】1）原节点受剪承载力计算，利用 RCM 软件[5] 计算如图 17-17 所示。

图 17-17　梁柱偏心节点受剪承载力

2）验算加固后截面尺寸

因节点四周均匀增大截面，加固后梁柱偏心距不变。节点截面有效验算宽度 b_{1j} 取下面两式结果和 $b_1 = 650\text{mm}$ 三者的最小值。

$$b_\text{b}+0.5h_1 = 250+0.5\times650 = 575\text{mm}$$

$$0.5b_\text{b}+0.5b_1+0.25h_1-e_0 = 125+0.5\times650+0.25\times650-125 = 487.5\text{mm}$$

故取 $b_{1j} = 487.5\text{mm}$

$\dfrac{1}{\gamma_\text{Ra}}(0.3\beta_\text{c0}f_\text{c0}b_{1j}h_{1j}) = 0.3\times1\times9.6\times487.5\times650\times10^{-3}/0.85 = 1072.55\text{kN}$，满足要求。

3）受剪承载力计算

$$\psi_\text{c} = 1+0.1\frac{(b_1h_1-b_jh_j)}{b_jh_j} = 1+0.1\times\frac{(650\times650-500\times500)}{500\times500} = 1.069$$

$$N = 1200\text{kN} \leqslant 0.5f_\text{c0}b_\text{c}h_\text{c} = 0.5\times9.6\times500\times500 = 1200000\text{N}$$

$$1.1\eta_j f_\text{t0}b_jh_j+0.05\eta_j N\frac{b_j}{b_\text{c}} = 1.1\times1.0\times1.1\times375\times500+0.05\times1.0\times1200000\times375/500 = 271875\text{N}$$

$$\frac{f_\text{yv0}A_\text{svj0}}{s_0}(h_\text{b0}-a') = \frac{210\times100.6}{100}\times(460-40) = 88729\text{N}$$

$$1.1f_\text{t1}(b_{1j}h_{1j}-b_jh_j) = 1.1\times1.43\times(487.5\times650-375\times500) = 202996\text{N}$$

$$\frac{f_\text{yv1}A_\text{svj1}}{s_1}(h_\text{b0}-a') = \frac{360\times308}{150}\times(460-40) = 310464\text{N}$$

$$V_j = \frac{1}{\gamma_\text{RE}}\left\{\psi_\text{c}\left(1.1\eta_j f_\text{t0}b_jh_j+0.05\eta_j N\frac{b_j}{b_\text{c}}\right)+\frac{f_\text{yv0}A_\text{svj0}}{s_0}(h_\text{b0}-a')+\psi_1\left[1.1f_\text{t1}(b_{1j}h_{1j}-b_jh_j)+\frac{f_\text{yv}A_\text{svj}}{s}(h_\text{b0}-a')\right]\right\}$$

$$= \frac{1}{0.85}\times(1.069\times271875+88729+0.5\times202996+0.5\times310464) = 748328\text{N}$$

用 SCS 软件复核的功能计算如图 17-18 所示。可见，其与手算结果一致。

图 17-18　梁柱偏心节点加固计算

本章参考文献

[1] 王依群，邓孝祥，王福智. RCJoint 软件及工程算例分析 [C]. 第十三届全国结构工程学术会议论文集（第 I 册），2004.

[2] 中华人民共和国国家标准. 混凝土结构加固设计规范：GB 50367—2013 [S]. 北京：中国建筑工业出版社，2013.

[3] 曹忠民. 高强钢绞线网-聚合物砂浆加固梁柱节点的研究 [M]. 成都：西南交通大学出版社，2012.

[4] 中国建筑标准设计研究院. 混凝土结构加固构造 13G311-1. 北京：中国计划出版社，2013.

[5] 王依群. 混凝土结构设计计算算例 [M]. 3 版. 北京：中国建筑工业出版社，2016.

[6] 余琼，李思明. 柱加大截面法加固框架节点试验分析 [J]. 工业建筑，35 卷 4 期，2005.

[7] 王玉镯，田珊等. 钢筋混凝土框架节点的抗震加固 [J]. 山东建筑工程学院学报，19 卷 1 期，2004.

第18章 钢筋混凝土构件抗震鉴定验算

18.1 一般规定

现有建筑抗震加固前，应根据其设防烈度、抗震设防类别、后续使用年限的结构类型，按现行《既有建筑鉴定与加固通用规范》GB 55021 和《建筑抗震鉴定标准》GB 50023 的相应规定进行抗震鉴定。

现有房屋按照其建造年代、依据的设计规范系列确定后续使用年限和确定其属于 A 类、B 类或 C 类建筑。建筑整体和结构构件抗震性能合格与否应按照现行《建筑抗震鉴定标准》GB 50023—2009[1] 的相关规定和计算公式进行鉴定。

为了克服手算费时、麻烦、易出错的缺点，SCS 软件增设了对 A 类、B 类建筑钢筋混凝土构件承载力鉴定（复核）功能。因为 C 类建筑钢筋混凝土构件鉴定（复核）计算所用材料强度取值和承载力计算公式均按现行国家标准执行，本人开发的混凝土结构构件计算软件 RCM[2] 已有相应功能，SCS 软件就不重复这些功能了，即 SCS 软件只对 A 类、B 类建筑钢筋混凝土构件承载力进行计算。其中，所用材料强度取值来自《建筑抗震鉴定标准》GB 50023—2009 附录 A，A 类、B 类建筑钢筋混凝土构件抗震承载力计算依据是《建筑抗震鉴定标准》GB 50023—2009 附录 C、附录 E；静荷载下的承载力计算依据是与其相应年代的《混凝土结构设计规范》GBJ 10—89。

18.2 A 类建筑钢筋混凝土楼层受剪承载力

《建筑抗震鉴定标准》GB 50023—2009 第 6.1.5 条（强制性条文）规定：

A 类钢筋混凝土房屋应进行综合抗震能力两级鉴定。当符合第一级鉴定的各项规定时，除 9 度外应允许不进行抗震验算而评为满足抗震鉴定要求；不符合第一级鉴定要求和 9 度时，除有明确规定的情况外，应在第二级鉴定中采用屈服强度系数和综合抗震能力指数的方法作出判断。

《建筑抗震鉴定标准》GB 50023—2009 第 6 章 2 节规定：A 类钢筋混凝土房屋，可采用平面结构的楼层综合抗震能力进行第二级鉴定。也可按现行国家标准《建筑抗震设计规范》GB 50011 的方法进行抗震计算分析，按《建筑抗震鉴定标准》GB 50023—2009 第 3.0.5 条的规定进行构件抗震承载力验算，计算时构件组合内力设计值不作调整，尚应按规定估算构造的影响，由综合评定进行第二级鉴定。

现有钢筋混凝土房屋采用楼层综合抗震能力指数进行第二级鉴定时，应分别选择下列平面结构：

（1）应至少在两个主轴方向分别选取有代表性的平面结构。

（2）框架结构与承重砌体结构相连时，除应符合上述第（1）款规定外，尚应选取连接处的平面结构。

（3）有明显扭转效应时，除应符合上述第（1）款的规定外，尚应选取计入扭转影响的边榀结构。

楼层综合抗震能力指数可按下列公式计算：

$$\beta = \psi_1 \psi_2 \xi_y \geqslant 1.0 \tag{18-1}$$

$$\xi_y = V_y / V_e \tag{18-2}$$

式中　β——平面结构楼层综合抗震能力指数；

ψ_1——体系影响系数，可按《建筑抗震鉴定标准》GB 50023—2009 第 6.2.12 条确定；

ψ_2——局部影响系数，可按《建筑抗震鉴定标准》GB 50023—2009 第 6.2.13 条确定；

ξ_y——楼层屈服强度系数；

V_y——楼层现有受剪承载力；

V_e——楼层的弹性地震剪力，可按《建筑抗震鉴定标准》GB 50023—2009 第 6.2.14 条确定。

钢筋混凝土结构楼层现有受剪承载力应按下式计算：

$$V_y = \sum V_{cy} + 0.7 \sum V_{my} + 0.7 \sum V_{wy} \tag{18-3}$$

式中　$\sum V_{cy}$——框架柱层间现有受剪承载力之和；

$\sum V_{my}$——砖填充墙框架层间现有受剪承载力之和；

$\sum V_{wy}$——抗震墙层间现有受剪承载力之和。

矩形框架柱层间现有受剪承载力可按下列公式计算，并取较小值：

$$V_{cy} = \frac{M_{cy}^U + M_{cy}^L}{H_n} \tag{18-4}$$

$$V_{cy} = \frac{0.16}{\lambda + 1.5} f_{ck} b h_0 + f_{yvk} \frac{A_{sv}}{s} h_0 + 0.056N \tag{18-5}$$

式中　M_{cy}^U、M_{cy}^L——分别为验算层偏压柱上、下端的现有受弯承载力；

λ——框架柱的计算剪跨比，取 $\lambda = H_n/(2h_0)$，且 $\lambda > 3$ 时，取 $\lambda = 3$；

N——对应于重力荷载代表值的柱轴向压力，当 $N > 0.3 f_{ck} bh$ 时，取 $N = 0.3 f_{ck} bh$；

A_{sv}——配置在同一截面内箍筋各肢的截面面积；

f_{yvk}——箍筋抗拉强度标准值，按表 18-1，即《建筑抗震鉴定标准》GB 50023—2009 附录 A 表 A.0.3-1 采用；

f_{ck}——混凝土轴心抗压强度标准值，按表 18-2，即《建筑抗震鉴定标准》GB 50023—2009 附录 A 表 A.0.2-1 采用；

s——箍筋间距；

b——验算方向柱截面宽度；

　　　h、h_0——分别为验算方向柱截面高度、有效高度；

　　　H_n——框架柱净高。

钢筋强度标准值（N/mm²）　　　　　　　　　　　　表 18-1

种类		f_{yk} 或 f_{pyk} 或 f_{ptk}
热轧钢筋	HPB235（Q235）	235
	［20MnSi，20MnNb（b）］（1996 年以前的 $d=28\sim40$）	335（315）
	（1996 年以前的Ⅲ级 25MnSi）	（370）
	HRB400（20MnSiV、20MnTi、K20MnSi）	400
热处理钢筋	40Si2Mn（$d=6$）；48Si2Mn（$d=8.2$）；45Si2Cr（$d=10$）	1470

混凝土强度标准值（N/mm²）　　　　　　　　　　　　表 18-2

强度种类	符号	混凝土强度等级												
		C13	C15	C18	C20	C23	C25	C28	C30	C35	C40	C45	C50	C55	C60
轴心抗压	f_{ck}	8.7	10.0	12.1	13.5	15.4	17.0	18.8	20.0	23.5	27.0	29.5	32.0	34.0	36.0
弯曲抗压	f_{cmk}	9.6	11.0	13.3	15.0	17.0	18.5	20.6	22.0	26.0	29.5	32.5	35.0	37.5	39.5
轴心抗拉	f_{tk}	1.0	1.2	1.35	1.5	1.65	1.75	1.85	2.0	2.25	2.45	2.6	2.75	2.85	2.95

　　对称配筋矩形截面偏压柱现有受弯承载力可按下列公式计算：

　　当 $N \leqslant \xi_{bk} f_{cmk} b h_0$ 时，

$$M_{cy} = f_{yk} A_s (h_0 - a_s') + 0.5 Nh [1 - N/(f_{cmk} b h)] \tag{18-6}$$

　　当 $N > \xi_{bk} f_{cmk} b h_0$ 时，

$$M_{cy} = f_{yk} A_s (h_0 - a_s') + \xi(1 - 0.5\xi) f_{cmk} b h_0^2 - N(0.5h - a_s') \tag{18-7}$$

$$\xi = [(\xi_{bk} - 0.8) N - \xi_{bk} f_{yk} A_s] / [(\xi_{bk} - 0.8) f_{cmk} b h_0 - f_{yk} A_s] \tag{18-8}$$

式中　N——对应于重力荷载代表值的柱轴向压力；

　　　A_s——柱实有纵向受拉钢筋截面面积；

　　　f_{yk}——现有钢筋抗拉强度标准值，按《建筑抗震鉴定标准》GB 50023—2009 附录 A 表 A.0.3-1 采用；

　　　f_{cmk}——现有混凝土弯曲抗压强度标准值，按《建筑抗震鉴定标准》GB 50023—2009 附录 A 表 A.0.2-1 采用；

　　　a_s'——受压钢筋合力点至受压边缘的距离；

　　　ξ_{bk}——相对界限受压区高度，HPB 级钢取 0.6，HRB 级钢取 0.55；

　　　h、h_0——分别为柱截面高度、有效高度；

　　　b——柱截面宽度。

【例 18-1】矩形框架柱层间现有受剪承载力算例

　　文献［3］第 91 页例题，早期建造的 4 层现浇钢筋混凝土框架，采用外挂墙板和轻质隔墙，框架下部有箱形满地下室，框架柱嵌固于地下室顶板处，梁柱原采用 150 号（旧称，相当于现在的 C13）混凝土，纵筋、箍筋均为 HPB235，柱箍筋配置为 $\phi6@200$。首层柱净高 3.9m，截面尺寸 400mm×500mm，首层边柱一侧配纵筋 4ϕ20（$A_s=1257\text{mm}^2$），$a_s'=35\text{mm}$，受到轴向压力 $N=863\text{kN}$。该工程位于 9 度区，Ⅱ 类场地。

文献［3］对该工程进行了全面的抗震鉴定，不赘述。本书只计算矩形框架柱层间现有受剪承载力，并验证软件 SCS 的计算结果正确。

【解】

纯框架结构层间现有受剪承载力按下列两种情况的公式计算，并取其较小值。

① 按偏压柱正截面的受弯承载力核算柱受剪承载力

纵筋是 HPB 级钢，ξ_{bk} 取 0.6，

$N = 863\text{kN} \leqslant \xi_{bk} f_{cmk} bh_0 = 0.6 \times 9.6 \times 400 \times 465 \times 10^{-3} = 1071\text{kN}$，

$M_{cy} = f_{yk} A_s (h_0 - a_s') + 0.5Nh [1 - N/(f_{cmk}bh)]$

$\qquad = 235 \times 1257 \times (465 - 35) + 0.5 \times 863000 \times 500 \times [1 - 863000/(9.6 \times 400 \times 500)]$

$\qquad = 246 \times 10^6 = 246\text{kN} \cdot \text{m}$，

由于各层柱顶部钢筋和底部钢筋一般通长设置，又假定顶部与底部的垂直力接近，故可假定 $M_{cy}^U = M_{cy}^L$。

$$V_{cy} = \frac{M_{cy}^U + M_{cy}^L}{H_n} = \frac{2 \times 246}{3.9} = 126\text{kN}$$

② 按偏压柱斜截面核算柱受剪承载力

柱的剪跨比 $\lambda = H_n/(2h_0) = 3.9/(2 \times 0.465) = 4.19 > 3$，取 $\lambda = 3$。

$N = 863\text{kN} > 0.3 f_{ck} bh = 0.3 \times 8.7 \times 400 \times 500 \times 10^{-3} = 522\text{kN}$，计算中取 $N = 522\text{kN}$，

$$V_{cy} = \frac{0.16}{\lambda + 1.5} f_{ck} bh_0 + f_{yvk} \frac{A_{sv}}{s} h_0 + 0.056N$$

$$= \left(\frac{0.16}{3 + 1.5} \times 8.7 \times 400 \times 465 + 235 \times \frac{57}{200} \times 465 + 0.056 \times 522 \right) \times 10^{-3} = 117.9\text{kN}$$

SCS 软件计算对话框输入信息和最终计算结果如图 18-1 所示，可见其与手算结果相同。

图 18-1　柱层间现有受剪承载力计算

取两种方法计算结果的较小值，即为所求。

楼层各矩形框架柱层间现有受剪承载力求出之后，再求和，就得到楼层现有受剪承载力。此后，按照式（18-1）鉴定结构的抗震能力。

18.3　A 类、B 类建筑钢筋混凝土梁承载力验算

《建筑抗震鉴定标准》GB 50023—2009 第 6.1.5 条（强制性条文）规定：

A 类钢筋混凝土房屋应进行综合抗震能力两级鉴定。当符合第一级鉴定的各项规定时，除 9 度外应允许不进行抗震验算而评定为满足抗震鉴定要求；不符合第一级鉴定要求的 9 度时，除有明确规定的情况外，应在第二级鉴定中采用屈服强度系数和综合抗震能力指数的方法作出判断。

B 类钢筋混凝土房屋应根据所属的抗震等级进行结构布置，并应通过内力调整进行抗震承载力验算；或按照 A 类钢筋混凝土房屋计入构造影响对综合抗震能力进行评定。

当需要对 A、B 类建筑结构构件进行抗震承载力验算时，须根据《建筑抗震鉴定标准》GB 50023—2009 附录 D 进行内力调整，根据附录 E 给出的公式进行抗震承载力验算。本节先摘录该标准附录 E 有关梁抗震承载力计算公式和与这些公式相应的《混凝土结构设计规范》GBJ 89 的静载作用下的承载力计算公式，然后用算例演示这些公式的应用。

地震作用组合下，框架梁、连梁端部截面剪力设计值应符合下式要求：

$$V \leqslant \frac{1}{\gamma_{Ra}}(0.2 f_c b h_0) \tag{18-9}$$

式中　V——端部截面组合的剪力设计值，应按《建筑抗震鉴定标准》GB 50023—2009 附录 D 的规定采用；

f_c——混凝土轴心抗压强度设计值，按《建筑抗震鉴定标准》GB 50023—2009 附录表 A.0.2-2 采用；

b——梁截面宽度；

h_0——梁截面有效高度。

框架梁的正截面抗震承载力应按下式计算：

$$M_b \leqslant \frac{1}{\gamma_{Ra}}\left[f_{cm}bx\left(h_0-\frac{x}{2}\right)+f_y'A_s'(h_0-a_s')\right] \tag{18-10}$$

混凝土受压区高度按下式计算：

$$f_{cm}bx=f_yA_s-f_y'A_s' \tag{18-11}$$

式中　M_b——框架梁组合的弯矩设计值，应按《建筑抗震鉴定标准》GB 50023—2009 附录 D 的规定采用；

f_{cm}——混凝土弯曲抗压强度设计值，按《建筑抗震鉴定标准》GB 50023—2009 附录表 A.0.2-2 采用；

f_y、f_y'——受拉、受压钢筋屈服强度设计值，按《建筑抗震鉴定标准》GB 50023—2009 附录表 A.0.3-2 采用；

A_s、A_s'——受拉、受压纵向钢筋截面面积；

a_s'——受压区纵向钢筋合力点至受压区边缘的距离；

x——混凝土受压区高度，一级框架应满足 $x \leqslant 0.25h_0$ 的要求，二、三级框架应满足 $x \leqslant 0.35h_0$ 的要求。

框架梁的斜截面抗震承载力应按下式计算：

$$V_b \leqslant \frac{1}{\gamma_{Ra}}(0.056f_c b h_0+1.2f_{yv}\frac{A_{sv}}{s}h_0) \tag{18-12}$$

对集中荷载作用下的框架梁（包括有多种荷载，且其中集中荷载对节点边缘产生的剪力值占总剪力值的 75% 以上的情况），其斜截面抗震承载力应按下式计算：

$$V_b \leqslant \frac{1}{\gamma_{Ra}} \left(\frac{0.16}{\lambda+1.5} f_c b h_0 + f_{yv} \frac{A_{sv}}{s} h_0 \right) \tag{18-13}$$

式中　V_b——框架梁组合的剪力设计值，应按《建筑抗震鉴定标准》GB 50023—2009 附录 D 的规定采用；

f_{yv}——箍筋的抗拉强度设计值，按《建筑抗震鉴定标准》GB 50023—2009 附录表 A.0.3-2 采用；

A_{sv}——配置在同一截面内箍筋各肢的全部截面面积；

s——箍筋间距；

λ——计算截面的剪跨比，可取 $\lambda = a/h_0$，a 为计算截面至支座截面或节点边缘的距离，计算截面取集中荷载作用点处的截面；当 $\lambda < 1.4$ 时，取 $\lambda = 1.4$；当 $\lambda > 3$ 时，取 $\lambda = 3$；计算截面至支座截面之间的箍筋，应均匀布置。

对照《混凝土结构设计规范》GBJ 10—89 会发现，以上所列公式与其公式相同。由此可知，与 A 类或 B 类建筑相当可靠度的相应静载下，即非地震作用组合下承载力校核公式，就应是《混凝土结构设计规范》GBJ 10—89 静力承载力公式。SCS 软件加入了对 A 类、B 类建筑结构构件按《混凝土结构设计规范》GBJ 10—89 校核静力承载力的功能。该功能依据的相关公式如下。

静力作用组合下，框架梁、连梁端部截面剪力设计值应符合下式要求：

当 $\dfrac{h_w}{b} \leqslant 4$ 时

$$V \leqslant 0.25 f_c b h_0 \tag{18-14}$$

当 $\dfrac{h_w}{b} \geqslant 6$ 时

$$V \leqslant 0.2 f_c b h_0 \tag{18-15}$$

当 $4 < \dfrac{h_w}{b} < 6$ 时，按直线内插法取用。

式中　h_w——截面的腹板高度；矩形截面取有效高度 h_0，T 形截面取有效高度减去翼缘高度，I 形截面取腹板净高。

静力作用组合下，框架梁的正截面抗震承载力应按下式计算：

$$M_b \leqslant f_{cm} b x \left(h_0 - \frac{x}{2} \right) + f_y' A_s' (h_0 - a_s') \tag{18-16}$$

混凝土受压区高度按下式计算：

$$f_{cm} b x = f_y A_s - f_y' A_s' \tag{18-17}$$

静力作用组合下，框架梁的斜截面抗震承载力应按下式计算：

$$V_b \leqslant 0.07 f_c b h_0 + 1.5 f_{yv} \frac{A_{sv}}{s} h_0 \tag{18-18}$$

静力作用组合下，对集中荷载作用下的框架梁（包括有多种荷载，且其中集中荷载对节点边缘产生的剪力值占总剪力值的 75% 以上的情况），其斜截面抗震承载力应按下式计算：

$$V_\mathrm{b} \leqslant \frac{0.2}{\lambda+1.5} f_\mathrm{c} b h_0 + 1.25 f_\mathrm{yv} \frac{A_\mathrm{sv}}{s} h_0 \tag{18-19}$$

由《建筑抗震鉴定标准》GB 50023—2009 附录表 A.0.3-2 可见，钢筋强度设计值共有六种值（与钢材生产年代相关），与强度标准值没有固定关系，所以 SCS 软件采用直接输入钢筋抗拉设计值的方法。

【例 18-2】矩形框架梁现有受弯、受剪承载力算例

文献 [4] 第 44 页例题，7 度地震设防区的 B 类建筑，建于 20 世纪 90 年代，为 5 层现浇钢筋混凝土框架，其中一框架梁，截面 300mm×750mm，C20 混凝土，$f_\mathrm{cm}=11.0 \mathrm{N/mm^2}$，$f_\mathrm{c}=10.0 \mathrm{N/mm^2}$，梁端支座处负 $2\phi20+4\phi18$（$A_\mathrm{s}=1646 \mathrm{mm^2}$），支座和跨中正筋 $6\phi18$（$A_\mathrm{s}=1527 \mathrm{mm^2}$），纵向受力钢筋 HRB335 级，$f_\mathrm{y}=310 \mathrm{N/mm^2}$，箍筋为 HPB235 级，配置为 $\phi8@200$，$f_\mathrm{yv}=210 \mathrm{N/mm^2}$。

梁端弯矩（非地震作用组合控制）

$-M_\mathrm{AB}=-363 \mathrm{kN \cdot m}$；　　　　$+M_\mathrm{AB}=0 \mathrm{kN \cdot m}$

$-M_\mathrm{BA}=-364 \mathrm{kN \cdot m}$；　　　　$+M_\mathrm{BA}=0 \mathrm{kN \cdot m}$

梁跨中弯矩（非地震作用组合控制）

$$M_\mathrm{max}=349 \mathrm{kN \cdot m}$$

梁端最大剪力（地震作用组合控制）

$V_\mathrm{AB}=279 \mathrm{kN}$；　　　　$V_\mathrm{BA}=280 \mathrm{kN}$

试校核该梁的承载力是否足够。

【解】 按照《建筑抗震鉴定标准》GB 50023—2009 附录 E。

（1）梁端正截面受弯承载力

① 负弯矩受弯承载力

混凝土受压区高度：$x=\dfrac{f_\mathrm{y} A_\mathrm{s}-f_\mathrm{y}' A_\mathrm{s}'}{f_\mathrm{cm} b}=\dfrac{310\times(1646-1527)}{11.0\times300}=11.2 \mathrm{mm}$

因 11.2mm<2a'=2×60=120mm，取 x=120mm

无地震作用组合下：

$$\begin{aligned} M_\mathrm{u} &= f_\mathrm{cm} b x(h_0-x/2)+f_\mathrm{y}' A_\mathrm{s}'(h_0-a') \\ &= 11.0\times300\times120\times(690-120/2)+310\times1527\times(690-60)=547.70 \mathrm{kN \cdot m} \end{aligned}$$

有地震作用组合下：

$$M_\mathrm{uE}=M_\mathrm{u}/\gamma_\mathrm{Ra}=547.70/0.75=730.27 \mathrm{kN \cdot m}$$

② 正弯矩受弯承载力

混凝土受压区高度：$x=\dfrac{f_\mathrm{y} A_\mathrm{s}-f_\mathrm{y}' A_\mathrm{s}'}{f_\mathrm{cm} b}=\dfrac{310\times(1527-1646)}{11.0\times300}=-11.2 \mathrm{mm}$

因 -11.2mm<2a'=2×60=120mm，取 x=120mm

无地震作用组合下：

$$\begin{aligned} M_\mathrm{u} &= f_\mathrm{cm} b x(h_0-x/2)+f_\mathrm{y}' A_\mathrm{s}'(h_0-a') \\ &= 11.0\times300\times120\times(690-120/2)+310\times1646\times(690-60)=570.94 \mathrm{kN \cdot m} \end{aligned}$$

有地震作用组合下：

$$M_{uE} = M_u / \gamma_{Ra} = 570.94 / 0.75 = 761.26 \text{kN} \cdot \text{m}$$

（2）梁跨中正截面的受弯承载力

混凝土受压区高度：$x = \dfrac{f_y A_s - f'_y A'_s}{f_{cm} b} = \dfrac{310 \times (1527 - 628)}{11.0 \times 300} = 84.5 \text{mm}$

$84.5 \text{mm} > 2a' = 2 \times 35 = 70 \text{mm}$

无地震作用组合下：

$$M_u = f_{cm} bx (h_0 - x/2) + f'_y A'_s (h_0 - a')$$

$$= 11.0 \times 300 \times 84.5 \times (690 - 84.5/2) + 310 \times 628 \times (690 - 35) = 308.04 \text{kN} \cdot \text{m}$$

一般情况下，地震作用对梁跨中作用很小，故略去不算。

（3）梁斜截面受剪承载力

无地震作用组合下：按《混凝土结构设计规范》GBJ 10—89 公式计算

① 斜截面限制条件

$$[V] = 0.25 f_c b h_0 = 0.25 \times 10.0 \times 300 \times 690 \times 10^{-3} = 517.50 \text{kN}$$

② 斜截面受剪承载力

$$V = 0.07 f_c b h_0 + 1.5 f_{yv} \frac{A_{sv}}{s} h_0$$

$$= (0.07 \times 10.0 \times 300 \times 690 + 1.5 \times 210 \times \frac{2 \times 50.3}{200} \times 690) \times 10^{-3} = 254.23 \text{kN}$$

V_u 取 V 和 $[V]$ 的较小者，即 $V_u = 254.23 \text{kN}$。

有地震作用组合下：按《建筑抗震鉴定标准》GB 50023—2009 附录 E 公式计算

① 抗震设计斜截面限制条件

$$[V] = 0.2 f_c b h_0 / \gamma_{Ra} = 0.2 \times 10.0 \times 300 \times 690 \times 10^{-3} / 0.85 = 487.06 \text{kN}$$

② 抗震设计斜截面受剪承载力

$$V = \left(0.056 f_c b h_0 + 1.2 f_{yv} \frac{A_{sv}}{s} h_0 \right) / \gamma_{Ra}$$

$$= (0.056 \times 10 \times 300 \times 690 + 1.2 \times 210 \times \frac{2 \times 50.3}{200} \times 690) \times 10^{-3} / 0.85 = 239.27 \text{kN}$$

V_u 取 V 和 $[V]$ 的较小者，即 $V_u = 239.27 \text{kN}$。

与作用相比，可见梁跨中截面受弯承载力、梁端受剪承载力不满足建造当时的设计规范要求，需要加固处理。

SCS 软件计算对话框输入信息和最终计算结果如图 18-2 所示，可见其与手算结果相同。

图 18-2　框架梁受弯、受剪承载力计算

18.4 A 类、B 类建筑柱受压弯承载力计算

《建筑抗震鉴定标准》GB 50023—2009 附录 E 第 E.0.4 条规定，偏心受压框架柱的正截面抗震承载力应符合下列规定：

验算公式：

$$N \leqslant \frac{1}{\gamma_{Ra}}(f_{cm}bx + f'_y A'_s - \sigma_s A_s) \tag{18-20}$$

$$Ne \leqslant \frac{1}{\gamma_{Ra}}\left[f_{cm}bx\left(h_0 - \frac{x}{2}\right) + f'_y A'_s(h_0 - a'_s)\right] \tag{18-21}$$

$$e = \eta e_i + \frac{h}{2} - a_s \tag{18-22}$$

$$e_a = 0.12(0.3h_0 - e_0) \tag{18-23}$$

$$e_i = e_0 + e_a \tag{18-24}$$

式中 N——组合的轴向压力设计值；

e——轴向力作用点至受拉钢筋合力点之间的距离；

e_0——轴向力对截面重心的偏心距；

e_a——附加偏心距，因其有最小限值 20mm 规定，不是一个式子能表示的，故这里用两个式子表示；

η——偏心受压构件考虑挠曲影响的轴向力偏距增大系数，按现行《混凝土结构设计规范》GB 50010 的规定计算（注：建筑抗震鉴定标准是 2009 年颁布实行的，其所指的是《混凝土结构设计规范》GB 50010—2002）；

σ_s——纵向钢筋的应力。

因要鉴定复核，很多情况已知截面尺寸、材料强度、钢筋配置和受到的压力，求柱能承受的弯矩，e_0 未知，本书和 SCS 软件采用《混凝土结构设计规范》GB 50010—2002 的方法确定 e_a，即其值取 20mm 和偏心方向截面最大尺寸的 1/30 两者中的较大值。

纵向钢筋的应力计算应符合下列规定：

大偏心受压

$$\sigma_s = f_y \tag{18-25}$$

小偏心受压

$$\sigma_s = \frac{f_y}{\xi_b - 0.8}\left(\frac{x}{h_{0i}} - 0.8\right) \tag{18-26}$$

$$\xi_b = \frac{0.8}{1 + f_y/0.0033E_s} \tag{18-27}$$

式中 E_s——钢筋的弹性模量，按《建筑抗震鉴定标准》GB 50023—2009 附录 A 表 A.0.4 采用；

h_{0i}——第 i 层纵向钢筋截面重心至混凝土受压区边缘的距离。

相应地，静力作用组合下，按照《混凝土结构设计规范》GBJ 10—89 式（4.1.15），柱的正截面承载力应按下式计算：

$$N \leqslant f_{cm}bx + f'_y A'_s - \sigma_s A_s \tag{18-28}$$

$$Ne \leqslant f_{cm}bx\left(h_0-\frac{x}{2}\right)+f_y'A_s'(h_0-a_s') \tag{18-29}$$

【例 18-3】 受大偏压矩形框架柱承载力算例

某 7 度地震设防区的 B 类建筑，建于 20 世纪 90 年代，为 5 层现浇钢筋混凝土框架，其中一框架柱，截面尺寸 $b \times h = 400\text{mm} \times 500\text{mm}$，柱的计算长度 $l_0 = 5.0\text{m}$，C30 混凝土，HRB335 钢筋，A_s' 采用 5 ϕ 20（$A_s' = 1570\text{mm}^2$），A_s 采用 3 ϕ 20（$A_s = 942\text{mm}^2$），已知该柱受到压力 $N = 500\text{kN}$，求该柱所能的最大弯矩设计值。

【解】 为将地震作用下与柱静载下的承载力进行比较，结果相互印证，先计算静载下柱承载力。

一、确定基本参数

查《建筑抗震鉴定标准》GB 50023—2009 附录 A，C30 混凝土，$f_c = 15.0\text{N/mm}^2$，$f_{cm} = 16.5\text{N/mm}^2$，表 A.0.4 中纵向受力钢筋 HRB335 级，$f_y = 310\text{N/mm}^2$，钢筋弹性模量 $E_s = 2.0 \times 10^5\text{N/mm}^2$，$\xi_b = 0.544$，$a_s = a_s' = 40\text{mm}$。

二、静载下柱的承载力

（1）判别大小偏压

$N_b = \xi_b f_{cm}bh_0 + f_y(A_s'-A_s) = [0.544 \times 16.5 \times 400 \times 460 + 310 \times (1570-942)] \times 10^{-3} = 1847.27\text{kN}$

$N \leqslant N_b$，属于大偏心受压。

（2）计算截面受压区高度

$$x = \frac{N-f_y'A_s'+f_yA_s}{f_{cm}b} = \frac{500000+310 \times (942-1570)}{16.5 \times 400} = 46.3\text{mm} < 2a_s' = 80\text{mm}$$，以下计算取 $x = 80\text{mm}$。

（3）求 ηe_i

由弯矩平衡公式 $Ne' = f_yA_s(h_0-a_s')$

$e' = f_yA_s(h_0-a_s')/N = 310 \times 942 \times (460-40)/500000 = 245.3\text{mm}$

$\eta e_i = e'+h/2-a_s' = 245+250-40 = 455.3\text{mm}$

（4）求 M

$\zeta_1 = 0.5f_cA/N = 0.5 \times 15 \times 400 \times 500/500000 = 3.00 > 1$，取 $\zeta_1 = 1.0$

$l_0/h = 5000/500 = 10 < 15$，$\zeta_2 = 1.0$

$$\eta = 1+\frac{1}{1400 \times e_i/460} \times 10^2 \times 1.0 \times 1.0 = 1+32.9/e_i$$

又 $\eta e_i = 455.3\text{mm}$，可得 $e_i = 422.4\text{mm}$。

$e_a = 20\text{mm} > h/30$，则 $e_0 = e_i-e_a = 422.4-20 = 402.4\text{mm}$

$M = Ne_0 = 500000 \times 402.4 \times 10^{-6} = 201.22\text{kN} \cdot \text{m}$

SCS 软件计算对话框输入信息和最终计算结果如图 18-3 所示，可见其与手算结果相同。

三、地震作用组合下柱的承载力

B 类建筑，轴压比小于 0.15 时，$\gamma_{Ra} = 0.75$；轴压比不小于 0.15 时，$\gamma_{Ra} = 0.80$。

（1）判别大小偏压

$N_b = \xi_b f_{cm}bh_0 + f_y(A_s'-A_s) = [0.544 \times 16.5 \times 400 \times 460 + 310 \times (1570-942)] \times 10^{-3} = 1847.27\text{kN}$

图 18-3　受静载大偏压柱的承载力计算

轴压比不小于 0.15，$\gamma_{Ra}=0.80$。$\gamma_{Ra}N \leqslant N_b$，属于大偏心受压。

（2）计算截面受压区高度

$$x=\frac{\gamma_{Ra}N-f_y'A_s'+f_yA_s}{f_{cm}b}=\frac{400000+310\times(942-1570)}{16.5\times400}=31.1\text{mm}<2a_s'=80\text{mm}，\text{以下计算取}$$

$x=80\text{mm}$。

（3）求 ηe_i

由弯矩平衡公式 $\gamma_{Ra}Ne'=f_yA_s(h_0-a_s')$，

$$e'=f_yA_s(h_0-a_s')/(\gamma_{Ra}N)=310\times942\times(460-40)/400000=306.6\text{mm}$$

$$\eta e_i=e'+h/2-a_s'=306.6+250-40=516.6\text{mm}$$

（4）求 M

前面已求得 $\eta=1+32.9/e_i$；又 $\eta e_i=516.6\text{mm}$，可得 $e_i=483.8\text{mm}$。

$e_a=20\text{mm}>h/30$，则 $e_0=e_i-e_a=483.8-20=463.8\text{mm}$

$$M=Ne_0=500000\times463.8\times10^{-6}=231.88\text{kN}\cdot\text{m}$$

SCS 软件计算对话框输入信息和最终计算结果如图 18-4 所示，可见其与手算结果相同。

图 18-4　受地震作用大偏压柱的承载力计算

【例 18-4】受小偏压矩形框架柱承载力算例

已知条件同【例 18-3】，但该柱受到压力 $N=2600\text{kN}$，求该柱所能的最大弯矩设计值。

【解】 为将地震作用下与柱静载下的承载力进行比较，结果相互印证，先计算静载下柱承载力。

一、确定基本参数

同上一题，略。

二、静载下柱的承载力

（1）判别大小偏压

$$N_b = \xi_b f_{cm} b h_0 + f_y(A_s' - A_s) = [0.544 \times 16.5 \times 400 \times 460 + 310 \times (1570 - 942)] \times 10^{-3} = 1847.27 \text{kN}$$

$N > N_b$，属于小偏心受压。

（2）计算截面受压区高度

$$x = \left(\dfrac{N - f_y' A_s' - \dfrac{0.8}{\xi_b - 0.8} f_y A_s}{f_{cm} b h_0 - \dfrac{1}{\xi_b - 0.8} f_y A_s} \right) h_0 = \left(\dfrac{2600000 - 310 \times 1570 - \dfrac{0.8}{0.544 - 0.8} \times 310 \times 942}{16.5 \times 400 \times 460 - \dfrac{1}{0.544 - 0.8} \times 310 \times 942} \right) \times 460 = 333.3 \text{mm}$$

（3）求 ηe_i

$$e = \frac{f_{cm} b x (h_0 - 0.5x) + f_y' A_s'(h_0 - a_s')}{N}$$

$$= \frac{16.5 \times 400 \times 333.3 \times (460 - 0.5 \times 333.3) + 310 \times 1570 \times (460 - 40)}{2600000} = 326.8 \text{mm}$$

$$\eta e_i = e - h/2 + a_s' = 326.8 - 250 + 40 = 116.8 \text{mm}$$

（4）求 M

$$\zeta_1 = 0.5 f_c A / N = 0.5 \times 15 \times 400 \times 500 / 2600000 = 0.577$$

$l_0 / h = 5000 / 500 = 10 < 15$，$\zeta_2 = 1.0$

$$\eta = 1 + \frac{1}{1400 \times e_i / 460} \times 10^2 \times 0.577 \times 1.0 = 1 + 19.0 / e_i$$

又 $\eta e_i = 116.8 \text{mm}$，可得 $e_i = 97.8 \text{mm}$

$e_a = 20 \text{mm} > h/30$，则 $e_0 = e_i - e_a = 97.8 - 20 = 77.8 \text{mm}$

$M = N e_0 = 2600000 \times 77.8 \times 10^{-6} = 202.40 \text{kN} \cdot \text{m}$

SCS 软件计算对话框输入信息和最终计算结果如图 18-5 所示，可见其与手算结果相同。

图 18-5　受静载小偏压柱的承载力计算

三、地震作用组合下柱的承载力

B 类建筑，轴压比小于 0.15 时，$\gamma_{Ra} = 0.75$；轴压比不小于 0.15 时，$\gamma_{Ra} = 0.80$。

（1）判别大小偏压

$$N_b = \xi_b f_{cm} b h_0 + f_y(A_s' - A_s) = [0.544 \times 16.5 \times 400 \times 460 + 310 \times (1570 - 942)] \times 10^{-3} = 1847.27 \text{kN}$$

轴压比不小于 0.15，$\gamma_{Ra} = 0.80$。$\gamma_{Ra} N \leqslant N_b$，属于小偏心受压。

（2）计算截面受压区高度

$$x = \left(\frac{\gamma_{Ra}N - f'_y A'_s - \dfrac{0.8}{\xi_b - 0.8}f_y A_s}{f_{cm}bh_0 - \dfrac{1}{\xi_b - 0.8}f_y A_s}\right)h_0 = \left(\frac{0.8 \times 2600000 - 310 \times 1570 - \dfrac{0.8}{0.544 - 0.8} \times 310 \times 942}{16.5 \times 400 \times 460 - \dfrac{1}{0.544 - 0.8} \times 310 \times 942}\right) \times 460 = 276.0 \text{mm}$$

（3）求 ηe_i

$$e = \frac{f_{cm}bx(h_0 - 0.5x) + f'_y A'_s(h_0 - a'_s)}{\gamma_{Ra}N}$$

$$= \frac{16.5 \times 400 \times 276.0 \times (460 - 0.5 \times 276.0) + 310 \times 1570 \times (460 - 40)}{0.8 \times 2600000} = 380.3 \text{mm}$$

$$\eta e_i = e - h/2 + a'_s = 380.3 - 250 + 40 = 170.3 \text{mm}$$

（4）求 M

前已求得 $\eta = 1 + 19.0/e_i$

又 $\eta e_i = 170.3 \text{mm}$，可得 $e_i = 151.3 \text{mm}$

$e_a = 20 \text{mm} > h/30$，则 $e_0 = e_i - e_a = 151.3 - 20 = 131.3 \text{mm}$

$M = Ne_0 = 2600000 \times 131.3 \times 10^{-6} = 341.45 \text{kN·m}$

SCS 软件计算对话框输入信息和最终计算结果如图 18-6 所示，可见其与手算结果相同。

图 18-6　受地震作用小偏压柱的承载力计算

18.5　A 类、B 类建筑柱受拉弯承载力计算

《建筑抗震鉴定标准》GB 50023—2009 附录 E 第 E.0.5 条规定，偏心受拉框架柱的正截面抗震承载力应按下列计算（注：《建筑抗震鉴定标准》GB 50023—2009 第 E.0.5 条公式有误，这里是改正后的）：

1. 小偏心受拉构件

$$Ne \leqslant \frac{1}{\gamma_{Ra}}f_y A'_s(h_0 - a'_s) \tag{18-30}$$

$$Ne' \leqslant \frac{1}{\gamma_{Ra}}f_y A_s(h'_0 - a_s) \tag{18-31}$$

其中：

$$e=h/2-e_0-a_s \tag{18-32}$$

$$e'=h/2+e_0-a_s' \tag{18-33}$$

2. 大偏心受拉构件

$$N \leqslant \frac{1}{\gamma_{Ra}}(f_y A_s - f_y' A_s' - f_{cm}bx) \tag{18-34}$$

$$Ne \leqslant \frac{1}{\gamma_{Ra}}[f_{cm}bx(h_0-x/2)+f_y' A_s'(h_0-a_s')] \tag{18-35}$$

查看《混凝土结构设计规范》GBJ 10—89 对应的静荷载下承载力公式，为以上几式右端不除以 γ_{Ra} 的公式。

【例 18-5】 矩形小偏拉构件承载力算例

某 7 度地震设防区的 B 类建筑，建于 20 世纪 90 年代，其中一受拉构件，截面尺寸 $b \times h=250\text{mm}\times400\text{mm}$，C30 混凝土，HRB400 钢筋，$A_s'$ 采用 3 ⏀ 16 （$A_s'=603\text{mm}^2$），A_s 采用 4 ⏀ 22 （$A_s=1520\text{mm}^2$），已知该构件受到拉力 $N=115\text{kN}$，弯矩 10kN·m，试校核该构件是否安全，即承载力是否足够？

【解】

（1）确定基本参数。

查《建筑抗震鉴定标准》GB 50023—2009 附录 A，C30 混凝土，$f_{cm}=16.5\text{N}/\text{mm}^2$，由表 A.0.3-2，$f_y=360\text{N}/\text{mm}^2$，$\gamma_{Ra}=0.85$，$a_s=a_s'=40\text{mm}$。

（2）判别大小偏压

$$e_0=\frac{M}{N}=\frac{10000}{115}=87.0\text{mm}$$

$e_0 \leqslant 0.5$ （h_0-a_s'）$=0.5\times$（$360-40$）$=160\text{mm}$，属于小偏心受拉。

（3）计算配筋

$e=h/2-e_0-a_s=200-87-40=73\text{mm}$；$e'=h/2+e_0-a_s'=200+87-40=247\text{mm}$

$$N_u \leqslant \frac{f_y A_s'(h_0-a_s')}{\gamma_{Ra}e}=\frac{360\times603\times(360-40)}{0.85\times73}\times10^{-6}=1118.84\text{kN}\cdot\text{m}$$

$$N_u \leqslant \frac{f_y A_s(h_0'-a_s)}{\gamma_{Ra}e'}=\frac{360\times1520\times(360-40)}{0.85\times247}\times10^{-6}=834.17\text{kN}\cdot\text{m}$$

取两者较小值，得 $N_u=834.17\text{kN}\cdot\text{m}$。大于已知的 $N=115\text{kN}\cdot\text{m}$，知其满足鉴定要求。SCS 软件计算对话框输入信息和最终计算结果如图 18-7 所示，可见其与手算结果相同。

图 18-7　抗震 B 类建筑小偏心受拉构件承载力计算

如果是静力作用下，则该构件的承载力如图 18-8 所示，手算过程略。

图 18-8　静载下小偏心受拉构件承载力计算

【例 18-6】 矩形大偏拉构件承载力算例

某 7 度地震设防区的 B 类建筑，建于 20 世纪 90 年代，其中一受拉构件，截面尺寸 $b \times h = 250\text{mm} \times 400\text{mm}$，C25 混凝土，HRB335 钢筋，$A'_s$ 采用 3 ϕ 16（$A'_s = 603\text{mm}^2$），A_s 采用 4 ϕ 22（$A_s = 1520\text{mm}^2$），已知该构件受到拉力 $N = 115\text{kN}$，弯矩 92kN·m，试校核该构件是否安全，即承载力是否足够？

【解】

（1）确定基本参数

查《建筑抗震鉴定标准》GB 50023—2009 附录 A，C25 混凝土，$f_{cm} = 13.5\text{N/mm}^2$，由表 A.0.3-2，$f_y = 310\text{N/mm}^2$，$\gamma_{Ra} = 0.85$，$a_s = a'_s = 45\text{mm}$。

（2）判别大小偏压

$$e_0 = \frac{M}{N} = \frac{92000}{115} = 800.0\text{mm}$$

$e_0 > 0.5(h_0 - a'_s) = 0.5 \times (355 - 45) = 155\text{mm}$，属于大偏心受拉。

（3）计算配筋

$$e = e_0 - h/2 + a_s = 800 - 200 + 45 = 645\text{mm}$$
$$e' = e_0 + h/2 - a'_s = 800 + 200 - 45 = 955\text{mm}$$

$$\xi = \left(1 + \frac{e}{h_0}\right) - \sqrt{\left(1 + \frac{e}{h_0}\right)^2 - \frac{2(f_y A_s e - f'_y A'_s e')}{f_{cm} b h_0^2}}$$

$$= \left(1 + \frac{645}{355}\right) - \sqrt{\left(1 + \frac{645}{355}\right)^2 - \frac{2 \times 310 \times (1520 \times 645 - 603 \times 955)}{13.5 \times 250 \times 355^2}} = 0.107 < \frac{2a'_s}{h_0}$$

$$= \frac{2 \times 45}{355} = 0.254$$

即 $x < 2a'_s$，故构件所能承担的拉力应按式（18-31）计算：

$$N_u = \frac{f_y A_s (h_0 - a'_s)}{\gamma_{Ra} e'} = \frac{310 \times 1520 \times (355 - 45)}{0.85 \times 955} = 179950\text{N}$$

得出该构件所能承受的拉力为 179.95kN，其大于作用的拉力，满足要求。SCS 软件计算对话框输入信息和最终计算结果如图 18-9 所示，可见其与手算结果相同。如果是静力作用下，则该构件的承载力如图 18-10 所示，手算过程略。

图 18-9　抗震 B 类建筑大偏心受拉构件承载力计算

图 18-10　静载下大偏心受拉构件承载力计算

18.6　A 类、B 类建筑柱受剪承载力计算

《建筑抗震鉴定标准》GB 50023—2009 附录 E 第 E.0.6 条规定，框架柱的斜截面抗震承载力应按下式计算：

$$V_c \leqslant \frac{1}{\gamma_{\mathrm{Ra}}}\left(\frac{0.16}{\lambda+1.5}f_c bh_0 + f_{\mathrm{yv}}\frac{A_{\mathrm{sv}}}{s}h_0 + 0.056N\right) \tag{18-36}$$

当框架柱出现拉力时，其框架柱的斜截面抗震承载力应按下式计算：

$$V_c \leqslant \frac{1}{\gamma_{\mathrm{Ra}}}\left(\frac{0.16}{\lambda+1.5}f_c bh_0 + f_{\mathrm{yv}}\frac{A_{\mathrm{sv}}}{s}h_0 - 0.16N\right) \tag{18-37}$$

式中　V_c——框架柱组合的剪力设计值，按《建筑抗震鉴定标准》GB 50023—2009 附录 D 的规定采用；

λ——框架柱的计算剪跨比，$\lambda = H_n/(2h_0)$；当 $\lambda < 1$ 时，取 $\lambda = 1$；当 $\lambda > 3$ 时，取 $\lambda = 3$；

N——框架柱组合的轴向力设计值；当 N 为压力，且 $N > 0.3f_c A$ 时，取 $N = 0.3f_c A$。

查看《混凝土结构设计规范》GBJ 10—89 对应的静荷载下承载力公式如下：

$$V_c \leqslant \frac{0.2}{\lambda+1.5}f_c bh_0 + 1.25 f_{\mathrm{yv}}\frac{A_{\mathrm{sv}}}{s}h_0 + 0.07N \tag{18-38}$$

当框架柱出现拉力时，其框架柱的斜截面静荷载下承载力应按下列计算：

$$V_c \leqslant \frac{0.2}{\lambda+1.5} f_c bh_0 + 1.25 f_{yv} \frac{A_{sv}}{s} h_0 - 0.2N \qquad (18\text{-}39)$$

SCS 软件计算框架柱静载和地震作用组合下的受剪承载力。

【例 18-7】 矩形柱受剪承载力算例

某 7 度地震设防区的 B 类建筑，建于 20 世纪 90 年代，某钢筋混凝土框架结构的框架柱，混凝土强度等级为 C45，该柱的中间楼层局部纵剖面及配筋见图 18-11。已知：某边柱的反弯点在柱层高范围内；柱截面有效高度 $h_0 = 550mm$。该边柱箍筋为 $\phi8@100/200$，箍筋为 HPB235 级钢筋，柱轴压力设计值为 3300kN。试问，该柱箍筋非加密区的抗剪承载力（kN）？

图 18-11　框架柱局部剖面和截面配筋

【解】

（1）确定基本参数

查《建筑抗震鉴定标准》GB 50023—2009 附录 A，C45 混凝土，$f_c = 21.5N/mm^2$，由表 A.0.3-2，$f_{yv}=f_y=210N/mm^2$，$\gamma_{Ra}=0.85$，$a_s=a_s'=50mm$。剪跨比 $\lambda = \frac{H_n}{2h_0} = \frac{4000}{2\times550} = 3.64 > 3$，取 $\lambda=3$。

$N = 3300kN > 0.3f_c A = 0.3\times21.5\times600\times600\times10^{-3} = 2322kN$，取 $N = 2322kN$

（2）静载下柱受剪承载力

截面限制条件：$0.25f_c bh_0 = 0.25\times21.5\times600\times550\times10^{-3} = 1773.8kN$

$$V = \frac{0.2}{\lambda+1.5} f_c bh_0 + 1.25 f_{yv} \frac{A_{sv}}{s} h_0 + 0.07N$$

$$= \left(\frac{0.2}{3+1.5}\times21.5\times600\times550 + 1.25\times210\times\frac{201}{200}\times550 + 0.07\times2322000\right)\times10^{-3} = 623.1kN$$

（3）地震作用组合作用下的手算过程

截面限制条件：$0.20f_c bh_0/\gamma_{Ra} = 0.20\times21.5\times600\times550\times10^{-3}/0.85 = 1669.4kN$

$$V = \frac{1}{\gamma_{Ra}}\left(\frac{0.16}{\lambda+1.5} f_c bh_0 + f_{yv} \frac{A_{sv}}{s} h_0 + 0.056N\right)$$

$$= \frac{1}{0.85}\times\left(\frac{0.16}{3+1.5}\times21.5\times600\times550 + 210\times\frac{201}{200}\times550 + 0.056\times2322000\right)\times10^{-3} = 586.5kN$$

SCS 软件输入和输出的简要信息见图 18-12，可见其与手算结果相同。

图 18-12　静载和地震作用组合下柱受剪承载力计算

18.7　A 类、B 类建筑框架节点受剪承载力计算

《建筑抗震鉴定标准》GB 50023—2009 附录 E 第 E.0.8 条规定，框架节点区的剪力设计值应符合下列规定：

1. 验算公式：

$$V_j \leqslant \frac{1}{\gamma_{\mathrm{Ra}}}(0.3\eta_j f_{\mathrm{c}} b_j h_j)\qquad(18\text{-}40)$$

$$V_j \leqslant \frac{1}{\gamma_{\mathrm{Ra}}}\left(0.1\eta_j f_{\mathrm{c}} b_j h_j + 0.1\eta_j N \frac{b_j}{b_{\mathrm{c}}} + f_{\mathrm{yv}} A_{\mathrm{svj}} \frac{h_{\mathrm{b0}}-a_{\mathrm{s}}'}{s}\right)\qquad(18\text{-}41)$$

式中　V_j——节点核心区组合的剪力设计值，按《建筑抗震鉴定标准》GB 50023—2009 附录 D 的规定采用；

η_j——交叉梁的约束影响系数，四侧各梁截面宽度不小于该侧柱截面宽度的 1/2，且次梁高度不小于主梁高度的 3/4，可采用 1.5，其他情况均可采用 1.0；

N——对应于组合的剪力设计值的上柱轴向压力，其取值不应大于柱截面面积和混凝土抗压强度设计值乘积的 50%；

f_{yv}——箍筋的抗拉强度设计值；

A_{svj}——核心区验算宽度范围内同一截面验算方向各肢箍筋的总截面面积；

s——箍筋间距；

b_j——节点核心区的截面宽度，按本条第 2 款的规定采用；

h_j——节点核心区的截面高度，可采用验算方向的柱截面高度；

γ_{Ra}——承载力抗震调整系数，可采用 0.85（注：《建筑抗震鉴定标准》GB 50023—2009 对 A、B 类建筑取值相同）。

2. 核心区截面宽度应符合的规定

（1）当验算方向的梁截面宽度不小于该侧柱截面宽度的 1/2 时，可采用该侧柱截面宽度，当小于时可采用下列两者的较小值：

$$b_j = b_{\mathrm{b}} + 0.5h_{\mathrm{c}}\qquad(18\text{-}42)$$

$$b_j = b_{\mathrm{c}}\qquad(18\text{-}43)$$

式中　b_{b}——梁截面宽度；

h_c——验算方向柱截面高度；

b_c——验算方向柱截面宽度。

（2）当梁柱的中线不重合时，核心区的截面宽度可采用上款和下式计算结果的较小值：

$$b_j = 0.5(b_b + b_c) + 0.25h_c - e \qquad (18\text{-}44)$$

式中　e——梁与柱中线偏心距。

【例 18-8】框架节点受剪承载力算例

某 8 度地震设防区的 B 类建筑，建于 20 世纪 90 年代，C40 混凝土，截面 600mm×600mm 框架柱上节点，受到上柱底部的轴向压力设计值的较小值 2300kN，节点核心区箍筋采用 HRB335 钢筋，钢筋强度设计值 310MPa，配置如图 18-13 所示，正交梁的约束系数 $\eta_j = 1.5$，框架梁 $a_s = a_s' = 35$mm。试校核此节点核心区的主轴方向抗震受剪承载力为多少？

图 18-13　节点核心区箍筋

【解】

（1）确定基本参数。

查《建筑抗震鉴定标准》GB 50023—2009 附录 A，C40 混凝土，$f_c = 19.5\text{N/mm}^2$，由表 A.0.3-2 知，$f_{yv} = f_y = 310\text{N/mm}^2$，$\gamma_{Ra} = 0.85$，$a_s = a_s' = 35$mm。

（2）节点受剪承载力计算

截面尺寸条件：$\dfrac{1}{\gamma_{Ra}}(0.3\eta_j f_c b_j h_j) = 0.3 \times 1.5 \times 19.5 \times 600 \times 600 \times 10^{-3}/0.85 = 3716.47\text{kN}$

受剪承载力：

$$N = 2300\text{kN} < 0.5 f_c b_c h_c$$

$$V_j = \frac{1}{\gamma_{Ra}}\left(0.1\eta_j f_c b_j h_j + 0.1\eta_j N \frac{b_j}{b_c} + f_{yv} A_{svj} \frac{h_{b0} - a_s'}{s}\right)$$

$$\left(0.1 \times 1.5 \times 19.5 \times 600 \times 600 + 0.1 \times 1.5 \times 2300\,000 \times \frac{600}{600} + 310 \times 4 \times 113.1 \times \frac{565 - 35}{100}\right)/0.85$$

$$= 2519168\text{N} = 2519.17\text{kN}$$

SCS 软件输入和输出的简要信息见图 18-14，可见其与手算结果相同。

图 18-14　地震作用组合下框架节点受剪承载力复核

本章参考文献

［1］中华人民共和国国家标准．建筑抗震鉴定标准：GB 50023—2009［S］．北京：中国建筑工业出版社，2009.

［2］王依群．混凝土结构设计计算算例［M］．3 版．北京：中国建筑工业出版社，2016.

［3］王济川，卜良桃．建筑物的检测与抗震鉴定［M］．长沙：湖南大学出版社，2002.

［4］杨红卫．建筑安全抗震鉴定与加固设计指南（2009 版规范）［M］．北京：中国建筑工业出版社，2010.

第19章 混凝土结构加固计算 软件 SCS 的功能和使用方法

SCS（Strengthening Concrete Structure）是在微机上使用的混凝土结构加固计算软件，编制的主要依据为国家现行有关标准：《既有建筑鉴定与加固通用规范》GB 55021—2021、《混凝土结构加固设计规范》GB 50367—2013[1]、《混凝土结构设计规范》GB 50010—2010（2015 年版）[2]、《水泥复合砂浆钢筋网加固混凝土结构技术规程》CECS 242：2016[3]、《预应力高强钢丝绳加固混凝土结构技术规程》JGJ/T 325—2014[4] 和《建筑抗震加固技术规程》JGJ 116—2009[5]，并参照了部分其他规范或设计手册的内容。

目前，SCS 软件具有以下功能：

（1）增大截面加固法计算。

（2）置换混凝土加固法计算。

（3）体外预应力加固法计算。

（4）外贴型钢加固法计算。

（5）粘贴钢板加固法计算。

（6）梁侧锚固钢板加固法计算。

（7）粘贴纤维复合材加固法计算。

（8）预应力碳纤维复合板加固法计算。

（9）预张紧钢丝绳网片–聚合物砂浆面层加固法计算。

（10）绕丝加固法计算。

（11）水泥复合砂浆钢筋网加固计算。

（12）锚栓、植筋计算。

（13）预应力高强钢丝绳加固计算。

（14）以上各加固方法用于抗震结构构件计算。

（15）框架节点抗震加固计算。

（16）A 类和 B 类建筑结构抗震承载力鉴定计算。

软件采用国际单位制：kN·m。配筋输出文件中，给出加固后满足承载力要求所需增加混凝土强度、面积，或钢筋，或钢板，或钢丝，或纤维复合材的截面面积（mm^2）。在结果简图上，给出加固材料在截面上的位置。

SCS 软件可在 Win10、Win8、Win7（32 位、64 位）、WinXP 操作系统上运行。

大量算例与手算或其他文献算例计算结果比较，表明软件计算结果可靠。

我们在网站 http：//www.kingofjudge.com 上不定期地发布 SCS 的新版本，请用户及时到该网站下载到自己计算机硬盘上。解压缩后将得到运行文件 scs.exe。第一次运行前先在 D 盘建立 D：\ scsproj 子目录。可点击 SCS 图标运行该文件，或将其保存于某文件夹（例如 D：\ scsproj）后，将其图标拖至"桌面"运行。

如果想在其他盘，如 C、E、F 盘中放置工作目录 scsproj，则在运行 SCS 软件前，①在 C 盘根目录建立一文本文件，名为 c：\ scspath. txt，②在此文件中写一字符（前不能空格或空行），可写字符有 c、d、e、f，代表使用此字符名的盘；③并且，用户要在此字符名的盘中建立工作目录 scsproj。只要办好①②③这三件事，就可以运行 SCS 软件了。注意，没建立此文件，即无此文件，或里面第 1 位置没写这几个字符中的任一个，SCS 软件都默认 D：\ scsproj 为工作目录。

用鼠标双击 SCS 软件图标，即出现 SCS 主菜单，如图 19-1 所示，点取各菜单项可完成相应的工作。

图 19-1 主菜单（一级菜单）各菜单项有二级菜单，下面还有三级菜单。三级菜单相同，都只有两项："输入及计算" 和 "查看简报"。一个二级菜单项和三级菜单项的例子如图 19-2 所示。用鼠标点击 "输入及计算"，即可进入相应计算功能的对话框，对话框中有 "构件名（长≤12 英文字符）" 输入项，可输入 "工程构件编号"，用于计算结果的长期保存和管理。注意 "构件名" 要以汉字或英文字母或数字开头，不要用其他符号开头，以免 Latex 软件不输出 . pdf 文件。用鼠标点击 "查看简报"，软件就打开计算结果简要报告，显示给用户观看。

软件的详细计算过程和结果要看软件输出的 "构件名 s???. tex" 文件（??? 表示菜单项编号，详见表 19-1），用中文版的 Latex 软件可将其转换为 . pdf 文件。我们称其为 "计算书"，其精美程度不逊色于科技文章。该文件记录着详细的加固计算过程，方便设计、审图人员核查和存档。中文版的 Latex 软件（CTeX）的使用见下面的介绍。CTeX 软件可从 http：//www. ctex. org/ctexdownload 免费下载，也可从 "SCS 加固软件用户群，QQ 群号 511316898" 下载（注：因 Windows 下文件名一般只保存 20 个英文字符，限制了构件名长≤12 英文字符，如超出则不能保存，或给使用带来不便）。

图 19-1 SCS 软件主菜单

有三级菜单的一级菜单项项的第末级（即第三级）菜单项与前述的只有二级菜单项的

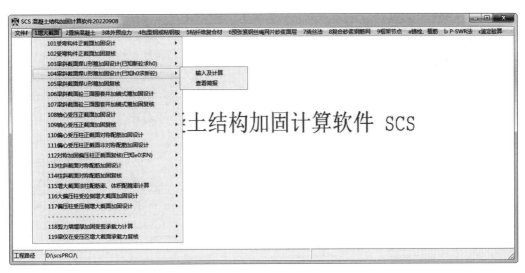

图 19-2　查看详细结果菜单项

二级菜单项相同，即有"输入及计算"和"查看简报"两项，其使用方法也相同。其上一级菜单项，即二级菜单项是混凝土构件各计算功能，见表 19-1。

菜单项及详细计算结果文件一览　　　　　　　　　　　　　　**表 19-1**

一级菜单项	二级菜单项	.tex 文件名后半部	详细计算结果文件主名（辅名 .out）
增大截面法	受弯构件正截面加固设计	S101	增大梁正截面设计
	受弯构件正截面加固复核	S102	增大梁正截面复核
	梁斜截面焊 U 形箍加固设计（已知新混凝土求 h_0）	S103	增大梁受剪 UH 设计
	梁斜截面焊 U 形箍加固设计（已知 h_0 求新混凝土）	S104	增大梁受剪 UC 设计
	梁斜截面焊 U 形箍加固复核	S105	增大梁受剪 U 复核
	梁斜截面混凝土三面围套并加锚式箍加固设计	S106	增梁受剪围套设计
	梁斜截面混凝土三面围套并加锚式箍加固复核	S107	增梁受剪围套复核
	轴心受压正截面加固设计	S108	增截面轴压柱设计
	轴心受压正截面加固复核	S109	增截面轴压柱复核
	偏心受压柱正截面对称配筋加固设计	S110	增大法柱对称设计
	偏心受压柱正截面非对称配筋加固设计	S111	增大柱非对称设计
	偏心受压柱正截面加固复核	S112	偏压截面加固复核
	柱斜截面对称配筋加固设计	S113	增截面柱受剪设计
	柱斜截面对称配筋加固复核	S114	增截面柱受剪复核
	柱配筋率、体积配箍率计算	S115	增大截面柱配筋率
	大偏压柱受拉侧增大截面加固设计	S116	大偏压柱单侧增大
	偏压柱受压侧增大截面加固设计	S117	偏压柱受压侧增大
	剪力墙增厚加固受剪承载力计算	S118	剪力墙增厚抗剪力
	梁仅在受压区增大截面承载力复核	S119	梁受压区增大复核

一级菜单项	二级菜单项	.tex 文件名后半部	详细计算结果文件主名（辅名 .out）
置换混凝土法	轴心受压柱设计(求置换混凝土厚度)	S201	置换法轴压求 A_c
	轴心受压柱设计(求置换混凝土强度等级)	S202	置换法轴压柱求 CS
	轴心受压柱复核	S203	置换法轴压柱复核
	偏心受压柱设计	S204	置换法偏压柱设计
	偏心受压柱复核	S205	置换法偏压柱复核
	受弯构件正截面设计	S206	置换法受弯梁设计
	受弯构件正截面复核	S207	置换法受弯梁复核
体外预应力法	无粘结钢绞线下撑式拉杆加固梁受弯承载力设计	S301	PC 加固梁受弯设计
	普通钢筋下撑式拉杆加固梁受弯承载力设计	S302	普筋 PC 加固梁设计
	无粘结钢绞线下撑式拉杆加固梁受弯变形复核	S303	PC 加固梁受弯复核
	无粘结钢绞线下撑式拉杆加固梁受剪复核	S304	PC 加固梁受剪复核
	双侧型钢预应力撑杆加固轴心受压柱复核	S305	型钢 PS 轴压柱复核
	单侧型钢预应力撑杆加固偏心受压柱复核	S306	型钢 PS 偏压柱复核
	单侧型钢预应力撑杆加固偏压排架柱复核	S307	型钢 PS 排架柱复核
外包型钢或粘贴钢板法	轴心受压柱设计	S401	粘钢板轴压柱设计
	轴心受压柱复核	S402	粘钢板轴压柱复核
	对称配筋对称加固偏心受压柱设计	S403	粘钢板偏压柱设计
	对称配筋对称加固偏心受压柱复核	S404	粘钢板偏压柱复核
	受弯构件正截面加固设计	S405	粘钢板受弯梁设计
	受弯构件正截面加固复核	S406	粘钢板受弯梁复核
	受弯构件斜截面加固设计	S407	粘钢板梁受剪设计
	受弯构件斜截面加固复核	S408	粘钢板梁受剪复核
	大偏压柱受拉边粘钢板加固设计	S409	大偏压粘钢板设计
	大偏拉构件正截面加固设计	S410	大偏拉柱粘钢设计
	框架柱斜截面粘钢板加固设计	S411	柱斜截面粘钢设计
	框架柱斜截面粘钢板加固复核	S412	柱斜截面粘钢复核
	下粘角钢梁正截面加固复核	S413	粘角钢受弯梁复核
	约束屈曲锚固钢板侧面加固梁受弯设计	S414	BSPR 梁的受弯设计
	锚固钢板侧面加固梁受剪承载力复核	S415	BSP 梁的受剪复核
	粘钢板加固圆孔板提高受弯承载力设计	S416	圆孔楼板粘钢加固
粘贴纤维复合材法	粘纤维单向织物布梁正截面加固设计	S501	粘纤维布梁的设计
	粘纤维单向织物布梁正截面加固复核	S502	粘纤维布梁的复核
	粘纤维条形板梁正截面加固设计	S503	粘纤维条板梁设计
	粘纤维条形板梁正截面加固复核	S504	粘纤维条板梁复核
	受弯构件斜截面加固设计	S505	粘纤维梁受剪设计

一级菜单项	二级菜单项	.tex 文件名后半部	详细计算结果文件主名（辅名 .out）
粘贴纤维复合材法	受弯构件斜截面加固复核	S506	粘纤维梁受剪复核
	轴心受压构件正截面加固复核	S507	粘纤维柱受压复核
	框架柱斜截面加固设计	S508	粘纤维柱受剪设计
	框架柱斜截面加固复核	S509	粘纤维柱受剪复核
	大偏心受压构件正截面加固设计	S510	粘纤维大偏压设计
	大偏心受压构件正截面加固复核（已知 e_0 求 N_u）	S511	粘纤维大偏压复核
	大偏心受拉构件正截面加固设计	S512	粘纤维大偏拉设计
	大偏心受拉构件正截面加固复核（已知 e_0 求 N_u）	S513	粘纤维大偏拉复核
	偏心受压圆柱粘贴纤维加固复核	S514	纤维加固偏压圆柱
	粘贴纤维法提高柱延性（GB 50367 方法）	S515	粘纤维柱延性计算
	粘贴纤维法提高柱延性（GB 50608 方法）	S516	粘纤维提高柱 pv
	PFRP 预应力碳纤维板加固梁受弯设计	S517	粘纤维圆孔板加固
	PFRP 预应力碳纤维板加固梁变形计算	S518	PSCM 梁正截面设计
	粘纤维布加固圆孔板提高受弯承载力设计	S519	PSCM 梁正截面复核
	粘纤维布减小柱轴压比	S520	粘纤维降柱轴压比
预张紧钢丝绳网片砂浆面层加固法	PSCM 受弯构件正截面加固设计	S601	PSCM 梁正截面设计
	PSCM 受弯构件正截面加固复核	S602	PSCM 梁正截面复核
	PSCM 受弯构件斜截面加固设计	S603	PSCM 梁斜截面设计
	PSCM 受弯构件斜截面加固复核	S604	PSCM 梁斜截面复核
	PSCM 受弯构件挠度计算	S605	PSCM 加固梁的挠度
绕丝加固法	绕丝法提高柱延性系数计算	S701	绕丝法提高柱延性
水泥复合砂浆钢筋网加固法	HPFL 受弯构件正截面加固复核	S801	HPFL 梁正截面加固
	HPFL 受弯构件斜截面加固复核	S802	HPFL 梁斜截面加固
	HPFL 轴压构件加固复核	S803	HPFL 轴压构件加固
	HPFL 轴压矩形柱加固成圆柱复核	S804	HPFL 矩加固成圆柱
	HPFL 偏压构件加固设计	S805	HPFL 偏压柱复核 N_u
	HPFL 偏压构件加固复核（已知 N 求 M_u）	S806	HPFL 偏压柱复核 M_u
	HPFL 柱受剪加固复核	S807	HPFL 柱受剪切复核
	HPFL 加固梁的裂缝宽度计算	S808	HPFL 梁的裂缝宽度
	HPFL 加固梁的挠度计算	S809	HPFL 加固梁的挠度
框架节点	高强钢丝绳网-聚合物砂浆加固平面框架节点	S901	高强钢丝平面节点
	高强钢丝绳网-聚合物砂浆加固空间框架节点	S902	高强钢丝空间节点
	外粘型钢法加固节点设计	S903	外粘型钢节点加固
	增大截面法加固节点设计	S904	增大截面节点设计
	增大截面法加固节点复核	S905	增大截面节点复核

续表

一级菜单项	二级菜单项	.tex 文件名后半部	详细计算结果文件主名（辅名.out）
锚栓、植筋	锚栓受拉	Sa01	锚栓受拉抗力计算
	无杠杆臂锚栓受剪	Sa02	锚栓受剪抗力计算
	有杠杆臂锚栓受剪	Sa03	有杠杆臂锚栓受剪
	锚栓受拉剪承载力复核	Sa04	锚栓拉剪受力验算
	锚栓拉力作用值计算	Sa05	锚栓拉力作用计算
	锚栓剪力作用值计算	Sa06	锚栓剪力作用计算
	植筋	Sa07	植筋长度及力计算
预应力高强钢丝绳加固 PSWR 法	PSWR 梁底加固受弯承载力设计	Sb01	PSWR 梁底加固设计
	PSWR 梁底加固受弯承载力复核	Sb02	PSWR 受弯加固复核
	PSWR 受弯构件斜截面加固设计	Sb03	PSWR 梁斜截面设计
	PSWR 受弯构件斜截面加固复核	Sb04	PSWR 梁斜截面复核
	PSWR 缠绕提高柱轴压承载力	Sb05	PSWR 缠绕柱承载力
鉴定验算	A 类建筑框架柱层间受剪承载力	Sc01	鉴定柱层间承载力
	A、B 类梁承载力	Sc02	鉴定计算梁承载力
	A、B 类柱受压弯承载力	Sc03	单偏压柱复核弯矩
	A、B 类柱受拉承载力	Sc04	矩形受拉构件复核
	A、B 类柱受剪承载力	Sc05	鉴定柱受剪承载力
	A、B 类节点受剪承载力	Sc06	鉴定节点的承载力

运行 WinEdt 软件方法：点击 Windows "开始" → "程序" → "CTeX" → "WinEdt"。在 WinEdt 软件中，选择 "File" → "Open" 菜单项，如图 19-3 所示。

图 19-3　WinEdt 软件打开欲编译文件

在其跳出的对话框中选择 SCS 软件在 d：\ scsproj 路径中生成的 "构件名 s??? .tex"

文件打开，编译所用的菜单项为 "TeX" → "LaTeX"，如图 19-4 所示。

图 19-4　运行 WinEdt 软件编译 scs0207. tex 文件

使用 CTeX 套装中的 WinEdt 软件转换 SCS 生成的 "构件名 s???. tex" 文件的方法如下：

略等片刻，编译成功后，就可使用 WinEdt 软件自带的 PDF 预览器（工具栏中的 ▦）查看刚生成的 PDF 文件内容。该 PDF 文件也已保存在文件夹 d：\ scsproj 中，供以后用 PDF 阅读器打开阅读或打印。下面介绍使用 Latex 软件排版和简单修改 SCS 软件输出的 pdf 文件版面最常用的控制命令[6,7]。

用于排版的源文件（辅助名为 . tex），即文稿，包含两部分内容：一部分是正文，也就是需要排版输出的内容；另一部分是排版控制命令，用于控制版面式样、字体字形、数学公式、行距、页长等格式。控制命令是用反斜线引导的字符串。

以下是两个简单修改 SCS 软件输出的 pdf 文件版面最常用的控制命令。

换行命令：\\或\\[?pt]

表示在此换行，并且在当前行与下一行之间增加一段高度为?pt 的垂直空白（?是数字）。

换页命令：\newpage

表示开辟新一页，可用来调整一页内容的多少，防止一页只有一行内容，而前一页又有空间多放一行现象的发生。

注释命令:%

一行% 右侧的内容全部是注释内容，如不想输出一行的某内容，可在其左端放个% 。

启动 SCS 软件后，选择要计算的项目，按主菜单相应项目下的 "输入及计算"，即弹出相应的对话框。例如，图 2-3 是增大截面法受弯构件正截面加固设计的对话框和最终计算结果。

在标有（输入）的栏内输入数据，再按 "计算" 按钮，即开始进行计算，最终计算结果显示在 "输出结果" 的框内（图 2-3）。如截面尺寸不足或超出软件求解范围，软件会在输出结果框内给出出错信息。

对话框中的输入信息与计算功能相关，详见书中各章节的介绍和算例演示。

如果输入某数据后，鼠标移至另一数据输入处，前一数据输入处一直显示蓝色，则表明该数据 "非法"，即输入了超出软件接纳范围的数。只有用户改正了蓝色的数据，才能进行其他数据的输入。

　　SCS 软件可能会不断更新，有时在存储文件中增加了数据或修改了数据格式，新版软件读取旧版软件相关文件时会出错，造成软件不能使用。这时，可人工打开文件夹 d：\ scsproj，将屏幕提示出错的文件删除，然后就可以顺利运行 SCS 软件了。

本章参考文献

［1］　中华人民共和国国家标准．混凝土结构加固设计规范：GB 50367—2013 ［S］．北京：中国建筑工业出版社，2013.

［2］　中华人民共和国国家标准．混凝土结构设计规范：GB 50010—2010（2015 年版）［S］．北京：中国建筑工业出版社，2016.

［3］　中国工程建设标准化协会．水泥复合砂浆钢筋网加固混凝土结构技术规程：CECS 242：2016 ［S］．北京：中国计划出版社，2016.

［4］　中华人民共和国行业标准．预应力高强钢丝绳加固混凝土结构技术规程：JGJ/T 325—2014 ［S］．北京：中国建筑工业出版社，2014.

［5］　中华人民共和国行业标准．建筑抗震加固技术规程：JGJ 116—2009 ［S］．北京：中国建筑工业出版社，2009.

［6］　陈志杰，赵书钦等．LATEX 入门与提高 ［M］．2 版．北京：高等教育出版社，2013.

［7］　胡伟．LATEX2e 完全学习手册 ［M］．2 版．北京：清华大学出版社，2011.

附录 混凝土结构加固常用的角钢截面特性

热轧等边角钢规格及截面特性（摘自《热轧型钢》GB/T 706—2016）

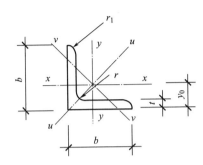

规格	尺寸（mm）			截面积（cm²）	重心距（cm）	回转半径（cm）	规格	尺寸（mm）			截面积（cm²）	重心距（cm）	回转半径（cm）
	b	t	r	A	y_0	i_x		b	t	r	A	y_0	i_x
L 50×5	50	5	5.5	4.803	1.42	1.53	5	75	5	9	7.412	2.04	2.33
6		6		5.688	1.46	1.52	6		6		8.797	2.07	2.31
5	56	5	6	5.415	1.57	1.72	L 75×7		7		10.16	2.11	2.30
L 56×6		6		6.420	1.61	1.71	8		8		11.50	2.15	2.28
7		7		7.404	1.64	1.69	9		9		12.83	2.18	2.27
8		8		8.367	1.68	1.68	10		10		14.13	2.22	2.26
5	60	5	6.5	5.829	1.67	1.85	5	80	5	9	7.912	2.15	2.48
L 60×6		6		6.914	1.70	1.83	6		6		9.397	2.19	2.47
7		7		7.977	1.74	1.82	L 80×7		7		10.86	2.23	2.46
8		8		9.020	1.78	1.81	8		8		12.30	2.27	2.44
5	63	5	7	6.143	1.74	1.94	9		9		13.73	2.31	2.43
6		6		7.288	1.78	1.93	10		10		15.13	2.35	2.42
L 63×7		7		8.412	1.82	1.92	6	90	6	10	10.64	2.44	2.79
8		8		9.515	1.85	1.90	7		7		12.30	2.48	2.78
10		10		11.66	1.93	1.88	L 90×8		8		13.94	2.52	2.76
5	70	5	8	6.875	1.91	2.16	9		9		15.57	2.56	2.75
L 70×6		6		8.160	1.95	2.15	10		10		17.17	2.59	2.74
7		7		9.424	1.99	2.14	12		12		20.31	2.67	2.71
8		8		10.67	2.03	2.12							

续表

规格	尺寸(mm) b	t	r	截面积(cm²) A	重心距(cm) y_0	回转半径(cm) i_x
L100×9	100	6	12	11.93	2.67	3.10
		7		13.80	2.71	3.09
		8		15.64	2.76	3.08
		9		17.46	2.80	3.07
		10		19.26	2.84	3.05
		12		22.80	2.91	3.03
		14		26.26	2.99	3.00
		16		29.63	3.06	2.98
L110×10	110	7	12	15.20	2.96	3.41
		8		17.24	3.01	3.40
		10		21.26	3.09	3.38
		12		25.20	3.16	3.35
		14		29.06	3.24	3.32
L125×12	125	8	14	19.75	3.37	3.88
		10		24.37	3.45	3.85
		12		28.91	3.53	3.83
		14		33.37	3.61	3.80
		16		37.74	3.68	3.77
L140×12	140	10	14	27.37	3.82	4.34
		12		32.51	3.90	4.31
		14		37.57	3.98	4.28
		16		42.54	4.06	4.26
L150×12	140	8	14	23.75	3.99	4.69
		10		29.37	4.08	4.66
		12		34.91	4.15	4.63
		14		40.37	4.23	4.60
		15		43.06	4.27	4.59
		16		45.74	4.31	4.58

规格	尺寸(mm) b	t	r	截面积(cm²) A	重心距(cm) y_0	回转半径(cm) i_x
L160×12	160	10	16	31.50	4.31	4.98
		12		37.44	4.39	4.95
		14		43.30	4.47	4.92
		16		49.07	4.55	4.89
L180×14	180	12	16	42.24	4.89	5.59
		14		48.90	4.97	5.56
		16		55.47	5.05	5.54
		18		61.96	5.13	5.50
L200×18	200	14	18	54.64	5.46	6.20
		16		62.01	5.54	6.18
		18		69.30	5.62	6.15
		20		76.51	5.69	6.12
		24		90.66	5.87	6.07
L220×20	220	16	21	68.67	6.03	6.81
		18		76.75	6.11	6.79
		20		84.76	6.18	6.76
		22		92.68	6.26	6.73
		24		100.5	6.33	6.71
		26		108.3	6.41	6.68
L250×26	250	18	24	87.84	6.84	7.75
		20		97.05	6.92	7.72
		22		106.2	7.00	7.69
		24		115.2	7.07	7.67
		26		124.2	7.15	7.64
		28		133.0	7.22	7.61
		30		141.8	7.30	7.58
		32		150.5	7.37	7.56
		35		163.4	7.48	7.52